Springer-Lehrbuch

Springer-Verlag Berlin Heidelberg GmbH

Herbert Schröder

Wege zur Analysis

genetisch - geometrisch - konstruktiv

 Springer

Dr. Herbert Schröder
Universität Dortmund
Fachbereich Mathematik
Postfach 50 05 00
44221 Dortmund, Deutschland
e-mail: herb.schroeder@gmx.de

Mathematics Subject Classification (2000): 26-01, 26-03, 01-01

Die Deutsche Bibliothek – CIP-Einheitsaufnahme

Schröder, Herbert:
Wege zur Analysis: genetisch - geometrisch - konstruktiv / Herbert Schröder. - Berlin; Heidelberg; New York; Barcelona; Hongkong; London; Mailand; Paris; Tokio: Springer, 2001
(Springer-Lehrbuch)
ISBN 978-3-540-42032-3   ISBN 978-3-642-56740-7 (eBook)
DOI 10.1007/978-3-642-56740-7

ISBN 978-3-540-42032-3

Dieses Werk ist urheberrechtlich geschützt. Die dadurch begründeten Rechte, insbesondere die der Übersetzung, des Nachdrucks, des Vortrags, der Entnahme von Abbildungen und Tabellen, der Funksendung, der Mikroverfilmung oder der Vervielfältigung auf anderen Wegen und der Speicherung in Datenverarbeitungsanlagen, bleiben, auch bei nur auszugsweiser Verwertung, vorbehalten. Eine Vervielfältigung dieses Werkes oder von Teilen dieses Werkes ist auch im Einzelfall nur in den Grenzen der gesetzlichen Bestimmungen des Urheberrechtsgesetzes der Bundesrepublik Deutschland vom 9. September 1965 in der jeweils geltenden Fassung zulässig. Sie ist grundsätzlich vergütungspflichtig. Zuwiderhandlungen unterliegen den Strafbestimmungen des Urheberrechtsgesetzes.

http://www.springer.de

© Springer-Verlag Berlin Heidelberg 2001
Ursprünglich erschienen bei Springer-Verlag Berlin Heidelberg New York 2001

Die Wiedergabe von Gebrauchsnamen, Handelsnamen, Warenbezeichnungen usw. in diesem Werk berechtigt auch ohne besondere Kennzeichnung nicht zu der Annahme, daß solche Namen im Sinne der Warenzeichen- und Markenschutz-Gesetzgebung als frei zu betrachten wären und daher von jedermann benutzt werden dürften.

Satz: Datenerstellung durch den Autor unter Verwendung eines $\mathrm{T\!E\!X}$-Makropakets
Einbandgestaltung: *design & production* GmbH, Heidelberg

Gedruckt auf säurefreiem Papier   SPIN: 10836958   40/3142ck - 5 4 3 2 1 0

Vorwort

Das vorliegende Buch basiert auf Vorlesungen und Seminaren, die ich in den vergangenen zehn Jahren an der Universität Dortmund gehalten habe. Es soll eine Ergänzung zu den üblichen Standardvorlesungen der Analysis sein und richtet sich vornehmlich an Studierende des Lehramtsstudiengangs, aber auch an solche, die sich für die historische Entwicklung der Infinitesimalrechnung interessieren. Von Dozenten kann es zur Ausgestaltung der an diesen Hörerkreis gerichteten Vorlesungen oder als Fundgrube für Themen in (Pro-)Seminaren benutzt werden. Auch der bereits ausgebildete Lehrer kann es zur Fortbildung heranziehen und daraus Anregungen für die Einbeziehung historischer Aspekte in den Unterricht erhalten.

Es werden unter anderem Themen vorgestellt, die wesentlichen Einfluss auf die Entstehung der Analysis hatten, in den Anfängervorlesungen jedoch meist zu kurz kommen, da ihnen später eigene Vorlesungen gewidmet sind. Dazu gehören speziell die Theorie der Kettenbrüche, die üblicherweise in der Zahlentheorie angesiedelt ist, die gewöhnlichen Differentialgleichungen und die elementare Differentialgeometrie. Da der vorliegende Text vor allem als Ergänzung gedacht ist und nicht als einführendes Lehrbuch zur Analysis konzipiert wurde, setzt er voraus, dass der Leser mit den Grundbegriffen der Analysis bereits vertraut ist. Hierfür genügt nahezu jedes Lehrbuch zur Analysis, wovon einige in den Literaturhinweisen am Ende der Einleitung aufgeführt sind.

In der Darstellung folgt das vorliegende Buch nicht der sonst üblichen deduktiven Vorgehensweise, bei der die Beispiele nur zur Illustration einer allgemeinen Theorie dienen, sondern dem „genetischen" Zugang über klassische meist „geometrische" Fragen. Ein besonderes Augenmerk liegt daher auch auf der „konstruktiven" Denkweise.

Da der geometrische Aspekt besonders betont werden soll, enthält das Buch zahlreiche Figuren. Ferner sind die wichtigsten Ergebnisse durch Einrahmung hervorgehoben. Als Ergänzung zu historischen Bemerkungen werden 31 für die Analysis maßgebliche Mathematiker mit kurzen biographischen Notizen und Portäts vorgestellt. Das Buch enthält 100 Aufgaben mit Lösungshinweisen bzw. vollständigen Lösungen und ebenso am Ende eines jeden Abschnittes kommentierte Literaturhinweise, die Anregungen für weitere Studien bieten.

Dortmund, im Mai 2001   Herbert Schröder

Inhaltsverzeichnis

Einleitung

> One can *invent* mathematics without knowing much of its history. One can *use* mathematics without knowing much, if any, of its history. But one cannot *have a mature appreciation* of mathematics without substantial knowledge of its history. – *Abe Shenitzer*

Obwohl die Mathematik allgemein als unhistorisch gilt – zumindest wird sie so in den Vorlesungen präsentiert – hat sie doch an der Entfaltung unserer Kultur entscheidend mitgewirkt. So liest man in [RW] über die Infinitesimalrechnung:

> Dieses leistungsfähige Rechenverfahren, das von Newton und Leibniz gegen Ende des siebzehnten Jahrhunderts erfunden wurde, hatte einen stärkeren Einfluss auf Wissenschaft und Technik als irgendein anderer Fortschritt. Hundert Jahre vor der Erfindung der Integral- und Differentialrechnung war die Beschreibung der Bewegung eines Gegenstandes beim freien Fall unter Einfluss der Schwerkraft oder die Bewegung eines Balls auf einer schiefen Ebene ein Problem, das selbst die größten Wissenschaftler dieser Zeit auf eine harte Probe stellte und zum Aufgeben zwang. Hundert Jahre nach ihrer Entstehung ermöglichte es die Infinitesimalrechnung dem französischen Mathematiker und Physiker Laplace, alle Himmelsbewegungen, mit Ausnahme unbedeutender Aspekte der Bewegung von Mond und Planeten, zu erklären. Er konnte so erste wissenschaftliche Spekulationen über den Ursprung des Sonnensystems auf mathematischer Grundlage anstellen.

Wir wollen die Leistungsfähigkeit der Infinitesimalrechnung an einigen Beispielen demonstrieren. Wir folgen dabei aber nicht der sonst üblichen deduktiven Vorgehensweise, bei der die speziellen Beispiele nur zu Illustrationszwecken für die Tragweite einer allgemeinen Theorie angeführt werden, sondern bevorzugen den besonders von F. KLEIN und O. TOEPLITZ empfohlenen genetischen Zugang. Nach dem langsam schwindenden Einfluss der abstrakten und axiomatisch geprägten Mengenlehre haben sich mittlerweile gerade im didaktischen Bereich immer mehr Autoren diesem Zugang angeschlossen. Nicht um die bereits fertige Analysis, möglichst ökonomisch dargestellt, um dem angehenden Mathematiker von Nutzen zu sein, soll es gehen, sondern um die Entwicklung der mathematischen Denkweise, die, an konkreten Problemen erprobt, zur Analysis geführt hat.

Die Analysis ist aus dem Versuch heraus entstanden, das Gebiet der Geometrie rein arithmetisch zu erschließen. Es hat sich aber schon früh gezeigt (siehe Abschnitt 1.1), dass dazu die rationalen Zahlen nicht ausreichen. Die Griechen haben es daher zunächst dabei belassen und nur mit den geometrischen Objekten „gerechnet", die sie noch mit Zirkel und Lineal konstruieren konnten. Im Rahmen der reellen Zahlen sind dies alle diejenigen, die man aus den natürlichen Zahlen durch endlich viele der elementaren Rechenoperationen wie Addition, Subtraktion, Multiplikation und Division sowie dem Ziehen der Quadratwurzel erhält. Bei der Addition bzw. Subtraktion werden die jeweiligen Strecken auf der orientierten Zahlengerade in die entsprechende Richtung abgetragen, zur Multiplikation und Division weicht man in die Ebene aus und verwendet als Hilfsmittel den Strahlensatz, während man die Quadratwurzeln ebenfalls in der Ebene am einfachsten mit Hilfe des Höhensatzes im rechtwinkligen Dreieck realisiert. Aus heutiger Sicht (genauer seit C.F. GAUSS) ist es angebracht, auch komplexe Zahlen zuzulassen. Man beachte, dass die Quadratwurzel einer komplexen Zahl $z = re^{i\varphi}$ mit $r \geqslant 0$ und $0 \leqslant \varphi < 2\pi$ als $\sqrt{z} = \sqrt{r}e^{i\varphi/2}$ definiert ist und beide dazu nötigen Operationen, das Ziehen der Quadratwurzel aus r und die Halbierung des Winkels φ mit Zirkel und Lineal durchgeführt werden können. Man könnte die Menge dieser Zahlen daher als den *euklidischen Zahlenkörper* bezeichnen. Erst durch die Erfindung der analytischen

Geometrie um 1630 durch P. DE FERMAT und R. DESCARTES hat sich der Schritt zum abstrakten Zahlbegriff und daran anschließend zum Funktionsbegriff angebahnt. Die Zahlen in der Form von Koordinaten, die DESCARTES der Geometrie aufgezwungen hat – H. WEYL spricht einmal von einer Vergewaltigung – lagen aber keineswegs fertig vor. Es hat noch zweieinhalb Jahrhunderte gedauert, bis alle dazu nötigen Zahlen bereitgestellt und die Arithmetisierung der Geometrie endgültig vollzogen war.

Obwohl wir die einzelnen Kapitel inhaltlich voneinander getrennt haben, haben sich die darin dargestellten Themen „reelle Zahlen", „Integralrechnung" und „Differentialrechnung" parallel zueinander entwickelt und zwar fortwährend in einem Wechselspiel zwischen Geometrie und Analysis.

Während sich die Charakterisierung reeller Zahlen von arithmetischer Seite am einfachsten durch ihre Dezimalbruchentwicklungen anbietet (auf der Grundlage des Folgen- und Reihenbegriffs), legen die geometrischen Fragestellungen der Griechen die Darstellung als Kettenbrüche nahe (basierend auf dem euklidischen Algorithmus). Die Kettenbrüche bilden das zentrale Thema des ersten Kapitels, da sie auch besonders gut geeignet sind, den Unterschied zwischen rationalen und irrationalen Zahlen und dabei wiederum zwischen algebraischen und transzendenten Zahlen zu verdeutlichen. Insbesondere kann man mit ihrer Hilfe transzendente Zahlen explizit konstruieren. Darüber hinaus beweisen wir auch (jedoch mit anderen Mitteln) die Transzendenz von e und π. Der Frage, inwieweit man die Kluft zwischen den einzelnen (konstruierbaren) reellen Zahlen und dem reellen Kontinuum überbrücken kann, wollen wir in Abschnitt 1.4 nachgehen. Dabei werden die klassischen Aussagen über stetige bzw. differenzierbare Funktionen, wie der Zwischenwertsatz und der Satz vom Maximum bzw. der Mittelwertsatz, genauer analysiert und ihre üblichen Beweise aus konstruktiver Sicht kritisch beleuchtet. In diesem Zusammenhang beweisen wir auch den Fundamentalsatz der Algebra sowie den Weiertraß'schen Approximationssatz.

Am Anfang der Integralrechnung steht das Problem der Quadratur krummlinig begrenzter Flächen und die Rektifizierung der krummen Begrenzungslinien, vor allem der Kreisfläche und ihrer Begrenzung, der Kreislinie. Wir zeigen im zweiten Kapitel, wie diese Aufgaben zum Integralbegriff geführt haben und wie die Integration als Umkehrung der Differentiation darüber hinaus geholfen hat, die oben erwähnten, in Form von Differentialgleichungen formulierten Probleme der Bewegung physikalischer Körper zu lösen. Wir können hier nur die einfachsten Tatsachen der Integralrechnung berühren. Der weitere Ausbau beruht auf dem abstrakten Funktionsbegriff, der in der modernen Analysis die geometrische Anschauung ersetzt hat. Er ist entstanden aus der Theorie der Fourier-Reihen, die wir in Abschnitt 2.2 kurz streifen, und hat u.a. zu solch unanschaulichen Objekten wie nirgends differenzierbaren stetigen Funktionen geführt. Darauf und auf der Theorie der Differentialgleichungen aufbauend ist die Funktionalanalysis entstanden. Erst für diese benötigt man eine umfassendere Integrationstheorie, wie sie 1903 von H. LEBESGUE geschaffen wurde. Diese ist aber nicht mehr unser Anliegen, so dass wir auf die weiterführende Literatur zur Analysis verweisen.

Auch das dritte Kapitel beginnt mit geometrischen Problemen, nämlich den klassischen, mit Zirkel und Lineal die Würfelverdopplung, die Kreisquadratur und die Winkeldreiteilung zu bewerkstelligen. Ohne die Unlösbarkeit dieser Aufgaben beweisen zu können, haben die Griechen bereits die ersten Schritte über den euklidischen Zahlenkörper hinaus getan, indem sie für diese Konstruktionsaufgaben „mechanischen Kurven" heranzogen, die statt mit Zirkel und Lineal mit anderen mechanischen Hilfsmitteln erzeugt werden können und ausschließlich zu diesem Zweck erdacht worden sind. Die Beschäftigung mit solchen Kurven, war die treibende Kraft beim weiteren Ausbau der Differential- und Integralrechnung. Dabei gehen wir auch auf NEWTONs „Potenzreihenmethode" (mit ganzen und gebrochenen Exponenten) ein, mit der er die algebraischen Kurven, die DESCARTES zur Lösung der von PAPPOS gestellten Probleme erschaffen hatte, analytisch behandelt hat. Für den Fall der Kubiken, den nächst einfachen nach den Kegelschnitten, hat er damit eine nahezu vollständige Klassifizierung erreicht. Seine diesbezüglichen Arbeiten sind (in englischer Übersetzung) auch heute durchaus noch lesenswert. Sie bilden den Beginn der so genannten „Singularitätentheorie", die in den siebziger Jahren unter dem Slogan „Katastrophentheorie" auch außerhalb der Mathematik für Aufsehen sorgte.

Besonderen Wert haben wir anschließend auf die mehrdimensionale Differentialrechnung gelegt, bei der neben den lokalen Eigenschaften von Funktionen oder Nullstellengebilden auch globale zum Tragen kommen. Als ein wichtiges Beispiel wird uns dabei das Problem der Kartierung der Erde dienen, die Frage nach der Konstruktion geeigneter Landkarten. Wir schließen mit dem ersten globalen Resultat der klassischen Differentialgeometrie der Flächen, dem Satz von Gauß-Bonnet. Um den Umfang nicht zu sprengen, mussten wir jedoch auf die Behandlung weiterer Aspekte, die daran anknüpfend einerseits zu nichteuklidischen Geometrien oder andererseits zur Topologie führen, verzichten.

Literaturhinweise

Die folgende Literaturauswahl – weitere Literaturhinweise findet man am Ende der einzelnen Abschnitte sowie im Ausblick – ist natürlich stark durch die Kenntnis und noch mehr durch die Neigungen des Autors geprägt. Insbesondere im Bereich der einführenden Lehrbücher könnte sie beliebig verlängert werden. Wir erwähnen hier nur drei Bücher, deren Stoffumfang wir als bekannt voraussetzen:

[Sch] Scheid, H.: *Folgen und Funktionen*, Spektrum Akademischer Verlag, Heidelberg, 1997

Hier werden die Grundbegriffe der Analysis mit einer ähnlichen Intention wie im vorliegenden Buch präsentiert. Trotz der Überschneidungen ist es aber elementarer ausgerichtet und kann als ausreichende Grundlage angesehen werden. Es richtet sich vornehmlich an Studierende des Lehramtsstudiengangs.

[Spi] Spivak, M.: *Calculus*, Addison-Wesley, Menlo Park, 1973

Für den Studienanfänger sehr zu empfehlen, um sich mit der englischen Sprache vertraut zu machen. Obwohl etwas breiter in der Darstellung, ähnelt das Buch eher den bei uns üblichen Analysis-Büchern und unterscheidet sich somit von anderen anglo-amerikanischen Calculus-Texten.

[Wal] Walter, W.: *Analysis I*, Springer, Berlin, 1999[5]

Dieser erste Teil des zweibändigen Werks enthält das „Grundwissen" über die Differential- und Integralrechnung für Funktionen einer Variablen. Mit den zahlreichen historischen Bezügen zielt es in dieselbe Richtung wie das vorliegende Buch, folgt aber weitgehend der üblichen Darstellung der Grundbegriffe der Analysis. Es bietet weit mehr als die hier benötigte Grundlage.

Den genetischen Einstieg in die Analysis bieten:

[Kle] Klein, F.: *Elementarmathematik von höheren Standpunkte aus*, Bde. 1-3, Springer, Berlin, 1968[4,3,3]

Der Autor gilt als Mitbegründer der genetischen Methode. In dem heute noch lesbaren Werk, das weit mehr als die Analysis umfasst, ist es ihm in hervorragender Weise gelungen, die Brücke zwischen Hochschule und Schule zu schlagen.

[Toe] Toeplitz, O.: *Die Entwicklung der Infinitesimalrechnung*, Springer, Berlin, 1949

Dies ist der Klassiker der genetischen Methode für den Bereich der Analysis. Leider ist ein zweiter Band nie erschienen.

[HS] Hischer, H., Scheid, H.: *Grundbegriffe der Analysis*, Spektrum Akademischer Verlag, Heidelberg, 1995

Die Autoren widmen sich vor allem didaktischen Aspekten der Analysis. Sie setzen die genetische Methode fort und berücksichtigen auch die weitere Entwicklung, die die Analysis im Anschluss an die Entstehung der Mengenlehre genommen hat.

In steigendem Maße versuchen die Mathematiker ihr Fach einer breiteren Öffentlichkeit zugänglich zu machen. Dies drückt sich in einer Vielzahl populärwissenschaftlicher Bücher aus, von denen einige auch für angehende (oder bereits ausgebildete) Mathematiker oder Lehrer interessant sind, sei es, um einmal über den eigenen Tellerrand zu blicken, oder aber, um daraus Anregungen für die Lehre oder den Unterricht zu beziehen. Ein größerer Leserkreis soll in den folgenden Büchern angesprochen werden. Sie gehen in der Stoffauswahl auch über die Analysis hinaus:

[Dev] Devlin, K.: *Muster der Mathematik*, Spektrum Akad. Verlag, Heidelberg, 1998

Hauptthema ist die Beschreibung von Mustern in der Mathematik und deren Entdeckung in der Natur. Das Buch enthält am Ende weitere Literaturhinweise zu ähnlichen populärwissenschaftlichen Darstellungen.

[Ste] Stewart, I.N.: *From here to Infinity*, Oxford Univ. Press, New York, 1996

Der bekannte Kolumnist der Zeitschrift „Spektrum der Wissenschaften" macht den Leser mit den neuesten mathematischen Entdeckungen bekannt. Eine frühere Version des Buches erschien auch in deutscher Sprache, enthält aber nicht das Kapitel über die Lösung der Fermatschen Vermutung.

Mehr Mitarbeit vom Leser fordern dagegen die folgenden teils klassischen Werke:

[CR] Courant, R., Robbins, H.: *Was ist Mathematik ?*, Springer, Berlin, 1992

Ein Meisterwerk der Präsentation mathematischer Ideen und Denkweisen

[RT] Rademacher, H., Toeplitz, O.: *Von Zahlen und Figuren*, Springer, Berlin, 1998^2

Anhand vieler konkreter Beispiele wird die mathematische Denkweise demonstriert.

[RW] Resnikoff, H.L., Wells, R.O. Jr.: *Mathematik im Wandel der Kulturen*, Vieweg, Braunschweig, 1983

Dies ist eine anregende Beschreibung der Wechselwirkung von Mathematik mit dem Prozess der technischen und wissenschaftlichen Erschließung der Welt. Besonders herausgestellt sind der Fortschritt bzw. das Hemmnis, die kulturelle Faktoren auf die Entwicklung der Mathematik (und umgekehrt) gehabt haben.

Kapitel 1 Reelle Zahlen

1.1 Der goldene Schnitt

> Die Geometrie besitzt nämlich zwei Schätze, das Verhältnis der Hypothenuse im recht-
> winkligen Dreieck zu den Katheten, sowie den goldenen Schnitt. Aus jenem Verhältnis
> ergibt sich die Konstruktion des Würfels, der Pyramide und des Oktaeders, aus diesem
> die Konstruktion des Dodekaeders und Ikosaeders. – *Johannes Kepler*

Die Art und Weise wie sich die Pythagoreer um 500 v.u.Z. mit dem Zahlbegriff beschäftigt haben kann als die Geburt der Mathematik angesehen werden. Sie haben als erste
die Zahlen nicht nur zum Zählen und Rechnen benutzt, sondern auch ihre strukturel-
len Merkmale erkannt – wie etwa die Eigenschaft einer natürlichen Zahl, gerade oder
ungerade zu sein. Dabei verstanden sie unter Zahlen nur die natürlichen Zahlen 1, 2, 3,
4, ... Eigentlich begannen sie mit der 2, dem Doppelten der Einheit. Die Null kam erst
viel später durch die Inder hinzu, und sie wird auch heute nicht immer zu den natürlichen Zahlen gerechnet. Während natürliche Zahlen absolute Größen sind, treten bei
geometrischen Problemen, beim Messen von Längen und Flächen, auch relative Größen
auf und zwar als Verhältnis zweier natürlicher Zahlen. Man kann nicht ohne weiteres
von der Länge einer Strecke sprechen, sondern nur zwei gegebene Strecken vergleichen.
Die Pythagoreer nannten zwei Strecken kommensurabel oder von gemeinsamem Maß,
wenn sie beide das ganzzahlige Vielfache einer einzigen Strecke sind. Wir sagen heute,
die Streckenlängen stehen in rationalem Verhältnis.

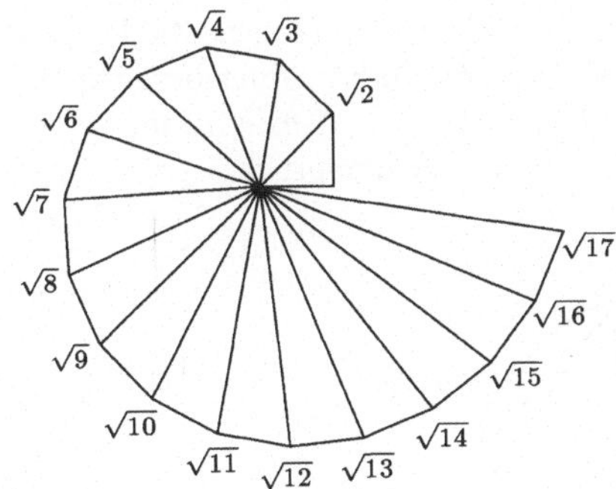

Fig. 1.1

Das pythagoreische Weltbild, nach dem je zwei Strecken ein gemeinsames Maß besitzen,
wurde durch die Entdeckung inkommensurabler Strecke erschüttert. Diese Entdeckung
wird häufig dem griechischen Mathematiker HIPPASOS (um 450 v.u.Z.) zugeschrieben
– später hat THEODOROS von Kyrene (um 400 v.u.Z.) gezeigt, dass die Wurzeln der
Zahlen 3 bis 17, Quadratzahlen ausgenommen, irrational sind. Es ist nicht überliefert
wie THEODOROS dies bewiesen hat und warum er bei $\sqrt{17}$ stehen geblieben ist. Aber
ein möglicher Grund wird durch Fig. 1.1 suggeriert.

Der Beweis für die Irrationalität von $\sqrt{2}$, den man heute in jeder Anfängervorlesung führt, verläuft indirekt und benutzt die Theorie der geraden und ungeraden Zahlen, die selbst zu dem ältesten Lehrstück (griech. „mathemata") der Mathematik gehört:

Die Irrationalität von $\sqrt{2}$

Wäre $\sqrt{2} = \frac{p}{q}$ rational mit teilerfremden natürlichen Zahlen p und q, so wäre $2q^2 = p^2$, also p^2 gerade. Dann müsste auch p selbst gerade sein (denn ungerade mal ungerade ergibt ungerade: $(2k+1)\cdot(2\ell+1) = 4k\ell + 2(k+\ell) + 1$) und somit p^2 durch 4 teilbar. Damit wäre auch q^2 und folglich q selbst gerade, was wir aber durch die Teilerfremdheit ausgeschlossen hatten.

So findet man den Beweis bei EUKLID (um 300 v.u.Z.) am Ende von Buch X der „Elemente" (siehe [Euk]) und zuvor bereits bei ARISTOTELES, der in seiner „Ersten Analytik" den Beweis der Irrationalität von $\sqrt{2}$ als Muster eines indirekten Beweises anführt:

dass z.B. die Diagonale kein gemeinsames Maß mit der Quadratseite hat, wird bewiesen, weil eine gerade Zahl gleich einer ungeraden werden müsste, falls man ein gemeinsames Maß annähme.

THEAITETOS (um 370 v.u.Z.), ein Schüler von THEODOROS, hat dann allgemein für jede natürliche Zahl k, die selbst keine Quadratzahl ist, gezeigt, dass $\sqrt{k}$ irrational ist. Wir wissen nicht, wie er das bewiesen hat. Vermutlich ist es aber sein Beweis, der in die Theorie der Irrationalzahlen in EUKLIDs „Elemente" eingegangen ist – man glaubt heute, dass die Bücher X und XIII vollständig von THEAITETOS übernommen worden sind. Einen einfachen Beweis hat R. DEDEKIND 1861 gefunden:

Ist $\sqrt{k}$ rational, so existiert eine kleinste natürliche Zahl n, so dass $n\sqrt{k}$ ganzzahlig und positiv ist. Dann genügt $m = (\sqrt{k} - [\sqrt{k}])n$ (hier bezeichnet $[a]$ die größte ganze Zahl kleiner oder gleich a) der Ungleichung $0 < m < n$, und es ist $m\sqrt{k} = kn - [\sqrt{k}]\sqrt{k}n$ positiv und ganzzahlig. Das ist ein Widerspruch.

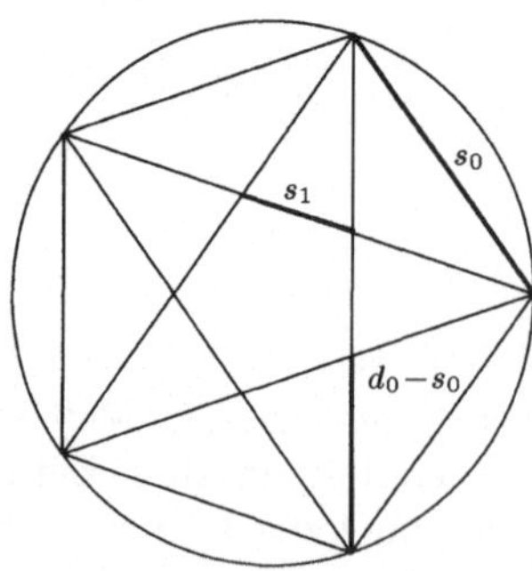

Fig. 1.2a

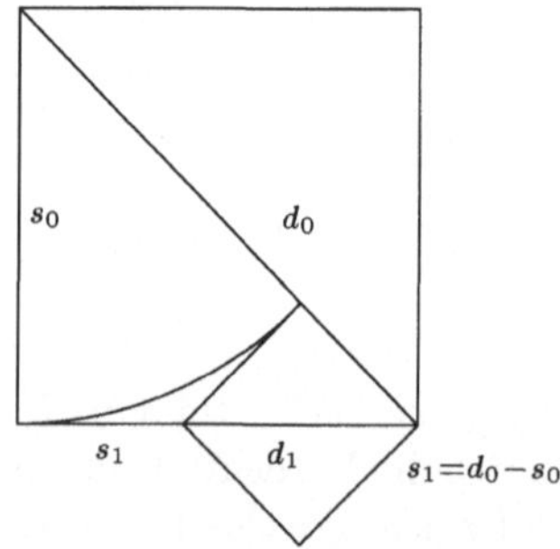

Fig. 1.2b

Wir wissen heute nicht, wie HIPPASOS argumentiert hat. Einige Mathematikhistoriker nehmen jedoch an, dass die erste irrationale Zahl am regelmäßigen Fünfeck als Verhältnis von Diagonale und Seite entdeckt worden ist (vgl. [Bck]). Zeichnet man ein regelmäßiges Fünfeck in einen Kreis vom Radius $r = 1$ ein und zeichnet zusätzlich die „Diagonalen" ein, so entsteht ein kleineres, zum Ausgangsfünfeck ähnliches Fünfeck (siehe Fig. 1.2a; Fig. 1.2b illustriert eine analoge Überlegung für das Quadrat).

Für die Seitenverhältnisse erhält man aufgrund der jeweils ähnlichen Dreiecke:

$$\frac{d_0}{s_0} = \frac{s_0}{d_0 - s_0} = \frac{d_0 - s_0}{s_1} = \frac{s_1}{d_1 - s_1} = \cdots .$$

Die Seite s_0 teilt die Diagonale also im Verhältnis des *goldenen Schnitts*. Das Verhältnis $g = \frac{d_0}{s_0}$ ist nicht rational, denn wie man sieht, bricht das Verfahren nicht ab; es gibt kein gemeinsames Maß für d_0 und s_0. In der Tat gilt $g = \frac{1}{g-1}$, d.h., $g > 1$ genügt der quadratischen Gleichung

$$x^2 - x - 1 = 0.$$

Diese besitzt die Lösungen $g = \frac{1}{2}(\sqrt{5} + 1) > 1$ und $-h = 1 - g = \frac{1}{2}(1 - \sqrt{5}) < 0$. Wir können also g bzw. $h = g - 1 = \frac{1}{g}$ etwa ausgehend von Fig. 1.1 mit Zirkel und Lineal konstruieren. Eine einfachere Konstruktion (siehe Fig. 1.3) stammt von HERON von Alexandria.

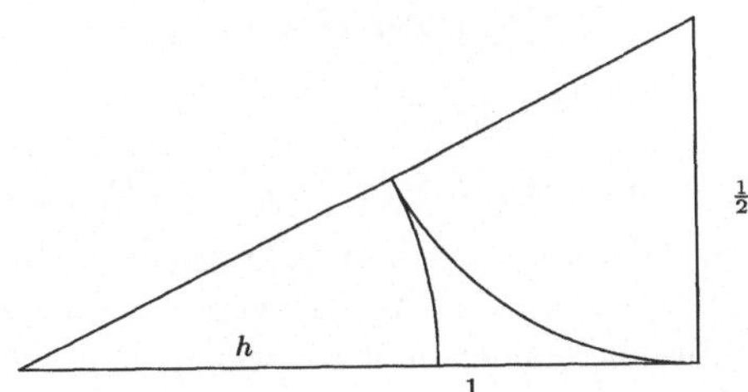

Fig. 1.3

Damit können wir auch das regelmäßige Fünfeck mit Zirkel und Lineal konstruieren. Um dies einzusehen, verwenden wir die für Rechnungen bequeme Darstellung durch komplexe Zahlen. Die Punkte der komplexen Zahlenebene lassen sich in der Form $z = a + ib = r(\cos\varphi + i\sin\varphi)$ schreiben mit reellen Zahlen a und b (dem Realteil $a = \text{Re}\,z$ und dem Imaginärteil $b = \text{Im}\,z$) bzw. $r \geqslant 0$ und $0 \leqslant \varphi < 2\pi$, die in den Beziehungen $r^2 = a^2 + b^2$ und $\arctan\varphi = \frac{b}{a}$ zueinander stehen. Wir erinnern daran, dass man zwei komplexe Zahlen $z = a + ib$ und $w = c + id$ wie folgt addiert und multipliziert:

$$z + w = (a + b) + i(c + d) \quad \text{und} \quad zw = (ac - bd) + i(ad + bc).$$

Mit der zu z konjugierten Zahl $\bar{z} = a - ib$ gilt dann $|z|^2 := z\bar{z} = r^2$. Ferner liefern für zwei komplexe Zahlen $z = \cos\varphi + i\sin\varphi$ und $w = \cos\psi + i\sin\psi$ vom Betrag $|z| = 1 = |w|$ die trigonometrischen Additionstheoreme

$$zw = \cos\varphi\cos\psi - \sin\varphi\sin\psi + i(\sin\varphi\cos\psi + \cos\varphi\sin\psi)$$
$$= \cos(\varphi + \psi) + i\sin(\varphi + \psi),$$

also insbesondere

Die Formel von A. de Moivre

$$z^n = (\cos\varphi + i\sin\varphi)^n = \cos(n\varphi) + i\sin(n\varphi),$$

A. DE MOIVRE hat sie 1730 ohne trigonometrische Funktionen und ohne komplexe Zahlen formuliert; in der hier angegebenen Form steht sie erst in L. EULERs „Introductio analysin infinitorum" von 1748; vgl. [Eul].

Die Ecken des regelmäßigen Fünfecks sind dann gegeben durch die fünften Einheitswurzeln $\zeta = \cos\frac{2\pi}{5} + i\sin\frac{2\pi}{5} = a + ib$, ζ^2, $\zeta^3 = \bar{\zeta}^2$, $\zeta^4 = \bar{\zeta}$ und $\zeta^5 = 1$. Dafür erhalten wir also

$$0 = \frac{\zeta^5 - 1}{\zeta - 1} = \zeta^4 + \zeta^3 + \zeta^2 + \zeta + 1 = \bar{\zeta} + \bar{\zeta}^2 + \zeta^2 + \zeta + 1$$

$$= 2\mathrm{Re}\,\zeta + 2\mathrm{Re}\,\zeta^2 + 1 = 2a + 2(a^2 - b^2) + 1$$

$$= 2a + 4a^2 - 1,$$

d.h. $a = \frac{1}{4}(\sqrt{5} - 1) = \frac{h}{2}$ und $\zeta = \frac{1}{2}(h + i\sqrt{4 - h^2}) = \frac{1}{2}(h + i\sqrt{2 + g})$.

Es stellt sich natürlich die Frage, welche regelmäßigen Vielecke mit Zirkel und Lineal konstruierbar sind. Bereits in der Antike wusste man von der Konstruktion der regelmäßigen n-Ecke für alle Zahlen n der Form $n = 2^k$, $2^k \cdot 3$, $2^k \cdot 5$ und $2^k \cdot 15$. Das gleichseitige Dreieck erhält man sofort aus dem gleichseitigen Sechseck, dessen Kantenlänge gleich dem Radius des umbeschriebenen Kreises ist. Analytisch sind die Ecken des Dreiecks gegeben durch die dritten Einheitswurzeln ζ^k, $k = 1, 2, 3$, also als Lösungen der Gleichung

$$z^3 - 1 = (z - 1)(z^2 + z + 1) = 0.$$

Man erhält hier sofort $\zeta = -\frac{1}{2}(1 - i\sqrt{3})$, $\zeta^2 = -\frac{1}{2}(1 + i\sqrt{3})$ und $\zeta^3 = 1$. Die Konstruktion des regelmäßigen Fünfzehnecks überlassen wir dem Leser.

Nach dem Kommentar zu EUKLIDs „Elementen" von PROKLOS dienten einige dieser Konstruktionen ursprünglich astronomischen Zwecken. Teilt man einen Großkreis der Himmelskugel, der durch die beiden Pole geht und senkrecht auf dem Himmelsäquator steht, in dieser Weise, so erhält man die Ekliptik, die scheinbare Bahn der Sonne vor dem Hintergrund des Fixsternhimmels, deren Neigung gegen den Himmelsäquator nahezu gerade 24° beträgt. Auch die weit einfachere Konstruktion eines regelmäßigen Zwölfecks könnte darauf beruhen, die Ekliptik selbst, d.h. den Tierkreis, den Tierkreiszeichen entsprechend in 12 gleiche Teile zu teilen.

Man war Jahrhunderte lang der festen Überzeugung, dass kein weiteres n-Eck konstruierbar sei. So schreibt J. Kepler 1619 in seiner „Weltharmonik" (siehe [Kep2]):

Das Siebeneck und alle Figuren, deren Seitenzahl (sogenannte) Primzahlen größer als sieben sind … lassen keine geometrische Beschreibung außerhalb des Kreises zu. Im Kreis besitzen die Seiten zwar notwendig eine bestimmte Größe, aber diese kann nicht wißbar sein.

Mit „wißbar" meint er hier mit Zirkel und Lineal konstruierbar. Am 1. Juni 1796 erscheint im „Intelligenzblatt der allgemeinen Litteraturzeitung" in Jena eine Anzeige mit dem folgenden Text:

Es ist jedem Anfänger der Geometrie bekannt, dass verschiedene ordentliche Vielecke, namentlich das Dreyeck, Fünfeck, Fünfzehneck, und die, welche durch wiederholte Verdoppelung der Seitenzahl eines derselben entstehen, sich geometrisch construiren lassen. So weit war man schon zu Euklids Zeit, und es scheint, man habe sich seitdem allgemein überredet, dass das Gebiet der Elementargeometrie sich nicht weiter erstrecke: wenigstens kenne ich keinen geglückten Versuch, ihre Grenzen auf dieser Seite zu erweitern.

Desto mehr, dünkt mich, verdient die Entdeckung Aufmerksamkeit, dass *ausser jenen ordentlichen Vielecken noch eine Menge anderer, z. B. das Siebzehneck, einer geometrischen Construction fähig ist*. Diese Entdeckung ist eigentlich nur ein Corollarium einer noch nicht ganz vollendeten Theorie von grösserm Umfange, und die soll, sobald diese ihre Vollendung erhalten hat, dem Publicum vorgelegt werden.

C.F. Gauss a. Braunschweig
Stud. der Mathematik zu Göttingen

Soweit Gauss über seine Entdeckung vom 29. März 1796. Die angekündigte Veröffentlichung sind die „Disquisitiones Arithmeticae" von 1801, in denen er beweist, dass das n-Eck für jede Fermat'sche Primzahl $n = p_k$ konstruierbar ist, indem er das Polynome $\frac{z^n - 1}{z - 1}$ vollständig in Linearfaktoren zerlegt hat, die nur Elemente des euklidischen Zahlenkörpers enthalten. Genauer kann man mit stärkeren algebraischen Hilfsmitteln zeigen:

Die Konstruierbarkeit regelmäßiger Vielecke

Ein regelmäßiges n-Eck ist genau dann allein mit Zirkel und Lineal konstruierbar, wenn $n = 2^m p_1 \cdots p_r$ gilt, wobei die p_k paarweise verschiedene Fermat'sche Primzahlen sind, d.h. Primzahlen von der Form $2^{2^\ell} + 1$.

Der zweite Teil der Aussage, die Notwendigkeit, wurde erst 1837 von P.L. Wantzel gezeigt; für einen einfachen Beweis vgl. [Cig].

Über die soeben nach Fermat benannten Zahlen schreibt dieser 1640 in einem Brief an B. Frenicle de Bessy:

Aber hier ist das, was ich am meisten bewundere: es ist, dass ich nahezu überzeugt bin, dass alle um Eins vermehrten fortschreitenden Zahlen, deren Exponenten die Zahlen sind, die durch Verdoppeln entstehen, Primzahlen sind, wie etwa

3 5 17 257 65537 4294967297

und die folgende aus 20 Ziffern bestehende

18446744073709551617; etc.

Ich habe dafür keinen exakten Beweis, habe aber eine solch große Anzahl von Teilern durch unfehlbare Beweise ausgeschlossen, und meine Überlegungen beruhen auf solch klarer Einsicht, dass ich kaum fehlgehen kann.

FERMATs Vermutung hat sich (anders als bei seiner berühmteren Vermutung über die Nichtlösbarkeit von $x^n + y^n = z^n$ in den ganzen Zahlen für $n \geqslant 3$) allerdings nicht bestätigt. Für $\ell = 5$ erhält man keine Primzahl, denn dafür hat EULER 1732 den Teiler $641 = 5^4 + 2^4 = 5 \cdot 2^7 + 1$ gefunden. In der Tat teilt 641 sowohl $(5^4 + 2^4) \cdot 2^{28}$ als auch $5^4 \cdot 2^{28} - 1$ und damit auch deren Differenz $2^{32} + 1$. Es ist bis heute keine weitere Fermat'sche Primzahl bekannt; für Hinweise zur Faktorisierung von F_n bis $n = 13$ siehe [CG].

Zur expliziten Konstruktion des Siebzehnecks benötigt man jetzt $\cos \frac{2\pi}{17}$. Dafür hat GAUSS den Wert

$$-\frac{1}{16} + \frac{1}{16}\sqrt{17} + \frac{1}{16}\sqrt{34 - 2\sqrt{17}} + \frac{1}{8}\sqrt{17 + 3\sqrt{17} - \sqrt{34 - 2\sqrt{17}} - 2\sqrt{34 + 2\sqrt{17}}}$$

gefunden. Die detaillierte Herleitung wollen wir hier unterlassen, da sie ohne die zugehörige algebraische Begriffsbildung nicht richtig zu würdigen wäre. Wir weisen jedoch darauf hin, dass die „Disquisitiones Arithmeticae" wesentliche Impulse für die Entstehung der modernen Algebra insbesondere der Gruppentheorie gegeben haben.

Geometrisch umgesetzt wurden die algebraischen Rechnungen zuerst 1802 von CH. F. VON PFLEIDERER und von J.F. PFAFF (siehe dazu Band X,1, S. 120f, der Werke von GAUSS). Es folgten viele weitere Konstruktionen – am bekanntesten ist die von H. RICHMOND (1893) (vgl. [Cox]). Auf der Grundlage der „Disquisitiones Arithmeticae" hat F.J. RICHELOT 1832 in einer fast 200 Seiten langen Arbeit alle Einheitswurzeln für $n = 257$ angegeben. Den Fall $n = 65537$ hat J. HERMES nach zehnjähriger Arbeit 1889 erledigt und in einem Koffer im mathematischen Institut in Göttingen hinterlegt.

Nach diesem Exkurs in die Geometrie (und die Algebra) wollen wir die Zahl g des goldenen Schnittes etwas genauer untersuchen. Dazu gehen wir aus von der Identität

$$g = 1 + \frac{1}{g} = 1 + \frac{1}{1 + \frac{1}{g}}.$$

Ersetzt man hier g immer wieder durch $1 + \frac{1}{g}$, so erhält man einen so genannten Kettenbruch. Zur Approximation von g durch rationale Zahlen bricht man diesen Kettenbruch ab und ersetzt g auf der rechten Seite durch 1. Man erhält also eine Folge $(a_n)_{n \in \mathbb{N}_0}$, indem man $a_0 = 1$ und $a_{n+1} = 1 + \frac{1}{a_n}$ für $n \in \mathbb{N}_0$ setzt. Wir wollen zeigen, dass diese Folge rationaler Zahlen in der Tat gegen g konvergiert. Jedes Folgenglied a_n lässt sich für $n \in \mathbb{N}$ in der Form $a_n = \frac{p_n}{q_n}$ mit teilerfremden natürlichen Zahlen p_n und q_n schreiben. Mit $p_0 = q_0 = 1$ erhalten wir nämlich wegen

$$\frac{p_{n+1}}{q_{n+1}} = 1 + \frac{1}{\frac{p_n}{q_n}} = \frac{p_n + q_n}{p_n}$$

die Rekursion

$$p_{n+1} = p_n + q_n, \quad q_{n+1} = p_n$$

bzw.

$$p_{n+1} = p_n + p_{n-1}, \quad q_{n+1} = q_n + q_{n-1}$$

für $n \in \mathbb{N}_0$, wenn wir noch $p_{-1} = 1$ und $q_{-1} = 0$ setzen, in Matrixschreibweise:

$$\begin{pmatrix} p_{n+1} & q_{n+1} \\ p_n & q_n \end{pmatrix} = \begin{pmatrix} 1 & 1 \\ 1 & 0 \end{pmatrix} \begin{pmatrix} p_n & q_n \\ p_{n-1} & q_{n-1} \end{pmatrix} = \begin{pmatrix} 1 & 1 \\ 1 & 0 \end{pmatrix}^{n+2}$$

Zum Beweis der Konvergenz bemerken wir zunächst, dass

$$p_{n+1}q_n - p_nq_{n+1} = \det \begin{pmatrix} p_{n+1} & q_{n+1} \\ p_n & q_n \end{pmatrix} = \det \begin{pmatrix} 1 & 1 \\ 1 & 0 \end{pmatrix}^{n+2} = (-1)^n, \quad n \in \mathbb{N}_0,$$

gilt. Damit folgt

$$a_{n+1} - a_n = \frac{p_{n+1}q_n - q_{n+1}p_n}{q_nq_{n+1}} = \frac{(-1)^n}{q_nq_{n+1}}$$

und

$$a_n = 1 + \sum_{k=1}^{n}(a_k - a_{k-1}) = 1 + \sum_{k=1}^{n} \frac{(-1)^{k-1}}{q_kq_{k-1}}.$$

Die Folge $(a_n)_{n\in\mathbb{N}_0}$ ist nun konvergent, denn es ist $q_{n+1}q_n = p_nq_n > q_{n-1}q_n$, so dass das Leibniz-Kriterium für alternierende Reihen angewandt werden kann.

Wir erhalten damit gleichzeitig eine Abschätzung für die Konvergenzgeschwindigkeit, indem wir $\frac{1}{q_nq_{n+1}}$ weiter abschätzen. Dazu zeigen wir induktiv $q_n \geqslant (\sqrt{2})^n$ für $n \geqslant 2$. Es ist $q_2 = p_1 = 2 = (\sqrt{2})^2$, $q_3 = p_2 = 3 \geqslant (\sqrt{2})^3$ und

$$q_{n+1} = p_n = q_{n-1} + q_n \geqslant (\sqrt{2})^{n-1} + (\sqrt{2})^n$$
$$= (\sqrt{2} + 1)(\sqrt{2})^{n-1} \geqslant 2(\sqrt{2})^{n-1} = (\sqrt{2})^{n+1}.$$

Für $a = \lim_{n\to\infty} a_n$ gilt natürlich $a = 1 + \frac{1}{a} > 0$, d.h. $a = g$, und somit bekanntlich $|a_n - g| \leqslant \frac{1}{q_nq_{n+1}} \leqslant \frac{1}{2^n}$.

Die Folge der Nenner q_n besitzt dieselbe Gesetzmäßigkeit wie die Folge der Fibonacci-Zahlen f_n, die LEONARDO VON PISA (genannt Fibonacci) 1202 eingeführt hat.

Die Folge der Fibonacci-Zahlen

Die Fibonacci-Zahlen beschreiben die Anzahl der Kaninchenpaare, die ausgehend von einem einzigen Kaninchenpaar im Laufe der Zeit zur Welt gebracht werden. Dabei setzt man voraus, dass jedes Paar im Monat ein neues Paar zur Welt bringt und die neugeborenen Kaninchen zwei Monate nach ihrer Geburt gebären können. Man erhält für das erste Jahr die Zahlen

$$1, 1, 2, 3, 5, 8, 13, 21, 34, 55, 89, 144.$$

Für weitere „Anwendungen" der Fibonacci-Zahlen verweisen wir auf die Literatur am Ende dieses Abschnitts.

Für die Folge der Fibonacci-Zahlen stellte J. KEPLER 1608 die Rekursionsfomel

$$f_0 = 0, \quad f_1 = 1, \quad \text{und} \quad f_{n+2} = f_n + f_{n+1}, \quad n \in \mathbb{N}_0.$$

auf und erkannte, dass die Folge $\left(\frac{f_{n+1}}{f_n}\right)_{n\in\mathbb{N}}$ konvergiert und den Grenzwert g besitzt. Er benutzte natürlich noch nicht unsere Formelsprache. Genauer schreibt er am 12. Mai 1608 in einem Brief (zit. nach der Übers. in [CvD]):

In der Geometrie ist ein Verhältnis durch zwei Größen bestimmt; eine Proportion besteht in der Übereinstimmung der Verhältnisse. Zu einer Proportion gehören also vier Größen. Wenn die beiden mittleren gleich sind, so enthält man eine stetige Proportion; diese enthält in Wirklichkeit drei Größen, der Anlage nach vier. Unter den stetigen Proportionen existiert eine einzige ausgezeichnete Art, die göttliche Proportion, wobei von den drei Größen die zwei kleineren zusammen die größere ergeben, oder wo ein Ganzes so in zwei Teile zerlegt wird, dass zwischen den Teilen und dem Ganzen einen stetige Proportion besteht darin, dass aus dem größeren Teil und dem Ganzen wieder einen gleiche Proportion gebildet werden kann; was vorher der größere Teil war, wird dabei der kleiner; was vorher das Ganze war, wird der größer Teil, und die Summe beider spielt nun die Rolle des Ganzen. Das geht unendlich weiter, immer bleibt die göttliche Proportion bestehen....
Nun kann aber die göttliche Proportion durch Zahlen nicht vollkommen ausgedrückt werden; sie kann jedoch in der Weise ausgedrückt werden, dass wir durch einen unendlichen Prozess ihr immer näher kommen, wobei wir bei der Zeichnung des Quadrats immer nur einen Fehlbetrag von einer Einheit haben. Fangen wir mit den kleinsten Zahlen an. Die kleinste zerlegbare Zahl ist 2, sie hat die Teile 1 und 1; von diesen bilde der eine den kleineren, der andere den größeren Teil in der Proportion, so dass man die Glieder 1, 1, 2 erhält. Wäre dadurch die göttliche Proportion vollkommen ausgedrückt, so müsste das Rechteck aus den äußeren Gliedern gleich dem Quadrat des mittleren Gliedes sein. Es ist jedoch um 1 zu groß. Ich fahre nun fort, indem ich den größeren Teil 1 zu dem Ganzen 2 addiere; ich erhalte 3, so dass nun die Glieder 1, 2, 3 sind. Hier ist das Rechteck aus den äußeren Gliedern 3, das Quadrat des mittleren Gliedes 4. Ich fahre wiederum fort und addiere den größeren Teil 2 zu Ganzen 3, so dass das neue Ganze 5 ist; die Glieder sind nun 2, 3, 5. Das Rechteck aus den äußeren Gliedern 2, 5 ist 10, das Quadrat des mittleren 9. Ebenso addiere ich 3 und 5, ich erhalte 8. Fünfmal 5 ist 25, dreimal 8 ist 24. So ist immer der Fehlbetrag bei dem einen gleich dem Überschuß beim anderen....So bewirkt das einemal der Überschuß, das anderemal der Fehlbetrag beim Rechteck, dass wir nie vollkommen die göttliche Proportion ausdrücken. Und doch kommen wir immer näher an sie heran, je öfter wir die Zusammensetzung vornehmen.

Den Zusammenhang mit dem obigen Kettenbruch fand der schottische Mathematiker R. SIMSON im Jahr 1753. Die geschlossene Darstellung in der Form

$$f_n = \frac{1}{\sqrt{5}}\left(g^n - (-1)^n h^n\right), \quad n \in \mathbb{N},$$

hat 1718 DE MOIVRE angegeben; sie wird oft nach J.P.M. BINET benannt, der sie 1843 wieder entdeckte.

Johannes Kepler
* 27.12.1571 Weil der Stadt / † 15.11.1630 Regensburg
Mathematiker, Astronom und Naturforscher, ab 1594 Landschaftsmathematiker in Graz, 1601 Hofastronom und kaiserlicher Mathematiker in Prag, 1612 Landschaftsmathematiker in Linz und 1628 in Wallensteins Diensten. Seine Untersuchungen zum goldenen Schnitt und den platonischen Körpern sind wesentlicher Bestandteil seiner „Weltharmonik". Berühmt wurde er durch die gesetzmäßige Erfassung der Planetenbewegungen.

Während es zu jedem $n \geqslant 2$ ein regelmäßiges n-Eck gibt, existieren nur 5 reguläre Polyeder, d.h. von ebenen Flächen begrenzte konvexe Körper, deren Seitenflächen von kongruenten regelmäßigen n-Ecken gebildet werden, von denen in jeder Ecke die gleiche Anzahl zusammen treffen: das Tetraeder (4 gleichseitige Dreiecke), der Würfel oder Hexaeder (6 Quadrate), das Oktaeder (8 gleichseitige Dreiecke), das Dodekaeder (12 regelmäßige Fünfecke) und das Ikosaeder (20 gleichseitige Dreiecke).

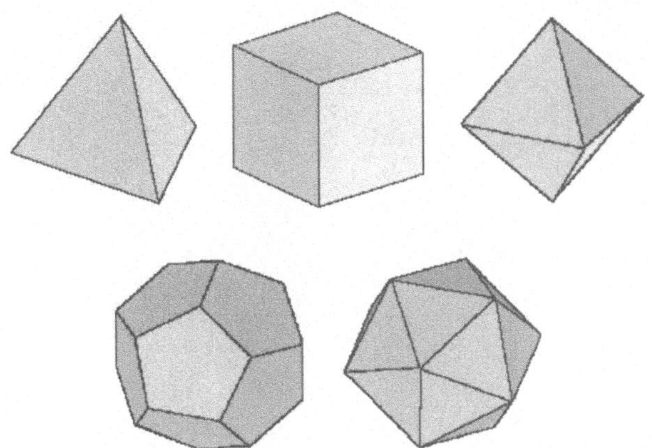

Fig. 1.4

Es gibt nur 5 regelmäßige Polyeder

Da in jeder Polyederecke mindestens drei n-Ecke zusammenkommen müssen und die Summe der dabei auftretenden Innenwinkel $\varphi_n = \pi - \frac{2\pi}{n}$ kleiner als 2π sein muss, können dies bei $n = 3$ ($\varphi_3 = \frac{\pi}{3}$) nur 3, 4 oder 5 Dreiecke sein, bei $n = 4$ ($\varphi_4 = \frac{\pi}{2}$) nur 3 Vierecke und bei $n = 5$ ($\varphi_5 = \frac{3\pi}{5}$) nur 3 Fünfecke – die Fälle $n \geqslant 6$ sind ausgeschlossen, da dafür $3\varphi_n \geqslant 2\pi$ gilt.

Die Entdeckung, dass sich auch alle fünf Fälle realisieren lassen, wird THEAITETOS zugeschrieben. Die so entstandenen Körper werden aber als *platonische Körper* bezeichnet, da sie PLATON im „Timaios" zur Grundlage seines Weltsystems machte (siehe [Top] für einen guten historischen Überblick). Werden diese in eine Kugel vom Radius r=1 einbeschrieben, so erhält man (durch mehrmalige Anwendung des Satzes von Pythagoras) als Kantenlänge a der einzelnen Begrenzungsflächen

- beim Tetraeder $a = 2\sqrt{\frac{2}{3}}$,
- beim Würfel $a = \frac{2}{\sqrt{3}}$,
- beim Oktaeder $a = \sqrt{2}$,
- beim Dodekaeder $a = \frac{2h}{\sqrt{3}}$
- und beim Ikosaeder: $a = \frac{2}{\sqrt{2+g}}$.

Diese Werte und die Konstruktion der platonischen Körper findet man in Buch XIII der „Elemente" von EUKLID, die später durch zwei weitere Bücher mit zusätzlichen Eigenschaften ergänzt wurden.

Die Konstruktion eines Tetraeders und eines Würfels sind sehr einfach. Auch ein Ikosaeder (mit $r = \sqrt{2 + g}$) lässt sich nach L. PACIOLI (1509) leicht konstruieren (siehe Fig. 1.5). Seine 12 Eckpunkte sind gegeben durch die Koordinaten $(0, \pm g, \pm 1)$, $(\pm g, \pm 1, 0)$ und $(\pm 1, 0, \pm g)$. Um die beiden letzten Körper, das Oktaeder bzw. das Dodekaeder, zu konstruieren, muss man nur beim Würfel bzw. beim Ikosaeder die Mittelpunkte der Begrenzungsflächen miteinander verbinden.

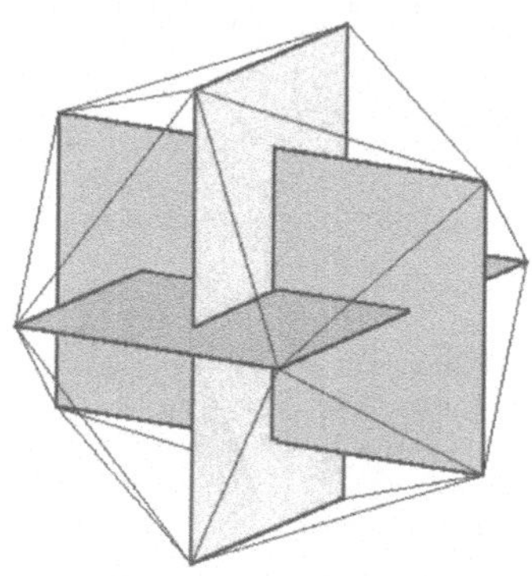

Fig. 1.5

In der Tradition PLATONs stand auch KEPLER, als er in seinem Erstlingswerk „Mysterium Cosmographicum" (siehe [Kep1]) einen Weltentwurf auf der Grundlage der platonischen Körper schuf und sich trotz seiner späteren Theorie der Planetenbewegung nie ganz davon lösen konnte: Die Planeten bewegen sich auf Kreisbahnen um die Sonne, deren Radien die von Sphären sind, in die die platonischen Körper ein- und umbeschrieben sind; siehe Fig. 1.6 (die rechte Figur zeigt einen vergrößerten Ausschnitt).

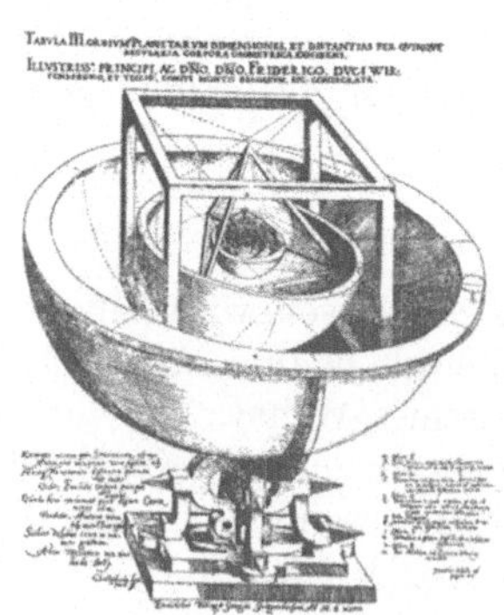
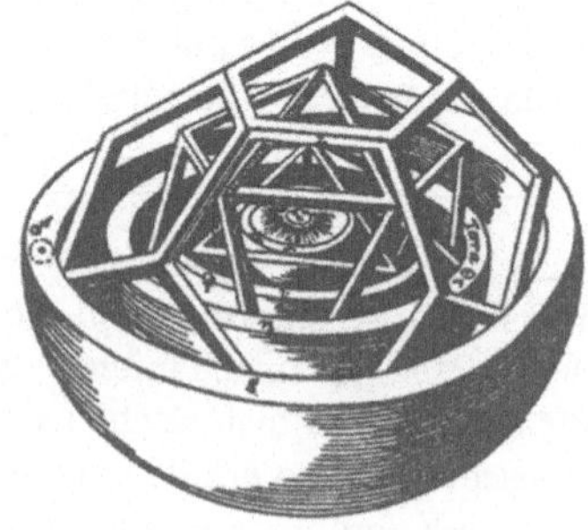

Fig. 1.6

Auch wenn die platonischen Körper bei der Beschreibung der Welt anderen Modellen weichen mussten, so spielen sie doch weiterhin eine mysteriöse Rolle in der Mathematik durch ihre Symmetriegruppen, die sich wiederfinden in der Klassifikation solch unterschiedlicher Strukturen wie Invarianten algebraischer Gleichungen, algebraische Singularitäten, Singularitäten von Kaustiken und Wellenfronten und einfache Lie'sche Gruppen.

Eine andere Anwendung der Zahl g des goldenen Schnittes, die eng mit dem Fünfeck zusammenhängt, wurde 1973 von dem englischen Mathematiker R. PENROSE entdeckt. Mit Hilfe zweier einfacher Schablonen (ursprünglich benötigte er sechs), dem Drachen und dem Pfeil, gelang es ihm, eine nicht periodische Pflasterung der Ebene zu konstruieren. Einen Ausschnitt einer solchen Pflasterung zeigt Fig. 1.7.

Fig. 1.7

Man kann zeigen, dass es überabzählbar viele solche Pflasterungen der Ebene gibt. Einen ersten Überblick über Penrose-Pflasterungen bieten [Gar] und [BP], umfassender wird das Thema „Pflasterungen" in [Sen] behandelt. Weitere Anwendungen des goldenen Schnittes findet man in [BP].

Aufgaben

1. Berechnen Sie die Seite s_0 des Fünfecks, wenn der Radius des Umkreises $r = 1$ ist.

2. Zeigen Sie: $\sin \frac{\pi}{5} = \frac{1}{2}\sqrt{3 - g}$, $\sin \frac{\pi}{10} = \frac{1}{2}\sqrt{2 - g} = \frac{1}{2}$, $\cos \frac{\pi}{5} = \frac{g}{2}$, $\cos \frac{\pi}{10} = \frac{1}{2}\sqrt{2 + g}$.

3. Die Folge $(b_n)_{n \in \mathbb{N}_0}$ sei induktiv definiert durch $b_0 = 1$ und $b_{n+1} = \sqrt{1 + b_n}$ für $n \in \mathbb{N}_0$. Man zeige: $g = \lim_{n \to \infty} b_n$.

4. Zeigen Sie, dass für die fünfte Einheitswurzel $\zeta = e^{2\pi i/5}$ die Beziehung $\frac{\zeta - \zeta^4}{\zeta^2 - \zeta^3} = g$ gilt.

5. Für die Folge $(f_n)_{n \in \mathbb{N}}$ der Fibonacci-Zahlen beweise man:

(i) $\frac{1}{1 - x - x^2} = \frac{1}{1 - (x + x^2)} = \sum_{n=0}^{\infty} f_{n+1} x^n$ für $|x| < h$.

(ii) $\sum_{n=1}^{\infty} \frac{1}{f_n f_{n+2}} = \sum_{n=0}^{\infty} \frac{1}{q_n q_{n+2}} = \sum_{n=0}^{\infty} (-1)^n (a_{n+2} - a_n) = 1$.

(iii) $f_n = \det \begin{pmatrix} 1 & i & & & \\ i & & 0 & & \\ & & & & \\ & 0 & & & i \\ & & & i & 1 \end{pmatrix}$ für $n \geqslant 2$, wobei die Matrix $n - 1$ Zeilen und Spalten

besitzt.

(iv) (J. KEPLER (1608) und G.D. CASSINI (1680)) $f_{n-1} f_{n+1} - f_n^2 = (-1)^n$ für $n \in \mathbb{N}$. Aus (i) und der Identität $\frac{1}{1 - x - x^2} = \frac{1}{(h - x)(g + x)} = \frac{1}{g + h}(\frac{1}{h - x} + \frac{1}{g + x})$ leite man (mittels Koeffizientenvergleich) die Binet'schen Formeln für f_n her.

6. Man beweise die Binet'schen Formeln mittels vollständiger Induktion.

7. Man konstruiere ausgehend vom regelmäßigen Fünfeck ein regelmäßiges Fünfzehneck, d.h. einen Winkel von 24°.

8. Zeigen Sie mit der in Fig. 1.2b angedeuteten *Wechselwegnahme* (griech. „Antiphairesis"), die auf die Rekursionsformeln

$$s_{n+1} = d_n - s_n < \frac{1}{2}s_n$$

$$d_{n+1} = s_n - s_{n+1}$$

führt, dass das Verhältnis $\frac{d_0}{s_0}$ der Streckenlängen eine irrationale Zahl ist.

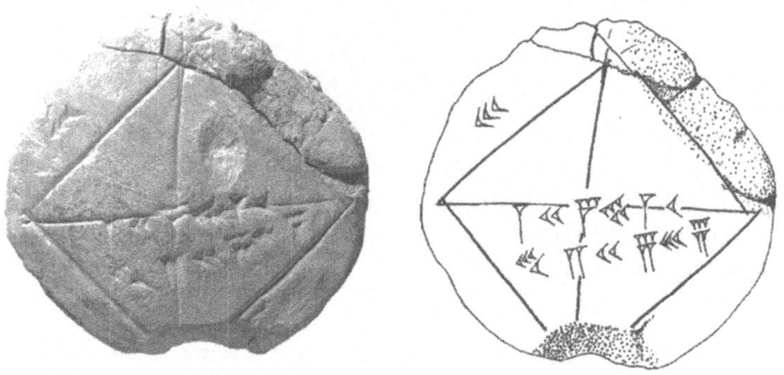

Fig. 1.8

Auf einer alten babylonischen Tontafel (siehe Fig. 1.8, links) findet man in Keilschrift (im Sexagesimalsystem) die Zahl

$$1; 24, 51, 10 = 1 + \frac{24}{60} + \frac{51}{60^2} + \frac{10}{60^3}$$

als Näherung für das Verhältnis der Diagonalen- zur Kantenlänge eines Quadrats. In der Skizze (Fig. 1.8, rechts) erkennt man links oben die Kantenlänge 30, unterhalb der Diagonalen deren Länge und auf der Diagonalen das Verhältnis.

Stellen Sie diese Zahl im Dezimalsystem dar und bestimmen Sie eine vergleichbare Näherung mit Hilfe obiger Rekursionsformeln bzw. nach dem Quadratwurzelalgorithmus, der auf der binomischen Formel $(a + b)^2 = a^2 + 2ab + b^2 = a^2 + (2a + b)b$ beruht. Erinnerung: Man fasst die Ziffern des Radikanden c beginnend mit den Einern in Zweiergruppen zusammen und sucht zunächst die größte in der Zahl enthaltene Quadratzahl a^2. Sodann wird die größte Zahl b_1 bestimmt, für die noch $(2a + b_1)b_1 \leqslant c - a^2$ gilt. Mit der Differenz $r_1 = c - a^2 - (2a + b_1)b_1$ wird dann genauso verfahren, wobei jetzt $a + b_1$ an die Stelle von a tritt, d.h. man sucht b_2 mit $(2(a + b_1) + b_2)b_2 \leqslant r_1$ usw. Ist r keine Quadratzahl, so werden wie bei der schriftlichen Division Nullen ergänzt, diesmal allerdings in Zweierpäckchen.

Literaturhinweise

[Bck] Becker, O. (Hrsg.): *Zur Geschichte der Griechischen Mathematik*, Wiss. Buchges., Darmstadt, 1965

Sammlung einiger der wichtigsten Artikel namhafter Mathematikhistoriker zur Geschichte der griechischen Mathematik. Zur Entdeckung der inkommensurablen Größen siehe auch *Das Mathematische Denken der Antike* von O. Becker (Vandenhoeck & Ruprecht, Göttingen, 1957) sowie *The Evolution of the Euclidean Elements* von W.R. Knorr (D. Reidel, Dordrecht, 1975).

[BP] Beutelspacher, A., Petri, B.: *Der Goldene Schnitt*, B·I·Wissenschaftsverlag, Mannheim, 1995^2

Die Autoren illustrieren Theorie und „Anwendung" des goldenen Schnitts in Mathematik, Kunst und Natur. Neben klassischen Themen werden auch Penrose-Pflasterungen und Fraktale behandelt.

[CvD] Caspar, M., von Dyck, W.: *Johannes Kepler in seinen Briefen*, 2 Bde., Oldenbourg, München, 1930

Zwei intime Kenner des Werks und des Lebens von Kepler geben eine Auswahl seiner Briefe in deutscher Übersetzung.

[Cig] Cigler, J.: *Grundideen der Mathematik*, B·I·Wissenschaftsverlag, Mannheim, 1992

Der Autor versucht die Grundideen der Mathematik an Beispielen aus der Algebra, der Zahlentheorie und der Geometrie zu vermitteln. Auch zu Grundlagenfragen wie der konstruktiven Behandlung der reellen Zahlen und der Nichtstandard-Analysis nimmt er Stellung.

[CG] Conway, J.H., Guy, R.K.: *Zahlenzauber*, Birkhäuser, Basel, 1997

Dies ist ein Buch für alle, die sich für den Zauber der (natürlichen) Zahlen bereits begeistern können oder diesen erst neu entdecken möchten. Ohne Beweise werden u.a. Eigenschaften der Fibonacci-Zahlen und anderer Zahlenfolgen vorgestellt sowie die verschiedener irrationaler Zahlen.

[Cox] Coxeter, H.S.M.: *Unvergängliche Geometrie*, Birkhäuser, Basel, 1981^2

Ein bereits klassisches Werk zur Geometrie, besonders für Studierende des Lehramtsstudiengangs

[Euk] Euklid : *Die Elemente*, dt. von C. Thaer, Ostwalds Klass. d. exakt. Wiss. 235, H. Deutsch, Frankfurt, 1997^3

Die „Stoicheia" von Euklid waren für mehr als 2000 Jahre das wichtigste mathematische Werk.

[Eul] Euler, L.: *Zur Theorie komplexer Funktionen*, Ostwalds Klass. d. exakt. Wiss. 261, Harri Deutsch, Frankfurt, 1996^2

Die Sammlung von Auszügen aus Eulers Werk enthält insbesondere seine Herleitung der Formel von Moivre.

[Gar] Gardner, M.: *Mathematische Spiele*, Spektrum der Wissenschaften 1979, Heft 11, 22-33.

Populärwissenschaftlicher Artikel zum Thema Penrose-Pflasterungen

[Kep1] Kepler, J.: *Das Weltgeheimnis*, dt. von M. Caspar, Filser, Augsburg, 1923

Das „Mysterium Cosmographicum", das Erstlingswerk Keplers, erschien zuerst 1596 sowie in zweiter Auflage mit kritischen Anmerkungen von Seiten des Autors im Jahr 1621.

[Kep2] Kepler, J.: *Weltharmonik*, dt. von M. Caspar, Oldenbourg, München, 1997

In der „Harmonice Mundi" von 1619 entwarf Kepler sein platonisches Weltbild.

[Sen] Senechal, M.: *Quasicrystals and Geometry*, Cambridge Univ. Press, Cambridge, 1995

Neben periodischen und aperiodischen Pflasterungen (oder Parkettierungen) der Ebene werden auch aperiodische „Packungen" des Raums behandelt.

[Top] Toepell, M.: *Platonische Körper in Antike und Neuzeit*, MU 1991, Heft 4, 45-79

Reich illustrierter Überblick über die Geschichte der platonischen Körper, zur Verwendung in der Schule geeignet.

1.2 Kettenbrüche

> Das bisher gesagte kömmt bereits in mehreren Schriften der Mathematicker vor, und dient überhaupt dahin, dass man einen durch grössere Zahlen ausgedrückten Bruch, der sich nicht genau auf kleinere Zahlen bringen läßt, dergestalt auf kleinere Zahlen bringe, dass er durch keine kleinere genauer getroffen wird. Da man auf diese Art mehrentheils eine ganze Reihe von Brüchen findet, wovon je der folgende genauer, dabey aber durch grössere Zahlen ausgedrückt ist; so behält man dabey die Wahl, zu bestimmen, ob man sich mit einem kleineren begnügen könne, oder einen durch grössere Zahlen ausgedruckten dafür nehmen wolte. In physischen oder practischen Dingen fällt dieses desto bequemer, weil man da ohehin an keine geometrische Schärfe gedencken kann. – *Johann Heinrich Lambert*

Im vorigen Abschnitt haben wir eine Kettenbruchdarstellung der Zahl g gegeben. Wir wollen hier die elementarsten Resultate dieser Theorie vorstellen. Wir beginnen mit dem *euklidischen Algorithmus*, der es erlaubt, den größten gemeinsamen Teiler $\mathrm{ggT}(p,q)$ zweier natürlicher Zahlen p und q zu bestimmen. Diese arithmetische Form der Wechselwegnahme (vgl. 1.1, Aufgabe 8) findet sich zuerst in Buch VII der „Elemente", war aber in der geometrischen Form schon früher bekannt.

Der euklidische Algorithmus für $\mathrm{ggT}(p,q)$

Ist $p > q$, so gilt $p = b_0 q + a_1$ mit Zahlen $b_0 \in \mathbb{N}$ und $0 \leqslant a_1 < q = a_0$. Weiter ist $a_0 = b_1 a_1 + a_2$ mit $0 \leqslant a_2 < a_1$ usw. bis schließlich $a_{n-1} = b_n a_n + a_{n+1}$ mit $a_{n+1} = 0$. Dann ist $a_n = \mathrm{ggT}(p,q)$.

Gleichzeitig haben wir die Kettenbruchdarstellung von $\frac{p}{q}$ gewonnen:

$$\frac{p}{q} = b_0 + \frac{a_1}{a_0} = b_0 + \frac{a_1}{b_1 a_1 + a_2} = b_0 + \frac{1}{b_1 + \frac{a_2}{a_1}} =: b_0 + \frac{1\,|}{|\,b_1} + \frac{a_2\,|}{|\,a_1}$$

$$= \cdots = b_0 + \frac{1\,|}{|\,b_1} + \frac{1\,|}{|\,b_2} + \cdots + \frac{1\,|}{|\,b_n} + \frac{a_{n+1}\,|}{|\,a_n}.$$

Ein Kettenbruch dieser Form heißt ein *endlicher regelmäßiger Kettenbruch*. Wir schreiben dafür nach P.G. Lejeune Dirichlet (1854) auch

$$\frac{p}{q} = [b_0; b_1, b_2, \ldots, b_n].$$

Beispiel 1. Es ist $\frac{3}{5} = \frac{1}{5/3} = \frac{1}{1+\frac{2}{3}} = \frac{1}{1+\frac{1}{1+\frac{1}{2}}} = [0; 1, 1, 2]$,

$$\frac{18}{64} = \frac{1}{3+\frac{10}{64}} = \frac{1}{3+\frac{1}{6+\frac{4}{10}}} = \frac{1}{3+\frac{1}{6+\frac{1}{2+\frac{2}{4}}}} = \frac{1}{3+\frac{1}{6+\frac{1}{2+\frac{1}{2}}}} = [0; 3, 6, 2, 2],$$

$\frac{43}{30} = [1; 2, 3, 4]$ und $\frac{169}{70} = [2; 2, 2, 2, 2, 2]$.

Ist $\frac{p}{q} = [b_0; b_1, \ldots, b_n]$, so können wir für $k = 1, \ldots, n$ die *Näherungsbrüche*

$$\frac{p_k}{q_k} = [b_0; b_1, \ldots, b_k]$$

betrachten. Mit $p_0 = b_0$, $q_0 = 1$ sowie $p_{-1} = 1$ und $q_{-1} = 0$ gilt dafür

$$p_k = b_k p_{k-1} + p_{k-2} \quad \text{und} \quad q_k = b_k q_{k-1} + q_{k-2}, \quad k = 1, \ldots, n. \tag{+}$$

Es ist nämlich

$$\frac{p_1}{q_1} = [b_0; b_1] = b_0 + \frac{1}{b_1} = \frac{b_0 b_1 + 1}{b_1} = \frac{p_0 b_1 + p_{-1}}{q_0 b_1 + q_{-1}}$$

und induktiv folgt

$$\frac{p_{k+1}}{q_{k+1}} = b_0 + \frac{1}{|\ b_1} + \frac{1}{|\ b_2} + \cdots + \frac{1}{|\ b_{k-1}} + \frac{1}{|\ b_k + \frac{1}{b_{k+1}}}$$

$$= [b_0; b_1, \ldots, b_{k-1}, b_k + \frac{1}{b_{k+1}}] = \frac{(b_k + \frac{1}{b_{k+1}})p_{k-1} + p_{k-2}}{(b_k + \frac{1}{b_{k+1}})q_{k-1} + q_{k-2}}$$

$$= \frac{b_{k+1} b_k p_{k-1} + b_{k+1} p_{k-2} + p_{k-1}}{b_{k+1} b_k q_{k-1} + b_{k+1} q_{k-2} + q_{k-1}} = \frac{b_{k+1} p_k + p_{k-1}}{b_{k+1} q_k + q_{k-1}}.$$

Für zwei rekursiv definierte Folgen $(p_k)_{k \in \mathbb{N}}$ und $(q_k)_{k \in \mathbb{N}}$ wie oben gilt ferner

$$p_{k+1} q_k - p_k q_{k+1} = (-1)^k \tag{++}$$

für $k = 0, \ldots, n - 1$ (insbesondere sind p_n und q_n teilerfremd). Man sieht dies wieder leicht an der Matrixdarstellung

$$\begin{pmatrix} p_{k+1} & q_{k+1} \\ p_k & q_k \end{pmatrix} = \begin{pmatrix} b_{k+1} & 1 \\ 1 & 0 \end{pmatrix} \begin{pmatrix} p_k & q_k \\ p_{k-1} & q_{k-1} \end{pmatrix} = \begin{pmatrix} b_{k+1} & 1 \\ 1 & 0 \end{pmatrix} \cdots \begin{pmatrix} b_0 & 1 \\ 1 & 0 \end{pmatrix}.$$

Wir wollen nun eine beliebige reelle Zahl a in einen *regelmäßigen Kettenbruch* entwickeln. Wie wir schon am Beispiel $a = g$ gesehen haben, wird dies vermutlich für eine irrationale Zahl ein unendlicher Kettenbruch sein, d.h. $a = [b_0; b_1, b_2, \ldots]$ mit einer nicht abbrechenden Folge $(b_n)_{n \in \mathbb{N}_0}$.

Für irrationale Zahlen, die bei den Griechen stets in Form geometrischer Größen bzw. als Verhältnisse solcher auftraten (als Längen bzw. Flächen- und Rauminhalte), hat EUKLID (in Buch V und Buch X der „Elemente") die von EUDOXOS entwickelte Proportionenlehre herangezogen – wir gehen darauf in Abschnitt 2.1 näher ein. Erst der persische Mathematiker OMAR KHAYYAM hat 1077 die Wechselwegnahme wieder aufgegriffen und damit irrationale Zahlen unabhängig von jeglicher geometrischen Interpretation als eigenständige Objekte aufgefasst. Ausgehend von zwei (geometrischen) Größen A und B interpretiert er deren Verhältnis $\frac{A}{B}$ als eine rein abstrakte Größe, die nicht anschaulich sondern nur logisch fassbar ist (siehe [OK]; hier zitiert nach [Jus]):

Wir wollen sie auffassen als eine durch den Verstand von all dem losgelöste und zu den Zahlen gehörende Größe, jedoch nicht zu den absoluten und echten Zahlen, da das Verhältnis von A zu B häufig auch nicht zahlenmäßig sein kann, d.h., dass man keine zwei Zahlen finden kann, deren Verhältnis diesem Verhältnis gleich wäre.

Grundlage für diese moderne Sichtweise war die hoch entwickelte numerische Fertigkeit, die die arabischen und persischen Mathematiker bei der Lösung kubischer Gleichungen oder etwa der näherungsweisen Berechnung von Wurzeln und auch von π zeigten (vgl. [Jus]). In Europa hat sich dieser Zahlbegriff erst im Anschluss an R. Descartes' „Geometrie" (vgl. [Des2]) durchgesetzt, in der dieser die geometrische Interpretation höherer algebraischer Potenzen aufgab und sie auf eine eindimensionale Einheit bezog. Vorher wurden die Koeffizienten in Gleichungen wie $x^3 + ax = b$ mit entsprechenden Dimensionen versehen, um die Homogenität zu erhalten. Das heißt, es war a von der Form c^2 und b eine dreidimensionale Größe, da man nicht Längen, Flächen- und Rauminhalte direkt vergleichen konnte. Schon vor 1630 bemerkte Descartes in den „Regeln zur Ausrichtung der Erkenntniskraft"(siehe [Des1]):

Es ist auch zu beachten, dass unter der Anzahl der Verhältnisse die in kontinuierlicher Reihe aufeinander folgenden Proportionen verstanden werden sollen, die man sonst in der gemeinen Algebra durch mehrere Dimensionen und Gestalten auszudrücken versucht, deren erste man Wurzel, deren zweite Quadrat, deren dritte Kubus, deren vierte man Biquadrat u.s.w. nennt. Ich muss gestehen, von diesen Bezeichnungen selbst lange Zeit getäuscht worden zu sein. Nichts schien nämlich meiner Einbildungskraft klarer vorgestellt werden zu können als, nächst Linie und Quadrat, der Kubus und andere nach ihrem Vorbild ausgedachte Figuren, und mit ihrer Hilfe habe ich immerhin eine ganze Reihe von Problemen gelöst. Aber schließlich entdeckte ich nach vielen Versuchen, dass ich durch diese Vorstellungsweise niemals etwas entdeckt hatte, das ich ohne sie nicht weit leichter und deutlicher hätte erkennen können, und dass dergleichen Bezeichnungen überhaupt abgelehnt werden müssen, damit sie nicht den Begriff verwirren, weil ja dieselbe Größe, selbst wenn man sie Kubus oder Biquadrat nennt, der vorgehenden Regel zufolge dennoch immer nur als Linie oder Fläche der Einbildungskraft vorgelegt werden darf. Es ist hier folglich ganz besonders zu beachten, dass Wurzel, Quadrat, Kubus, u.s.w. nichts anderes sind als in kontinuierlicher Proportion stehende Größen, denen nach Voraussetzung stets jene angenommene Einheit vorgesetzt ist...

Allgemein anerkannt wurde diese Auffassung gegen Ende des 17. Jahrhunderts als etwa I. Newton 1684 in seiner „Universal Arithmetick" (lat. veröffentlicht 1707, engl. 1720) feststellte:

By *Number* we understand not so much a Multitude of Unity, as the abstracted Ration of any Quantity to another Quantity of the same Kind, which we take for Unity. And this is threefold; integer, fracted, and surd: An *Integer* is what is measured by Unity, a *Fraction*, that which is a submultiple Part of Unity measures, and a *Surd*, to which Unity is incommensurable.

Zur Definition der Folge $(b_n)_{n \in \mathbb{N}_0}$ für eine irrationale Zahl a setzen wir $b_0 = [a]$. Dann ist $0 < a - [a] < 1$, also $\frac{1}{a-[a]} > 1$, und wir erhalten

$$\frac{1}{a - [a]} = b_1 + \frac{1}{a_1} \quad \text{mit} \quad b_1 = \left[\frac{1}{a - [a]}\right], \quad a_1 > 1.$$

Die Kettenbruchentwicklung einer irrationalen Zahl

Es sei a eine irrationale Zahl, $b_0 = [a]$ und $a_0 = a - [a]$. Für $n \geqslant 1$ definieren wir induktiv $\frac{1}{a_n} = b_{n+1} + \frac{1}{a_{n+1}}$ mit $b_{n+1} = [a_n]$ und $a_{n+1} > 1$, so dass $a = [b_0; b_1, \ldots, b_{n+1}, a_{n+1}] = [b_0; b_1, b_2, \ldots]$.

Wir erhalten so zunächst einen formalen Kettenbruch $[b_0; b_1, b_2, \ldots]$ und müssen zeigen, dass die wie oben definierte Folge der Näherungsbrüche $c_n = \frac{p_n}{q_n} = [b_0; b_1, \ldots, b_n]$ gegen

a konvergiert. Diese genügen wieder den Rekursionsformel (+), und sie erfüllen auch (++). Wir erhalten also insbesondere

$$\frac{p_n}{q_n} - \frac{p_{n-1}}{q_{n-1}} = \frac{(-1)^{n-1}}{q_n q_{n-1}} \tag{$*$}$$

sowie $q_n \geqslant f_n = f_{n-1} + f_{n-2} \geqslant n$, da $b_n \geqslant 1$ (hier ist f_n die n-te Fibonacci-Zahl). Es folgt

$$\left| \frac{p_{n+m}}{q_{n+m}} - \frac{p_n}{q_n} \right| = \left| \sum_{k=n+1}^{n+m} \left(\frac{p_k}{q_k} - \frac{p_{k-1}}{q_{k-1}} \right) \right| \leqslant \sum_{k=n+1}^{n+m} \frac{1}{k(k-1)},$$

d.h. $\left(\frac{p_n}{q_n} \right)_{n \in \mathbb{N}}$ ist eine Cauchy-Folge und damit konvergent gegen eine Zahl $x \in \mathbb{R}$. Wir können aber noch mehr aussagen: Es ist

$$\frac{p_n}{q_n} - \frac{p_{n-2}}{q_{n-2}} = \frac{p_n q_{n-2} - p_{n-2} q_n}{q_n q_{n-2}}$$

$$= \frac{(b_n p_{n-1} + p_{n-2}) q_{n-2} - p_{n-2}(b_n q_{n-1} + q_{n-2})}{q_n q_{n-2}}$$

$$= \frac{b_n (p_{n-1} q_{n-2} - p_{n-2} q_{n-1})}{q_n q_{n-2}} = \frac{b_n (-1)^n}{q_n q_{n-2}},$$

so dass

$$c_0 < c_2 < \cdots < c_{2n} < \cdots < c_{2n+1} < \cdots < c_3 < c_1$$

für jedes $n \geqslant 2$ gilt. Die Intervalle $[c_{2n}, c_{2n+1}]$ bilden also eine Intervallschachtelung, deren Schnittmenge nur aus $\{x\}$ besteht. Wir müssen nur noch $x = a$ zeigen. Nach Konstruktion ist aber $b_0 < a = [b_0; b_1, a_1] < [b_0; b_1] = c_1$ und ebenso für $n \geqslant 1$

$$[b_0; b_1, \ldots, b_{2n}] < a = [b_0; b_1, \ldots, b_{2n+1}, a_{2n+1}] < [b_0; b_1, \ldots, b_{2n+1}].$$

Wir wollen die Fehlerabschätzung für die Näherungsbrüche noch genauer untersuchen. Es ist $a = [b_0; b_1, \ldots, b_n, a_n]$ und mit $a_n = [b_{n+1}; b_{n+2}, \ldots]$ folgt $a = \frac{a_n p_n + p_{n-1}}{a_n q_n + q_{n-1}}$. Daher gilt

$$a_n(aq_n - p_n) = -(aq_{n-1} - p_{n-1}) = -q_{n-1}\left(a - \frac{p_{n-1}}{q_{n-1}} \right),$$

also

$$|a - c_n| = \left| \frac{q_{n-1}}{a_n q_n} \right| |a - c_{n-1}| < |a - c_{n-1}|,$$

d.h., jeder weitere Näherungsbruch liefert eine bessere Approximation als der vorhergehende. Insbesondere erhält man mit ($*$) den folgenden Approximationssatz, den J.-L. LAGRANGE 1798 bewiesen hat:

Approximationssatz von Lagrange

Die Näherungsbrüche $\frac{p_n}{q_n}$ einer irrationalen Zahl a genügen den Abschätzungen

$$\frac{1}{2 q_n q_{n+1}} < \left| a - \frac{p_n}{q_n} \right| < \frac{1}{q_n q_{n+1}} < \frac{1}{q_n^2}, \quad n \in \mathbb{N}.$$

Dies kann man nach F. Klein (1895) wie folgt geometrisch veranschaulichen: Man versehe die Ebene mit kleinen Pflöcken in den ganzzahligen Gitterpunkten und befestige ein Gummiband an den Pflöcken mit Koordinaten $(0,1)$ und $(1,0)$. Zeichnet man die Gerade mit (irrationaler) Steigung a und lässt einen an dem Gummiband befestigten Punkt entlang dieser Geraden laufen, so bleibt dieses Gummiband an den Gitterpunkten hängen, die die Näherungsbrüche bestimmen.

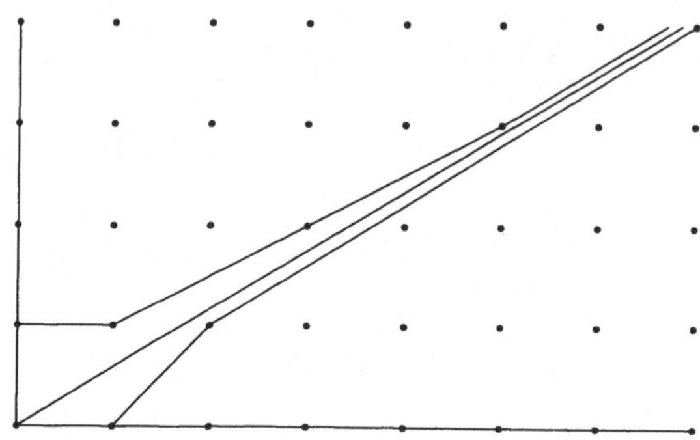

Fig. 1.9

Anschaulich erhält man das folgende Resultat von Lagrange (1798):

> **Satz**
>
> Unter allen rationalen Approximationen $\frac{p}{q}$ von a mit $q \leqslant q_n$ ist $\frac{p_n}{q_n}$ die beste.

Das kann man natürlich auch streng beweisen. Ist $\left|a - \frac{p}{q}\right| < \left|a - \frac{p_n}{q_n}\right|$, so muss $q > q_n$ gelten. Wäre $q \leqslant q_n < q_{n+1}$, so wäre $\frac{p}{q} \neq \frac{p_{n+1}}{q_{n+1}}$, also $|pq_{n+1} - qp_{n+1}| \geqslant 1$, und man hätte mit

$$\frac{1}{q_n q_{n+1}} \leqslant \frac{1}{q q_{n+1}} \leqslant \left|\frac{p}{q} - \frac{p_{n+1}}{q_{n+1}}\right| \leqslant \left|\frac{p}{q} - a\right| + \left|a - \frac{p_{n+1}}{q_{n+1}}\right|$$

$$< \left|\frac{p_n}{q_n} - a\right| + \left|a - \frac{p_{n+1}}{q_{n+1}}\right| = \left|\frac{p_n}{q_n} - \frac{p_{n+1}}{q_{n+1}}\right| = \frac{1}{q_n q_{n+1}}$$

einen Widerspruch.

Joseph Louis de Lagrange
* 25.1.1736 Turin / † 10.4.1813 Paris
1755 (vielleicht sogar schon 1751) Professor für Mathematik an der Kgl. Artillerieschule in Turin, 1766 Direktor der Preußischen Akademie der Wissenschaften in Berlin, 1797 Professor an der École Polytechnique in Paris. Neben der Analysis und der analytischen Mechanik beschäftigte er sich auch mit zahlentheoretischen Fragen sowie der Lösung algebraischer Gleichungen.

Der Approximationssatz von LAGRANGE liefert uns gleichzeitig ein notwendiges und hinreichendes Konvergenzkriterium für die Folge der Näherungsbrüche:

> **Satz**
>
> Der regelmäßige Kettenbruch $[b_0; b_1, b_2, \ldots]$ mit $b_n > 0$, $n \in \mathbb{N}$, konvergiert genau dann, wenn er endlich ist oder wenn $q_n q_{n+1} \to \infty$ für $n \to \infty$, bzw. wenn $\sum_{n=1}^{\infty} b_n$ divergiert.

Wir überlassen dem Leser den Beweis als Übungsaufgabe. Da wir hier nur $b_n \in \mathbb{N}$ vorausgesetzt haben, ist das Kriterium für einen nicht abbrechenden Kettenbruch natürlich erfüllt, und der Grenzwert a ist eine irrationale Zahl. Es ist nämlich

$$aq_n - p_n = \frac{a_n p_n + p_{n-1}}{a_n q_n + q_{n-1}} q_n - p_n$$

$$= \frac{a_n p_n q_n + p_{n-1} q_n - a_n q_n p_n - p_n q_{n-1}}{a_n q_n + q_{n-1}} = \frac{(-1)^n}{a_n q_n + q_{n-1}}$$

nach (++), und die rechte Seite wird für großes n beliebig klein. Wäre $a = \frac{p}{q}$, so wäre $|aq_n - p_n| = \frac{|q_n p - p_n q|}{|q|} \geqslant \frac{1}{|q|}$, und man hätte einen Widerspruch. Das Konvergenzkriterium wird natürlich erst interessant, wenn man beliebige (positive) reelle Zahlen b_n zulässt, insbesondere auch unbestimmte Potenzen x^n (analog zur Bildung von Potenzreihen). Wir wollen dies aber hier nicht weiter verfolgen.

Der Satz über die beste Approximation gilt auch für rationale Zahlen. Bereits lange vor LAGRANGE hat man dies mehr oder weniger bewusst ausgenutzt und zwar aus praktischem Interesse.

Beispiele 2. So hat CH. HUYGENS seit 1680 Näherungsbrüche der Kettenbruchentwicklungen von rationalen Zahlen mit sehr großen Zählern und Nennern, die als Verhältnisse der Umlaufzeiten von Planeten um die Sonne auftreten, benutzt, um die Anzahl der benötigten Zähne eines Zahnrades in einem mechanischen Modell möglichst gering zu halten. Zum Beispiel bewegen sich die Erde und der Saturn in einem Jahr um die Winkel $360°$ bzw. um $12°13'34''$ auf ihrer Bahn, also im Verhältnis $\frac{1295141}{44014}$. Für diese Zahl, mit der Kettenbruchentwicklung $[29; 2, 2, 1, 6, 3, 2, 1, 1, 2, 20]$, benutzt HUYGENS 1685 die Näherung $[29; 2, 2, 1] = \frac{206}{7}$. Während das Zahnrad für den treibenden Motor 7 Zähne besitzt hat das Zahnrad für den Saturn 206 Zähne. Die Approximation ist so gut, dass in 1444 Jahren das Saturnrad nur um einen Zahn weiter gedreht werden muss. Damit verwandt ist das Problem einen möglichst genaue Kalender zu erstellen.

3. Da das tropische Jahr (die Umlaufzeit der Erde um die Sonne) um 5 Stunden 48 Minuten und 46 Sekunden länger ist als 365 Tage, muss die Differenz durch Einfügen von Schalttagen aufgefangen werden. Bei einer mittleren Tageslänge von 24 Stunden oder 86400 Sekunden beträgt die Differenz gerade $\frac{20926}{864000}$ Tage. Die Kettenbruchentwicklung dieser Zahl liefert die folgenden Näherungsbrüche:

$$\frac{1}{4}, \frac{7}{29}, \frac{8}{33}, \frac{31}{128}, \frac{163}{673}, \frac{10463}{43200}.$$

Auf der ersten Näherung basiert der julianische Kalender, den J. Caesar am 1. Januar 45 v.u.Z. auf Anraten des alexandrinischen Astronomen Sosigenes einführte: alle 4 Jahre wird ein Schalttag eingeschoben. Der dritte Näherungsbruch liegt dem persischen Kalender zugrunde, den Omar Khayyam 1079 einführte. Seine Gesetzmäßigkeit weicht aber zu stark von dem christlichen Kirchenkalender ab, als dass er übernommen werden konnte. Einen modifizierten julianischen Kalender hat die griechisch-orthodoxe Kirche 1924 eingeführt. Dessen Schalttagregelung, die von dem serbischen Astronom M. Milankovitch stammt, führt fast auf den sechsten Näherungbruch: Alle vier Jahre wird ein Schalttag eingefügt, bei den vollen Jahrhunderten jedoch nur, falls diese bei Division durch 9 den Rest 2 oder 6 lassen, was auf den Bruch $\frac{10464}{43200}$ hinausläuft. Dieser Kalender ist daher genauer als der bei uns gebräuchliche gregorianische Kalender, bei dem bei den vollen Jahrhunderten nur die durch 400 teilbaren einen Schalttag erhalten. Der hier auftretende Bruch $\frac{97}{400}$ läßt sich aber nicht mittels Kettenbrüchen erklären (siehe dazu [Dut]). Der älteste ägyptische Kalender, der babylonische und heute noch der mohammedanische Kalender beruhen auf dem Mondzyklus, nach dem bekanntlich auch das christliche Osterfest bestimmt wird. Um diesen mit dem durch den Sonnenzykel bestimmten Wechsel der Jahreszeiten in Einklang zu bringen, ist eine andere Schaltregelung nötig. Wir besprechen diese zusammen mit der periodischen Erscheinung von Sonnen- und Mondfinsternissen in Aufgabe 6.

Wir wollen nun die Kettenbruchentwicklung irrationaler Zahlen genauer bestimmen. In einigen konkreten Fällen ist dies sehr einfach. Ist $a = \sqrt{b^2 + 1}$, so gilt $a^2 = b^2 + 1$, also

$$ab + a^2 = a(a + b) = ab + b^2 + 1 = b(a + b) + 1 \quad \text{bzw.} \quad a = b + \frac{1}{b + a},$$

und es folgt durch sukzessives Einsetzen von a, dass $a = [b; 2b, 2b, \ldots]$ gilt. Wir kürzen diesen *periodischen Kettenbruch* mit $a = [b; \overline{2b}]$ ab.
Allgemeiner betrachten wir periodische Kettenbrüche der Form $[\overline{b_0; b_1, \ldots, b_{k-1}}]$ oder noch allgemeiner $[b_0; b_1, \ldots, b_{k-1}, \overline{b_k, \ldots, b_{k+\ell-1}}]$. Erstere lassen sich leicht berechnen. Es ist $a = [\overline{b_0; b_1, \ldots, b_{k-1}}] = [b_0; b_1, \ldots, b_{k-1}, a_k]$ und dabei $a_k = [\overline{b_0; b_1, \ldots, b_{k-1}}] = a$, so dass

$$a = \frac{a_k p_{k-1} + p_{k-2}}{a_k q_{k-1} + q_{k-2}},$$

also $a = a_k$ der quadratischen Gleichung

$$q_{k-1}x^2 + (q_{k-2} - p_{k-1})x - p_{k-2} = 0$$

genügt. Wegen $a > b_0$ ist a die positive Lösung dieser Gleichung, die durch

$$a = \frac{p_{k-1} - q_{k-2} + \sqrt{(p_{k-1} - q_{k-2})^2 + 4q_{k-1}p_{k-2}}}{2q_{k-1}}$$

gegeben ist, also von der Form $a = \frac{p + \sqrt{d}}{q}$. Bei einem allgemeinen periodischen Kettenbruch gilt $a = [b_0; b_1, \ldots, b_{k-1}, a_k]$ mit $a_k = [\overline{b_k; \ldots, b_{k+\ell-1}}]$ also

$$a = \frac{p_{k-1} a_k + p_{k-2}}{q_{k-1} a_k + q_{k-2}},$$

so dass a ebenfalls von der Form $a = \frac{p+\sqrt{d}}{q}$ ist. Damit erhalten wir als Ergebnis:

Hauptsatz über periodische Kettenbrüche

Jeder periodische Kettenbruch stellt eine quadratische Irrationalzahl der Form $a = \frac{p+\sqrt{d}}{q}$ dar. Umgekehrt lässt sich jede quadratische Irrationalzahl in einen periodischen Kettenbruch entwickeln lässt.

Die erste Aussage wurde 1737 von EULER bewiesen. Sie wurde 1770 von LAGRANGE durch die zweite Aussage ergänzt, wofür man einen Beweis etwa bei [Lan] oder [Per] findet; für einen Spezialfall vgl. Aufgabe 8. Für algebraische Zahlen höheren Grades (vgl. Abschnitt 1.3) gibt es keine vergleichbare Aussage. Auch lässt sich an der Gestalt des zugehörigen Kettenbruchs nicht erkennen, ob eine Zahl algebraisch oder transzendent ist. Zum Beispiel besitzt π nach J.H. LAMBERT (1770) die Entwicklung

$$\pi = [3; 7, 15, 1, 292, 1, 1, 1, 2, 1, 3, 1, 14, 2, 1, 1, 2, 2, 2, 2, 1, 84, 2, 1, 1, 15, 3, 13, \ldots],$$

von der CH. HUYGENS aber bereits 1687 die ersten 17 „Stellen" auf der Grundlage der soweit bekannten Dezimalbruchentwicklung berechnet hatte; die ebenso unregelmäßige Kettenbruchentwicklung von $\sqrt[3]{2}$ findet man in [Lan]. Die rationale Approximation $\frac{22}{7}$ der „Kreiszahl" π, die wir im nächsten Kapitel auf geometrischem Weg herleiten werden, ist der erste Näherungsbruch dieser Kettenbruchentwicklung. Erstaunlich ist die noch bessere Approximation durch den nächsten Näherungsbruch $\frac{355}{113}$, die der chinesische Mathematiker TSU-CHU'NG-CHIH bereits um 500 (u.Z.) angegeben hat. Es ist nicht bekannt, wie er darauf gekommen ist. Heute werden statt Kettenbruchentwicklungen oder geometrisch begründeten Approximationsverfahren schnell konvergente Reihen zur Berechnung von π benutzt, die sich gut auf einem Computer implementieren lassen. Wir wollen hier nicht auf die vielen und immer genaueren rationalen Approximationen der Zahl π eingehen, da dies anderweitig schon oft geschildert wurde (vgl. [BBB] sowie [Bec] und [Mäd]).

Schöne Darstellungen erhält man jedoch, wenn man *allgemeine Kettenbrüche* zulässt:

Allgemeine Kettenbrüche

Ein allgemeiner Kettenbruch hat die Form

$$a = b_0 + \frac{a_1\,|}{|\,b_1} + \frac{a_2\,|}{|\,b_2} + \cdots + \frac{a_n\,|}{|\,b_n} + \cdots.$$

Für dessen Näherungsbrüche erhält man ausgehend von $p_{-1} = 1 = q_0$, $q_{-1} = 0$ und $p_0 = b_0$ die Rekursionsformel

$$p_k = b_k p_{k-1} + a_k p_{k-2} \quad \text{und} \quad q_k = b_k q_{k-1} + a_k q_{k-2}, \quad k \in \mathbb{N}.$$

Hierfür ist die Konvergenz nicht automatisch garantiert. Man kann aber wie oben induktiv die Beziehung

$$p_k q_{k-1} + p_{k-1} q_k = (-1)^{k-1} a_1 a_2 \cdots a_k$$

beweisen und erhält für aufeinander folgende Näherungsbrüche die Relationen

$$\frac{p_k}{q_k} - \frac{p_{k-1}}{q_{k-1}} = (-1)^{k-1} \frac{a_1 a_2 \cdots a_k}{q_{k-1} q_k}, \qquad (**)$$

die für Konvergenzbetrachtungen herangezogen werden können. Wir wollen auf Konvergenzkriterien nicht näher eingehen (siehe dazu [Per]), sondern nur Spezialfälle betrachten, bei denen man die Konvergenz leicht entscheidet.

Beispiel 4. Für $\sqrt{a^2 + b}$ mit $0 < b < 2a + 1$ erhält man die folgende Entwicklung, die bereits R. Bombelli 1572 in einem speziellen Zahlenbeispiel angegeben hat:

Satz

Für ganze Zahlen a und b mit $0 < b < 2a + 1$ gilt

$$\sqrt{a^2 + b} = a + \frac{b\,|}{|\,2a} + \frac{b\,|}{|\,2a} + \cdots.$$

Man beachtet dazu, dass man für $x = \sqrt{a^2 + b}$ die Identität

$$x(a + x) = ax + x^2 = ax + a^2 + b = a(a + x) + b$$

und damit $x = a + \frac{b}{a+x}$ erhält. Die Konvergenz folgt mit $(**)$ aus der Konvergenz der unendlichen Reihe $\sum_{k=1}^{\infty} \frac{b^k}{q_k q_{k-1}}$, da $\frac{b^k}{q_k q_{k-1}} \leqslant \frac{(2a)^k}{(2a)^{2k-1}} = \frac{1}{(2a)^{k-1}}$.

Man sieht, dass $\sqrt{17}$ eine besonders einfache Kettenbruchentwicklung besitzt und damit auch eine kurze geometrische Beschreibung der Wechselwegnahme erlaubt. Dagegen besitzt die von $\sqrt{19}$ eine Periode der Länge 6. Dies ist möglicherweise eine andere Erklärung dafür, dass Theodoros $\sqrt{n}$ nur für $n \leqslant 17$ untersuchte.

Leonhard Euler
* 15.4.1707 Basel / † 18.9.1783 St. Petersburg
seit 1727 in St. Petersburg, 1731 Professor für Physik, 1733 für Mathematik, 1741 - 1766 an der Preußischen Akademie der Wissenschaften in Berlin, seit 1759 deren Leiter, 1766 wieder in St. Petersburg. Er wirkte in allen Bereichen der Analysis und der mathematischen Physik und verfasste darüber mehrere Lehrbücher, die „Anleitung zur Algebra" sogar nach völliger Erblindung. Sein monumentales Gesamtwerk umfasst mehr als 70 Bände.

Wir wollen schließlich einen Zusammenhang herstellen zwischen konvergenten Kettenbrüchen und konvergenten alternierenden Reihen. Und zwar sollen die Partialsummen $s_n = \sum_{k=1}^{n}(-1)^{k-1}\frac{1}{c_k}$ einer alternierenden unendlichen Reihe mit $c_n \in \mathbb{N}$ als Näherungsbrüche eines verallgemeinerten Kettenbruchs geschrieben werden: $s_n = \frac{p_n}{q_n}, n \in \mathbb{N}$. Wir behaupten, dass

$$s_n = \frac{1}{|} \frac{1}{c_1} + \frac{c_1^2}{| c_2 - c_1} + \frac{c_2^2}{| c_3 - c_2} + \cdots + \frac{c_{n-1}^2}{| c_n - c_{n-1}} \qquad (\times)$$

gilt. Es folgt dann die von EULER 1748 gefundene

Kettenbruchdarstellung einer alternierenden Reihe

$$\sum_{k=1}^{\infty}(-1)^{k-1}\frac{1}{c_k} = \frac{1}{|} \frac{1}{c_1} + \frac{c_1^2}{| c_2 - c_1} + \frac{c_2^2}{| c_3 - c_2} + \cdots .$$

Zum Beweis von $(\times)$ mittels vollständiger Induktion schreiben wir

$$s_n = \frac{1}{c_1}\left(1 - \frac{c_1}{c_2} + \cdots + (-1)^{n-1}\frac{c_1}{c_n}\right)$$

und die rechte Seite von $(\times)$ in der Form

$$\frac{1/c_1}{|\ 1} + \frac{c_1/c_2}{|\ 1 - c_1/c_2} + \frac{c_2/c_3}{|\ 1 - c_2/c_3} + \cdots + \frac{c_{n-1}/c_n}{|\ 1 - c_{n-1}/c_n} .$$

Ferner setzen wir $\alpha_k = \frac{c_k}{c_{k+1}}$ für $k = 1, \ldots, n-1$, so dass die folgende Identität zu beweisen ist

$$1 - \alpha_1 + \alpha_1\alpha_2 - \cdots + (-1)^{n-1}\alpha_1 \cdots \alpha_{n-1}$$
$$= \frac{1}{|\ 1} + \frac{\alpha_1}{|\ 1 - \alpha_1} + \frac{\alpha_2}{|\ 1 - \alpha_2} + \cdots + \frac{\alpha_{n-1}}{|\ 1 - \alpha_{n-1}} .$$

Nun gilt

$$1 - \alpha_1 + \alpha_1\alpha_2 - \cdots + (-1)^{n-1}\alpha_1 \cdots \alpha_{n-1}$$
$$= 1 - \alpha_1\left(1 - \alpha_2 + \cdots + (-1)^{n-2}\alpha_2 \cdots \alpha_{n-1}\right) = 1 - x\frac{1}{1+y},$$

wobei wir $x = \alpha_1$ und (nach Induktionsvoraussetzung)

$$y = \frac{\alpha_2}{|\ 1 - \alpha_2} + \cdots + \frac{\alpha_{n-1}}{|\ 1 - \alpha_{n-1}}$$

gesetzt haben. Der Induktionsschritt und damit die Behauptung folgt dann, wenn

$$1 - x\frac{1}{1+y} = \frac{1}{1 + \frac{x}{1-x+y}}$$

gezeigt ist. Dies bestätigt man aber sofort durch Ausmultiplizieren.

Als Anwendung erhalten wir Kettenbruchentwicklungen von $\log 2$ und von $\frac{\pi}{4}$. Dazu erinnern wir an die zugehörigen alternierenden Reihen:

$$\frac{\pi}{4} = \sum_{k=0}^{n-1} \frac{(-1)^k}{2k+1} \quad \text{und} \quad \log 2 = \sum_{k=1}^{n} \frac{(-1)^{k-1}}{k}.$$

Die erste Reihe wird oft nach G.W. LEIBNIZ benannt, der von seiner Entdeckung im Jahr 1673 so begeistert war, dass er bei der Veröffentlichung 1682 den römischen Dichter VERGIL zitierte:

Numero Deus impare gaudet – An den ungeraden Zahlen erfreut sich der Gott.

Sie war den führenden englischen Mathematikern zu dieser Zeit allerdings schon bekannt und sogar um 1410 schon dem indischen Mathematiker und Astronom MĀDHAVA (siehe [BBB]). Die zweite Reihe besaß P. MENGOLI bereits 1648 bevor N. MERCATOR 1668 die Potenzreihenentwicklung von $\log(1+x)$ veröffentlichte und die anderer elementarer Funktionen von J. GREGORY und I. NEWTON gefunden wurden.

Wir geben eine kurze gemeinsame Herleitung für beide Reihen.

Für das Integral $I_n = \int_0^{\pi/4} \tan^n x \, dx$ erhält man mit der Substitution $y = \tan x$ (also $dy = (1 + \tan^2 x) \, dx$) die Rekursionsformel

$$I_n + I_{n+2} = \int_0^{\pi/4} \tan^n x (1 + \tan^2 x) \, dx = \int_0^1 y^n \, dy = \frac{1}{n+1}.$$

Da I_n monoton fallend in n ist, folgt damit

$$\frac{1}{n-1} = I_n + I_{n-2} > 2I_n > I_n + I_{n+2} = \frac{1}{n+1}.$$

Andererseits liefert wiederholte Anwendung der Rekursionsformel

$$I_{2n} = \frac{1}{2n-1} - I_{2n-2} = \cdots = \frac{1}{2n-1} - \frac{1}{2n-3} + \cdots \pm 1 \mp \frac{\pi}{4}$$

und

$$I_{2n+1} = \frac{1}{2n} - \frac{1}{2n-2} + \cdots \pm \frac{1}{2} \mp \frac{1}{2} \log 2.$$

Es folgt also

$$\frac{1}{2(2n+1)} < \left| \sum_{k=0}^{n-1} \frac{(-1)^k}{2k+1} - \frac{\pi}{4} \right| < \frac{1}{2(2n-1)}$$

und

$$\frac{1}{4(n+1)} < \left| \sum_{k=1}^{n} \frac{(-1)^{k-1}}{2k} - \frac{1}{2}\log 2 \right| < \frac{1}{4(n-1)}.$$

Damit erhalten wir die folgenden Kettenbruchentwicklungen.

Kettenbruchentwicklungen von $\log 2$ **und** $\frac{\pi}{4}$

$$\log 2 = \frac{1\,|}{|\,1} + \frac{1\,|}{|\,1} + \frac{4\,|}{|\,1} + \frac{9\,|}{|\,1} + \frac{16\,|}{|\,1} + \cdots$$

und

$$\frac{\pi}{4} = \frac{1\,|}{|\,1} + \frac{1\,|}{|\,2} + \frac{9\,|}{|\,2} + \frac{25\,|}{|\,2} + \frac{49\,|}{|\,2} + \cdots.$$

Der angegebene Kettenbruch von $\frac{\pi}{4}$ geht auf Lord W. BROUNCKER (1656) zurück. Weitere Kettenbruchentwicklungen für $\frac{\pi}{4}$ und $\log 2$ stammen von J.H. LAMBERT; sie wurden auf anderem Weg gewonnen – wir können darauf aber nicht näher eingehen:

$$\log 2 = \frac{1\,|}{|\,1} + \frac{1\,|}{|\,2} + \frac{1\,|}{|\,3} + \frac{4\,|}{|\,4} + \frac{4\,|}{|\,5} + \frac{9\,|}{|\,6} + \frac{9\,|}{|\,7} + \cdots$$

sowie

$$\frac{\pi}{4} = \frac{1\,|}{|\,1} + \frac{1\,|}{|\,3} + \frac{4\,|}{|\,5} + \frac{9\,|}{|\,7} + \frac{16\,|}{|\,9} + \cdots.$$

Für die *Euler'sche Zahl* $e = \lim_{n\to\infty}(1 + \frac{1}{n})^n$ hat EULER ebenfalls mehrere Kettenbruchdarstellungen gefunden.

Kettenbruchentwicklungen von e

$$e = 2 + \frac{2\,|}{|\,2} + \frac{3\,|}{|\,3} + \frac{4\,|}{|\,4} + \frac{5\,|}{|\,5} + \frac{6\,|}{|\,6} + \cdots$$

und

$$e = 2 + \frac{1\,|}{|\,1} + \frac{1\,|}{|\,2} + \frac{2\,|}{|\,3} + \frac{3\,|}{|\,4} + \frac{4\,|}{|\,5} + \cdots$$

sowie

$$e - 1 = [1; 1, 2, 1, 1, 4, 1, 1, 6, 1, 1, 8, \ldots].$$

Der letzte Kettenbruch ist ein regelmäßiger, und daher ist e eine irrationale Zahl. Zur Herleitung dieses Kettenbruchs führen wir die Hilfsgrößen

$$\xi_n = \frac{1}{n!} \int_0^1 x^n (1-x)^n e^x \, dx \quad \text{und} \quad \eta_n = \frac{1}{n!} \int_0^1 x^{n+1}(1-x)^n e^x \, dx$$

ein. Mittels partieller Integration folgt dafür

$$n! \, \xi_n = x^n(1-x)^n e^x \big|_0^1 - \int_0^1 e^x \left(nx^{n-1}(1-x) - nx^n(1-x)^{n-1} \right) dx$$

$$= n \int_0^1 (2x-1)x^{n-1}(1-x)^{n-1} e^x \, dx = n!2(\eta_{n-1} - \xi_{n-1}),$$

also

$$\xi_n + \xi_{n-1} = 2\eta_{n-1}, \quad n \geqslant 1 \tag{+}$$

und analog zeigt man

$$\eta_n = \eta_{n-1} - (2n+1)\xi_n, \quad n \geqslant 1.$$

Es folgt $\xi_{n+1} + 2(2n+1)\xi_n = \xi_{n-1}$ bzw.

$$\frac{\xi_{n-1}}{\xi_n} = 2(2n+1) + \frac{\xi_{n+1}}{\xi_n}. \tag{*}$$

Nun ist $\xi_0 = e-1$, $\eta_0 = 1$, und mit (+) folgt $\xi_1 = e+1-2(e-1)$, also

$$\frac{e+1}{e-1} = 2 + \frac{\xi_1}{\xi_0} = \left[2; \frac{\xi_0}{\xi_1}\right] = [2; 6, 10, 14, \ldots] = [b_0; b_1, b_2, \ldots]$$

mit $b_k = 4k + 2$, $k \in \mathbb{N}_0$, wenn man sukzessive (*) einsetzt. Den oben angegebenen regelmäßigen Kettenbruch für e bezeichnen wir nun mit $[b_0'; b_1', b_2', \ldots]$, d.h. es sei $b_0' = 2$, $b_{3k-2}' = 1 = b_{3k}'$ und $b_{3k-1}' = 2k$. Die Zähler p_k' und Nenner q_k' der zugehörigen Näherungsbrüche genügen dann den Identitäten

$$p_{3k+1}' = p_k + q_k, \quad q_{3k+1}' = p_k - q_k, \quad k \in \mathbb{N}_0,$$

was man induktiv beweist. Hier sind $\frac{p_k}{q_k}$ die Näherungsbrüche von $\frac{e+1}{e-1}$. Somit folgt

$$\lim_{k \to \infty} \frac{p_{3k+1}'}{q_{3k+1}'} = \lim_{k \to \infty} \frac{p_k + q_k}{p_k - q_k} = \lim_{k \to \infty} \frac{p_k/q_k + 1}{p_k/q_k - 1} = \frac{\frac{e+1}{e-1} + 1}{\frac{e+1}{e-1} - 1} = e.$$

Leider stellt ein beliebiger konvergenter nicht abbrechender Kettenbruch i.a. keine irrationale Zahl dar (vgl. Aufgabe 4). Man kann also nicht aus den obigen Kettenbruchentwicklungen für $\frac{\pi}{4}$ auf die Irrationalität von π schließen. Damit diese trotzdem daraus abgeleitet werden kann – LAMBERT benutzte dazu 1766 indirekt die Kettenbruchentwicklung der Tangensfunktion –, benötigt man zusätzliche Voraussetzungen wie etwa $\frac{a_n}{b_n} < 1$ für $a_n, b_n \in \mathbb{N}$ (A.-M. LEGENDRE 1806). Unter dieser Voraussetzung gilt

nämlich $a < 1$, da $\frac{p_1}{q_1} = \frac{a_1}{b_1} < 1$ und ebenso $\frac{p_n}{q_n} = \left|\frac{a_1}{b_1}\right| + \left|\frac{a_2}{b_2}\right| + \cdots + \left|\frac{a_n}{b_n}\right| < \frac{a_1}{b_1} < 1$ für jedes $n \in \mathbb{N}$. Nimmt man $a = \frac{p}{q}$ an, setzt $\alpha_0 = q$ und wählt induktiv α_k mit $\frac{\alpha_k}{\alpha_{k-1}} = \left|\frac{a_k}{b_k}\right| + \left|\frac{a_{k+1}}{b_{k+1}}\right| + \cdots$, so gilt auch $\frac{\alpha_k}{\alpha_{k-1}} < 1$, und es folgt $q = \alpha_0 > p = \alpha_1 > \alpha_2 > \cdots$, d.h. die Folge $(\alpha_n)_{n\in\mathbb{N}}$ ist monoton fallend. Wegen $\frac{\alpha_k}{\alpha_{k-1}} = \frac{a_k}{b_k + \frac{\alpha_{k+1}}{\alpha_k}}$ ist aber $\alpha_{k+1} = a_k\alpha_{k-1} - \alpha_k b_k \in \mathbb{Z}$ für alle $k \in \mathbb{N}$, was nicht sein kann. LEGENDRE konnte sogar die etwas stärkere Aussage beweisen, dass π^2 irrational ist. Dies führte ihn zu der folgenden Vermutung (Übers. nach [Rud]):

Es ist wahrscheinlich, dass die Zahl π nicht einmal unter den algebraischen Irrationalitäten enthalten ist, d.h. dass sie nicht Wurzel sein kann einer algebraischen Gleichung mit einer endlichen Anzahl von Gliedern, deren Koeffizienten rational sind. Aber es scheint sehr schwer zu sein, diesen Satz strenge zu beweisen.

Inwieweit dies zutrifft, werden wir im nächsten Abschnitt untersuchen.

Adrien-Marie Legendre
* 18.9.1752 Paris / † 10.1.1833 Paris
1775 Professor an der École Militaire in Paris, später Professor an der École Normale und Examinator an der École Polytechnique in Paris, ab 1812 Mitglied des Bureau des Longitudes. Er lieferte wichtige Beiträge zur Zahlentheorie, zur mathematischen Physik, insbesondere zur Himmelsmechanik, zur Variationsrechnung und zur Theorie der elliptischen Integrale und verfasste ein sehr erfolgreiches Lehrbuch über Elementargeometrie.

Aufgaben

1. Man beweise, dass der regelmäßige Kettenbruch $[b_0; b_1, b_2, \ldots]$ mit $b_n > 0$, $n \in \mathbb{N}$, genau dann konvergiert, wenn $\sum_{n=1}^{\infty} b_n$ divergiert.

2. Man zeige: Die Näherungsbrüche $\frac{p_n}{q_n}$ eines regelmäßigen Kettenbruchs $[b_0; b_1, b_2, \ldots]$ lassen sich rekursiv aus der Matrixidentität

$$\begin{pmatrix} p_n & p_{n-1} \\ q_n & q_{n-1} \end{pmatrix} = \begin{pmatrix} b_0 & 1 \\ 1 & 0 \end{pmatrix} \begin{pmatrix} b_1 & 1 \\ 1 & 0 \end{pmatrix} \cdots \begin{pmatrix} b_n & 1 \\ 1 & 0 \end{pmatrix}$$

für $n \in \mathbb{N}_0$ (mit $p_{-1} = 1$ und $q_{-1} = 0$) berechnen.

3. Man leite die erste der Kettenbruchentwicklungen für e aus der Reihendarstellung $\frac{1}{e} = \sum_{n=2}^{\infty} (-1)^n \frac{1}{n!}$ her.

4. Man zeige, dass die Näherungsbrüche der ersten beiden Kettenbrüche für e übereinstimmen.

5. Zeigen Sie, dass der allgemeine Kettenbruch $\left|\frac{1}{2}\right| + \left|\frac{4}{2}\right| + \left|\frac{16}{4}\right| + \left|\frac{64}{8}\right| + \cdots$ gegen die rationale Zahl $\frac{1}{3}$ konvergiert.

Für die praktische Berechnung von Kettenbrüchen und deren Näherungsbrüchen wie etwa in den folgenden Aufgaben bieten sich heute die bekannten Computer-Algebra-Programme DERIVE oder MAPLE an. Sie werden teilweise schon in der Schule eingesetzt.

6. Mond- oder Sonnenfinsternisse kommen zustande, wenn sich der Mond in einem der beiden Schnittpunkte seiner Bahn mit der dazu schiefen Sonnenbahn (der Ekliptik) befindet und gleichzeitig Voll- oder Neumond ist, d.h. sich Sonne, Erde und Mond in einer geraden Linie befinden. Der Mond erreicht denselben Knoten in 1 drakonitischen Monat (= 27.21222 Tage), dieselbe Konstellation zwischen Sonne, Erde und Mond ergibt sich in 1 synodischen Monat (= 29.53059 Tage).

(a) Nach wie viel Jahren kommen exakt gleiche Mond- und Sonnenfinsternisse zustande?

(b) Bestimmen Sie die ersten 6 Näherungsbrüche von $\frac{1 \text{ drak. M.}}{1 \text{ syn. M.}}$. Die durch den 6. Näherungsbruch gegebene Periode für nahezu exakte Mond- bzw. Sonnenfinsternisse heißt der *Saroszyklus*. Er war den Babyloniern seit ungefähr 400 v.u.Z. bekannt, kürzere und damit ungenauere Perioden schon im 3. Jtsd. v.u.Z. Auch THALES von Milet hat sich vermutlich solcher Regeln bedient, als er eine Sonnenfinsternis im Jahr 585 v.u.Z. voraussagte.

(c) Bestimmen Sie die ersten Näherungsbrüche von $\frac{1 \text{ trop. J.}}{1 \text{ syn. M.}} = \frac{365.2422}{29.53059}$ und erklären Sie damit die von METON im Jahr 433 v.u.Z. vorgeschlagene Schaltregelung, die so genannte *metonische Periode* von 19 Jahren in 12 Jahre mit je 12 Monaten und in 7 Jahre mit je 13 Monaten einzuteilen.

(Die Babylonier benutzten (wie die Mohammedaner) ein reines Mondjahr von 354 Tagen mit 12 Monaten zu je 29 bzw. 30 Tagen. Dabei wandern im Lauf der Zeit jahreszeitlich bedingte Feste durch das Kalenderjahr. Der Vorschlag von METON, der später für den griechischen Kalender benutzt wurde und heute noch im Hebräischen Anwendung findet, bildet hierfür einen ersten Ausgleich. Später haben die Babylonier ein Sonnenjahr mit 12 Monaten zu 30 Tagen benutzt, die durch 5 Tage Tage ergänzt wurden. Auch die Ägypter gingen später vom Mondjahr zum Sonnenjahr mit 360 plus 5 Tagen über. Genau genommen wurde bei ihnen der Jahresbeginn durch den gemeinsamen Aufgang des Sirius und der Sonne festgelegt, da dieser Zeitpunkt mit dem eintretenden Hochwasser des Nils übereinstimmte. Da sich dieses Ereignis in 4 Jahren um einen Tag verschob, fanden sie als erste auch die genauere Approximation von $365\frac{1}{4}$ Tagen für die Länge des Jahres. Diese Tatsache wurde aber erst im julianischen Kalender umgesetzt. Wer mehr über Kalender im allgemeinen oder bei speziellen Völkern wissen möchte, sei auf [Zem] und [Gin] verwiesen.)

7. Bestimmen Sie die Kettenbruchentwicklung von $\sqrt{3}$ sowie einige der ersten Näherungsbrüche. Vergleichen Sie das Ergebnis mit den Approximationen, die ARCHIMEDES für $\sqrt{3}$ gegeben hat:
$$\frac{265}{153} < \sqrt{3} < \frac{1351}{780}.$$

8. Eine quadratische Irrationalzahl $a = \frac{p+\sqrt{d}}{q}$ mit $q > 0$ heißt reduziert, falls $a > 1$ und $-1 < a' = \frac{p-\sqrt{d}}{q} < 0$ gilt.

(a) Beweisen Sie die Ungleichungen $0 < p < \sqrt{d}$ und $0 < q < 2\sqrt{d}$.

(b) Zeigen Sie: Die durch $a = [a] + \frac{1}{a_1}$ bestimmte Zahl a_1 ist ebenfalls eine reduzierte quadratische Irrationalzahl der Form $a_1 = \frac{p_1+\sqrt{d}}{q_1}$.

(c) Folgern Sie, dass a eine periodische Kettenbruchentwicklung besitzt.

(d) Bestimmen Sie die regelmäßige Kettenbruchentwicklung von $\sqrt{19}$.

Literaturhinweise

[Bec] Beckmann, P.: *A History of* π, St. Martin's Press, New York, 1974[3]

Das umfangreichste allgemein verständliche Buch zur Geschichte von π.

[BBB] Berggren, L., Borwein, J., Borwein, P.: *Pi: A Source Book*, Springer, Berlin, 1997

Die umfangreiche Quellensammlung dokumentiert in historischer Abfolge die wichtigsten Arbeiten zur Berechnung von π.

[Des1] Descartes, R.: *Regeln zur Ausrichtung der Erkenntniskraft*, dt. v. L. Gäbe, H. Springmeier & H.G. Zekl, F. Meiner, Hamburg, 1973

Erstes wichtiges Werk von DESCARTES, in dem sich bereits eine Algebraisierung der Geometrie andeutet.

[Des2] Descartes, R.: *Geometrie*, dt. von L. Schlesinger, Wiss. Buchges., Darmstadt, 1969[2]

Eines der wichtigsten Bücher der Mathematikgeschichte. Mit ihm begründete DESCARTES die analytische Geometrie.

[Dut] Dutka, J.: *On the Gregorian revision of the Julian calender*, Math. Intelligencer 10 (1988) 56-64

Übersichtsartikel zur Entstehung des gregorianischen Kalenders

[Gin] Ginzel, F.K.: *Handbuch der mathematischen und technischen Chronologie*, Bde. 1-3, Hinrichssche Buchhandl., Leipzig, 1906-1914

Trotz seines Alters noch immer das deutschsprachige Standardwerk zur Kalenderkunde

[Jus] Juschkewitsch, A.P.: *Geschichte der Mathematik im Mittelalter*, Pfalz-Verlag, Basel, 1966

Ein Standardwerk zur Geschichte der Mathematik im Mittelalter, worin die Leistungen der arabisch-islamischen Mathematiker besonders gewürdigt werden.

[Lan] Lang, S.: *Introduction to Diophantine Approximations*, Springer, Berlin, 1995[2]

Das Buch enthält neben einer Einführung in die Theorie der Kettenbrüche auch 3 Reprints von Arbeiten mit Koautoren zur Approximation algebraischer Irrationalitäten.

[Mäd] Mäder, P.: *Mathematik hat Geschichte*, Metzler, Hannover, 1992

Der Autor stellt vier, besonders im Hinblick auf die Schule zentrale mathematische Themen in ihrer geschichtlichen Entwicklung dar: quadratische Gleichungen, die Zahl π, die Zahl e und die Vektorrechnung.

[OK] Omar Khayyam: *Discussion of Difficulties in Euclid*, engl. von A.R. Ami-Móez, Scripta Math. 24 (1959) 275 - 303

Englische Übersetzung der Kommentare OMAR KHAYYAMS zu EUKLIDS „Elementen"

[Per] Perron, O.: *Die Lehre von den Kettenbrüchen I,II*, Teubner, Stuttgart, 1954

Noch immer die gründlichste Darstellung der Theorie der Kettenbrüche

[Rud] Rudio, F.: *Archimedes, Huygens, Lambert. Legendre. Vier Abhandlungen über die Kreismessung*, Teubner, Leipzig, 1892 (Nachdruck bei Dr. M. Sändig, Wiesbaden, 1971)

In deutscher Übersetzung werden vier wichtige Arbeiten zur Berechnung von π vorgelegt.

[Zem] Zemanek, H.: *Kalender und Chronologie. Bekanntes und Unbekanntes aus der Kalenderwissenschaft*, Oldenbourg, München, 1998[6]

Sehr zu empfehlen als ersten Einstieg in das Kalenderwesen, besonders im Hinblick auf die Schule

1.3   Transzendente Zahlen

> Wir schließen also, dass es keine absurden, irrationalen, irregulären, unerklärlichen oder taube Zahlen gibt, sondern dass bei ihnen eine solche Eleganz und Übereinstimmung anzutreffen ist, dass wir Grund genug haben, Tag und Nacht über ihre bewundernswerte Vollkommenheit nachzudenken. – *Simon Stevin*

Im vorigen Abschnitt haben wir gesehen, wie sich gewisse Eigenschaften einer irrationalen Zahl an ihrer Kettenbruckentwicklung ablesen lassen. Wir wollen dies noch etwas näher beleuchten und schicken dazu eine Definition voraus:

Definition

Eine reelle Zahl a heißt *algebraisch*, wenn es ein nicht triviales Polynom P mit ganzzahligen Koeffizienten gibt, das a als Nullstelle besitzt, d.h. für $P(x) = \sum_{k=0}^{m} a_k x^k$ mit $\sum_{k=0}^{m} |a_k| \neq 0$ gilt $P(a) = 0$. Alle übrigen reellen Zahlen heißen *transzendent*.

Ist a eine algebraische Zahl, so gibt es genau ein Polynom P_a mit $P_a(a) = 0$ und minimalem Grad m, denn für zwei verschiedene Polynome P und Q vom minimalen Grad m mit rationalen Koeffizienten und $P(a) = 0 = Q(a)$ wäre $\deg(P - cQ) < m$ für ein $c \in \mathbb{Q}$ und $(P - cQ)(a) = 0$, also m nicht minimal. Unter dem Grad $\deg a$ von a verstehen wir dann den Grad dieses Polynoms P_a. Ist $\deg a = 1$, so ist a eine rationale Zahl, denn $a_0 + a_1 a = 0$ liefert $a = -\frac{a_0}{a_1}$. Ist a eine nicht-rationale algebraische Zahl, so können wir diese (wie jede irrationale Zahl) durch rationale Zahlen approximieren: Zu einer irrationalen Zahl a gibt es eine Folge $(\frac{p_n}{q_n})_{n \in \mathbb{N}}$, so dass

$$\left| a - \frac{p_n}{q_n} \right| \leqslant \frac{1}{q_n} \quad \text{für} \quad n \in \mathbb{N}.$$

Für eine streng monoton wachsende Folge natürlicher Zahlen, $(q_n)_{n \in \mathbb{N}}$, müssen wir nur $p_n = [q_n a]$, $n \in \mathbb{N}$, setzen. Aus

$$[q_n a] \leqslant q_n a < [q_n a] + 1$$

folgt dann nach Division durch q_n die Behauptung. Im vorigen Abschnitt haben wir sogar gezeigt, dass ein Folge existiert, für die $|a - \frac{p_n}{q_n}| < \frac{1}{q_n^2}$ gilt. Dies kann man auch ohne Kettenbrüche sehr leicht zeigen. Man benutzt dazu das (offensichtliche)

Dirichlet'sche Schubfachprinzip

Werden $N + 1$ Gegenstände in N Schubfächer verteilt, so enthält mindestens ein Fach mehr als einen Gegenstand.

Für $k = 1, \ldots, N$ hat man nun die N Zahlen $ka - [ka]$. Dafür gilt

$$ka - [ka] \neq \frac{\ell}{N}, \quad \ell = 0, \ldots, N,$$

da a irrational ist. Gilt $0 < ka - [ka] < \frac{1}{N}$ für ein k, so folgt

$$0 < a - \frac{[ka]}{k} < \frac{1}{kN} \leqslant \frac{1}{k^2},$$

also die Behauptung. Andernfalls gilt für eines der $N - 1$ verbleibenden Intervalle $[\frac{\ell}{N}, \frac{\ell+1}{N}]$

$$\frac{\ell}{N} < k_1 a - [k_1 a] < k_2 a - [k_2 a] < \frac{\ell + 1}{n},$$

und es folgt

$$|(k_2 - k_1)a - ([k_2 a] - [k_1 a])| < \frac{1}{N},$$

also ebenfalls die Behauptung.

Im allgemeinen lässt sich die Approximationsgüte aber nicht weiter verbessern. Für eine algebraische Zahl a vom Grad $m > 1$ erhält man für die Approximation durch rationale Zahlen $\frac{p}{q}$ die folgende Abschätzung für die Approximationsgüte nach unten:

Satz

Zu einer algebraischen Zahl a vom Grad $m > 1$ gibt es ein $0 < c \leqslant 1$, so dass

$$\left| a - \frac{p}{q} \right| \geqslant \frac{c}{q^m}$$

für alle $\frac{p}{q} \in \mathbb{Q}$.

Zum Beweis genügt es, rationale Zahlen $r = \frac{p}{q}$ mit $|a - r| \leqslant 1$ zu betrachten. Es ist dann $P_a(r) \neq 0$, da sonst $P_a(x) = (x - r)Q(x)$, wobei Q ein Polynom mit rationalen Koeffizienten ist, und es wäre $Q(a) = 0$ und $\deg Q < m$ entgegen der Definition von m. Da $P_a(a) = 0$, existiert aber ein Polynom Q mit $\deg Q < m$ und $P_a(r) = (r - a)Q(r)$, und es folgt

$$|P_a(r)| \leqslant k \, |r - a|,$$

wobei

$$k = \max\{\sup\{|Q(x)| \mid |a - x| \leqslant 1\}, 1\}.$$

Nun ist $k|a - r| \geqslant \frac{1}{q^m}$, denn $P_a(r) \neq 0$ und $P_a(r) = \frac{n}{q^m}$ für ein $n \in \mathbb{Z}$, also $|P_a(r)| \geqslant \frac{1}{q^m}$ und folglich

$$\left| a - \frac{p}{q} \right| \geqslant \frac{c}{q^m}, \quad \text{mit} \quad c = \frac{1}{k}.$$

Damit erhalten wir ein Kriterium dafür, wann eine irrationale Zahl transzendent ist, d.h. nicht als Nullstelle eines Polynoms mit ganzzahligen Koeffizienten auftritt. Es wurde 1844 von J. LIOUVILLE gefunden:

Satz

Ist $a \in \mathbb{R}$ irrational und existiert ein $\varepsilon > 0$ sowie eine Folge $\left(\frac{p_n}{q_n}\right)_{n \in \mathbb{N}}$ mit $q_n \geqslant 2$ und

$$\left| a - \frac{p_n}{q_n} \right| \leqslant \frac{1}{q_n^{n+\varepsilon}}, \quad n \in \mathbb{N},$$

so ist a transzendent.

Transzendente Zahlen lassen sich also besonders gut durch rationale approximieren, algebraische aber desto schlechter je kleiner ihr Grad ist. Man kann zeigen, dass die Zahl g des goldenen Schnittes die am schlechtesten approximierbare irrationale Zahl ist.

Zum Beweis der obigen Behauptung nehmen wir an, a sei algebraisch, etwa vom Grad $m > 1$. Dann gilt $\frac{c}{q^m} \leqslant |a - \frac{p}{q}|$ für alle $\frac{p}{q} \in \mathbb{Q}$. Insbesondere folgt daraus

$$\frac{c}{q_{m+n}^m} \leqslant \left| a - \frac{p_{m+n}}{q_{m+n}} \right| \leqslant \frac{1}{q_{m+n}^{m+n+\varepsilon}} \leqslant \frac{1}{q_{m+n}^{m+\varepsilon}}$$

und damit $q_{m+n}^\varepsilon \leqslant \frac{1}{c}$, also $2 \leqslant q_{m+n} \leqslant c'$. Es ist aber $a = \lim_{n \to \infty} \frac{p_n}{q_n}$, und da a nicht rational ist, existieren unendlich viele verschiedene Nenner q_n. Das ist ein Widerspruch zur Beschränktheit.

Beispiel Für $q \in \mathbb{N}$, $q \geqslant 2$ ist $a = \sum_{n=1}^{\infty} \frac{1}{q^{n!}}$ transzendent. Mit $\frac{p_n}{q_n} = \sum_{k=1}^{n} \frac{1}{q^{k!}}$, wobei $q_n = q^{n!}$ ist, gilt

$$a - \frac{p_n}{q_n} = \sum_{k=n+1}^{\infty} \frac{1}{q^{k!}} < \frac{1}{q^{(n+1)!}} \frac{q^2}{q^2 - 1} \leqslant \frac{1}{(q^{n!})^{n+\frac{1}{2}}}, \quad n \geqslant 2.$$

Die Voraussetzungen des obigen Kriteriums sind also erfüllt. Insbesondere ist

$$\sum_{n=1}^{\infty} 10^{-n!} = 0,11000100000000000000000010\ldots$$

eine transzendente Zahl.

Dieses Beispiel von LIOUVILLE (1844) war die erste konkrete transzendente Zahl. Wir haben im vorigen Abschnitt bereits erwähnt, dass man die Irrationalität von e und π anhand geeigneter nicht abbrechender Kettenbruchentwicklungen begründen kann. Dies wurde für 1737 von EULER für e und 1766 von LAMBERT für π bemerkt. LAMBERT schreibt 1770 dazu (vgl. [Lam]):

Da demnach die Tangente eines jeden rationalen Bogens irrational ist, so ist hinwiederum auch der Bogen einer jeden rationalen Tangente irrational....
Wir haben in den trigonometrischen Tabellen eine einzige rationale Tangente, nemlich die von 45 Gr., welche dem Halbmesser gleich, und demnach =1 ist. Damit ist also der Bogen von 45 Gr. und folglich auch der Bogen von 90, 180, 360 Gr. irrational, oder diese Bögen haben zu dem Halbmesser des Circuls kein rationales Verhältniß.

Johann Heinrich Lambert
* 26.8.1728 Mülhausen / † 25.9.1777 Berlin
Autodidakt, ab 1748 Hauslehrer in der Schweiz, ab 1765 Mitglied der Preußischen Akademie der Wissenschaften in Berlin, 1770 als Oberbaurat in preußischem Staatsdienst in Berlin. Seine geometrischen Untersuchungen reichten von der reinen Mathematik (projektive und nichteuklidische Geometrie) bis zu Anwendungen in der Astronomie, Geodäsie, Kartographie und im Instrumentenbau.

Man kennt heute auch elementare Beweise, die ohne die Theorie der Kettenbrüche auskommen. Der kürzeste Beweis für e, der von J.B.J. DE FOURIER stammen soll, geht aus von der Darstellung $\frac{1}{e} = \sum_{n=2}^{\infty}(-1)^n \frac{1}{n!}$.

Irrationalität von e

Wäre $\frac{1}{e} = \frac{p}{q}$, so hätte man nach Multiplikation von $(-1)^{q+1}q!$ mit $\sum_{n=2}^{\infty}(-1)^n\frac{1}{n!}$

$$(-1)^{q+1}\left(p(q-1)! - \sum_{n=2}^{q}(-1)^n\frac{q!}{n!}\right) = \frac{1}{q+1} - \frac{1}{(q+1)(q+2)} \pm \cdots,$$

wobei der Wert der alternierenden Reihe der rechten Seite zwischen dem ersten Reihenterm und der Summe der ersten beiden Reihenterme, also zwischen 0 und 1 liegt. Die linke Seite ist aber ganzzahlig.

LIOUVILLE hat auf diese Weise 1840 sogar zeigen können, dass e und e^2 keine quadratischen Irrationalitäten sind.

Joseph Liouville
* 24.3.1809 Saint-Omer / † 8.9.1882 Paris
lehrte 1833 Mathematik und Mechanik an der École Centrale in Paris, 1838 Professor für Analysis und Mechanik an der École Polytechnique, lehrte 1837 - 1843 auch mathematische Physik am Collège de France, 1851 - 1879 dort Inhaber des Lehrstuhls für Mathematik, nebenher 1857 - 1874 auch des Lehrstuhls für Mechanik an der Pariser Universität. Er lieferte u.a. Beiträge zur Differentialgeometrie und zur mathematischen Physik und arbeitete über Differentialgleichungen.

Elementare Beweise für π sind schon schwieriger. Die folgende Variante eines Beweises von I. NIVEN aus dem Jahr 1946 zeigt sogar die Irrationalität von π^2 und damit natürlich auch die von π selbst.

Man nimmt $\pi^2 = \frac{a}{b}$ mit $a, b \in \mathbb{N}$ an, wählt $n \in \mathbb{N}$ mit $\frac{\pi a^n}{n!} < 1$ und betrachtet die Funktion

$$f(x) = \frac{1}{n!} x^n (1-x)^n = \frac{1}{n!} \sum_{j=n}^{2n} c_j x^j,$$

mit $c_j \in \mathbb{Z}, j = n, \ldots, 2n$. Für $k < n$ und $k > 2n$ ist $f^{(k)}(0) = 0$ und für $n \leqslant k \leqslant 2n$ ist $f^{(k)}(0) = \frac{k!}{n!} c_k$ ganzzahlig. Wegen $f(1-x) = f(x)$ nehmen also alle Ableitungen von f in 0 und 1 nur ganzzahlige Werte an. Wenn wir

$$F(x) = b^n \sum_{k=0}^{n} (-1)^k \pi^{2n-2k} f^{(2k)}(x)$$

setzen, so sind auch $F(0)$ und $F(1)$ ganzzahlig. Nun ist

$$\frac{d}{dx} \left(F'(x) \sin \pi x - \pi F(x) \cos \pi x \right) = \left(F''(x) + \pi^2 F(x) \right) \sin \pi x$$

$$= b^n \pi^{2n+2} f(x) \sin \pi x = \pi^2 a^n f(x) \sin \pi x,$$

also

$$I = \pi \int_0^1 a^n f(x) \sin \pi x \; dx = F(0) + F(1)$$

eine ganze Zahl. Da $0 < f(x) < \frac{1}{n!}$ für $0 < x < 1$ gilt, ist aber $0 < I < \frac{\pi a^n}{n!} < 1$, und wir haben einen Widerspruch.

Mit einer leichten Modifikation dieses Beweises kann man zeigen, dass e^α für jede rationale Zahl $\alpha \neq 0$ irrational ist (vgl. Aufgabe 2).

Der Beweis der Transzendenz von e gelang erst CH. HERMITE 1873 und der von π und damit der Nachweis dafür, dass die Kreisfläche nicht mit Zirkel und Lineal in ein Quadrat gleichen Flächeninhalts verwandelt werden kann, darauf aufbauend F. VON LINDEMANN im Jahr 1882.

Carl Louis Ferdinand von Lindemann
* 12.4.1852 Hannover / † 6.3.1939 München
Schüler von F. Klein in Erlangen, 1877 Professor in Freiburg, 1883 in Königsberg und seit 1893 bis zur Emeritierung 1923 an der Universität in München. Er arbeitete in verschiedenen Gebieten der reinen Mathematik (Differentialgeometrie, algebraische Geometrie und Zahlentheorie) sowie in der Physik und der Astronomie, allerdings mit weniger spektakulärem Erfolg. Ferner lieferte er Beiträge zur Geschichte der Mathematik (platonische Körper).

Man kann diese Resultate als Spezialfälle aus einer allgemeinen Aussage von K. WEIERSTRASS (1885) gewinnen. Danach ist für jede algebraische Zahl $c \in \mathbb{C}$ mit $c \neq 0$ die Zahl e^c transzendent. Für $c = 1$ bzw. $c = 2\pi i$ erhält man gerade die Transzendenz von e bzw. von π – da 1 nicht transzendent ist, kann π nicht algebraisch sein. Alle drei Arbeiten sind abgedruckt in [BBB]. In Band 43 (1893) der Zeitschrift *Mathematische Annalen* findet man hintereinander von D. HILBERT, A. HURWITZ bzw. P. GORDAN drei kurze Beweise für die Transzendenz von e und π; die erste Arbeit enthält HILBERTs entscheidende Idee, die beiden anderen bieten Vereinfachungen.

David Hilbert
* 23.1.1862 Königsberg / † 14.2.1943 Göttingen
1886 Privatdozent und Extraordinarius in Königsberg, 1893 Professor, 1895 bis zur Emeritierung 1930 Professor in Göttingen. Er lieferte wesentliche Beiträge zu fast allen Gebieten der Mathematik, neben der Analysis (Differential- und Integralgleichungen und Funktionalanalysis) vor allem in der Zahlentheorie, der Geometrie (bekannt sind seine „Grundlagen der Geometrie") sowie in der mathematischen Physik und in der mathematischen Logik und Grundlagenforschung.

Man wählt jetzt die Hilfsfunktionen

$$f(x) = \frac{1}{(p-1)!} \; x^{p-1}(1-x)^p(2-x)^p \cdots (n-x)^p$$

und

$$F(x) = \sum_{k=0}^{r} f^{(k)}(x)$$

mit $r = (n+1)p - 1$, wobei n den Grad eines Polynoms $P(x) = \sum_{j=0}^{n} a_j x^j$ angibt, das e als Nullstelle besitzt, und p eine Primzahl ist mit $p > \max\{n, a_0\}$. Die Leibnizregel zeigt, dass $F(j)$ für $j = 1, \ldots, n$ eine ganze, durch p teilbare Zahl ist, da in $f^{(k)}(j)$ alle Terme verschwinden, die Potenzen $(j - x)^\ell$ mit $\ell < p$ enthalten. Andererseits ist $F(0)$ ebenfalls ganz aber nicht durch p teilbar ist. Denn die Ableitungen $f^{(k)}(0)$ verschwinden für $k < p - 1$, enthalten p als Faktor für $k > p$, während sich $f^{(p-1)}(0) = (n!)^p$ nach der Voraussetzung über p nicht durch p teilen lässt. Nun ist

$$\frac{d}{dx}\big(e^{-x}F(x)\big) = e^{-x}\big(F'(x) - F(x)\big) = -e^{-x}f(x),$$

also $\int_0^j e^{-x} f(x)\, dx = F(0) - e^{-j}F(j)$ für $j = 1, \ldots, n$ und daher

$$\sum_{j=1}^{n} a_j F(j) = \sum_{j=1}^{n} a_j e^j F(0) - \sum_{j=1}^{n} a_j e^j \int_0^j e^{-x} f(x)\, dx$$

bzw.

$$\sum_{j=0}^{n} a_j F(j) = -\sum_{j=1}^{n} a_j e^j \int_0^j e^{-x} f(x)\, dx.$$

Wegen $|f(x)| \leqslant \dfrac{\big(j(j+1)\cdots(j+n)\big)^p}{(p-1)!}$ wird der Betrag der rechten Seite beliebig klein, wenn man p nur hinreichend groß wählt. Da die linke Seite ganzzahlig ist, muss sie verschwinden. Das ist aber ein Widerspruch, da alle Summanden bis auf $a_0 F(0)$ durch p teilbar sind.

Wir nehmen nun an, $z_1 = i\pi$ sei Nullstelle eines Polynoms $P(z) = \sum_{j=1}^n a_j z^j$ mit ganzzahligen Koeffizienten a_j, wobei $a_0 \neq 0 \neq a_n$, $z_2, \ldots, z_n$ seien die übrigen Nullstellen. Dann gilt

$$0 = (1 + e^{z_1}) \cdots (1 + e^{z_n}) = 1 + e^{\beta_1} + \cdots + e^{\beta_N},$$

wobei die β_j Summen, insbesondere also symmetrische Polynome in den z_k sind. Nun besagt der *Hauptsatz über symmetrische Funktionen*, den wir hier nicht beweisen wollen (vgl. [vdW]), dass ein solches Polynom als Polynom mit ganzzahligen Koeffizienten in den elementarsymmetrischen Funktionen

$$\sigma_k = \sum_{1 \leqslant i_1 < \cdots < i_k \leqslant n} z_{i_1} \cdots z_{i_k}$$

geschrieben werden kann. Ferner gilt bekanntlich $a_k = a_n(-1)^{n-k}\sigma_{n-k}$ (der so genannte *Vieta'sche Wurzelsatz*). Daher sind die nicht verschwindenden Terme $\beta_1, \ldots, \beta_M$ Nullstellen eines Polynoms $Q(z) = \sum_{k=1}^M b_k z^k$ mit $b_k \in \mathbb{Z}$, wobei $b_0 \neq 0 \neq b_M$, und mit $a = N - M + 1$ folgt

$$a + e^{\beta_1} + \cdots + e^{\beta_M} = 0.$$

Wir setzen nun

$$f(x) = \frac{1}{(p-1)!} a_n^{(M+1)p-1} x^{p-1} (\beta_1 - x)^p (\beta_2 - x)^p \cdots (\beta_M - x)^p$$

und $F(x) = \sum_{k=0}^r f^{(k)}(x)$ mit $r = (M+1)p - 1$. Dann sind wieder die $F(\beta_j)$ für $j = 1, \ldots, M$ ganze, durch p teilbare Zahlen und $F(0)$ ist ebenfalls ganz aber nicht durch p teilbar. Analog zu oben erhalten wir

$$e^{\beta_j} F(0) - F(\beta_j) = e^{\beta_j} \int_0^{\beta_j} e^{-x} f(x) \, dx$$

und nach Addition

$$\sum_{j=1}^M F(\beta_j) = \sum_{j=1}^M e^{\beta_j} F(0) - \sum_{j=1}^M e^{\beta_j} \int_0^{\beta_j} e^{-x} f(x) \, dx$$

bzw.

$$aF(0) + \sum_{j=1}^M F(\beta_j) = 0$$

für hinreichend großes $p > a$. Dies ist ein Widerspruch. Wir fassen zusammen:

> Die Euler'sche Zahl e und die Kreiszahl π sind beide transzendent.

Im Jahre 1900 formulierte D. HILBERT 23 Probleme, von denen einige, wie etwa das 3. Problem (siehe Abschnitt 2.3), sehr schnell gelöst wurden, andere dagegen bis heute ungelöst geblieben sind. Dazu gehört das 8. Problem über die Lage der Nullstellen der Riemann'schen Zetafunktion, die u.a. Aufschluss über die Verteilung der Primzahlen gibt. Die Aufgabe im 7. Problem bestand im Nachweis, dass Potenzen der Form α^β mit algebraischer Basis $0 \neq \alpha \neq 1$ und algebraisch irrationalem Exponenten β stets transzendent sind. Hierzu sagt HILBERT:

Wenn in einem gleichschenkligen Dreieck das Verhältnis vom Basiswinkel zum Winkel an der Spitze algebraisch aber nicht rational ist, so ist das Verhältnis zwischen Basis und Schenkel stets transzendent. Trotz der Einfachheit dieser Aussage und der Ähnlichkeit mit den von HERMITE und LINDEMANN gelösten Problemen halte ich doch den Beweis dieses Satzes für äußert schwierig, ebenso wie etwa den Nachweis dafür, *dass die Potenz α^β für eine algebraische Basis α und einen algebraisch irrationalen Exponenten β, z.B. die Zahl $2^{\sqrt{2}}$ oder $e^\pi = i^{-2i}$, stets eine transzendente oder auch nur eine irrationale Zahl darstellt.*

Diese von HILBERT als Satz ausgesprochene Vermutung konnte in ihrer vollen Stärke bewiesen werden und zwar 1934 von A. GELFOND und unabhängig 1935 von TH. SCHNEIDER. Insbesondere sind also die beiden von Hilbert angeführten Zahlen $2^{\sqrt{2}}$ und e^π tatsächlich transzendent (siehe dazu etwa [Niv]). Dagegen ist über π^e bis heute noch nichts bekannt, und von $e\pi$ und $e + \pi$ weiß man nicht einmal, ob sie irrational sind.

Es gibt noch viele weitere interessante reelle Zahlen über deren Status, rational, algebraisch irrational oder transzendent zu sein, noch nichts bekannt ist. Die soeben erwähnt *Zetafunktion* ist für reelles $s > 1$ definiert durch die unendliche Reihe

$$\zeta(s) = \sum_{n=1}^\infty \frac{1}{n^s}.$$

Für gerades $s = 2k \in \mathbb{N}$, kann man zeigen, etwa indem man gewisse Fourier-Reihen im Punkt 0 auswertet, dass die von EULER 1735 gefundenen Beziehungen

$$\zeta(2k) = (-1)^{k-1} \frac{(2\pi)^{2k}}{2(2k)!} B_{2k}$$

gelten – hier sind $B_{2k} \in \mathbb{Q}$ die so genannten Bernoulli-Zahlen, die uns in Abschnitt 2.1 noch begegnen werden. Da nach dem Satz von GELFOND und SCHNEIDER insbesondere alle ganzzahligen Potenzen π^k, $k \in \mathbb{N}$, transzendent sind, ist auch $\zeta(2k)$ stets eine transzendente Zahl. Dagegen weiß man über die Werte $\zeta(2k+1)$ für $k \in \mathbb{N}$ recht wenig. Es war eine große Überraschung, als R. APÉRY 1978 ankündigte, einen Beweis für die Irrationalität von $\zeta(3)$ zu besitzen – was in der Tat stimmte (vgl. [vdP]). Über $\zeta(2k+1)$ für $k \geqslant 2$ ist aber noch nichts bekannt, geschweige denn darüber, ob all diese Werte der Zetafunktion transzendent sind.

Aufgaben

1. Zeigen Sie:

(a) Ist $a \in \mathbb{R}$ eine positive algebraische Zahl, so ist auch $\sqrt{a}$ algebraisch.

(b) Ist $a \in \mathbb{R}$ algebraisch und $r \in \mathbb{Q}$, so sind auch $a + r$ und ar algebraisch.

(b) Die Zahlen $\sqrt{2} + \sqrt{3}$ und $\sqrt{2}(1 + \sqrt{3})$ sind algebraisch. (Hinweis: Man betrachte geeignete Potenzen dieser Zahlen.)

2. Zeigen Sie: (a) Das Polynom $f_n(x) = \frac{1}{n!}x^n(m-x)^n$, $m \in \mathbb{Z}$, $n \in \mathbb{N}$, und all seine Ableitungen haben in $x = 0$ und $x = m$ ganzzahlige Werte.

(b) Für $I_n = \int_0^a e^x f_n(x)\, dx$ mit $a > 0$ und $F(x) = \sum_{j \geqslant 0}(-1)^j f_n^{(j)}(x)$ gilt

$$I_n = e^a F(a) - F(0).$$

Folgern Sie, dass e^α für rationales $\alpha \neq 0$ nicht rational sein kann.

Hinweis: Es genügt, den Fall $\alpha = m \in \mathbb{Z}$ zu betrachten.

3. Mit Hilfe des Dirichlet'schen Schubfachprinzips beweise man den folgenden Approximationssatz von Kronecker: Es sei $0 \leqslant \alpha < 2\pi$ und $\frac{\alpha}{2\pi}$ irrational. Dann ist für jede komplexe Zahl z mit $|z| = 1$ die Menge $\{z_k = e^{ik\alpha}z \mid k \in \mathbb{Z}\}$ dicht in der Einheitskreislinie $S^1 = \{z \in \mathbb{C} \mid |z| = 1\}$.

Hinweis: Man beachte, dass die Punkte z_k paarweise verschieden sind und zerlege S^1 für vorgegebenes n in n kongruente Kreisbögen.

4. Es sei $K \subset \mathbb{R}$ ein Körper, d.h. eine unter Summen-, Differenz-, Produkt- und Inversenbildung abgeschlossene nichtleere Teilmenge. Zeigen Sie: Für $c \in K$, $c > 0$, mit $\sqrt{c} \notin K$ ist $K(\sqrt{c})$, die Menge aller reellen Zahlen der Form $a + b\sqrt{c}$ mit $a, b \in K$, ebenfalls ein Körper.

5. Beweisen Sie die Ungleichung $\pi^e < e^\pi$.

Hinweis: Man betrachte die Hilfsfunktion $f(x) = x^{1/x}$.

Literaturhinweise

[BBB] Berggren, L., Borwein, J., Borwein, P.: *Pi: A Source Book*, Springer, Berlin, 1997

siehe Abschnitt 1.2

[Lam] Lambert, J.H.: *Opera Mathematica*, Bde. I,II, Orell Füssli, Zürich, 1946 & 1948

Enthält die wichtigsten Arbeiten Lamberts – leider nicht seine Arbeiten zur Kartographie

[Niv] Niven, I.: *Irrational Numbers*. Math. Assoc. of America, Washington, 1967[3]

Dies ist eine elementare Einführung in die Theorie der Kettenbrüche und in die Theorie der transzendenten Zahlen. Als Ergänzung im Hinblick auf die zahlentheoretischen Anwendungen siehe auch *An Introduction to the Theory of Numbers* von I. Niven, H.S. Zuckerman und H.L. Montgomery (J. Wiley & Sons, New York, 1991[5]), wovon eine frühere Auflage auch in deutscher Übersetzung vorliegt.

[vdP] van der Poorten, A.: *A proof that Euler missed ...*, Math. Intelligencer 1 (1979) 195-203

Hier werden die von Apéry gelassenen Beweislücken gefüllt.

[vdW] van der Waerden, B.L.: *Algebra I*, Springer, Berlin, 1993[9]

Der Klassiker der modernen Algebra

1.4 Konstruktive Analysis

> An den vielen Existenztheoremen der Mathematik ist jeweils nicht das Theorem das
> Wertvolle, sondern die im Beweis geführte Konstruktion; ohne sie ist der Satz ein leerer
> Schatten. – *Hermann Weyl*

Wir haben in den bisherigen Abschnitten gezeigt, wie man reelle Zahlen mit beliebiger Genauigkeit durch rationale approximieren kann. Neben den rationalen Zahlen selbst haben wir irrationale und darunter algebraische oder transzendente Zahlen gefunden. Wir wollen an dieser Stelle einiges über die grundsätzliche Problematik des Begriffs der reellen Zahl anmerken.

Es gibt zwei unterschiedliche Standpunkte bezüglich der reellen Zahlen:
• aus klassischer geometrischer (oder moderner formalistischer) Sicht werden reelle Zahlen, wie etwa $\sqrt{2}$, als Punkte der Zahlengeraden (oder als Elemente des axiomatisch gegebenen Körpers $\mathbb{R}$) angesehen,
• aus arithmetischer Sicht werden sie andererseits als Grenzwerte von Folgen rationaler Zahlen definiert.
Der erste, auch platonisch genannte Standpunkt legt es nahe, die reelle Zahl als Element einer fertig vorliegenden (aktual unendlichen) Menge aufzufassen: Die Existenz der Zahl $\sqrt{2}$ scheint offensichtlich, wenn man das geometrische Bild eines Quadrats mit einer eingezeichneten Diagonalen vor Augen hat. Geht man jedoch daran, diese Zahl auf dem Zahlenstrahl zu lokalisieren, d.h. ihre Lage bezüglich fixierter Marken, wie 0, 1, 2 usw., zu bestimmen, so kommt man nicht umhin, sie zu konstruieren. Dabei ist die reelle Zahl gegeben durch die Folge der Näherungsbrüche (in Form einer Kettenbruch- oder einer Dezimalbruchentwicklung). Diese liegt nun nicht fertig vor, sie kann aber zumindest theoretisch bis zu einer beliebigen Genauigkeit fortgeführt werden. In dieser Form ist die Zahl als potentiell-unendliche Menge gegeben. Es soll hier jedoch nicht unerwähnt bleiben, dass auch diesem Prozess praktische Grenzen gesetzt sind. Obwohl man inzwischen bereits über 200 Milliarden Dezimalstellen von π berechnet hat (Y. KANADA (1999)), wird man wohl nie bis zur 10^{80}. Stelle (das ist mehr als die heute vermutete Anzahl von Teilchen im Universum) kommen können.

Die platonische Sichtweise geht sogar noch darüber hinaus, indem sie ein mathematisches Universum voraussetzt, dessen Elemente die Mathematiker im Laufe der Zeit nach und nach entdecken. In einem solchen Universum liegt dann etwa die Zahl π mit ihren unendlich vielen Dezimalstellen als ganzes vor. Einige Mathematiker – dazu gehören die Intuitionisten (L.J.E. BROUWER und seine Schule) und die Konstruktivisten (u.a. E. BISHOP) – teilen diese Ansicht nicht. Für sie sind die mathematischen Begriffe ausschließlich Erfindungen des menschlichen Geistes. Sie werden teils von konkreten Gegenständen durch Abstraktion abgeleitet, teils durch Konstruktion aus bereits vorhandenen Begriffen erzeugt. Ihre scheinbar objektive Existenz erlangen sie nur dadurch, dass sie dem einzelnen Mathematiker als Teil der bereits vorhandenen menschlichen Kultur entgegentreten, in die sie seit Anbeginn eingebunden sind und die sie mit tragen. Wir wollen die philosophische Frage nach der Existenz mathematischer Gegenstände hier nicht weiter verfolgen, die beiden unterschiedlichen innermathematischen Auffassungen von den reellen Zahlen jedoch anhand bekannter Resultate der Analysis erläutern. Dabei handelt es sich um so genannte Existenzsätze, wie etwa den

Zwischenwertsatz oder den Satz vom Maximum für stetige Funktionen über einem kompakten Intervall.

Zwischenwertsatz

Es sei $[a, b] \subset \mathbb{R}$ ein kompaktes Intervall und $f : [a, b] \to \mathbb{R}$ eine stetige Funktion mit $f(a) < 0 < f(b)$. Dann besitzt f im offenen Intervall (a, b) eine Nullstelle, d.h., es existiert ein $x_0 \in (a, b)$ mit $f(x_0) = 0$.

Die diesem Satz zugrunde liegende Auffassung von Stetigkeit, Lückenlosigkeit oder Zusammenhang des reellen Kontinuums reicht zurück bis zu den Anfängen der abendländischen Philosophie. So sagt PLATON im „Parmenides" (zitiert nach [Bck], worin die historische Entwicklung der mathematischen Grundlagen ausführlich dokumentiert wird):

Wem aber Größe und Kleinheit zukommt, dem kommt auch Gleichheit zu, zwischen diesen beiden liegend. ...
Denn nicht ginge man vom Größeren zum Kleineren über, ehe man zum Dazwischenliegenden kommt; dieses dürfte aber wohl das Gleiche sein.

Man kann hierin den Zwischenwertsatz für monoton fallende Funktionen sehen. Für ein Polynom $y = x^{2m+1} + Ax^{2m} + Bx^{2m-1} + \cdots + N$ „beweist" EULER 1749 den Zwischenwertsatz wie folgt:

Daher wird diese Gleichung so viele reelle Wurzeln haben, wie es Orte gibt, an denen der Wert y verschwindet, was dort stattfindet, wo die Kurve die Abszissenachse schneidet; so dass die Anzahl der reellen Wurzeln gleich der Anzahl der Schnitte der Kurve mit der Achse ist, auf der man die Abszissen nimmt. Um daher die Anzahl dieser Schnitte zu ermitteln, nehmen wir zunächst die Abszisse x positiv und unendlich groß an, $x = \infty$, und es ist klar, dass dann $y = \infty^{2m+1} = \infty$ wird, woraus folgt, dass sich der Zweig der Kurve, der positiven unendlichen Abszissen entspricht, oberhalb der Achse befindet, da ja seine Werte y positiv sind. Nimmt man nun aber die Abszissen negativ und auch unendlich an, $x = -\infty$, so wird $y = (-\infty)^{2m+1} = -\infty$; also werden die Werte dort negativ, und der Zweig der Kurve wird sich unterhalb der Achse befinden. Da dieser Zweig mit dem oberhalb der Achse gelegenen stetig zusammenhängt, muss unabdingbar die Kurve einen Teil der Achse überschreiten, und wenn sie dies in mehreren Punkten tut, so muss deren Anzahl ungerade sein. Daraus folgt, dass die vorliegende Gleichung notwendigerweise wenigstens eine reelle Wurzel besitzt, und falls sie mehrere besitzt, dass deren Anzahl immer ungerade sein wird.

Bereits LEIBNIZ hat in einem unveröffentlichten Manuskript bemerkt, dass die Konstruktionen in EUKLIDs „Elementen" einer genaueren Begründung bedürfen. Schon bei der Konstruktion eines gleichseitigen Dreiecks ABC, wozu man ausgehend von den Punkten A und B Kreise um A durch B bzw. um B durch A schlägt, habe er stillschweigend ohne Beweis angenommen, dass sich diese in einem Punkt C schneiden.

Und allgemeiner, wenn irgendeine stetige Linie auf einer Fläche liegt, zum Teil innerhalb, zum Teil außerhalb eines Stücks dieser Fläche, so schneidet sie irgendwo dessen Rand. Und wenn irgendeine stetige Fläche zum Teil innerhalb zum Teil außerhalb irgendeines Körpers liegt, so schneidet sie notwendigerweise den umliegenden Körper.

Für LEIBNIZ ist dies eine Folge seiner Definition des Begriffs *Kontinuum*:

Kontinuum ist ein Ganzes, von dem je zwei beliebige Teile, die es zusammen ausmachen ..., irgend etwas gemeinsam haben, und, wenn sie sich nicht überdecken oder kein Teil gemeinsam haben ..., alsdann wenigstens eine gemeinsame Begrenzung besitzen.

An anderem Ort notiert er, wobei bereits die moderne topologische Definition des Begriffs *Zusammenhang* anklingt:

Gottfried Wilhelm Leibniz
* 1.7.1646 Leipzig / † 14.11.1716 Hannover
Mathematiker, Philosoph und Naturforscher, 1672 in diplomatischem Auftrag des Mainzer Kurfürsten in Paris, seit 1676 Bibliothekar und juristischer Berater des Herzogs in Hannover, veranlasste 1700 die Gründung der Preußischen Akademie in Berlin. Er begründete 1673 bis 1676 unabhängig von Newton die Differentialrechnung (den Differentialkalkül), konstruierte 1674 eine Rechenmaschine entwickelte das binäre Zahlensystem.

A ist ein Kontinuum, wenn je zwei Teile *B* und *C*, die *A* ausschöpfen, irgend ein Teil *D* gemeinsam haben oder wenn eines der beiden, *B* oder *C*, leer ist (inexistens).

Es ist erst viel später erkannt worden, dass diese Eigenschaft für die elementargeometrischen Objekte wie Gerade oder Kreis axiomatisch gefordert werden muss bzw. aus deren analytischen Beschreibung folgt. Jahrhunderte lang galt es als selbstverständlich, dass eine „Schlußgleichung" von ungerader Ordnung stets eine reelle Lösung besitzt – für die dritter Ordnung wurde es durch die Lösungformeln von S. del Ferro, N. Tartaglia und G. Cardano garantiert (vgl. Aufgabe 1) – und für eine beliebige genau so viele Lösungen wie ihr Grad angibt (A. Girard (1629)). Es galt nur, eine möglichst genaue Berechnung der Nullstellen durchzuführen oder bei Gleichungen höherer als vierter Ordnung nachzuweisen, dass alle Nullstellen in der Form $a + b\sqrt{-1}$ darstellbar sind. So hat S. Stevin 1594 am speziellen Beispiel $x^3 = 300x + 33900000$ eine Methode zur Berechnung einer Nullstelle demonstriert, die sich leicht auf beliebige Polynome ungerader Ordnung übertragen lässt. Er setzte nacheinander die Werte $x = 100, 200, 300, 400$ ein und stellte fest, dass in den ersten drei Fällen die rechte, im vierten Fall die linke Seite die größere ist. Er betrachtete dann $x = 310, 320, 330$, anschließend $x = 321, 322, 323, 324$, wobei sich jedes Mal für den letzten Werte die Größenverhältnisse umkehrten, und ebenso in Schritten von $\frac{1}{10}$, $\frac{1}{100}$ und so fort. Abschließend bemerkte er:

Und indem man so beliebig weit fortfährt, approximiert man sie mit jeder geforderten Genauigkeit.

Auf diese Weise konnte er die als existent angenommene Nullstelle einschachteln und mit beliebiger Genauigkeit berechnen, und zwar als Dezimalbruch beliebiger Länge.

Erst Gauss stellte 1799 die Frage nach der Existenz der Nullstelle:

Woher wir wissen können, dass die Schlussgleichung wirklich eine Wurzel habe? Ob es nicht eintreten könne, dass weder dieser Schlussgleichung noch der vorgelegten irgend eine Grösse im gesammtem Bereiche der reellen und imaginären Grössen genüge?

Aber auch sein (1797 gefundener) Beweis ist in dieser Hinsicht noch nicht zufrieden stellend und selbst 1815 bemerkt er noch:

Es ist aber bekannt, dass eine solche Gleichung ungeraden Grades sicher lösbar ist, und zwar durch eine reelle Wurzel.

Obwohl es B. Bolzano 1817 für nötig befunden hat auch dies „rein analytisch" zu beweisen, ergab sich die vollständige Klärung jedoch erst mit der „Schöpfung" der reellen Zahlen durch R. Dedekind (1858/72), G. Cantor (1870/72), Ch. Méray (1869/72), K. Weierstrass (seit 1861) und P. Bachmann (1892) bzw. mit der axiomatischen Setzung durch Hilbert im Jahr 1899 (siehe [Ebb]). Um den Zwischenwertsatz zu

Bernard Placidus Johann Nepomuk Bolzano
* 5.10.1781 Prag / † 18.12.1848 Prag
Philosoph, Theologe (geweihter Priester) und Mathematiker, 1805 Professor für Theologie in Prag, wurde 1819 des Amtes enthoben und erhielt Publikationsverbot. Er lebte ab 1823 auf dem Lande und widmete sich mathematischen Studien, deren Ergebnisse größtenteils jedoch erst posthum publiziert wurden – darunter etwa das Beispiel für eine stetige nirgends differenzierbare Funktion und Ansätze für eine Theorie der reellen Zahlen.

erfüllen, benötigt man neben den rationalen Zahlen weitere Zahlen, die man sich anschaulich als Punkte der Zahlengeraden gegeben denken kann. Zu ihrer Beschreibung und zum Nachweis der Gültigkeit der üblichen Rechengesetze, die natürlich weiterhin gelten sollen, benötigt man die Charakterisierung etwa durch Dedekind'sche Schnitte, Cauchy-Folgen oder Intervallschachtelungen. Es war die intellektuelle Leistung der soeben genannten Mathematiker, dass man umgekehrt mit diesen Methoden die einzelnen reellen Zahlen als neue fiktive Objekte konstruieren kann. DEDEKIND, der nach eigenem Bekunden bereits 1858 die entscheidende Idee gehabt hat, schreibt 1872:

Will man nun, was doch der Wunsch ist, alle Erscheinungen in der Geraden auch arithmetisch verfolgen, so reichen dazu die rationalen Zahlen nicht aus, und es wird daher unumgänglich notwendig, das Instrument R, welches durch die Schöpfung der rationalen Zahlen konstruiert war, wesentlich zu verfeinern durch eine Schöpfung von neuen Zahlen der Art, dass das Gebiet der Zahlen dieselbe Vollständigkeit oder, wie wir gleich sagen wollen, dieselbe S t e t i g k e i t gewinnt, wie die gerade Linie.

Julius Wilhelm Richard Dedekind
* 6.10.1831 Braunschweig / † 12.2.1916 Braunschweig
1858 Professor am Polytechnikum in Zürich, 1862 bis zur Emiritierung 1894 am Polytechnikum in Braunschweig. Seine Hauptarbeitsgebiete waren die Algebra und die algebraische Zahlentheorie, wo er den Begriff des (Zahl-)Körpers einführte. Er benutzte bereits 1858 den abstrakten Gruppenbegriff. Durch seine Schriften zur Grundlegung des Zahlbegriffs und durch den regen brieflichen Austausch mit Cantor war er auch an der Entstehung der Mengenlehre beteiligt.

Wir wollen die verschiedenen möglichen Konstruktionen hier nicht näher durchführen, sondern verweisen dazu etwa auf [HS]. Jedenfalls werden dadurch auf mengentheoretischer Grundlage die etwa axiomatisch gegebenen reellen Zahlen nicht zu einem „leeren Schatten".

Man kann nun daran gehen, den Zwischenwertsatz zu beweisen. In der klassischen Analysis gibt es verschiedene – grundsätzlich aber äquivalente – Beweise für diesen Satz, je nachdem, welche der soeben erwähnten Charakterisierungen man für die Vollständigkeit der Menge der reellen Zahlen gewählt hat. Der anschaulich vielleicht einsichtigste wird durch das obige Beispiel von STEVIN nahe gelegt und beruht auf Intervallschachtelung. Er verläuft etwa wie folgt:

Man untersuche, ob $f(\frac{a+b}{2})$ kleiner, größer oder gleich 0 ist. Im letzten Fall ist man bereits fertig. Ist $f(\frac{a+b}{2}) < 0$, so betrachte man f auf dem Intervall $[\frac{a+b}{2}, b]$, im anderen

Fall auf dem Intervall $[a, \frac{a+b}{2}]$. Indem man immer wieder den Funktionswert von f in der jeweiligen Intervallmitte inspiziert, erhält man so ein Intervall der halben Länge, das im vorangehenden enthalten ist, d.h. eine Intervallschachtelung. Bricht das Verfahren nicht ab, so bilden die Endpunkte der Intervallfolge zwei Cauchy-Folgen, die gegen denselben Grenzwert x_0 konvergieren. Offensichtlich konvergieren die Folgen der Funktionswerte aufgrund der Stetigkeit von f gegen 0, so dass in der Tat $f(x_0) = 0$ gilt.

Der Konstruktivist kann so nicht ohne weiteres schließen. Für ihn ist die Nullstelle x_0 erst dann gegeben, wenn ein effektives Verfahren für ihre Berechnung vorliegt. Dies ist aber i.a. nicht der Fall. Wir geben dafür ein Beispiel:

Beispiel 1. Für eine reelle Zahl a wird wie folgt auf $[-1, 1]$ eine stetige Funktion f_a definiert. Es sei $f_a(\pm 1) = \pm 1$, $f_a(\pm \frac{1}{2}) = a$, und dazwischen seien die Punkte $(-1, -1)$, $(-\frac{1}{2}, a)$, $(\frac{1}{2}, a)$ und $(1, 1)$ jeweils geradlinig verbunden (siehe Fig. 1.10).

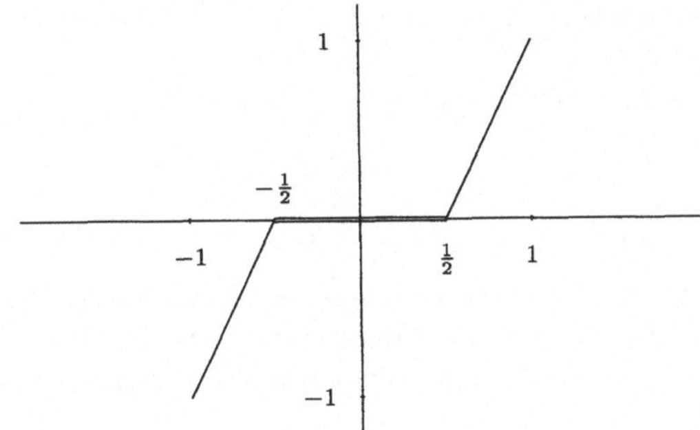

Fig. 1.10

Wir konstruieren nun eine reelle Zahl a, so dass für f_a bereits der erste Schritt im obigen Beweis des Zwischenwertsatzes nicht durchgeführt werden kann, da sich nicht entscheiden lässt, ob $f_a(0) = 0$ oder $f_a(0) \neq 0$ gilt.

• Wir setzen $a = \sum_{n=3}^{\infty} a_n 3^{-n}$, wobei $a_n = 0$, falls $2n$ sich als Summe zweier ungerader Primzahlen schreiben lässt, und $a_n = (-1)^n$, falls dies nicht der Fall ist.

Die Zahlen a_n, und damit auch die Partialsummen von a, sind wohldefiniert, denn man kann für jedes $n \in \mathbb{N}$ die Zerlegbarkeit von $2n$ in endlich vielen Schritten entscheiden. Offensichtlich ist die derart definierte unendliche Reihe konvergent. Die Aussage $a = 0$ ist äquivalent mit $a_n = 0$ für alle $n \in \mathbb{N}$, und dies ist die von CHR. GOLDBACH 1742 gegenüber EULER geäußerte Vermutung, die bis heute weder bewiesen noch widerlegt ist. Es ist also bis heute nicht entschieden, ob $a = 0$ ist oder $a \neq 0$ und welches Vorzeichen a dann hat. Obwohl man die Funktionswerte von f_a bis auf jede beliebig vorgegebene Genauigkeit berechnen kann, ist nichts über die Lage einer möglichen Nullstelle x_0 bekannt, solange die Goldbach'sche Vermutung noch nicht entschieden ist.

Für den klassischen Mathematiker besteht dieses Problem nicht, denn er beruft sich auf den Grundsatz des „tertium non datur", den *Satz vom ausgeschlossenen Dritten*: Von einer mathematischen Aussage A und ihrer Negation $\sim A$ ist stets genau eine wahr. Das heißt, im vorliegenden Fall kann er, obwohl er nicht weiß, ob $f_a(0) > 0$, $f_a(0) = 0$ oder $f_a(0) < 0$ ist, genau eine der drei Möglichkeiten rein hypothetisch annehmen und damit weiter schließen. [†] Das Ergebnis ist eine reine Existenzaussage; es sagt nichts über die Lage der Nullstelle x_0 aus. Für den Konstruktivisten ist von den Aussagen A oder $\sim A$ auch höchstens eine der beiden wahr. Mindestens eine ist jedoch erst dann wahr, wenn die entsprechende Aussage auch bewiesen ist. Man sieht dies an einem einfachen Beispiel. Die Frage, ob es zwei irrationale Zahlen α und β gebe, so dass α^β rational ist, ist klassisch leicht zu beweisen. Ist etwa $\sqrt{2}^{\sqrt{2}}$ rational, so kann man $\alpha = \beta = \sqrt{2}$ wählen. Andernfalls wählt man $\alpha = \sqrt{2}^{\sqrt{2}}$ und $\beta = \sqrt{2}$. Man hat hier eine reine Existenzaussage getroffen worden, ohne dass eine der beiden Möglichkeiten effektiv entschieden wurde. Für den konstruktiven Mathematiker ist das Problem aber erst gelöst, wenn die beiden irrationalen Zahlen tatsächlich angegeben werden können. Zunächst müssen wir konstruktiv beweisen, dass $\sqrt{2}$ tatsächlich irrational ist, d.h. verschieden von jeder rationalen Zahl. Der klassische Beweis aus Abschnitt 1.1 zeigt nur, dass $\sqrt{2}$ nicht rational ist. Nun besteht für eine gegebene reelle Zahl i.a. nicht die Alternative rational oder irrational zu sein. Wie wir im vorigen Abschnitt bemerkt haben, ist konstruktiv nicht entschieden, ob etwa $e + \pi$ rational oder irrational ist. Im Fall von $\sqrt{2}$ schließen wir wie folgt:

Für jede rationale Zahl $r < 0$ oder $r > 2$ ist sicher $r \neq \sqrt{2}$ und für $0 \leqslant r = \frac{p}{q} \leqslant 2$ ist

$$\left| \sqrt{2} - r \right| = \frac{\left| 2 - r^2 \right|}{\sqrt{2} + r} = \frac{\left| 2q^2 - p^2 \right|}{\sqrt{2} + r} \frac{1}{q^2} \geqslant \frac{1}{4q^2}.$$

Nun können wir die obige Frage mit Hilfe des tief liegenden Satzes von Gelfond und Schneider beantworten, der ähnlich wie die Transzendenzbeweise des vorigen Abschnitts aufgrund der benutzten Abschätzungen insbesondere die Irrationalität beinhaltet.

Im allgemeinen ist die Anwendung des Satzes vom ausgeschlossenen Dritten nur erlaubt bei Aussagen, die endliche Mengen betreffen, denn dann kann man die endlich vielen Elemente einzeln hernehmen. Für unendliche Mengen ist eine Entscheidung i.a. aber nicht effektiv durchführbar, insbesondere dann nicht, wenn die Wahrheit einer Aussage A von der gesamten Menge abhängt. Wir können hier nicht weiter auf die Grundlagenprobleme eingehen, die der Mathematik aus der unbedarften Handhabung des Mengenbegriffs erwachsen; siehe dazu die Literaturhinweise im Ausblick. Wir müssen aber noch den Zahlbegriff genauer fassen.

In der konstruktiven Analysis von E. Bishop ist eine reelle Zahl x gegeben als eine Cauchy-Folge rationaler Zahlen, $(x_n)_{n \in \mathbb{N}}$, zusammen mit einer explizit berechenbaren Folge natürlicher Zahlen, $(N_k)_{k \in \mathbb{N}}$, so dass

$$|x_n - x_m| \leqslant \frac{1}{k} \quad \text{für alle } n, m \geqslant N_k$$

gilt. Zwei reelle Zahlen $x = (x_n)_{n \in \mathbb{N}}$ und $y = (y_n)_{n \in \mathbb{N}}$ stimmen überein, wenn

$$|x_n - y_n| \leqslant \frac{1}{k} \quad \text{für alle } n \geqslant M_k$$

[†] Streng genommen muss auch der klassische Mathematiker hier vorsichtig sein, falls er sich auf eine axiomatische Grundlage stützt. Die Vermutung von Goldbach könnte zu den Aussagen gehören, deren Existenz K. Gödel 1931 eingeräumt hat: Ist ein Axiomensystem, das die Arithmetik umfasst, widerspruchsfrei, so gibt es wahre Aussagen, die sich innerhalb dieses Systems weder beweisen noch widerlegen lassen.

gilt, wobei $(M_k)_{k\in\mathbb{N}}$ wieder eine explizit berechenbare Folge natürlicher Zahlen ist. In [BB] betrachtet er (mit derselben Relation für Gleichheit) nur Folgen, die die Bedingung

$$|x_n - x_m| \leqslant \frac{1}{n} + \frac{1}{m}$$

erfüllen – in [Tas] wird stattdessen

$$|x_n - x_m| \leqslant 10^{-n} + 10^{-m}$$

gefordert. Dies ergibt aufgrund der gewählten Gleichheitsrelation aber dieselben reellen Zahlen. Auf den ersten Blick unterscheidet sich diese Definition nicht von der klassischen, der technische Mehraufwand in der konstruktiven Analysis ist aber erheblich, und selbst in den einfachen Rechenoperationen wie Addition und Multiplikation sowie dem Nachweis der üblichen Rechenregeln muss man sehr sorgfältig vorgehen. Wir können diese technischen Fragen hier nicht im Detail behandeln – wir verweisen dazu auf [BB] –, wollen aber einige Konsequenzen diskutieren.

Errett Albert Bishop
* 14.7.1928 Newton/Kansas / † 14.4.1983 La Jolla
ab 1954 an der University of California in Berkeley, 1962 Professor, 1965 Professor an der University of California in San Diego. Seine Hauptarbeitsgebiete waren die Funktionentheorie mehrerer Variabler und die Theorie der kommutativen Banachalgebren, einem Teilgebiet der Funktionalanalysis, bevor er sich der konstruktiven Analysis verschrieb und 1967 seine „Foundations of Constructive Analysis" veröffentlichte.

Durch die Forderung, dass die Folgen $(N_k)_{k\in\mathbb{N}}$ bzw. $(M_k)_{k\in\mathbb{N}}$ explizit berechenbar sein müssen, sind implizite Definitionen ausgeschlossen. So wäre x_0, die kleinste Nullstelle der Funktion f_a klassisch eine sinnvoll definierte reelle Zahl, konstruktivistisch ist dies jedoch sinnlos. Dies hat einige gravierende Unterschiede zur Folge. So gibt es reelle Zahlen, für die die Trichotomie $x < 0$ oder $x > 0$ oder $x = 0$ nicht entscheidbar ist. Dabei bedeutet $x > 0$, dass $x_n \geqslant \frac{1}{k}$ gilt für alle $n \geqslant m$, wobei k und m explizit konstruierbare natürliche Zahlen sind. Insbesondere existieren reelle Zahlen, die keine Dezimalbruch- oder Kettenbruchentwicklung zulassen. Ein Beispiel einer solchen Zahl ist $x = 1 - a$ mit a aus Beispiel 1. Alles was man über eine beliebige reelle Zahl x aussagen kann ist Folgendes: Sind zwei reelle Zahlen a und b gegeben mit $a < b$, so gilt $a < x$ oder $x < b$. Andererseits verliert die Menge der reellen Zahlen ihre atomistische Struktur, kommt also der geometrischen Vorstellung als ein Kontinuum wieder näher. Es ist nicht möglich die reelle „Gerade" in zwei disjunkte Intervalle zu zerlegen, wie im klassischen Sinn etwa in $(-\infty, 0)$ und $[0, \infty)$. Folglich ist es auch nicht mehr möglich, bekannte Funktionen wie die durch $f(x) = 1$ für $x \geqslant 0$ und $f(x) = 0$ für $x < 0$ definierte Treppenfunktion f zu betrachten, denn etwa für die Zahl a könnte man den Funktionswert $f(a)$ nicht konstruktiv angeben. Ja es ist sogar fraglich, ob man überhaupt eine unstetige Funktion konstruieren kann.

Ähnlich wie beim Zwischenwertsatz verhält es sich bei dem folgenden Satz von K. WEIERSTRASS (1861).

Satz vom Maximum

Es sei $[a, b] \subset \mathbb{R}$ ein kompaktes Intervall und $f : [a, b] \to \mathbb{R}$ eine stetige Funktion. Dann nimmt f im Intervall $[a, b]$ ihr Maximum an, d.h., es existiert ein $x_0 \in [a, b]$ mit $f(x_0) \geqslant f(x)$ für alle $x \in [a, b]$.

Der Beweis besteht aus zwei Schritten. Zunächst zeigt man, dass $f([a, b])$ ein Infimum und ein Supremum besitzt, und im zweiten Schritt muss man einen Punkt x_0 finden, in dem etwa das Supremum angenommen wird. Für die erste Aussage weist man die Eigenschaft der totalen Beschränktheit nach: zu jeder Zahl $n \in \mathbb{N}$ existieren endlich viele Punkte $x_1, \ldots, x_k \in [a, b]$, so dass

$$f([a, b]) \subset \bigcup_{j=1}^{k} \left(f(x_j) - \frac{1}{n}, f(x_j) + \frac{1}{n} \right)$$

gilt. Dies folgt sofort, wenn man f als gleichmäßig stetig voraussetzt, d.h., wenn man zu $\varepsilon > 0$ ein $\delta = \delta(\varepsilon) > 0$ finden kann mit $|f(x) - f(y)| < \varepsilon$, falls nur $|x - y| < \delta$. Man wählt dann $x_j = a + \frac{j}{m}(b-a)$ mit $\frac{b-a}{m} < \delta(\frac{1}{n})$. Ist nun $c_n = \max\{f(x_1), \ldots, f(x_k)\}$ und $M_n = \max\{c_1, \ldots, c_n\}$, so ist die Folge $(M_n)_{n \in \mathbb{N}}$ monoton wachsend und beschränkt durch $M_1 + 1$. Sie ist eine Cauchy-Folge, denn $M_n \leqslant M_m < M_n + \frac{1}{n}$ für alle $m \geqslant n$, und für den Grenzwert M gilt

$$M = \lim_{n \to \infty} M_n = \sup f([a, b]).$$

Für $x \in [a, b]$ gilt nämlich

$$f(x) < M_n + \frac{1}{n} \leqslant M + \frac{1}{n} \quad \text{für jedes} \quad n \in \mathbb{N},$$

also $f(x) \leqslant M$, und offensichtlich ist M die kleinste obere Schranke. Soweit wäre auch ein Konstruktivist mit dem Beweis einverstanden.

Man muss jetzt noch zeigen, dass die gleichmäßige Stetigkeit aus der Stetigkeit folgt und dass $M = f(x_0)$ für ein $x_0 \in [a, b]$ gilt. Beides beruht auf dem *Satz von Bolzano-Weierstraß*, der besagt, dass jede Folge $(x_n)_{n \in \mathbb{N}}$ in $[a, b]$ einen Häufungspunkt besitzt. Für die zweite Aussage betrachtet man eine Folge $x_n \in [a, b]$ mit $f(x_n) = M_n$. Für einen Häufungspunkt $x_0 = \lim_{k \to \infty} x_{n_k}$ gilt dann $f(x_0) = \lim_{k \to \infty} f(x_{n_k}) = M$ aufgrund der Stetigkeit von f. Für die gleichmäßige Stetigkeit schließt man indirekt. Wäre sie nicht erfüllt, so gäbe es ein $\varepsilon > 0$ und zu jedem $n \in \mathbb{N}$ Punkte $x_n, y_n \in [a, b]$ mit $|x_n - y_n| < \frac{1}{n}$ und $|f(x_n) - f(y_n)| \geqslant \varepsilon$. Nach Übergang zu einer konvergenten Teilfolge von $(x_n)_{n \in \mathbb{N}}$ können wir diese als konvergent annehmen. Dann gilt auch

$$\lim_{n \to \infty} y_n = \lim_{n \to \infty} x_n = x_0,$$

aber

$$|f(y_n) - f(x_0)| \geqslant |f(y_n) - f(x_n)| - |f(x_n) - f(x_0)| \geqslant \frac{\varepsilon}{2}$$

für hinreichend großes n. Das widerspricht der Stetigkeit von f im Punkt x_0.

Analog hat man die Aussage, dass eine stetige Funktion auf einem kompakten Intervall $[a, b]$ ihr Minimum annimmt, und es bedarf keiner großen Änderung, entsprechende Aussagen für eine stetige reellwertige Funktion zu beweisen, die auf einer kompakten Teilmenge von $\mathbb{C}$ definiert ist, etwa auf einem Rechteck $[a, b] \times [c, d]$ oder einem Kreis $B_r(0) = \{z \in \mathbb{C} \mid |z| \leqslant r\}$.

Den fundamentalen Satz von BOLZANO (1830) und WEIERSTRASS (1865/1874) lässt der Konstruktivist aber nicht gelten. Man beweist ihn üblicherweise (wie oben den Zwischenwertsatz) mit der Intervallhalbierungsmethode, indem man jeweils eine Intervallhälfte auswählt, die noch unendlich viele Folgenglieder enthält. Eine solche Auswahl kann aber i.a. nur hypothetisch getroffen werden (siehe oben), wenn nicht nach endlich vielen Schritten entschieden ist, dass nur eine der beiden unendlich viele Folgenglieder enthält.

Man konstruiert leicht eine stetige Funktion, für die der Punkt x_0 nicht angegeben werden kann.

Beispiel 2. Mit der reellen Zahl a aus dem vorigen Beispiel sei $g_a : [-1, 1] \to \mathbb{R}$ wie folgt definiert. Es sei

$$g_a(-1) = g_a(0) = g_a(1) = 0, \quad g_a\left(-\frac{1}{2}\right) = 1 \quad \text{und} \quad g_a\left(\frac{1}{2}\right) = 1 + a.$$

Verbindet man diese Punkte gradlinig (siehe Fig. 1.11), so erhält man eine stetige Funktion.

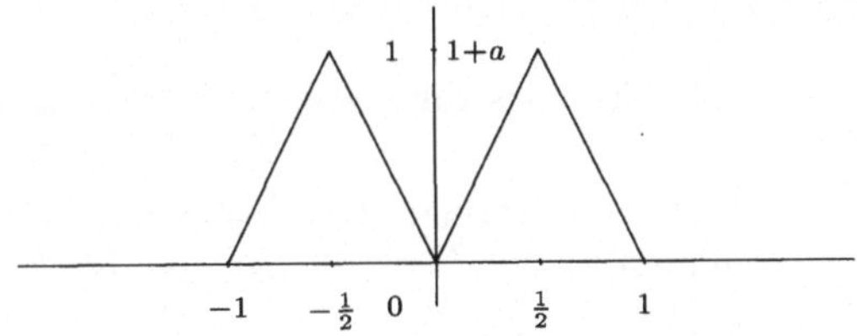

Fig. 1.11

Die Funktion g_a besitzt ein Supremum, nämlich $\max\{1, 1 + a\}$; es ist aber nicht klar, ob dieses im Punkt $-\frac{1}{2}$ oder im Punkt $\frac{1}{2}$ angenommen wird. Der Konstruktivist kann entsprechende Sätze nur in der folgenden Form für eine gleichmäßig stetige Funktion $f : [a, b] \to \mathbb{R}$ aussprechen (für die etwas aufwendigen Beweise verweisen wir auf [BB]):

(1) Gilt $f(a) < 0$ und $f(b) > 0$, so existiert zu jedem $\varepsilon > 0$ ein $x_0 \in (a, b)$ mit $|f(x_0)| < \varepsilon$.

(2) Ist $M = \sup f([a, b])$, so existiert zu jedem $\varepsilon > 0$ ein $x_0 \in [a, b]$ mit $f(x_0) > M - \varepsilon$. Analog existiert für $m = \inf f([a, b])$ zu jedem $\varepsilon > 0$ ein $x_0 \in [a, b]$ mit $f(x_0) < m + \varepsilon$.

Dies hat natürlich Konsequenzen für andere Sätze, die man mit Hilfe des Satzes vom Maximum oder mit dem Zwischenwertsatz beweist. Zum Beispiel kann man den *Mittelwertsatz der Differentialrechnung* von LAGRANGE (1797) für beliebige differenzierbare Funktionen konstruktiv nur in der folgenden abgeschwächten Version beweisen.

Mittelwertsatz

Es sei $[a, b] \subset \mathbb{R}$ ein kompaktes Intervall und $f : [a, b] \to \mathbb{R}$ eine differenzierbare Funktion, d.h., es gebe eine gleichmäßig stetige Funktion $f' : [a, b] \to \mathbb{R}$ und eine Funktion $\delta : \mathbb{R}_+ \to \mathbb{R}_+$, so dass zu vorgegebenem $\varepsilon > 0$ stets

$$|f(y) - f(x) - f'(x)(y - x)| \leqslant \varepsilon |y - x|, \quad \text{falls} \quad |y - x| \leqslant \delta(\varepsilon).$$

Dann existiert zu jedem $\varepsilon > 0$ ein $x_0 \in [a, b]$ mit

$$|f(b) - f(a) - f'(x_0)(b - a)| \leqslant \varepsilon.$$

Der Satz enthält als Spezialfall den *Satz von Rolle* (1690):

- Gilt $f(a) = f(b)$, so existiert zu $\varepsilon > 0$ ein $x_0 \in [a, b]$ mit $|f'(x_0)| \leqslant \varepsilon$.

Die wiederum stärkere klassische Aussage des Satzes von Rolle, $f'(x_0) = 0$ für ein $x_0 \in [a, b]$, erhält man hieraus, indem man für eine Folge $(x_n)_{n \in \mathbb{N}}$ mit $|f(x_n)| \leqslant \frac{1}{n}$, $n \in \mathbb{N}$, nach dem Satz von Bolzano-Weierstraß einen Häufungspunkt x_0 wählt.

Umgekehrt genügt es bekanntlich für den Beweis des Mittelwertsatzes, zuerst den Satz von Rolle zu beweisen und diesen dann auf die Funktion

$$g(x) = (x - a)\big(f(b) - f(a)\big) - f(x)(b - a), \quad x \in [a, b],$$

anzuwenden. Wir müssen also nur die obige konstruktive Version des Satzes von Rolle beweisen.

Klassisch folgt der Satz von Rolle direkt mit dem Satz vom Maximum:
Ist $f(x) > f(a)$ für ein $x \in [a, b]$, so nimmt f sein Maximum in einem Punkt $x_0 \in (a, b)$ an und für $y \neq x_0$ folgt

$$\frac{f(y) - f(x_0)}{y - x_0} \begin{cases} \geqslant 0, & y < x_0, \\ \leqslant 0, & y > x_0, \end{cases}$$

also $f'(x_0) = 0$.
Der konstruktive Beweis ist etwas aufwendiger. Betrachte

$$m = \inf\{|f'(x)| \mid x \in [a, b]\}.$$

Ist $m = 0$, so folgt die Behauptung mit der Aussage (2). Ist $m > 0$ und ohne Einschränkung $f'(a) \geqslant m$, so folgt auch $f'(x) \geqslant m$ für alle $x \in [a, b]$, denn sonst gäbe es nach der Aussage (1) ein y mit $|f'(y)| < m$ entgegen der Definition von m. Wir wählen nun Punkt $a = x_1 \leqslant x_2 \leqslant \ldots \leqslant x_n = b$ mit $x_{k+1} - x_k \leqslant \delta(\frac{m}{2})$. Dann folgt

$$
\begin{aligned}
0 = f(b) - f(a) &= \sum_{k=0}^{n-1} \big(f(x_{k+1}) - f(x_k)\big) \\
&= \sum_{k=0}^{n-1} f'(x_k)(x_{k+1} - x_k) + \sum_{k=0}^{n-1} \big(f(x_{k+1}) - f(x_k) - f'(x_k)(x_{k+1} - x_k)\big) \\
&\geqslant \sum_{k=0}^{n-1} m(x_{k+1} - x_k) - \sum_{k=0}^{n-1} \frac{m}{2}(x_{k+1} - x_k) = \frac{m}{2}(b - a) > 0.
\end{aligned}
$$

Es muss also $m = 0$ sein, und dafür folgt die Behauptung.

Für beliebige stetige oder differenzierbare Funktionen können also konstruktiv nur schwächere Aussagen bewiesen werden. Für alle in der Praxis vorkommenden Funktionen bleiben sie jedoch uneingeschränkt richtig. Führt man in diesen Fällen einen konstruktiven Beweis durch, so erhält man oft über die reine Existenzaussage hinaus auch numerische Verfahren zur Bestimmung der gesuchten Werte wie Nullstellen oder Extrema. Dies ist das Hauptanliegen BISHOPS:

Our program is simple: to give numerical meaning to as much as possible of classical abstract analysis.

Wir geben dafür ein Beispiel:

Beispiel 3. Die reelle Zahl $\frac{\pi}{2}$ wird heute üblicherweise (nach R. BALTZER) als kleinste positive Nullstelle der Cosinus-Funktion definiert, wobei diese als Potenzreihe

$$
\cos x = \sum_{n=0}^{\infty} (-1)^n \frac{x^{2n}}{(2n)!}
$$

gegeben ist: Es ist $\cos 0 = 1$ und

$$
\cos 2 = \sum_{n=0}^{\infty} (-1)^n \frac{2^{2n}}{(2n)!} = 1 - 2 + \sum_{n=2}^{\infty} (-1)^n \frac{2^{2n}}{(2n)!} \leqslant 1 - 2 + \frac{16}{4!} = -\frac{1}{3}
$$

aufgrund der Fehlerabschätzung für eine Leibniz-Reihe. Als stetige Funktion besitzt der Cosinus nach dem Zwischenwertsatz also eine Nullstelle $x_0 \in (0, 2)$, und wie man leicht sieht – die Menge der Nullstellen in $[0,2]$ ist kompakt –, gibt es eine kleinste. Konstruktiv müssen wir $\frac{\pi}{2}$ als Grenzwert einer Cauchy-Folge bestimmen. Wir definieren dazu $x_1 = 1$ und induktiv

$$
x_{n+1} = x_n + \cos x_n, \quad n \geqslant 1.
$$

Wir zeigen zunächst $\cos x > 0$ für $0 \leqslant x \leqslant x_n$, $n \in \mathbb{N}$. Dann ist $(x_n)_{n \in \mathbb{N}}$ monoton wachsend. In der Tat gilt dies für $0 \leqslant x \leqslant x_1 = 1$:

$$
\cos x = \sum_{n=0}^{\infty} \Big(\frac{x^{2n}}{(2n)!} - \frac{x^{2n+2}}{(2n+2)!} \Big) \geqslant 1 - \frac{1}{2} > 0.
$$

Ist $x_n < x \leqslant x_{n+1}$ und $x_{n+1} - x_n = \cos x_n > 0$, so folgt $|\sin x_n| < 1$, da $\cos^2 x + \sin^2 x = 1$, und somit

$$\cos x = \cos x_n - \int_{x_n}^{x} \sin t \, dt > \cos x_n - (x_{n+1} - x_n) = 0$$

für $x_n < x < x_{n+1}$. Damit folgt induktiv die Zwischenbehauptung.

Ferner ist dann nach dem Mittelwertsatz die Sinus-Funktion monoton wachsend auf $[0, x_n]$, also insbesondere $\sin x_n \geqslant \sin 0 = 0$ und $\sin x \geqslant \sin 1$ für $1 \leqslant x \leqslant x_n$, $n \in \mathbb{N}$. Ebenfalls nach dem Mittelwertsatz existiert für $n \geqslant 2$ und $\varepsilon > 0$ ein $x \in [x_{n-1}, x_n]$ mit

$$|\cos x_n - \cos x_{n-1} + \sin x(x_n - x_{n-1})| < \varepsilon,$$

so dass

$$\begin{aligned}
x_{n+1} - x_n &= x_n - x_{n-1} + \cos x_n - \cos x_{n-1} \\
&\leqslant x_n - x_{n-1} - \sin x(x_n - x_{n-1}) + \varepsilon \leqslant (x_n - x_{n-1})(1 - \sin 1) + \varepsilon.
\end{aligned}$$

Da die linke Seite nicht von ε abhängt, folgt

$$x_{n+1} - x_n \leqslant (1 - \sin 1)(x_n - x_{n-1})$$

und induktiv

$$x_{n+1} - x_n \leqslant (1 - \sin 1)^{n-1}(x_2 - x_1).$$

Wir wollen nun zeigen, dass jedes reelle Polynom ungerader Ordnung eine reelle Nullstelle besitzt. Es sei also $P(x) = \sum_{k=0}^{2n+1} a_k x^k$, $x \in \mathbb{R}$, mit Koeffizienten $a_k \in \mathbb{R}$ und ohne Einschränkung $a_{2n+1} > 0$. Für $x \neq 0$ gilt dann

$$P(x) = x^{2n+1}\Big(a_{2n+1} + \frac{a_{2n}}{x} + \cdots + \frac{a_0}{x^{2n+1}}\Big),$$

und es gibt ein $R > 0$, so dass für $|x| \geqslant R$

$$\begin{aligned}
|P(x)| &= |x|^{2n+1}\Big|a_{2n+1} + \frac{a_{2n}}{x} + \cdots + \frac{a_0}{x^{2n+1}}\Big| \\
&\geqslant |x|^{2n+1}|a_{2n+1}| - \Big(\Big|\frac{a_{2n}}{x}\Big| + \cdots + \Big|\frac{a_0}{x^{2n+1}}\Big|\Big) > 0
\end{aligned}$$

$$(*)$$

erfüllt ist, also insbesondere $P(-R) < 0$ und $P(R) > 0$. Mit dem klassischen Zwischenwertsatz wären wir jetzt fertig. Für einen konstruktiven Beweis nutzen wir aus, dass es ein $m \in \mathbb{N}$ gibt mit

$$|P(x)| + |P'(x)| + \cdots + |P^{(m)}(x)| > 0 \quad \text{für alle} \quad x \in [-R, R]$$

– in der Tat ist ja $P^{(2n+1)}(x) = a_{2n+1}(2n+1)! > 0$. Es genügt also offensichtlich den folgenden Satz zu beweisen:

Zwischenwertsatz (konstruktiv)

Es sei $[a,b] \subset \mathbb{R}$ ein kompaktes Intervall und $f : [a,b] \to \mathbb{R}$ eine stetige Funktion mit $f(a) < 0 < f(b)$. Existiert ein $m \in \mathbb{N}$, so dass

$$|f(x)| + |f'(x)| + \cdots + |f^{(m)}(x)| > 0 \quad \text{für alle} \quad x \in [a,b],$$

so besitzt f eine Nullstelle x_0 in (a,b).

Wir zeigen, dass aufgrund der Bedingung an die Summe der Beträge der Ableitungen in jedem Teilintervall $[\alpha,\beta] \subset [a,b]$ ein ξ existiert mit $f(\xi) \neq 0$. Dann können wir wie beim klassischen Beweis verfahren und eine Folge von Intervallen definieren, an deren Endpunkte die Funktionswerte jeweils verschiedene Vorzeichen besitzen. Obwohl i.a. nicht immer ein Intervallmittelpunkt als einer der Endpunkte gewählt werden kann, lässt es sich jedoch einrichten, dass die Intervalllängen gegen 0 konvergieren und die Folgen der rechten bzw. der linken Endpunkte somit jeweils eine Cauchy-Folge bildet. Der gemeinsame Grenzwert ist dann die gesuchte Nullstelle. Zum Beweis der obigen Aussage genügt es, den Fall $m = 1$ zu betrachten. Der allgemeine Fall folgt dann rekursiv: Ist $|f^{(k)}(x)| > 0$ in einem Teilintervall von $[\alpha,\beta]$, so ist dann auch $f^{(k-1)}(x) \neq 0$ in einem eventuell kleineren Teilintervall usw.. Alternativ kann man die Taylorformel (vgl. Aufgabe 2) verwenden.

Für $x_0 = \frac{\alpha+\beta}{2}$ können wir nun o.E. (man betrachte sonst $-f$) $f'(x_0) > 0$ und damit aufgrund der Stetigkeit

$$f'(x_0) \geqslant \frac{f'(x_0)}{2} \quad \text{für} \quad x \in [x_0 - \delta, x_0 + \delta] \subset [\alpha,\beta]$$

für ein $\delta > 0$ annehmen. Nach dem Mittelwertsatz existiert ferner zu $\varepsilon > 0$ ein $x \in [x_0 - \delta, x_0 + \delta]$ mit

$$|f(x_0 + \delta) - f(x_0) - f'(x)\delta| \leqslant \varepsilon.$$

Da $f'(x)\delta \geqslant \frac{f'(x_0)\delta}{2}$ unabhängig von ε gilt, folgt $f(x_0) < f(x_0 + \delta)$, und man kann eine rationale Zahl $r \neq 0$ finden mit $f(x_0) < r < f(x_0 + \delta)$. Je nachdem, ob $r > 0$ oder $r < 0$ gilt, folgt $f(x_0 + \delta) > 0$ oder $f(x_0) < 0$, insgesamt also die Behauptung. Der etwas kompliziertere Beweis ist nötig, da man nicht einfach indirekt schließen kann. Aus konstruktiver Sicht ist $f(x) = 0$ keine Alternative zu $f(x) \neq 0$, wie die Zahl a aus Beispiel 1 zeigt. Akzeptiert man jedoch den Satz von ausgeschlossenen Dritten, so folgt aus der Annahme $f(x) \equiv 0$ sofort $|f(x)| + |f'(x)| + \cdots + |f^{(m)}(x)| \equiv 0$ entgegen der Voraussetzung.

Der Zwischenwertsatz für reelle Polynome ungerader Ordnung garantiert nur eine Nullstelle. Da er keinen Aufschluss über die Anzahl der reellen Nullstellen gibt, hat man lange nach geeigneten Kriterien dafür gesucht. So hat bereits R. Descartes 1637 in seiner „Geometrie" ohne Beweis eine Regel mitgeteilt, die zumindest eine obere Abschätzung liefert:

Ferner lässt sich hiernach feststellen, wie viele wahre und wie viele falsche Wurzeln eine Gleichung haben kann; es können nämlich so viele wahre Wurzeln vorhanden sein, als die Anzahl der Wechsel der Vorzeichen + und − beträgt, und so viele falsche, wie oft zwei Zeichen + oder zwei Zeichen − aufeinander folgen.

Genauer betrachtet man für ein Polynom $P(x) = \sum_{k=0}^{m} a_k x^k$ mit reellen Koeffizienten a_k, wobei $a_m \neq 0 \neq a_0$, die Teilfolge $(a_{k_j})_{j=1,\ldots,r}$ der nicht verschwindenden Koeffizienten und dafür

$$V = V(a_0, \ldots, a_m) = \frac{1}{2} \sum_{j=1}^{r-1} \left(1 - \operatorname{sgn}(a_{k_j} a_{k_{j+1}}) \right),$$

die Anzahl der Vorzeichenwechsel. Ist nun P die Anzahl der positiven Nullstellen mit Vielfachheiten gezählt, so ist $V \geqslant P$ und $V - P$ gerade (vgl. Aufgabe 4). In dieser Version hat C.F. Gauss 1828 die Regel zuerst bewiesen. Ein weiter gehendes Kriterium stammt von J.B.J. de Fourier (vgl. ebenfalls Aufgabe 4).

Vollständig gelöst wurde das Problem durch den folgenden Satz von J.C.F. Sturm (1829). Ihm zugrunde liegt der euklidische Divisionsalgorithmus für Polynome: Sind $P(x)$ und $\tilde{P}(x)$ Polynome mit $\deg \tilde{P} \leqslant \deg P$, so existieren Polynome $Q(x)$ und $R(x)$ mit

$$P(x) = \tilde{P}(x) \, Q(x) - R(x),$$

wobei $\deg R < \deg \tilde{P}$. Wie im Falle ganzer Zahlen kann man damit insbesondere den größten gemeinsamen Teiler zweier Polynome ermitteln. Besitzt ein Polynom $P(x)$ mehrfache Nullstellen, so sind diese gleichzeitig Nullstellen von $P'(x)$, d.h. $P(x)$ und $P'(x)$ besitzen dann gemeinsame Linearfaktoren. Hat P nur einfache Nullstellen, so ist der g.g.T. von $P(x)$ und $P'(x)$ eine Konstante.

Satz von Sturm

Für ein reelles Polynom $P(x)$ mit einfachen Nullstellen sei $P_0 = P$, $P_1 = P'$, und sukzessive seien Polynome P_k, $k = 1, \ldots, r - 1$ definiert durch

$$P_{k-1} = P_k Q_k - P_{k+1} \quad \text{mit} \quad \deg P_{k+1} < \deg P_k,$$

wobei $P_r(x) \equiv c \neq 0$ gilt. Bezeichnet $V(x) = V\big(P_0(x), \ldots P_r(x)\big)$ die Anzahl der Vorzeichenwechsel der *Sturm'schen Kette* $P_0(x), \ldots, P_r(x)$, so enthält für $a < b$ mit $P(a) \neq 0 \neq P(b)$ das Intervall (a, b) genau $V(a) - V(b)$ Nullstellen.

Aufgrund der Annahme $P_r(x) = c \neq 0$ und der rekursiven Definition der P_k können keine zwei aufeinander folgenden Polynome P_j und P_{j+1} im selben Punkt $x \in (a, b)$ verschwinden. Ist nun $P_k(x) = 0$ für ein $1 \leqslant k \leqslant r - 1$, so gilt

$$P_{k-1}(x) = -P_{k+1}(x) \neq 0,$$

d.h. $P_{k-1}(x)$ und $P_{k+1}(x)$ haben unterschiedliches Vorzeichen. Da dies auch in einer Umgebung von x gilt, ändert sich $V(x)$ nicht, wenn man mit wachsendem x eine Nullstelle von P_k durchquert. Durchläuft x jedoch eine Nullstelle von $P = P_0$, so ändert $P_0(x)$ sein Vorzeichen, $P_1(x)$ dagegen nicht, da die Nullstellen als einfach vorausgesetzt wurden. Ist P etwa streng monoton fallend nahe der Nullstelle x, so ist

$$\operatorname{sgn}\big(P(y)P'(y)\big) = -1 \quad \text{für} \quad y < x \quad \text{und} \quad \operatorname{sgn}\big(P(y)P'(y)\big) = 1 \quad \text{für} \quad y > x,$$

und analog verhält es sich für monoton wachsendes P. In jedem Fall erniedrigt sich also der Wert von $V(x)$ um 1 beim Durchgang durch eine Nullstelle von P. Damit ist der Satz bewiesen.

Jacques Charles François Sturm
* 15.9.1803 Genf / † 18.12.1855 Paris
1825 Hauslehrer in Genf, anschließend in Paris, 1830 Professor am Collège Rollin in Paris, 1840 Prof. für Mathematik an der École Polytechnique, später auch noch Inhaber des Lehrstuhls für Mechanik an der Sorbonne. Seine wichtigsten Arbeiten betreffen neben denen zur (numerischen) Auflösung von Gleichungen die Existenz und Verteilung der Eigenwerte bei Rand-Eigenwertproblemen für Differentialgleichungen 2. Ordnung (Sturm-Liouville-Theorie).

Durch die Differenz $V(a) - V(b)$ wird also die Anzahl der einfachen Nullstellen gezählt. Besitzt das Polynom $P(x)$ mehrfache Nullstellen, so ist, wie oben bemerkt wurde, $P_r = \pm \mathrm{ggT}(P, P')$ ein nicht konstantes Polynom, das als Faktor in allen P_k auftritt. Setzt man dann $\tilde{P}_k = \frac{P_k}{P_r}$ für $k = 0, \dots, r$, so besitzen die $\tilde{P}_k$ dieselben Nullstellen jedoch mit der Vielfachheit 1. Um die Anzahl der Nullstellen von P (ohne Vielfachheiten) zu ermitteln, muss man den Satz von Sturm nur auf $\tilde{P}_0$ anwenden. Obwohl die Kette $P_0, \dots, P_r$ i.a. nicht den Voraussetzungen des Satzes genügt, kann man aber trotzdem die Anzahl der Vorzeichenwechsel damit bestimmen, denn es gilt offensichtlich $V\big(P_0(x), \dots P_r(x)\big) = V\big(\tilde{P}_0(x), \dots \tilde{P}_r(x)\big)$, falls x keine Nullstelle ist. Darüber hinaus ist es nicht nötig, den Divisionsalgorithmus bis zum g.g.T. durchzuführen. Für den Beweis genügt die Bedingung, dass P_r nicht verschwindet, sein Vorzeichen also nicht ändert. Damit wird den etwaigen nicht zerlegbaren quadratischen Faktoren $x^2 + ax + b$ Rechnung getragen.

Wir werden in den folgenden Kapiteln die Voraussetzungen stets so eng wählen, dass alle Aussagen auch konstruktiv beweisbar sind. Die auftretenden Funktionen werden daher nicht nur als stetig, sondern darüber hinaus als hinreichend oft differenzierbar vorausgesetzt.

In der Praxis bedeutet dies keine Einschränkung, denn man kann jede auf einem kompakten Intervall $[a, b]$ stetige Funktion $f : [a, b] \to \mathbb{R}$ gleichmäßig durch Polynome approximieren. Mit Hilfe der Transformation $x = a + (b - a)y$ kann man sich dabei auf den Fall $[a, b] = [0, 1]$ beschränken. Wir wählen ferner für eine gleichmäßig stetige Funktion $f : [0, 1] \to \mathbb{R}$ eine Schranke $M > 0$, d.h. setzen $|f(x)| \leqslant M$ für alle $x \in [0, 1]$ voraus, und bezeichnen den Stetigkeitsmodul $\delta(\varepsilon)$ wieder kurz mit δ.

Approximationssatz von Weierstraß

Es sei $f : [0,1] \to \mathbb{R}$ gleichmäßig stetig, und für $n \in \mathbb{Z}_+$ sei das n-te *Bernstein'sche Polynom* $B_n(f)$ definiert durch

$$B_n(f)(x) = \sum_{k=0}^{n} f\left(\frac{k}{n}\right) \binom{n}{k} x^k (1-x)^{n-k}.$$

Dann gilt für vorgegebenes $\varepsilon > 0$ die Abschätzung

$$|f(x) - B_n(f)(x)| \leqslant \varepsilon + \frac{M}{2n\delta^2}, \quad x \in [0,1],$$

d.h. $|f(x) - B_n(f)(x)| \leqslant 2\varepsilon$ für $n \geqslant \frac{M}{2\varepsilon\delta^2}$.

Der Satz wurde 1885 von WEIERSTRASS formuliert und bewiesen. Inzwischen gibt es verschiedene Verallgemeinerungen (siehe die anschließenden Bemerkungen) und ebenso eine Vielzahl von unterschiedlichen Beweisen. Zum Beispiel kann man die Funktion f zunächst durch eine stückweise affin-lineare Funktion approximieren. Eine solche lässt sich aber rein algebraisch aus Translationen der Betragsfunktion zusammensetzen, so dass letztendlich nur diese approximiert werden muss. Wir wollen dies hier nicht weiter verfolgen und auch nicht den ursprünglichen Beweis von WEIERSTRASS präsentieren, sondern den vielleicht einfachsten und direktesten, der 1912 von S. BERNSTEIN gefunden worden ist.

Karl Theodor Wilhelm Weierstraß
∗ 31.10.1815 Ostenfelde / † 19.2.1897 Berlin
1841 bis 1856 als Gymnasiallehrer an verschiedenen Schulen tätig, 1856 Professor am Gewerbeinstitut in Berlin, 1864 Professor an der Berliner Universität, seit 1856 Mitglied der Preußischen Akademie in Berlin. Er leistete wesentliche Beiträge zur Grundlegung der reellen und der komplexen Analysis (Funktionentheorie) und wirkte dabei besonders durch seine vorbildlichen Vorlesungen, die er mit der sprichwörtlichen „Weierstraß'schen Strenge" entwarf.

Wir bemerken vorweg, dass die Bernstein'schen Polynome selbst für Polynome nur eine Approximation liefern. Genauer gilt für die Monome $f_m(x) = x^m$, $m = 0, 1, 2$

$$B_n(f_0)(x) = \sum_{k=0}^{n} \binom{n}{k} x^k (1-x)^{n-k} = (x + 1 - x)^n = 1, \tag{0}$$

$$B_n(f_1)(x) = \sum_{k=0}^{n} \frac{k}{n} \binom{n}{k} x^k (1-x)^{n-k} = \sum_{k=1}^{n} \binom{n-1}{k-1} x^k (1-x)^{n-k}$$

$$= x \sum_{j=0}^{n-1} \binom{n-1}{j} x^j (1-x)^{n-1-j} = x, \tag{1}$$

sowie wegen $(\frac{k}{n})^2 = \frac{n-1}{n}\frac{k(k-1)}{n(n-1)} + \frac{1}{n}\frac{k}{n}$ und einer ähnlicher Rechnung

$$B_n(f_2)(x) = \frac{n-1}{n}x^2 + \frac{1}{n}x. \tag{2}$$

Nach diesen Vorbemerkungen können wir den Approximationssatz leicht beweisen. Mit (0) folgt

$$\begin{aligned}
|f(x) - B_n(f)(x)| &\leqslant \sum_{k=1}^{n} \left|f(x) - f\left(\frac{k}{n}\right)\right|\binom{n}{k}x^k(1-x)^{n-k} \\
&= \sum_{|k/n-x|<\delta} \left|f(x) - f\left(\frac{k}{n}\right)\right|\binom{n}{k}x^k(1-x)^{n-k} \\
&\quad + \sum_{|k/n-x|\geqslant\delta} \left|f(x) - f\left(\frac{k}{n}\right)\right|\binom{n}{k}x^k(1-x)^{n-k}.
\end{aligned}$$

Ist $|\frac{k}{n} - x| < \delta$, so ist $|f(x) - f(\frac{k}{n})| < \varepsilon$ und damit die erste Summe wegen (0) kleiner als ε. Ist $|\frac{k}{n} - x| \geqslant \delta$, so gilt $\frac{1}{\delta^2}(\frac{k}{n} - x)^2 \geqslant 1$ und wegen $|f(x) - f(\frac{k}{n})| \leqslant 2M$ folgt daher für die zweite Summe die Abschätzung

$$\begin{aligned}
\sum_{|k/n-x|\geqslant\delta} &\left|f(x) - f\left(\frac{k}{n}\right)\right|\binom{n}{k}x^k(1-x)^{n-k} \\
&\leqslant \frac{2M}{\delta^2}\sum_{|k/n-x|\geqslant\delta}\left(\frac{k}{n} - x\right)^2\binom{n}{k}x^k(1-x)^{n-k} \\
&\leqslant \frac{2M}{\delta^2}\sum_{k=0}^{n}\left(\frac{k^2}{n^2} - 2x\frac{k}{n} + x^2\right)\binom{n}{k}x^k(1-x)^{n-k} \\
&= \frac{2M}{\delta^2}\left(\frac{n-1}{n}x^2 + \frac{1}{n}x - 2x^2 + x^2\right) = \frac{2M}{\delta^2}\frac{x(1-x)}{n}
\end{aligned}$$

aufgrund von (0), (1) und (2). Da $0 \leqslant x(1 - x) \leqslant \frac{1}{4}$ für $0 \leqslant x \leqslant 1$ gilt, folgt also insgesamt die Behauptung.

Sergei Natanowitsch Bernstein
$\ast$ 6.3.1880 Odessa/ $\dagger$ 26.10.1968 Moskau
studierte in Paris und Göttingen, promovierte 1904 in Paris und erneut 1908 in Charkow, wo er dann auch tätig war, danach an den Akademien der Wissenschaften in Leningrad (1933) bzw. in Moskau (1945). Er lieferte Teillösungen zu zwei der 23 von Hilbert 1900 formulierten Probleme und begründete, neben Beiträgen zur Wahrscheinlichkeitstheorie und zur Theorie der Differentialgleichungen, die konstruktive Funktionentheorie.

Bemerkungen 1. Der Weierstraß'sche Approximationssatz gilt sinngemäß für stetige Funktionen mehrerer Variabler. Nach der obigen Vereinfachung betrachten wir eine gleichmäßig stetige Funktion $f : [0,1] \times [0,1] \to \mathbb{R}$. Definiert man dann

$$B_{n,m}(f)(x,y) = \sum_{k=0}^{n} \sum_{j=0}^{m} f\left(\frac{k}{n}, \frac{j}{m}\right) \binom{n}{k} \binom{m}{j} x^k (1-x)^{n-k} y^j (1-y)^{m-j},$$

so lässt sich f gleichmäßig durch $B_{n,m}(f)$ approximieren, falls nur $\min\{n,m\}$ hinreichend groß ist. Wir überlassen den Beweis dem Leser als Übungsaufgabe.
2. Ein weitere Version des Approximationssatzes besagt, dass sich jede 2π-periodische stetige Funktion $f : \mathbb{R} \to \mathbb{R}$ gleichmäßig durch trigonometrische Polynome approximieren lässt. Dazu wendet man die vorige Bemerkung auf die durch $g(x,y) = rf(t)$ für $x + iy = re^{it} = r(\cos t + i \sin t)$ definierte stetige Funktion an. Ist $p(x,y)$ ein approximierendes Polynom auf $[-1,1] \times [-1,1]$, so ist das trigonometrische Polynom $P(t) = p(\cos t, \sin t)$ eine 2π-periodische Approximation von f. Indem man Real- und Imaginärteil derart approximiert, erhält man die Aussage auch für komplexwertige Funktionen, und aufgrund der Beziehungen zwischen den trigonometrischen Funktionen und der Exponentialfunktion kann man P daher auch in der Form $P(t) = \sum_{|n| \leqslant N} c_n e^{int}$, $t \in \mathbb{R}$, schreiben.

Reelle Polynome gerader Ordnung, wie etwa $P(x) = x^2 + 1$, haben i.a. keine reellen Nullstellen und auch für Polynome ungerader Ordnung kann man auf die oben beschriebene Weise i.a. nicht alle Nullstellen finden. Erst durch Übergang ins Komplexe wird die Existenz von n Nullstellen für ein Polynom vom Grad $n \geqslant 1$ gesichert, wobei die Nullstellen mit ihren Vielfachheiten gezählt werden. Bekanntlich genügt es, die folgende schwächere Aussage zu beweisen.

Fundamentalsatz der Algebra

Jedes komplexe Polynom P vom Grad $m \geqslant 1$ besitzt eine komplexe Nullstelle.

Es war gerade dieser *Fundamentalsatz der Algebra*, für den Gauss 1797 zum ersten Mal in der Geschichte der Mathematik ausdrücklich den Beweis für die Existenz einer Lösung unternahm. Er kritisierte speziell im ersten Beweis des Fundamentalsatzes durch J. d'Alembert (1746) die Behauptung, dass eine reellwertige Funktion einer komplexen Veränderlichen ihre untere Grenze, falls sie eine solche besitzt, auch erreiche, d.h. ein Minimum besitze. Diese Beweisidee wurde 1814 von R. Argand aufgegriffen und vereinfacht, und sie liefert mit dem Satz von Weierstrass einen einfachen Beweis des Fundamentalsatzes (siehe [Ebb] für weitere Einzelheiten).

Obwohl Gauss in seinem ersten Beweis – er hat später drei weitere gegeben (siehe [Gau]) – die komplexen Zahlen vermeidet, ist es gerade die von ihm eigens dafür entwickelte Vorstellung von der komplexen Zahlenebene und die Einsicht in die topologischen Gegebenheiten, die diesen Beweis ermöglichen. Bei seinem zweiten Beweis im Jahr 1815 hat GAUSS gezeigt, wie man sich durch geeignete algebraische Vorüberlegungen, die teilweise schon von EULER (1749) stammen, auf den Fall eines reellen Polynoms ungerader Ordnung zurück ziehen kann. Für solche Polynome setzt er wie EULER die Existenz einer Nullstelle voraus. Sein dritter Beweis, von 1816, deckt sich in wesentlichen Punkten mit dem folgenden, dessen konstruktive Fassung von H. WEYL aus dem Jahr 1924 stammt.

Claus Hugo Hermann Weyl
∗ 9.11.1885 Elmshorn / † 8.12.1955 Zürich
1913 Professor in Zürich, 1930 Nachfolger von Hilbert in Göttingen, 1933 Emigration in die USA, wo er bis zu seiner Rückkehr nach Zürich (1951) am Institute for Advanced Studies in Princeton tätig war. Er lieferte wesentliche Beiträge zur Theorie der Differentialgleichungen, zur Differentialgeometrie und zur mathematischen Physik und verfasste richtungsweisende Lehrbücher zur Theorie der Riemann'schen Flächen, zur Relativitätstheorie und zur Quantenmechanik.

Wir geben hier nur eine Beweisskizze (mehr dazu in [Wey]) und beginnen mit der vereinfachten Version, bei der die Real- und Imaginärteile der Koeffizienten des Polynoms als rational vorausgesetzt werden. Die Beweisidee ist dieselbe wie oben im Fall eines reellen Polynoms ungerader Ordnung. Zunächst bemerkt man aufgrund der Abschätzung $(\ast)$, die auch für komplexe Zahlen gilt, dass eventuelle Nullstellen eines komplexen Polynoms $P(z) = \sum_{k=0}^{m} a_k z^k$ innerhalb eines Kreises von hinreichend großem Radius $R = 2^\ell$ liegen müssen bzw. in dem Quadrat, das dieses umschreibt. Zur Bestimmung einer Nullstelle möchte man nun wie im reellen Fall vorgehen und diese durch hinreichend feine Unterteilungen dieses Quadrats eingrenzen. Dazu benötigt man nur eine Entscheidungshilfe, die einem erlaubt, Teilquadrate zu finden, in denen die Nullstelle liegen muss. Bei reellen Funktionen war dies der Vorzeichenwechsel der Funktion, den man an den Intervallgrenzen feststellen konnte. Jetzt hat man statt eines Intervalls ein Quadrat, und möchte aus der Kenntnis der Funktionswerte auf dem Rand auf eventuelle Nullstellen im Inneren schließen. Dies ist in der Tat möglich.

Wir teilen das Ausgangsquadrat in Teilquadrate, deren Kantenlängen Potenzen von $\frac{1}{2}$ sind. Lässt man von dem Ausgangsquadrat einige Teilquadrate weg, so erhält man einen Polygonzug mit achsenparallelen Kanten, der eventuell in mehrere geschlossene Teilpolygone zerfällt (siehe Fig. 1.12). Für $|z|, |w| \leqslant R$ gilt wegen

$$z^k - w^k = (z - w) \sum_{j=0}^{k-1} z^{k-j-1} w^j$$

die Abschätzung

$$|P(z) - P(w)| = \left| \sum_{k=1}^{m} a_k (z^k - w^k) \right| \leqslant |z - w| \sum_{k=1}^{m} |a_k| k R^k = c|z - w|. \qquad (\ast\ast)$$

Ausgehend von den Mittelpunkten der Teilungsquadrate können wir also von vornherein alle diejenigen weglassen, die nicht in ein Quadrat um den Nullpunkt mit vorgegebener Kantenlänge ε abbilden. Ferner werden wir in Abschnitt 2.2 sehen (das ist gerade

Gaussens Überlegung), dass ein gewisses Wegintegral längs dieser Polygonzüge einen ganzzahligen Wert besitzt, der sich nicht ändert, wenn man Teilquadrate weglässt, die keine Nullstellen enthalten. Durch eine solche Integration kann man also entscheiden, ob und welche Teilquadrate man weglassen darf.

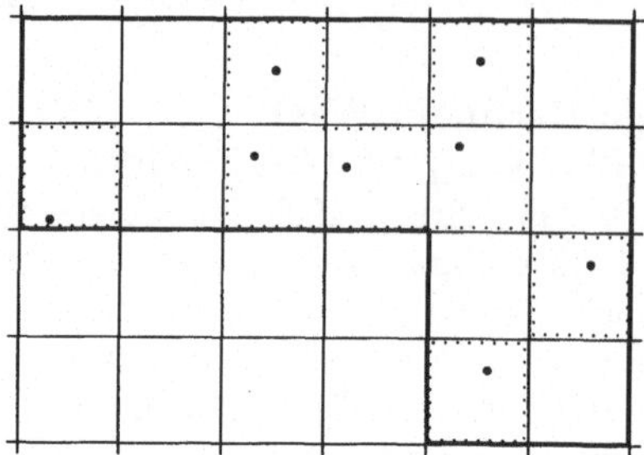

Fig. 1.12

Um die bekannte Aussage zu erhalten, dass ein Polynom vom Grad m genau m Wurzeln besitzt (mit Vielfachheiten gezählt), muss man nur sicherstellen, dass die Innengebiete der einzelnen Polygonzüge sich auf Punkte zusammenziehen. Dies kann man wie folgt einsehen, wobei wir ohne Einschränkung $a_m = 1$ annehmen dürfen. Sind $z_0, \ldots, z_m \in \mathbb{C}$ verschiedene Punkte, in denen P die Werte $P(z_k) = w_k$ mit $|w_k| \leqslant \varepsilon$, $k = 0, \ldots, m$, annimmt, so gilt nach der Interpolationsformel von Lagrange

$$P(z) = \sum_{k=0}^{m} L_k(z) w_k \quad \text{mit} \quad L_k(z) = \prod_{\substack{0 \leqslant j \leqslant m \\ j \neq k}} \frac{z - z_j}{z_k - z_j}, \; k = 0, \ldots, m.$$

Für den höchsten Koeffizienten von P folgt daher

$$1 = a_m = \frac{1}{m!} P^{(m)}(0) = \sum_{k=0}^{m} \frac{w_k}{\prod_{j \neq k}(z_k - z_j)}.$$

Gilt stets $|z_k - z_j| \geqslant \delta$ für $j \neq k$, so folgt

$$1 \leqslant \sum_{k=0}^{m} \frac{|w_k|}{\delta^m} \leqslant \frac{(m+1)\varepsilon}{\delta^m},$$

d.h. $\delta \leqslant \sqrt[m]{(m+1)\varepsilon}$. Von den $m + 1$ Punkten können also nicht alle einen Abstand größer als $\sqrt[m]{(m+1)\varepsilon}$ voneinander haben. Insbesondere gibt es höchstens m Nullstellen ($\varepsilon \to 0$) und nach Konstruktion mindestens eine.

Wir kommen nun zum allgemeinen Fall, bei dem beliebige komplexe Zahlen als Koeffizienten zugelassen sind. Dabei werden die Koeffizienten erst im Laufe der Konstruktion mit zunehmender Genauigkeit bestimmt – als Bonus erhält man gleichzeitig die stetige Abhängigkeit der Wurzeln von den Koeffizienten des Polynoms. Bei jedem der Teilungsschritte in Quadrate der Kantenlänge $\frac{1}{2^k}$ kann man die Koeffizienten so genau approximieren, dass sie in einem der vier Quadrate liegen, die sich um einen Gitterpunkt gruppieren. Man kann nun wie oben anhand der Abschätzung $(**)$ – hier ist die Konstante c jetzt vom Teilungsschritt abhängig – entscheiden, welche Quadrate von vornherein nicht nullstellenverdächtig sind. Weitere nicht nullstellenverdächtige Quadrate können nun wieder mit Hilfe des Weginterals ausgeschlossen werden, denn wir werden sehen, dass das Wegintegral stetig von den Koeffizienten des Polynoms abhängt solange keine Nullstellen des Polynoms auf dem Integrationsweg liegen.

Aufgaben

1. Leiten Sie die *Cardano'schen Formeln* für die Lösungen kubischer Gleichungen her:
(a) Eine kubische Gleichung $x^3 + ax^2 + bx + c = 0$ lässt sich durch die *Tschirnhaus-Transformation* $x = y - \frac{a}{3}$ – sie wurde 1683 von E.W. VON TSCHIRNHAUS angegeben – in die reduzierte Form $y^3 + px + q = 0$ verwandeln.
(b) Bestimmt man im Ansatz $y = u + v$ die Variablen so, dass $3uv + p = 0$ gilt, so ist u^3 im Fall $p \neq 0$ Lösung einer quadratischen Gleichung.
(c) Im Fall $D = \left(\frac{p}{3}\right)^3 + \left(\frac{q}{2}\right)^2 \geqslant 0$ ist

$$y_1 = u_1 + v_1 = \sqrt[3]{-\frac{q}{2} + \sqrt{D}} + \sqrt[3]{-\frac{q}{2} - \sqrt{D}}$$

eine reelle Lösung und die beiden anderen (konjugiert komplexen) sind gegeben durch $y_2 = \varepsilon_2 u_1 + \varepsilon_3 v_1$ und $y_3 = \varepsilon_3 u_1 + \varepsilon_2 v_1$ mit den dritten Einheitswurzeln $\varepsilon_2 = \frac{1}{2}(-1 + \sqrt{3}i)$ und $\varepsilon_3 = -\frac{1}{2}(1 + \sqrt{3}i)$. Zur Geschichte dieser Lösungsformeln, die von S. DEL FERRO (um 1515) über N. TARTAGLIA (1535) bis G. CARDANO (1545) reicht, sowie zur Lösung von Gleichungen vierter Ordnung nach L. FERRARI (1545) vergleiche etwa [Ger].
(d) Ist $D < 0$, so besitzt die Gleichung die drei reellen Lösungen

$$y_k = 2\sqrt[6]{\frac{-p^3}{27}} \cos\left(\frac{\varphi}{3} + (k-1)\frac{2\pi}{3}\right), \quad k = 1, 2, 3.$$

Dabei ist φ gegeben durch $\cos\varphi = -\frac{q}{2} \Big/ \sqrt{\frac{-p^3}{27}}$. Dieser als „casus irreducibilis" bezeichnete Fall wurde um 1600 von F. VIÈTE behandelt.

2. Beweisen Sie (konstruktiv) den Satz von B. TAYLOR: Es sei $f : [a,b] \to \mathbb{R}$ $(n+1)$-mal differenzierbar. Dann existiert zu $\varepsilon > 0$ ein $x \in [a,b]$ mit

$$\left| f(b) - \sum_{k=0}^{n} \frac{f^{(k)}(a)}{k!}(b-a)^k - \frac{f^{(n+1)}(x)}{n!}(b-x)^n(b-a) \right| \leqslant \varepsilon.$$

3. Man vollende den Beweis des konstruktiven Zwischenwertsatzes.

4. Es sei $P(x)$ ein reelles Polynom vom Grad m. Für $x \in \mathbb{R}$ betrachte $V(x) = V\big(f(x), f'(x), \ldots, f^{(m)}(x)\big)$. Beweisen Sie das Kriterium von FOURIER: Sind $a < b$ keine Nullstellen von $P(x)$, so enthält das Intervall (a, b) höchstens $V(a) - V(b)$ Nullstellen mit Vielfachheit gezählt, genauer $V(a) - V(b) - 2\ell$ für ein $\ell \in \mathbb{N}$. Folgern Sie daraus die Regel von DESCARTES. Beweisen Sie auch die Regel für die Anzahl der „falschen", d.h. negativen, Nullstellen.
Hinweis: Man betrachte zunächst den Fall, dass $f^{(k)}(x) \neq 0$ für $k = 0, \ldots, m$ und $x = a$ und b, und dass für $x \in (a, b)$ keine zwei aufeinander folgenden Ableitungen $f^{(k)}(x)$ und $f^{(k+1)}(x)$ gleichzeitig verschwinden.

(Das Kriterium von Fourier, das dieser bereits vor 1790 gefunden haben soll und 1820 veröffentlichte, wird in der Literatur manchmal auch nach Budan benannt, der ein ähnliches aber schwächeres Kriterium mindestens seit 1811 besaß und 1822 veröffentlichte.)

5. Es sei $P(x)$ ein reelles Polynom, das in den Randpunkten des Intervalls $[a, b]$ nicht verschwindet. Zeigen Sie: Die Parität der Anzahl der Nullstellen mit Vielfachheiten gezählt, d.h. die Anzahl modulo 2, im Intervall $[a, b]$ ist gegeben durch

$$\frac{1}{2}\Big(1 - \operatorname{sgn}\big(P(a)P(b)\big)\Big).$$

Insbesondere hat ein reelles Polynom ungerader Ordnung stets eine ungerade Anzahl von reellen Nullstellen, ein Polynom gerader Ordnung eine gerade Anzahl von reellen Nullstellen oder überhaupt keine.

6. Man bestimme für ein reduziertes Polynom dritten Grades $P(x) = x^3 + px + q$ die zugehörige Sturm'sche Kette und beweise in der Notation von Aufgabe 1: Ist $D > 0$, so besitzt $P(x)$ genau eine reelle Nullstelle, im Fall $D < 0$ dagegen drei. Wie viel Nullstellen gibt es für $D = 0$?

7. Beweisen Sie die Aussagen (1) und (2) über Bernstein'sche Polynome.

8. Beweisen Sie den Weierstraß'schen Approximationssatz für stetige Funktionen zweier Variabler.

Literaturhinweise

[Bck] Becker, O.: *Grundlagen der Mathematik*, Suhrkamp, Frankfurt, 1975

In einer Zusammenstellung von Auszügen aus Originalarbeiten wird die Entwicklung der Grundbegriffe der Analysis, insbesondere der des Kontinuums, nachgezeichnet.

[BB] Bishop, E., Bridges, D.: *Constructive Analysis*, Springer, Berlin, 1983

Die Neuauflage des Buches von Bishop aus dem Jahr 1967: „Foundations of Constructive Analysis"

[Ebb] Ebbinghaus, H.-D., u.a.: *Zahlen*, Springer, Berlin, 1988[2]

Alle Zahlbereiche, von den natürlichen über die reellen und die komplexen Zahlen bis zu den Quaternionen, werden in ihrer historischen Entwicklung beschrieben. Darüber hinaus findet man die modernen Ansätze von J.H. Conway – Zahlen als Spiele – und A. Robinson – hyperreelle Zahlen – sowie weitere Verallgemeinerungen wie Clifford-Algebren und deren Anwendung in der Topologie. Ein eigenes Kapitel ist der Geschichte des Fundamentalsatzes der Algebra gewidmet.

[Gau] Gauß, C.F.: *Die vier Gauß'schen Beweise*, (hrsg. von E. Netto) Ostwalds Klass. d. exakt. Wiss. Nr. 14, Akad. Verlagsges., Leipzig, 1913[3]

Enthält die vier Beweise des Fundamentalsatzes der Algebra von Gauss in deutscher Übersetzung

[Ger] Gericke, H.: *Mathematik in Antike und Orient/Mathematik im Abendland*, Fourier Verlag, Wiesbaden, 1993[2]

siehe Abschnitt 2.3

[HS] Hischer, H., Scheid, H.: *Grundbegriffe der Analysis*, Spektrum Akademischer Verlag, Heidelberg, 1995

[Tas] Taschner, R.: *Lehrgang der konstruktiven Mathematik. 1. Teil: Zahl und Kontinuum, 2. Teil: Differentialrechnung, 3. Teil: Funktionen*, Manz-Verlag, Wien, 1991-93

Einziges Lehrbuch der Analysis, das dem Studienanfänger die Analysis im Sinne Bishops nahe bringt

[Wey] Weyl, H.: *Randbemerkungen zu Hauptproblemen der Mathematik*, Math. Zeitschr. 20 (1924) 131-150

Der letzte von drei Artikeln Weyls zur konstruktiven (oder intuitionistischen) Begründung der Analysis

Kapitel 2 Integralrechnung

2.1 Quadratur und Integration

> Es mag die eine Bemerkung genügen, dass von der Auffindung der Integrale gerade bedeutendere mathematische Probleme und Theoreme abhängen, sowohl bereits gefundene als auch solche, die man noch zu finden wünscht, so z.B. die Quadratur der Flächen, die Rektifikation der Kurven, die Kubatur der Körper, die umgekehrte Tangentenmethode oder die Auffindung der Natur der Kurven aus gegebenen Eigenschaften der Tangenten, nicht weniger aber das, was zur Mechanik gehört, wie die Methode zur Auffindung des Zentrums der Schwere, des Stoßes, der Schwingung usw. – *Johann Bernoulli*

Die Ursprünge der Integrationstheorie liegen im Quadraturproblem, d.h. in der Aufgabe eine gegebene Fläche in ein Quadrat von gleichem Flächeninhalt zu verwandeln. Zunächst muss natürlich geklärt werden, was unter dem Flächeninhalt einer krummlinig begrenzen ebenen Figur zu verstehen ist. Wir gehen heute aus vom Flächeninhalt $F = a \cdot b$ eines Rechtecks mit den Seiten a und b. Da kongruente Figuren gleichen Flächeninhalt besitzen sollen, erhält man sofort für ein rechtwinkliges Dreieck mit den Katheten a und b als Flächeninhalt $F = \frac{1}{2}ab$. Ferner sollen sich die Flächeninhalte addieren, wenn man zwei disjunkte Figuren vereinigt. Durch Wegnehmen und Anlegen zeigt man dann, dass jedes Dreieck mit derselben Grundlinie $c = a$ und derselben Höhe $h = b$ den Flächeninhalt $F = \frac{1}{2}ch$ besitzt.

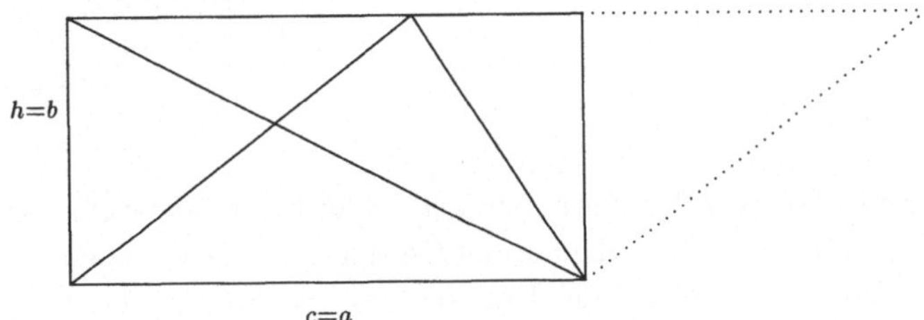

Fig. 2.1

Wenn schon, wie wir im ersten Kapitel gesehen haben, die Verdopplung eines Quadrats, d.h. die Verwandlung eines Rechtecks mit den Seiten a und $2a$, also dem Flächeninhalt $F = a \cdot 2a$, in ein Quadrat von gleichem Flächeninhalt Schwierigkeiten bereitete, um wie viel schwieriger musste dann das Problem für krummlinig begrenzte Flächen wie dem Kreis oder einem Parabelsegment sein? Vor allem, wenn man sich in der Wahl der zulässigen Hilfsmittel etwa auf Zirkel und Lineal beschränkt. Dazu kommt die Einschränkung des Zahlenbereichs auf ganze Zahlen, die es nur erlaubt, geometrisch zu argumentieren. Für die Griechen war der Flächeninhalt, ebenso wenig wie die Länge einer Strecke, keine Zahl sondern eine geometrische Größe, die man mit anderen gleichartige Größen, also Flächeninhalten, vergleichen kann. Sie haben nie versucht „den Flächeninhalt" zu berechnen, also zahlenmäßig zu erfassen, waren sich jedoch im klaren darüber, dass man ihn beliebig gut approximieren kann. So hat noch ARCHIMEDES den Flächeninhalt eines Kreises mit dem des rechtwinkligen Dreiecks verglichen, dessen Katheten aus dem Radius und dem Umfang gebildet werden – den subtilen Begriff der Länge einer Kurve behandeln wir im nächsten Abschnitt.

Damit sind wir bei einem der ältesten Quadraturprobleme, der Verwandlung eines Kreises in ein flächengleiches Quadrat. Manche Mathematikhistoriker nehmen an, dass der Ursprung der Geometrie in rituellen und sakralen Handlungen lag. So wird bereits in alten indischen Schriften, die Anweisungen zum Altarbau beinhalten, das Verfahren beschrieben, wie man ein Quadrat in einen Kreis annähernd gleichen Flächeninhalts umwandelt und umgekehrt. Als eine der ältesten Näherungen von π, aus moderner Sicht das Verhältnis des Kreisflächeninhalts zum Flächeninhalt des Quadrats über dem Radius, ist uns aus ägyptischen Quellen die Zahl $4(\frac{8}{9})^2$ überliefert ist. Der Wert beruht vermutlich auf der Approximation des Kreises (vom Durchmesser $d = 9$) durch ein Achteck (siehe Fig. 2.2, rechts), wobei dessen Flächeninhalt $\frac{7}{9} = \frac{63}{81}$ noch durch $\frac{64}{81}$ approximiert wurde. Er befindet sich in dem berühmten „Papyrus Rhind", der etwa um 1700 v.u.Z. von dem Schreiber AHMES verfasst wurde (siehe Fig. 2.2, links, den hieratische Text und in der Mitte die Übersetzung in Hieroglyphen).

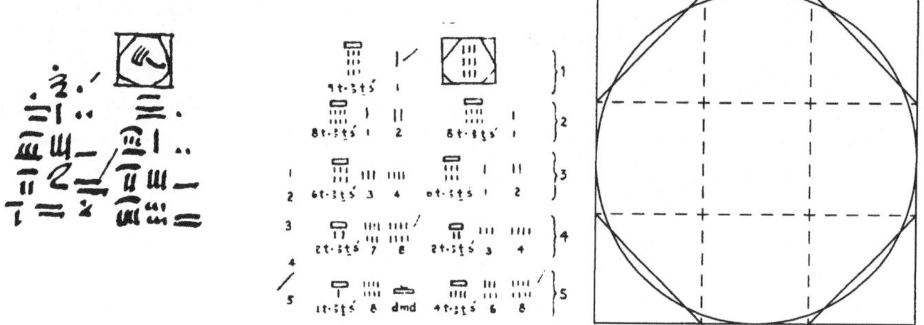

Fig. 2.2

Babylonische Keilschrifttafeln enthalten den schlechteren Näherungswert 3, aber auch die verbesserte Näherung $3\frac{1}{8}$, die vermutlich durch Einbeschreiben von regelmäßigen Vielecken gefunden wurde. Bei der Umwandlung eines Rechtecks in ein Quadrat gleichen Inhalts wird dort um 2000 v.u.Z., also lange vor Pythagoras, auch schon der Satz von Pythagoras benutzt. Noch zwei weitere Probleme sind hier zu nennen, auf die wir im nächsten Kapitel zu sprechen kommen: die Verdopplung des Würfels und die Dreiteilung eines allgemeinen Winkels. Ersteres soll zuerst aufgetreten sein beim Versuch den würfelförmigen Altar des Appollo in Delos in einen solchen mit doppeltem Rauminhalt zu verwandeln und damit die Götter günstig zu stimmen, die Winkeldreiteilung wird für die Konstruktion regelmäßiger n-Ecke benötigt. Da zum Beispiel ein Winkel von 60° nicht gedrittelt werden kann, ist ein 9-Eck nicht mit Zirkel und Lineal konstruierbar. Wir haben im ersten Kapitel gesehen, wie die Griechen die Quadratur des Rechtecks geometrisch gelöst haben. Die Quadratur des Kreises exakt und rein geometrisch mit Zirkel und Lineal zu bewerkstelligen, ist ihnen jedoch nicht gelungen. Wohl bei der Beschäftigung damit hat HIPPOKRATES von Chios (um 430 v.u.Z.) die Quadratur von *Möndchen* untersucht.

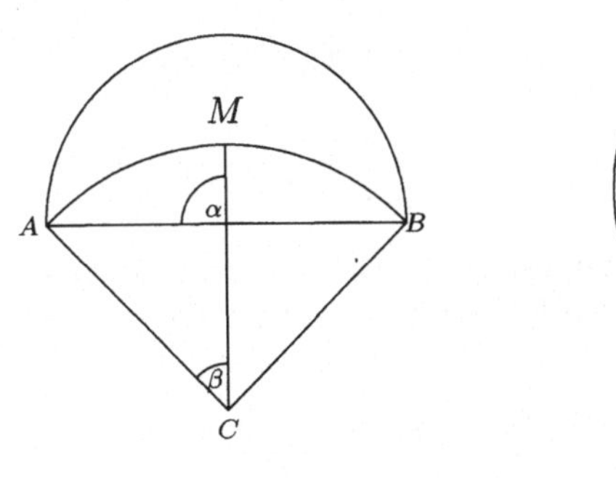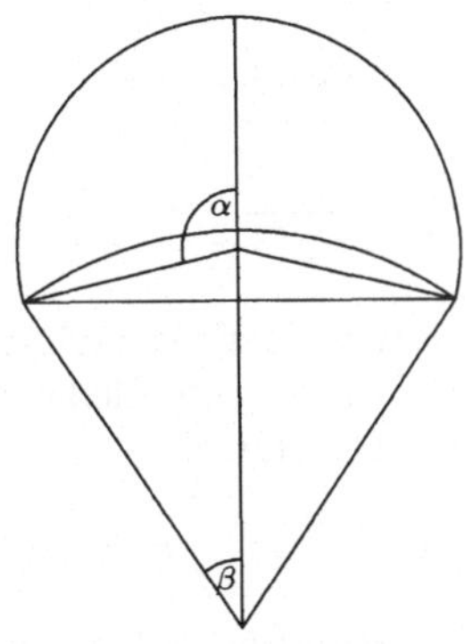

Fig. 2.3a   Fig. 2.3b

Dabei handelt es sich um Teile eines Kreises, die die Form einer Mondsichel haben. Als Grundlage für seinen Beweis, dass der Flächeninhalt des Mondes M in Fig. 2.3a gleich dem des Dreiecks ABC ist, diente ihm der Satz:

• Die Flächeninhalte ähnlicher Kreissegmente verhalten sich wie die der Quadrate über ihren Sehnen.

Dieser folgt wiederum aus zwei Tatsachen:

1. Die Flächeninhalte zweier ähnlicher Dreiecke verhalten sich wie die der Quadrate über jeweils entsprechenden Seiten.

2. Die Flächeninhalte zweier Kreise und damit auch zweier ähnlicher Kreissektoren verhalten sich wie die der Quadrate über ihren Radien.

Insbesondere ist das Verhältnis von Kreisflächeninhalt zum Quadrat des Radius konstant. Die erste Aussage ist nach den Eingangsbemerkungen leicht einzusehen, während die zweite mit Hilfe der ersten durch „Exhaustion" bewiesen wird. Wir kommen gleich darauf zurück, referieren aber zuvor was man seitdem über quadrierbare Möndchen weiß.

Allgemein ist ein Möndchen die Differenz zweier Kreissegmente über einer gemeinsamen Sehne. Bezeichnen wie in Fig. 2.3b α bzw. β die beiden Zentriwinkel der zugehörigen Kreissektoren, r bzw. R die zugehörigen Radien, so stellt sich die Frage, für welche rationalen Verhältnisse $\alpha : \beta = m : n$, $m > n \geqslant 1$, das Möndchen quadrierbar ist. HIPPOKRATES selbst hat noch zwei quadrierbare Möndchen gefunden, die zu den Verhältnissen $m : n = 3 : 1$ bzw. $3 : 2$ gehören. Es hat dann mehr als 2000 Jahre gedauert bis zwei weitere quadrierbare Möndchen gefunden worden sind. Sie gehören zu den Verhältnissen $m : n = 5 : 1$ und $m : n = 5 : 3$. Wie D. BERNOULLI 1724 vermutet und E. LANDAU 1903 bewiesen hat, ist die Beziehung $r^2 \alpha = R^2 \beta$ (siehe Fig. 2.3b) notwendig und hinreichend für die Quadrierbarkeit; dabei darf das Verhältnis $\alpha : \beta$ sogar eine algebraische Zahl sein. Wegen

$$r \sin \alpha = s = R \sin \beta$$

ist dies äquivalent zu

$$R^2 : r^2 = \alpha : \beta = \sin^2 \alpha : \sin^2 \beta = m : n$$

bzw. mit $z = \cos 2\varphi + i \sin 2\varphi$, wobei $\alpha = m\varphi$ und $\beta = n\varphi$ gesetzt wird, zu

$$\frac{\sin^2 \alpha}{\sin^2 \beta} = \frac{\sin^2 m\varphi}{\sin^2 n\varphi} = \frac{(e^{im\varphi} - e^{-im\varphi})^2}{(e^{in\varphi} - e^{-in\varphi})^2} = \frac{(z^m - 1)^2 z^n}{(z^n - 1)^2 z^m} = \frac{m}{n}.$$

So wie die Konstruktion eines regelmäßigen n-Ecks durch die Eigenschaften der Kreisteilungsgleichung $z^n - 1 = 0$ entschieden wird, so hängt die Quadrierbarkeit der Möndchen also ab von der Gleichung

$$n(z^m - 1)^2 - m(z^n - 1)^2 z^{m-n} = 0, \quad m > n \geqslant 1.$$

Es ist erst A.W. Dorodnow 1947 gelungen zu zeigen, dass die angegebenen 5 Möndchen die einzigen (mit Zirkel und Lineal) quadrierbaren sind. Da der Beweis anhand obiger Gleichung tiefer liegende algebraische Hilfsmittel benötigt, können wir nicht näher darauf eingehen. Für weitere Informationen verweisen wir auf [Scr].

Wir kommen nun auf die beiden Aussagen 1 und 2 zurück, die Hippokrates wahrscheinlich für seinen Beweis benutzt hat. Aus der ersten schließt man sofort, dass sich auch die Flächeninhalte ähnlicher (regelmäßiger) Polygone, in ähnliche Kreise ein- oder umbeschrieben, wie die Quadrate der Kreisradien verhalten. Die Behauptung der Aussage 2 folgt dann durch einen Stetigkeitsschluß, indem man die Eckenzahl der Polygone beliebig groß wählt. Vermutlich zur gleichen Zeit wie Hippokrates hat Antiphon beginnend mit einem Dreieck (oder einem Viereck) Polygone durch Verdopplung der Eckenzahl definiert, die sich seiner Ansicht nach schließlich mit dem umbeschriebenen Kreis decken, was natürlich problematisch war, da hier Krummes mit Gradem verglichen wird. Ebenfalls gleichzeitig hat Bryson auf diese Weise den Kreis auch von außen approximiert, so dass der Flächeninhalt des Kreises größer als der aller einbeschriebenen und kleiner als der aller umbeschriebenen Polygone ist.

Wir haben bis jetzt vollkommen unkritisch vom Flächeninhalt des Kreises gesprochen, ohne diesem Begriff eine exakte mathematische Bedeutung beigemessen zu haben. Erst an dieser Stelle können wir den Flächeninhalt des Kreises definieren und zwar als den gemeinsamen Grenzwert der Inhalte der von innen bzw. außen approximierenden Polygonflächen, also als eine reelle Zahl. Dazu hat man nur zu zeigen, dass die Inhalte der Differenzflächen eine Nullfolge bilden, man also eine Intervallschachtelung erhält.

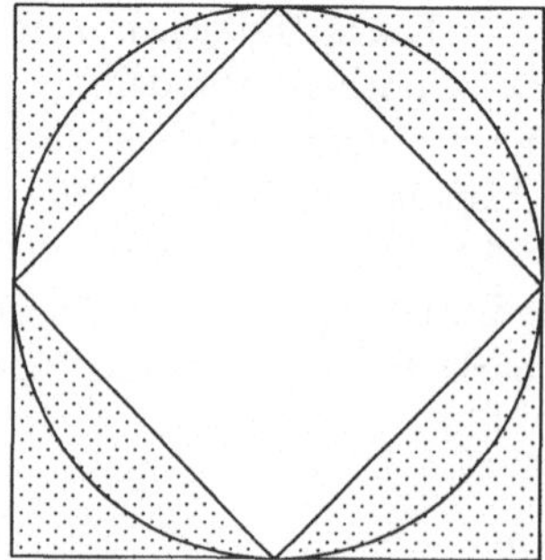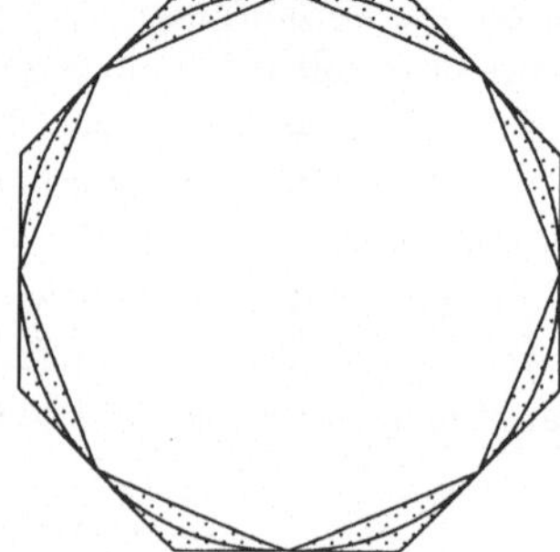

Fig. 2.4

Dies ist wieder eine Existenzaussage, die die griechischen Mathematiker noch nicht treffen konnten, da sie die reellen Zahlen voraussetzt. Wie weit sie jedoch in dieser

Richtung gegangen sind, wollen wir jetzt kurz darstellen. Sie haben vielmehr indirekt gezeigt, dass es nicht anders sein kann, das Verhältnis der Flächeninhalte zweier Kreise weder größer noch kleiner als das der Quadrate über den entsprechenden Radien ist. Dabei haben sie die in Buch X von EUKLIDS „Elementen" beschriebene so genannte *Exhaustionsmethode* benutzt:

Nimmt man bei Vorliegen zweier ungleicher (gleichartigen) Größen von der größeren ein Stück größer als die Hälfte weg und vom Rest ein Stück größer als die Hälfte und wiederholt dies immer, dann muss einmal eine Größe übrig bleiben, die kleiner als die kleinere Ausgangsgröße ist.

Sie beruht auf dem so genannten *archimedischen Axiom*, das allerdings schon EUDOXOS aufgestellt hat und das man in der folgenden Form in Buch V der „Elemente" findet:

dass sie ein Verhältnis zueinander haben, sagt man von Größen, die vervielfältigt einander übertreffen.

Während die Griechen das archimedische Axiom oder besser das *Axiom der Messbarkeit* auf zu vergleichende geometrische Größen anwandten, wird es heute meist für reelle Zahlen formuliert.

Archimedisches Axiom der Messbarkeit

Ist $a > 0$ eine positive Zahl, so existiert zu jeder positiven Zahl $b > 0$ ein $n \in \mathbb{N}$, so dass $n \cdot a > b$ gilt. Ferner existiert ein $m \in \mathbb{N}$, mit $\frac{a}{m} < b$.

Es gibt auch Größensysteme, in denen nicht je zwei Größen miteinander vergleichbar sind. Ein klassisches Beispiel sind die „hornförmigen Winkel", wie sie etwa ein Kreisbogen mit einer angelegten Tangente bildet (vgl. [Wai]), ein anderes Beispiel sind die Zahlbereiche der Nichtstandard-Analysis (siehe Ausblick).

Zusammen mit der folgenden Aussage (ebenfalls aus Buch V) bildet das archimedische Axiom die Grundlage für die Proportionentheorie von EUDOXOS:

Man sagt, dass zwei Größen in demselben Verhältnis stehen, die erste zur zweiten wie die dritte zur vierten, wenn bei beliebiger Vervielfältigung die Gleichvielfachen der ersten und dritten den Gleichvielfachen der zweiten und vierten gegenüber, paarweise entsprechend genommen, entweder zugleich größer oder zugleich gleich oder zugleich kleiner sind.

In die heutige symbolische Sprache übersetzt heißt das, dass genau dann $\frac{A}{B} = \frac{C}{D}$ gilt, wenn für alle $n, m \in \mathbb{N}$ aus

$$n \cdot A \gtreqless m \cdot B \quad \text{stets} \quad n \cdot C \gtreqless m \cdot D$$

folgt. Aus konstruktiver Sicht ist dies ein Rückschritt im Vergleich zum älteren Verfahren der Wechselwegnahme, da man hier alle möglichen n und m durchprobieren müsste. Dies hat bereits OMAR KHAYYAM 1077 erkannt und deshalb die Gleichheit bzw. Ungleichheit zweier Proportionen mit Hilfe ihrer Kettenbruchdarstellungen formuliert (siehe Abschnitt 1.2). Die Äquivalenz zur Theorie von EUDOXOS hat er bewiesen mit Hilfe der Existenz der vierten Proportionalen, also etwa die von D, falls A, B und C gegeben sind.

Diese wird auch in EUKLIDS Beweis für die Aussage 2 benutzt und nicht weiter hinterfragt, sondern bei kontinuierlichen Größen einfach vorausgesetzt. dass man auch ohne die Existenz der vierten Proportionalen auskommen kann, haben H. HASSE und H.

SCHOLZ 1928 gezeigt. Sie argumentieren (in [HaS]) wie folgt: Es seien F_j, $j = 1, 2$ die Flächeninhalte der Kreise K_j vom Durchmesser d_j. Gilt nicht $F_1 : F_2 = d_1^2 : d_2^2$, sondern etwa $F_1 : F_2 < d_1^2 : d_2^2$, also

$$nF_1 < mF_2 \quad \text{und} \quad nd_1^2 > md_2^2$$

für geeignete natürliche Zahlen n und m, so lassen sich sogar konstruktiv reguläre Polygone P_2' im Kreis K_2 und Q_1' um den Kreis K_1 beschreiben, so dass für die zugehörigen Flächeninhalte $P_2 < F_2$ und $Q_1 > F_1$ noch

$$0 < mP_2 - nQ_1 < mF_2 - nF_1$$

gilt. Es gibt dann weiter eine konstruierbare Fläche R mit Flächeninhalt F und ein in K_2 einbeschriebenes Polygon P' mit Flächeninhalt P, für die

$$mF < mP_2 - nQ_1 < mF_2 - nF_1 \quad \text{sowie} \quad F_2 - P < F$$

gilt, also

$$m(F_2 - P) = mF < mP_2 - nQ_1 < mF_2 - nF_1$$

und damit

$$mP > nF_1.$$

Für ein zu P' ähnliches, in K_1 einbeschriebenes Polygon P'' mit dem Inhalt $\tilde{P}$ ist dann

$$n\tilde{P} < nF_1 < mP \quad \text{und} \quad nd_1^2 < nd_2^2.$$

Das ist aber ein Widerspruch zu $nd_1^2 > md_2^2$.

Die Exhaustionsmethode wurde als Beweistechnik noch bis ins 17. Jahrhundert benutzt, wenn auch die zu beweisenden Resultate oft heuristisch gefunden wurden. Dazu gehören vor allem die Flächeninhalts- und Volumenberechnungen von KEPLER, der auf exakte Beweise ganz verzichtete (siehe [Kep] und [Wie]). Einblicke in die Werkstatt eines Mathematikers gibt schon ARCHIMEDES in seiner berühmten Schrift über die „Methodenlehre", die erst 1906 wieder aufgefundenen wurde. Darin beschreibt er, wie man auf mechanischem Weg mit Hilfe der Hebelgesetze die Schwerpunkte und damit die Inhalte von Flächen und Körpern (durch Vergleich mit bekannten) bestimmen kann; siehe dazu [Arc] sowie [vdW] und [Füh].

Wir wollen hier zeigen, wie ARCHIMEDES mit der Exhaustionsmethode den Flächeninhalt eines Parabelsegments bestimmt hat, genauer, ein dazu flächengleiches Dreieck gefunden hat. Wir skizzieren dies kurz in der Sprache der analytischen Geometrie, die ARCHIMEDES allerdings noch nicht zur Verfügung stand – sie wurde erst im 17. Jahrhundert von P. DE FERMAT und R. DESCARTES erfunden. ARCHIMEDES argumentierte noch rein geometrisch.

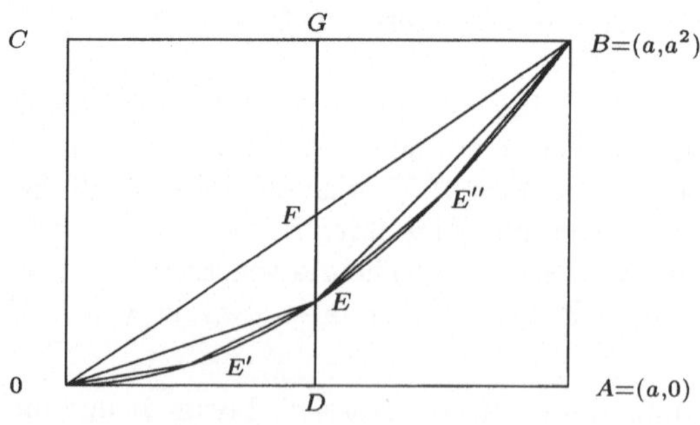

Fig. 2.5

Der gesuchte Inhalt der Fläche zwischen der Parabel und der Geraden durch die Punkte $(\pm a, a^2)$ ist definiert (!) als Grenzwert der Flächeninhalte, die man nach Ausschöpfen mit Dreiecken erhält. Aus Symmetriegründen genügt es, sich auf den ersten Quadranten zu beschränken. Man hat dann $\Delta OBC = \frac{1}{2}a \cdot a^2$, addiert ΔOEB sowie $\Delta OE'E$ und $\Delta EE''B$ und so fort. Nun ist

$$\Delta OBC = 4\Delta OEB = 16(\Delta OE'E + \Delta EE''B)$$

usw., denn

$$\overline{DF} = \overline{FG} = 2\,\overline{DE} = 2\,\overline{EF},$$

so dass $\Delta EBF = \frac{1}{2}\Delta FBG$ und $\Delta OEF = \frac{1}{2}\Delta OFG$, also

$$\Delta OEB = \frac{1}{2}\Delta ABG = \frac{1}{2}\Delta OGC = \frac{1}{4}\Delta OBC.$$

Es folgt

$$F = \Delta OBC\Big(1 + \frac{1}{4} + \frac{1}{16} + \cdots\Big) = \Delta OBC\frac{1}{1 - \frac{1}{4}} = \frac{4}{3}\Delta OBC = D.$$

ARCHIMEDES geht allerdings noch nicht so weit, die unendliche Reihe aufzusummieren, also den Grenzwert zu betrachten. Um die Gleichheit $F = D$ der beiden Flächeninhalte zu beweisen, schließt er indirekt. Er zeigt indirekt, dass die Annahmen $F < D$ bzw. $F > D$ jeweils zu einem Widerspruch führen. Ist

$$F_n = \Delta OBC\Big(1 + \frac{1}{4} + \cdots + \frac{1}{4^n}\Big),$$

so folgt

$$F_{n+1} = F_n + \Delta OBC\frac{1}{4^{n+1}} = \Delta OBC + \frac{1}{4}F_n$$

also $F_n = D - \frac{1}{3}\frac{1}{4^n}\Delta OBC$. Wäre nun $D < F$, so wäre $D < F_n < D$ für ein hinreichend großes n, da zwischen die endliche Vereinigung von Dreiecken und die Parabel noch weitere solche Dreiecke eingeschoben werden können. Ebenso führt die Annahme $F < D$ auf $F_n < F < D - \frac{1}{3}\frac{1}{4^n} = F_n < D$, was wiederum ein Widerspruch ist.

Archimedes
* um 287 v.u.Z. Syrakus / † 212 v.u.Z. Syrakus
Mathematiker und Ingenieur. Er stellte u.a. die Hebelgesetze auf, entdeckte das Prinzip des hydrostatischen Auftriebs, erfand den Flaschenzug und konstruierte verschiedene Kriegsmaschinen. Von den mathematischen Werken ist neben denen zur Inhaltsbestimmung von Körpern und Oberflächen noch die „Sandrechnung" erhalten, in der er die Größe des Kosmos anhand großer Zahlen beschreibt.

Systematischer und der modernen Vorgehensweise besser angepasst, ist dies im zweiten Beweis dargestellt, der ebenfalls auf ARCHIMEDES zurück geht. Hier berechnet er den Flächeninhalt unter der Parabel, also zwischen der Kurve und der x-Achse. Dazu wird die Strecke $\overline{OA}$ in n gleiche Teile geteilt (bei fortgesetzter Halbierung etwa $n = 2^k$) und der gesuchte Flächeninhalt F durch eine Summe von Rechteckflächen (siehe Fig. 2.6)

$$T_n = \frac{a}{n}\left(\frac{a}{n}\right)^2 + \frac{a}{n}\left(\frac{2a}{n}\right)^2 + \cdots + \frac{a}{n}\left(\frac{na}{n}\right)^2$$

bzw.

$$S_n = \frac{a}{n}0^2 + \frac{a}{n}\left(\frac{a}{n}\right)^2 + \cdots + \frac{a}{n}\left(\frac{(n-1)a}{n}\right)^2,$$

nach unten bzw. oben abgeschätzt: $S_n < F < T_n$.

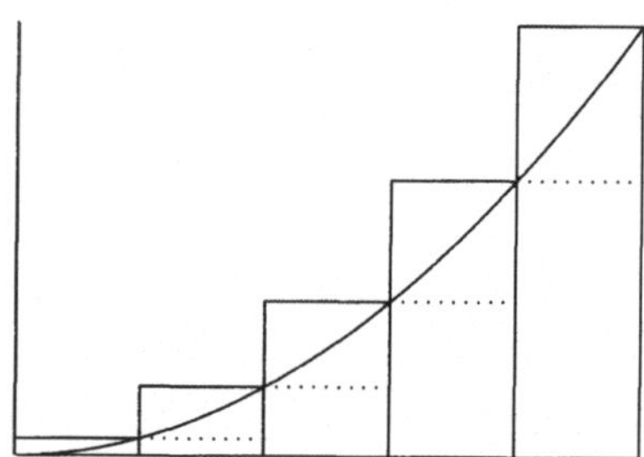

Fig. 2.6

Bildet man $T_n - S_n$, so erhält man $T_n - S_n = \frac{a}{n}(\frac{na}{n})^2 = \frac{a}{n} \to 0$ für n gegen unendlich. Mit der Abkürzung

$$S_m(n) = 1^m + 2^m + \cdots + n^m, \quad n \in \mathbb{N}, m \in \mathbb{N}_0$$

erhalten wir $T_n = (\frac{a}{n})^3(1^2 + 2^2 + \ldots + n^2) = (\frac{a}{n})^3 S_2(n)$ und $S_n = (\frac{a}{n})^3 S_2(n-1)$, also $\lim_{n\to\infty} T_n = \lim_{n\to\infty} S_n = \frac{1}{3}a^3$, da bekanntlich $S_2(n) = \frac{1}{6}n(n+1)(2n+1)$.

Das soeben beschriebene Verfahren kann man nun auch auf die höheren Potenzfunktionen $f(x) = x^m$ anwenden (ja auf jede monoton wachsende Funktion). Man erhält dann $T_n = (\frac{a}{n})^{m+1}S_m(n)$ sowie $S_n = (\frac{a}{n})^{m+1}S_m(n-1)$ und muss nur die Summen $S_m(n)$ bestimmen. Diesen allgemeineren Fall haben um 1635 F.B. Cavalieri für $m = 3$ bis 9 und B. Pascal, G.P. de Roberval sowie P. de Fermat für beliebiges $m \in \mathbb{N}$ behandelt; vgl. [Edw].

Pierre de Fermat
* 20.8.1601 Beaumont-de-Lomagne / † 12.1.1665 Castres Anwalt und Parlamentsrat in Toulouse. Neben seinen Beiträgen zur analytischen Geometrie und den Vorarbeiten zur Infinitesimalrechnung wurde er vor allem durch seine zahlentheoretischen Sätze und Vermutungen bekannt, die er vor allem im Briefwechsel mit anderen Mathematikern mitteilte, teilweise aber auch erst in seinem Nachlass zu finden sind. Darüber hinaus hat er Beiträge zur Wahrscheinlichkeitsrechnung geliefert.

Sie alle benutzten dazu im wesentlichen die Darstellung von $S_m(n)$ als Polynom in n vom Grad $m + 1$ mit höchstem Koeffizienten $\frac{1}{m+1}$. Mit der binomischen Formel erhält man zum Beispiel leicht die folgende Rekursionsformel von B. PASCAL (1654):

Rekursionsformel für Potenzsummen

Für die Potenzsummen $S_m(n) = 1^m + 2^m + \cdots + n^m$ gilt

$$(n + 1)^{m+1} - 1 = \sum_{k=0}^{m} \binom{m+1}{m-k+1} S_k(n),$$

---

denn es ist

$$\sum_{k=0}^{m} \binom{m+1}{m-k+1} S_k(n) = \sum_{k=0}^{m} \sum_{\ell=1}^{n} \binom{m+1}{m-k+1} \ell^k = \sum_{\ell=1}^{n} \sum_{k=0}^{m} \binom{m+1}{m-k+1} \ell^k$$

$$= \sum_{\ell=1}^{n} \left((\ell + 1)^{m+1} - \ell^{m+1} \right) = (n + 1)^{m+1} - 1.$$

Löst man hier nach $S_m(n)$ auf, so erhält man

$$S_m(n) = \frac{1}{m+1} n^{m+1} + P_m(n),$$

wobei P_m ein Polynom vom Grad m ist. Ohne dieses Polynom explizit zu kennen, erhalten wir daraus bereits das bekannte Resultat

---

$$\int_0^a x^m \, dx = \frac{1}{m+1} a^{m+1},$$

---

denn es ist etwa

$$\lim_{n \to \infty} T_n = \lim_{n \to \infty} \left(\frac{a}{n} \right)^{m+1} S_m(n) = \lim_{n \to \infty} \left(\frac{1}{m+1} a^{m+1} + a^{m+1} \frac{P_m(n)}{n^{m+1}} \right) = \frac{1}{m+1} a^{m+1}.$$

Bereits 1631 hat J. FAULHABER eine geschlossene Formel für $S_m(n)$ angegeben, die 1705 von JAKOB BERNOULLI genauer untersucht wurde. Es gilt

---

$$S_m(n) = \frac{n^{m+1}}{m+1} + \frac{1}{2} n^m + \sum_{k=2}^{m} \binom{m+1}{k} B_k n^{m+1-k},$$

wobei sich die so genannten *Bernoulli-Zahlen* B_n rekursiv berechnen lassen: Es ist $B_0 = 1$ und für $n \geqslant 1$ gilt

$$\sum_{k=0}^{n} \binom{n+1}{k} B_k = 0,$$

also etwa $B_1 = -\frac{1}{2}$, $B_2 = \frac{1}{6}$, $B_4 = -\frac{1}{30}$, $B_6 = \frac{1}{42}$. Insbesondere ist $B_{2n} \in \mathbb{Q}$ für $n \in \mathbb{N}$. Man kann zeigen (vgl. Aufgabe 2), dass $B_{2n+1} = 0$ ist für $n \in \mathbb{N}$.

Damit ist die Quadratur der Fläche unter dem Parabelbogen äquivalent zur Integration der zugehörigen Parabelfunktion.

Schon Fermat hat für die Integration der Potenzfunktionen statt äquidistanter und damit arithmetischer Zerlegung des Integrationsintervalls auch eine nach geometrischer Progression fortschreitende Zerlegung benutzt. Damit kann man die Potenzfunktionen x^r für beliebiges positives r integrieren. Für eine Zahl $0 < \theta < 1$ (nahe 1) wählt man die Zerlegungspunkte $\theta^k b$, $k \in \mathbb{N}_0$, und erhält als Approximation für das Integral (siehe Fig. 2.7)

$$b(1-\theta)b^n + b(\theta - \theta^2)\theta^n b^n + b(\theta^2 - \theta^3)\theta^{2n}b^n \cdots = b^{n+1}(1-\theta)\sum_{k=0}^{\infty} \theta^{(n+1)k}$$

$$= b^{n+1}\frac{1-\theta}{1-\theta^{n+1}}.$$

Für $\theta \to 1$ folgt dann (mit l'Hospital) $\int_0^b \varphi_\theta \to \frac{1}{n+1}b^{n+1}$.

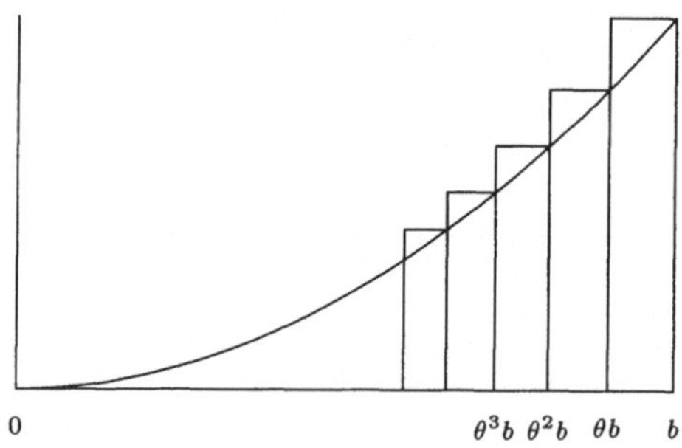

Fig. 2.7

Für negative Potenzen muss man wiederum anders vorgehen. Man wählt etwa zur Berechnung von $\int_1^b \frac{1}{x}\, dx$ die Zerlegungspunkte $b^{k/m}$, $k = 0, \ldots, m$. Dann folgt

$$\sum_{k=1}^{m} b^{-(k-1)/m}\left(b^{k/m} - b^{(k-1)/m}\right) = m(b^{1/m} - 1),$$

und mit $m \to \infty$ erhalten wir

$$\int_1^b \frac{1}{x}\, dx = \log b,$$

das bekannte Resultat, das G. DE SAINT-VINCENT 1647 (auf etwas anderem Weg) gefunden hat. Für allgemeinere Funktionen ist die obige Approximationsmethode in den wenigsten Fällen praktisch durchführbar. Darüber hinaus ist die Approximation durch Rechtecke der Darstellung der Funktion in cartesischen Koordinaten angepasst. Liegt eine Funktion, wie etwa beim Kreis, in Polarkoordinaten vor, so kann man den gesuchten Flächeninhalt eher durch Dreiecksapproximation ermitteln.

Die Weiterentwicklung dieser Integrationstechniken, die insbesondere den Zusammenhang zwischen Integration und Differentiation offenbarten, führte dazu, dass man die Quadratur der Fläche unter einem Funktionsgraphen auf die Integration der jeweiligen Funktion zurück führte, was gegebenenfalls durch Auffinden einer zugehörigen Stammfunktion bewerkstelligt werden konnte. Dies wird durch den *Hauptsatz der Differential- und Integralrechnung* ausgedrückt.

Hauptsatz der Differential- und Integralrechnung

Ist $f : [a,b] \to \mathbb{R}$ (gleichmäßig) stetig, so existiert für jedes $x \in [a,b]$ das Integral $F(x) = \int_a^x f(x)\, dx$ und die dadurch definierte Funktion F ist eine Stammfunktion von f, d.h. $F'(x) = f(x)$ für $x \in [a,b]$. Für jede Stammfunktion F von f gilt darüber hinaus

$$\int_a^b f(x)\, dx = F(b) - F(a).$$

Ein geometrischer Beweis dieser Aussagen wurde für stetige monotone Funktionen 1667 von I. BARROW gefunden und 1670 veröffentlicht. Die analytische Version findet sich aber schon 1666 in den Manuskripten seines Schülers I. NEWTON. Unabhängig davon ist 1677 auch G.W. LEIBNIZ dazu gekommen.

Der Beweis ist einfach, sobald alle vorkommenden Begriffe geklärt sind. Aufgrund der Voraussetzung der gleichmäßigen Stetigkeit folgt sogleich die Konvergenz der Folge

$$S_n(f) = \frac{b-a}{n} \sum_{j=0}^{n-1} f\left(a + j\frac{b-a}{n}\right),$$

denn wegen $|S_n(f) - S_m(f)| \leqslant |S_n(f) - S_{nm}| + |S_{nm}(f) - S_m(f)|$ können wir $m = kn$ annehmen und erhalten

$$|S_n(f) - S_m(f)| \leqslant \frac{b-a}{m} \sum_{j=0}^{n-1} \sum_{i=0}^{k-1} \left| f\left(a + jk\frac{b-a}{m}\right) - f\left(a + ij\frac{b-a}{m}\right) \right| \leqslant \varepsilon(b-a),$$

falls $\frac{b-a}{n} < \delta(\varepsilon)$ ist, dem Stetigkeitsmodul von f. Das Integral $\int_a^b f(x)\, dx$ wird dann definiert als der Grenzwert dieser Folge. Ist f monoton wachsend (fallend), so ist $S_n(f)$ gerade eine Untersumme (Obersumme). Wie oben kann man hier auch andere Zerlegungen des Intervalls $[a,b]$ wählen und f statt an dem linken Intervallende an beliebigen

Stellen innerhalb der einzelnen Teilintervalle auswerten. Die weiteren Einzelheiten für den Beweis des Hauptsatzes dürfen wir hier als bekannt voraussetzen.

Das hier definierte Integral ist der Klasse der stetigen Funktionen angepasst. Auf die weitere Entwicklung der Integrationstheorie, insbesondere durch H. Lebesgue, der, angeregt durch die Theorie der Fourier-Reihen, für eine große Klasse von Funktionen den Begriff der Integrierbarkeit erklären konnte, wollen wir hier nicht eingehen.

Die Definition des Integrals einer Funktion f lässt sich auch numerisch für die Quadratur verwenden, da die approximierenden Summen leicht ausgewertet werden können. Hier bedarf es nur einer genaueren Analyse des auftretenden Fehlers. Grob gesprochen, ist er proportional zur Schwankung von f auf den Teilintervallen. Für differenzierbare Funktionen und Aproximationen durch trapezförmige Flächen lassen sich diese Fehler aber erheblich verringern. Genauer ersetzt man dann für eine positive Funktion $f : [a,b] \to \mathbb{R}$ das Integral über dem Intervall $[a,b]$ durch den Inhalt des Trapezes unter der Sehne durch $(a, f(a))$ und $(b, f(b))$ bzw. der Tangente an der Zwischenstelle $c = \frac{1}{2}(a + b)$, und erhält damit die

Sehnentrapez- bzw. Tangententrapezregel

$$\int_a^b f(x)\,dx = \frac{1}{2}\big(f(a) + f(b)\big)(b - a) + R_s$$

bzw.

$$\int_a^b f(x)\,dx = f(c)(b - a) + R_t.$$

Man beachte hier, dass die Steigung der Tangente aufgrund der Formel für den Flächeninhalt eines Trapezes keine Rolle spielt. Für Abschätzung des Fehlers setzen wir f als zweimal stetig differenzierbar voraus. Mit

$$P_s(x) = f(a)\frac{x - b}{a - b} + f(b)\frac{x - a}{b - a},$$

dem Interpolationspolynom von Lagrange, gewinnen wir die Darstellung

$$f(x) = P_s(x) + r_s(x)$$

und daraus wegen

$$\int_a^b P_s(x)\,dx = \frac{1}{2}\big(f(a) + f(b)\big)(b - a)$$

die Sehnentrapezformel mit dem Restterm $R_s = \int_a^b r_s(x)\,dx$. Nun gilt $r_s(a) = 0 = r_s(b)$, so dass wir

$$f(x) = P_s(x) - (x - a)(x - b)\tilde{r}_s(x)$$

schreiben können. Für festes $a < x < b$ besitzt dann die Hilfsfunktion

$$g(t) = f(t) - P_s(t) - (t - a)(t - b)\tilde{r}_s(x)$$

die Nullstellen $t = a$, b und x. Aufgrund des Satzes von ROLLE hat g' mindestens zwei Nullstellen und g'' somit mindestens eine Nullstelle $t_0 \in (a, b)$. Es folgt

$$0 = g''(t_0) = f''(t_0) - 2!\tilde{r}_s(x),$$

also $\tilde{r}_s(x) = \frac{1}{2}f''(t_0)$, und wir erhalten mit $M = \sup_{a \leqslant x \leqslant b} |f''(x)|$ für den Restterm R_s die Abschätzung

$$|R_s| \leqslant \frac{M}{2} \int_a^b |(x - a)(x - b)|\ dx = \frac{M}{12}(b - a)^3.$$

Im Fall der Tangententrapezregel betrachten wir die Taylor-Entwicklung von f um den Punkt c, d.h.

$$f(x) = f(c) + f'(c)(x - c) + \frac{1}{2}f''(\xi)(x - c)^2$$

mit einem Punkt $\xi \in [a, b]$. Mit M wie oben erhält man nach Integration die Tangententrapezformel mit der Restgliedabschätzung

$$|R_t| \leqslant \frac{M}{2} \int_a^b (x - c)^2\ dx = \frac{M}{24}(b - a)^3.$$

Eine bessere Approximation erzielt man natürlich durch Zerlegung des Intervalls. Ist $a = a_0 < a_1 < \cdots < a_n = b$ eine solche etwa äquidistante Zerlegung mit $a_j - a_{j-1} = h$ und $c_j = \frac{1}{2}(a_{j-1} + a_j)$ für $j = 1, \ldots, n$, so hat man die *summierte Sehnentrapezregel* bzw. *summierte Tangententrapezregel*

$$\int_a^b f(x)\ dx = h\Big(\frac{1}{2}f(a_0) + \sum_{j=1}^{n-1} f(a_j) + \frac{1}{2}f(b)\Big) + R_s$$

bzw.

$$\int_a^b f(x)\ dx = h\sum_{j=1}^{n} f\Big(\frac{a_{j-1} + a_j}{2}\Big) + R_t.$$

Hier gilt für die Restgliedterme

$$|R_s| \leqslant \frac{M}{12n^2}(b - a)^3 \quad \text{bzw.} \quad |R_t| \leqslant \frac{M}{24n^2}(b - a)^3.$$

Wir haben nur den einfachsten Fall einer allgemeineren Methode vorgestellt. Bei dieser von I. NEWTON 1671 begründeten und von R. COTES 1711 weiter entwickelten Methode werden auch Interpolationpolynome höherer Ordnung integriert. Wir erwähnen nur noch die bekannteste so gewonnene Quadraturformel, die *Simpson-Regel*, benannt nach TH. SIMPSON, der sie 1743 wieder entdeckte. Sie war aber bereits 1639 E. CAVALIERI und 1668 J. GREGORY bekannt (vgl. auch 2.3, Aufgabe 10). Dabei betrachtet man ein quadratisches Interpolationspolynom an den Stellen a, b und $c = \frac{a+b}{2}$ und erhält (vgl. Aufgabe 8) für eine viermal stetig differenzierbare Funktion

$$\int_a^b f(x)\ dx = \frac{b - a}{6}\big(f(a) + 4f(c) + f(b)\big) + R$$

mit der erstaunlichen Restgliedabschätzung

$$|R| \leqslant \frac{(b-a)^5}{2880} \sup_{a \leqslant x \leqslant b} |f^{(4)}(x)|.$$

Zum Abschluss betrachten wir noch einmal die Summenformel von Bernoulli, d.h.

$$S_m(n) = \int_0^n x^m + P_m(n),$$

und fragen, ob es auch für andere Funktionen als die Potenzfunktionen $f(x) = x^m$ eine Formel für $\sum_{k=1}^n f(k)$ gibt. Wie L. Euler 1732 und C. Maclaurin 1737 gezeigt haben, ist dies in der Tat der Fall. Um die von ihnen bewiesene Summenformel formulieren zu können, benötigen wir die *Bernoulli'schen Polynome* B_k, $k \geqslant 0$, die definiert sind durch

$$B_k(x) = \sum_{\ell=0}^k \binom{k}{\ell} B_\ell x^{k-\ell}.$$

Für diese gilt offensichtlich

$$B_k(0) = B_k = B_k(1) \quad \text{und} \quad B_k'(x) = k B_{k-1}(x) \quad \text{für } k \geqslant 2,$$

und ferner ist $B_1(1) = -B_1(0) = \frac{1}{2}$. Schließlich setzen wir noch

$$\tilde{B}_k(x) = B_k(x - [x]), \quad x \in \mathbb{R}.$$

Euler-Maclaurin'sche Summenformel

Für natürliche Zahlen $m < n$ und eine k-mal stetig differenzierbare Funktion f auf $[m, n]$ gilt

$$\sum_{j=m}^n f(j) = \int_m^n f(x)\,dx + \frac{1}{2}\big(f(m) + f(n)\big)$$

$$+ \sum_{\ell=2}^k (-1)^\ell \frac{B_\ell}{\ell!} \big(f^{(\ell-1)}(n) - f^{(\ell-1)}(m)\big) + \tilde{R}_k$$

mit $\tilde{R}_k = \frac{(-1)^{k-1}}{k!} \int_m^n \tilde{B}_k(x) f^{(k)}(x)\,dx.$

Der Beweis (nach W. Wirtinger (1902)) erfolgt induktiv durch partielle Integration. Indem man

$$\int_m^n \tilde{B}_k(x) f^{(k)}(x)\,dx = \sum_{j=m+1}^n \int_{j-1}^j \tilde{B}_k(x) f^{(k)}(x)\,dx$$

schreibt und

$$\int_{j-1}^j \tilde{B}_k(x) f^{(k)}(x)\,dx = \int_0^1 \tilde{B}_k(x) f^{(k)}(x + j - 1)\,dx$$

beachtet, wird man auf den Fall $0 = m < n = 1$ zurückgeführt – hier kann man B_k bzw. sinngemäß R_k statt $\tilde{B}_k$ bzw. $\tilde{R}_k$ schreiben. Nun ist

$$R_1 = \int_0^1 B_1(x) f'(x) \, dx = B_1(x) f(x)|_0^1 - \int_0^1 f(x) \, dx$$

$$= \frac{1}{2}(f(1) + f(0)) - \int_0^1 f(x) \, dx$$

$$= \sum_{j=0}^1 f(j) - \frac{1}{2}(f(0) + f(1)) - \int_0^1 f(x) \, dx,$$

d.h., die Behauptung gilt für $k = 1$ und offensichtlich dann durch partielle Integration der linken Seite auch für $k > 1$.

Die Summenformel hat vielfältige Anwendungen gefunden. Wir geben einige Beispiele.

Beispiele 1. Für $f(x) = \frac{1}{x}$, $1 \leqslant x \leqslant n$, ist

$$\sum_{j=1}^n \frac{1}{j} = \int_1^n \frac{1}{x} \, dx + \frac{1}{2}\left(1 + \frac{1}{n}\right) - \int_1^n \tilde{B}_1(x) \frac{1}{x^2} \, dx$$

$$= \log n + \frac{1}{2}\left(1 + \frac{1}{n}\right) - \int_1^n \tilde{B}_1(x) \frac{1}{x^2} \, dx.$$

Daher existiert der Grenzwert

$$\gamma = \lim_{n \to \infty} \left(\sum_{j=1}^n \frac{1}{j} - \log n\right) = \frac{1}{2} - \int_1^\infty \tilde{B}_1(x) \frac{1}{x^2} \, dx.$$

Er wird als *Euler-Mascheroni-Konstante* bezeichnet (nach L. EULER und L. MASCHE-RONI, die diese Zahl 1734 bzw. 1790 untersuchten). Wählt man in der Summenformel höhere Restglieder $\tilde{R}_k$, so kann man diese Zahl auch beliebig genau berechnen. Auf 30 Dezimalstellen genau gilt

$$\gamma = 0.577215664901532860606512090082.$$

Anders als im Falle von π und e ist aber bis heute nicht bekannt, ob γ transzendent oder algebraisch (vielleicht sogar rational) ist.

2. Für $f(x) = \log x$, $1 \leqslant m \leqslant x \leqslant n$, gilt

$$\log n! - \log m! = \sum_{j=m}^n \log j - \log m = \int_m^n \log x \, dx + \frac{1}{2}(\log n + \log m) + \tilde{R}_1$$

$$= n \log n - n + \frac{1}{2} \log n - m \log m + m - \frac{1}{2} \log m + \tilde{R}_1,$$

für

$$a_n = \log n! + n - \left(n + \frac{1}{2}\right) \log n$$

nach partieller Integration des Restterms also

$$a_n = a_m + \frac{1}{12}\left(\frac{1}{n} - \frac{1}{m}\right) + \frac{1}{2}\int_m^n \tilde{B}_2(x)\frac{1}{x^2}\, dx.$$

Da das uneigentliche Integral $\int_1^\infty \tilde{B}_2(x)\frac{1}{x^2}\, dx$ konvergiert, ist $(a_n)_{n\in\mathbb{N}}$ eine Cauchy-Folge etwa mit dem Grenzwert a, und mit der Nullfolge $b_n = \frac{1}{12n} - \int_n^\infty \tilde{B}_2(x)\frac{1}{x^2}\, dx$ folgt daher

$$A_n = e^{a_n} = n!\frac{e^n}{\sqrt{n}n^n} = e^{a+b_n}.$$

Für große n verhält sich $n!$ also asymptotisch wie $e^{a-n}\sqrt{n}n^n$, d.h.

$$\lim_{n\to\infty} \frac{n!}{e^{a-n}\sqrt{n}n^n} = 1.$$

Um die Konstante e^a noch zu bestimmen, betrachten wir

$$\frac{a_n^2}{a_{2n}} = \frac{n!^2}{(2n)!}\frac{\sqrt{2n}2^{2n}n^{2n}}{nn^{2n}} = \sqrt{\frac{2}{n}}\frac{2\cdot4\cdot6\cdots2n}{1\cdot3\cdot5\cdots2n-1}.$$

Nun genügt, wie man wiederum durch partielle Integration leicht bestätigt, die Folge

$$c_n = \int_0^\pi \sin^n x\, dx, \quad n \geqslant 0,$$

der Rekursionsformel

$$c_n = \frac{n-1}{n}c_{n-2},$$

so dass man wegen $c_0 = \pi$ und $c_1 = 2$ sofort

$$c_{2n} = \pi\,\frac{1}{2}\frac{3}{4}\cdots\frac{2n-1}{2n} \quad\text{und}\quad c_{2n+1} = 2\,\frac{2}{3}\frac{4}{5}\cdots\frac{2n}{2n+1}$$

erhält. Nun gilt $\sin^{2n+2}x \leqslant \sin^{2n+1}x \leqslant \sin^{2n}x$ für $0 \leqslant x \leqslant \pi$, nach Integration also

$$c_{2n+2} = \frac{2n+1}{2n+2}c_{2n} \leqslant c_{2n+1} \leqslant c_{2n+2},$$

d.h. $\frac{2n+1}{2n+2} \leqslant \frac{c_{2n+1}}{c_{2n}} \leqslant 1$. Durch Grenzübergang $n \to \infty$ erhalten wir damit zunächst die

---

Produktformel von Wallis

$$\frac{\pi}{2} = \lim_{n\to\infty}\prod_{k=1}^n \frac{(2k)^2}{(2k-1)(2k+1)} = \frac{2\cdot2}{1\cdot3}\cdot\frac{4\cdot4}{3\cdot5}\cdot\frac{6\cdot6}{5\cdot7}\cdots$$

(die J. WALLIS 1655 auf anderem Weg hergeleitet hat) und damit wegen

$$\left(\frac{a_n^2}{a_{2n}}\right)^2 = \frac{2(2n+1)}{n} \prod_{k=1}^{n} \frac{(2k)^2}{(2k-1)(2k+1)}$$

schließlich $a^2 = 4 \cdot \frac{\pi}{2}$. Insgesamt haben wir so die folgende von J. STIRLING 1730 gefundene Formel bewiesen.

Stirling'sche Formel

Für $n \to \infty$ besitzt $n!$ die Asymptotik

$$n! \sim \sqrt{2\pi n}\, n^n e^{-n}.$$

---

3. Bisher haben wir die Summenformel benutzt, um endliche Summen oder unendliche Reihen mit Hilfe entsprechender Integrale zu berechnen. Umgekehrt kann man die Summenformel auch als Quadraturformel verwenden. Es sei etwa das Integral $\int_a^b g(y)\,dy$ einer Funktion stetig differenzierbaren Funktion $g : [a,b] \to \mathbb{R}$ (näherungsweise) zu berechnen. Mit

$$f(x) = g\left(a + \frac{b-a}{n}x\right), 0 \leqslant x \leqslant n,$$

für ein $n \in \mathbb{N}$, erhalten wir nach der Substitution $y = a + \frac{b-a}{n}x = a + hx$

$$\int_a^b g(y)\,dy = \frac{b-a}{n} \int_0^n f(x)\,dx$$

$$= h\left(\sum_{j=0}^{n} f(j) - \frac{1}{2}\big(f(0) + f(n)\big) - \int_0^n \tilde{B}_1(x)f'(x)\,dx\right)$$

$$= h\left(\frac{g(a)}{2} + \sum_{j=1}^{n-1} g(a+hj) + \frac{g(b)}{2}\right) - h^2 \int_0^n \tilde{B}_1(x)g'(a+hx)\,dx.$$

Ist g sogar $2r$-mal stetig differenzierbar, so liefert die allgemeine Summenformel die *Euler-Maclaurin'sche Quadraturformel*

$$\int_a^b g(y)\,dy = h\left(\frac{g(a)}{2} + \sum_{j=1}^{n-1} g(a+hj) + \frac{g(b)}{2}\right)$$

$$- \sum_{k=1}^{r} \frac{B_{2k}}{(2k)!}\big(g^{(2k-1)}(b) - g^{(2k-1)}(a)\big)h^{2k}$$

$$+ \frac{h^{2r+1}}{(2r)!} \int_0^n \tilde{B}_{2r}(x)g^{(2r)}(a+hx)\,dx.$$

Dabei haben wir ausgenutzt, dass die Bernoulli-Zahlen $B_{2\ell+1}$ für $\ell \in \mathbb{N}$ verschwinden. Um das Integral durch die auftretenden Summen mit vorgebener Genauigkeit berechnen zu können, benötigt man noch eine (Fehler)-Abschätzung des Restgliedes. Wegen $nh = b - a$ folgt aber sofort

$$\left| \frac{h^{2r+1}}{(2r)!} \int_0^n \tilde{B}_{2r}(x) g^{(2r)}(a + hx)\, dx \right| \leqslant (b - a) \frac{|B_{2r}|}{(2r)!} M_{2r} h^{2r},$$

wobei $M_{2r} = \sup_{a \leqslant x \leqslant b} |g^{(2r)}(x)|$. Hier haben wir die Tatsache benutzt, dass stets $|\tilde{B}_{2r}(x)| \leqslant |B_{2r}|$ gilt (vgl. Aufgabe 6).

Aufgaben

1. Beweisen Sie die Rekursionsformel von AL-HAITHAM (um 1000)

$$(n + 1)S_m(n) = S_{m+1}(n) + \sum_{k=1}^{n} S_m(k)$$

durch vollständige Induktion und erläutern Sie diese anhand der Fig. 2.8.

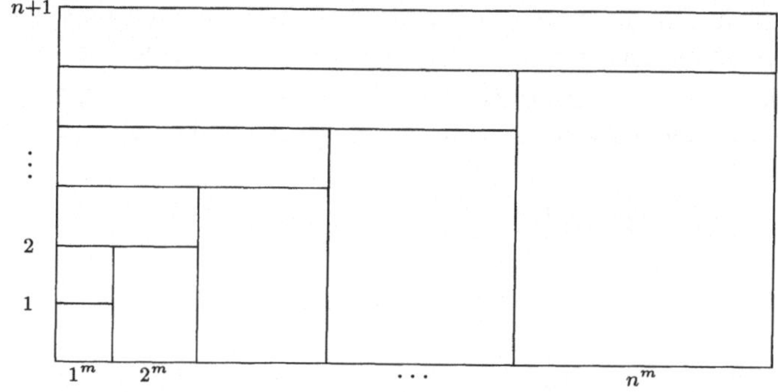

Fig. 2.8

2. Durch „Koeffizientenvergleich" zeige man die Identität

$$\frac{x}{e^x - 1} = \sum_{n=0}^{\infty} \frac{B_n}{n!} x^n.$$

Man leite damit die Potenzreihenentwicklung

$$x \coth x = \sum_{n=0}^{\infty} \frac{B_{2n}}{(2n)!} (2x)^{2n}$$

her und folgere daraus, dass $B_{2n+1} = 0$ für $n \in \mathbb{N}$ gilt.
Es darf vorausgesetzt werden, dass sich $\frac{x}{e^x - 1}$ nahe 0 in eine Potenzreihe entwickeln lässt. Der Hyperbelkotangens coth ist definiert durch $\coth x = \frac{e^x + e^{-x}}{e^x - e^{-x}}$.

3. Beweisen Sie: Ist $f : [a, b] \to \mathbb{R}$ stetig und streng monoton wachsend und f^{-1} die Umkehrfunktion, so besteht die Beziehung

$$\int_a^b f(x)\, dx = f(b)b - f(a)a - \int_{f(a)}^{f(b)} f^{-1}(y)\, dy.$$

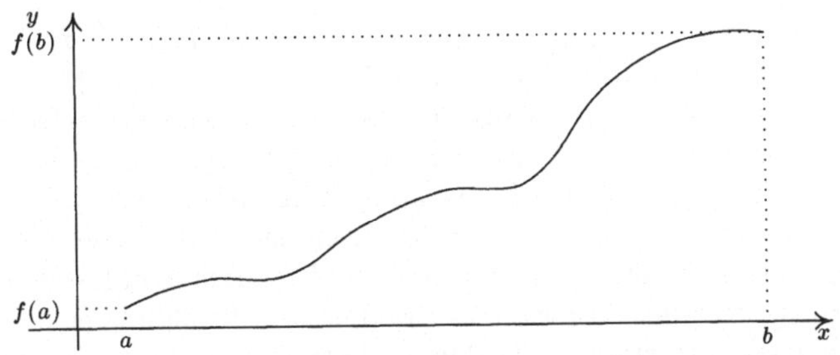

Fig. 2.9

4. Mit Hilfe der vorigen Aufgabe beweise man die Formel

$$\int_0^b x^{1/n} \, dx = \frac{n}{n+1} b^{(n+1)/n}$$

für $n \in \mathbb{N}$.

5. Mit der Substitution $x = 2\cos 2\varphi = z + z^{-1}$ zeige man, dass die Gleichung

$$n(z^m - 1)^2 - m(z^n - 1)^2 z^{m-n} = 0, \quad m > n \geqslant 1,$$

für die Paare $(m,n) = (2,1), (3,1), (5,1), (3,2)$ und $(5,3)$ auf quadratische Gleichungen führt, deren Wurzeln man daher mit Zirkel und Lineal konstruieren kann. Bestimmen Sie die Flächeninhalte der Möndchen bei einer Sehnenlänge $2s = 2$.

6. Für $n \in \mathbb{N}$ sei B_n^* induktiv definiert durch $B_1^*(x) = x - [x] - \frac{1}{2}$, $x \in \mathbb{R}$, und

$$B_{n+1}^*(x) = (n+1)\left(\int_0^x B_n^*(t) \, dt + \int_0^1 t B_n^*(t) \, dt \right)$$

für $n \in \mathbb{N}$.

(a) Beweisen Sie (induktiv) die Beziehungen

(i) $\int_0^1 B_n^*(x) \, dx = 0$ für $n \in \mathbb{N}$,

(ii) $\frac{d^r}{dx^r} B_n^*(x) = n(n-1)\cdots(n-r+1)B_{n-r}^*(x)$ für $1 \leqslant r \leqslant n-2$,

(iii) $\frac{d^{n-1}}{dx^{n-1}} B_n^*(x) = n!\left(x - \frac{1}{2}\right)$ für $0 \leqslant x \leqslant 1$ und $n \geqslant 2$ sowie $\frac{d^n}{dx^n} B_n^*(x) = n!$.

(b) Folgern Sie: B_n^* ist 1-periodisch und $B_n^* = \tilde{B}_n$ für alle $n \in \mathbb{N}$. Insbesondere ist $\tilde{B}_n$ also $(n-2)$-mal stetig differenzierbar für $n > 2$.

(c) Für festes $y \in \mathbb{R}$ wende man die Euler-Maclaurin'sche Summenformel auf $f(x) = B_n^*(y+x)$, $x \in \mathbb{R}$, an und zeige damit

(i) $B_n^*(y) = (-1)^{r-1} \binom{n}{r} \int_0^1 B_{n-r}^*(y+x) B_r^*(x) \, dx$ für $1 \leqslant r \leqslant n-1$, insbesondere also $B_{2r} = (-1)^{r-1} \binom{2r}{r} \int_0^1 B_r(x)^2 \, dx$.

(ii) Man quadriere die erste Beziehung in (i), wende die Cauchy-Schwarzsche Ungleichung an und folgere daraus $|B_{2r}^*(x)| \leqslant |B_{2r}|$.

Die *Cauchy-Schwarzsche Ungleichung* für zwei stetige Funktionen $g, h : [a,b] \to \mathbb{R}$ besagt $|\int_a^b g(x)h(x) \, dx|^2 \leqslant \int_a^b g(x)^2 \, dx \cdot \int_a^b h(x)^2 \, dx$. Zum Beweis betrachtet man $\int_a^b (g(x) - \lambda h(x))^2 \, dx$ für $\lambda \in \mathbb{R}$, wobei man ohne Einschränkung $\int_a^b h(x)^2 \, dx > 0$ annehmen darf. Hierfür erhält man durch Ausmultiplizieren

$$0 \leqslant \int_a^b (g(x) - \lambda h(x))^2 \, dx \int_a^b g(x)^2 \, dx + \lambda^2 \int_a^b h(x)^2 \, dx - 2\lambda \int_a^b g(x)h(x) \, dx$$

und, wenn man $\lambda = \int_a^b g(x)h(x)\,dx / \int_a^b h(x)^2\,dx$ setzt und mit $\int_a^b h(x)^2\,dx$ durchmultipliziert, die Behauptung. Die Ungleichung wurde 1885 von H.A. Schwarz benutzt, aber bereits 1859 von V.J. Bunjakowski bewiesen, eine analoge Ungleichung für endliche Summen stammt von A.-L. Cauchy. In der Funktionalanalysis bildet sie zusammen mit dem Orthogonalitätsbegriff, der im nächsten Abschnitt im Zusammenhang mit Fourier-Reihen eine wichtige Rolle spielt, einen der Grundpfeiler der Theorie der Hilbert-Räume, wobei sie in abstrakter Form für ein Skalarprodukt formuliert wird. Damit wird es möglich, trotz der ansonsten abstrakten Begriffsbildung eine geometrische Terminologie einzuführen, die viele Gedankengänge durchsichtiger macht, da sie sich eng an die euklidische Geometrie anlehnt.

7. Üblicherweise wird die Logarithmusfunktion als Umkehrfunktion der Exponentialfunktion erklärt. Wir haben dies implizit oben benutzt: Für jedes $b > 0$ ist $\log b = \lim_{h\to 0} \frac{1}{h}(b^h - 1)$, da $b^h = e^{h \log b}$. Dabei wird die Ableitung der Exponentialfunktion in 0 benutzt. Beginnt man die Infinitesimalrechnung mit der Integralrechnung, so kann man umgekehrt den Logarithmus auch durch $\log x = L(x) = \int_1^x \frac{1}{t}\,dt$ für $x > 0$ definieren. Um dies einzusehen, zeige man im einzelnen:

(a) Für $y > 0$ gilt $L(y) = \int_x^{xy} \frac{1}{t}\,dt$.

(b) Für $x, y > 0$ gilt $L(xy) = L(x) + L(y)$, insbesondere $L\!\left(\frac{1}{x}\right) = -L(x)$.

(c) Für $x > 0$ gilt $L(x) \leqslant x - 1$, d.h., L ist insbesondere stetig.

(d) Es gibt eine Zahl $e > 0$ mit $L(e) = 1$.

Folgern Sie daraus: Für $x > 0$ gilt $L(e^x) = x$, d.h. $L(x) = \log_e x$. dass es sich bei e um die Euler'sche Zahl handelt, kann hier nicht gefolgert werden.

Hinweis: Man zeige mittels (b) zunächst $L(x^n) = nL(x)$ für $x > 0$ und $n \in \mathbb{Z}$ sowie damit $L\!\left(x^{p/q}\right) = \frac{p}{q}L(x)$ für $\frac{p}{q} \in \mathbb{Q}$.

8. Leiten Sie die Simpson-Regel her und beweisen sie die Restgliedabschätzung dafür sowie die der summierten Trapezregeln.

Hinweis: Zur Restgliedabschätzung bei der Simpson-Regel betrachte man für $x \in (a, b)$ mit $x \neq c$ das kubische Interpolationspolynom

$$P_x(t) = f(a)\frac{(t-x)(t-b)(t-c)}{(a-x)(a-b)(a-c)} + f(x)\frac{(t-a)(t-b)(t-c)}{(a-x)(a-b)(a-c)}$$

$$+ f(c)\frac{(t-a)(t-x)(t-b)}{(c-a)(c-x)(c-b)} + f(b)\frac{(t-a)(t-x)(t-c)}{(b-a)(b-x)(b-c)}$$

und die Hilfsfunktion

$$g(t) = f(t) - P_x(t) - \tilde{r}(x)(t-x)(t-a)(t-b)(t-c).$$

Literaturhinweise

[Arc] Archimedes: *Werke*, dt. von A. Czwalina, F. Rudio & J.L. Heiberg, Wiss. Buchges., Darmstadt, 1963

Die Ausgabe enthält alle erhaltenen Werke von Archimedes in deutscher Übersetzung. Die von Czwalina ins Deutsche übertragenen Arbeiten wurden um 1900 als Ostwalds Klassiker veröffentlicht. Sie sind zusammengefasst in *Abhandlungen*, Ostwalds Klassiker, Band 201, erschienen im Harri Deutsch Verlag, Frankfurt a.M., 1996

[Edw] Edwards, C.H.: *The Historical Development of the Calculus*, Springer, New York, 1979

Ausführliche Darstellung der Geschichte der Analysis von den Anfängen bis ins 20. Jahrhundert (Nichtstandard-Analysis)

[Füh] Führer, L.: *Zum Gehalt der elementaren Integralrechnung in ideengeschichtlicher Sicht*, MU 1981, Heft 5, 7-60

Ausgezeichneter Überblick über die Entwicklung der (geometrischen) Integralrechnung, der den möglichen Einsatz der genetischen Methode von TOEPLITZ im Unterricht unterstützt.

[HaS] Hasse, H., Scholz, H.: *Die Grundlagenkrisis der Griechischen Mathematik*, Pan-Verlag Kurt Metzner, Berlin-Charlottenburg, 1928

Die Autoren untersuchen, wieso die Griechen die irrationalen Zahlen nicht einführen konnten bzw. nicht einführen wollten.

[Kep] Kepler, J.: *Neue Stereometrie der Fässer*, dt. von R. Klug, Ostwalds Klass. d. exakt. Wiss. Nr. 165, Akad. Verlagsges., Leipzig, 1987 (Neudruck)

Dies ist ein Auszug aus „Nova Stereometria doliorum vinariorum" in deutscher Übersetzung, wobei der nichtmathematische Teil ganz und im mathematischen leider die Beweise weggelassen worden sind (siehe dazu unten [Wie]). Von dem praktischen Teil hat KEPLER allerdings selbst einen Auszug in „deutscher" Sprache veröffentlicht – man findet ihn in seinen gesammelten Werken.

[Scr] Scriba, C.J.: *Welche Kreismonde sind elementar quadrierbar? Die 2400jährige Geschichte eines Problems bis zur endgültigen Lösung in den Jahren 1933/1947*, Mitteil. Math. Gesell. Hamburg 11 (1988) Heft 5, 517 - 539

Der Autor schildert ausführlich das genannte Problem. Er zählt es zusammen mit den drei bekannteren Konstruktionsproblemen (siehe Abschnitt 3.1) zu den klassischen Problemen. In diesem größeren Zusammenhang wird es vom selben Autor auch in dem Artikel *On the So-called 'Classical Problems' in the History of Mathematics* in Cahier d'Histoire & de Philosophie des Sciences No. 21, 1981, pp. 73-99 behandelt.

[vdW] van der Waerden, B.L.: *Erwachende Wissenschaft*, Birkhäuser, Basel, 1956

Das Buch ist eine meisterhafte Darstellung der vorgriechischen und insbesondere der griechischen Mathematik. In einem zweiten Band hat der Autor auch „Die Anfänge der Astronomie" beschrieben. Ferner ist von ihm das Buch *Die Pythagorer*, Artemis, Zürich, 1979, erschienen, in dem er nicht nur die mathematischen Leistungen dieser Bruderschaft würdigt, sondern auch deren religiöse und philosophische Vorstellungen vermittelt. In seinem letzten Buch *Geometry and Algebra in Ancient Civilisations*, Springer, Berlin, 1983, hat er neuere Kenntnisse über die Geschichte der antiken Mathematik vorgestellt, insbesondere den altindischen Einfluss auf die griechische Mathematik.

[Wai] Waismann, F.: *Einführung in das mathematische Denken*, dtv, München, 1970³

Allgemein verständliche Einführung in die Grundbegriffe der Analysis, insbesondere den Zahlbegriff, von einem Vertreter des „Wiener Kreises".

[Wie] Wieleitner, H.: *Keplers „Archimedische Stereometrie"*, Unterrichtsbl. f. Math. u. Naturw. 36 (1930), 176-185 und *Über Keplers „Neue Stereometrie der Fässer"*, Kepler-Festschrift I. Teil (Hrsg. K. Stöckl), 279-313, Regensburg, 1930

Der Autor gibt eine detaillierte Beschreibung des oben zitierten Werks, wobei die in der deutschen Übersetzung fehlenden Beweise zum Teil ergänzt und kommentiert werden.

2.2 Bogenlänge und Windungszahlen

> Der bequemste Weg zur Rektifikation der Kurven ist ... der, dass man das Integral
> aus der Quadratwurzel der Quadratsumme von dx und dy nimmt. Diese Methode lässt
> sich aber nur bei solchen Kurven bequem anwenden, deren Natur durch eine Relation
> der Ordinaten zu den Abzissen gegeben ist. – *Johann Bernoulli*

Der Begriff der *Bogenlänge*, den wir in diesem Abschnitt einführen wollen, gründet
sich auf den Satz des Pythagoras. Mit diesem kann man im Rahmen der analytischen
Geometrie die Länge einer Strecke zwischen zwei Punkten durch deren Koordinatendif-
ferenzen ausdrücken. Dies lag bereits den Überlegungen im Abschnitt 1.1 zugrunde, d.h.
der Berechnung der Länge der Diagonale im Quadrat oder beim regelmäßigen Fünfeck.
Man definiert dann die (Bogen-)Länge eines Polygonzugs als die Summe der Längen
der einzelnen Strecken, aus denen er zusammengesetzt ist. Um dies an einem einfachen
Beispiel zu erläutern, beginnen wir noch einmal mit dem regelmäßigen Zehneck der
Seitenlänge s_{10}, einbeschrieben in einen Kreis vom Radius $r = 1$.

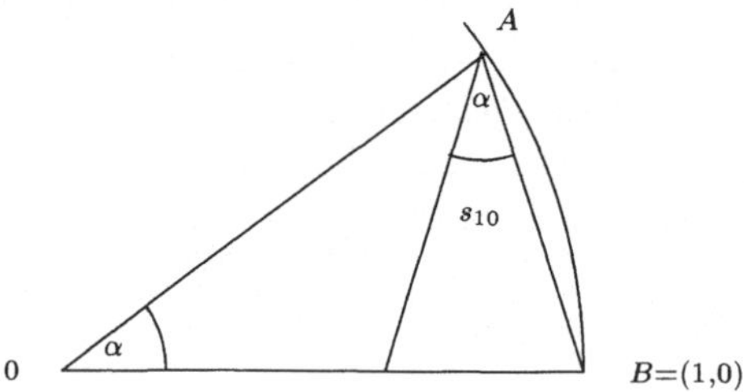

Fig. 2.10

Hier ist $\alpha = 36°$, und aufgrund der Ähnlichkeit der eingezeichneten Dreiecke gilt

$$\frac{1}{s_{10}} = \frac{s_{10}}{1 - s_{10}},$$

also $s_{10} = \frac{1}{2}(\sqrt{5} - 1) = g - 1$. Das Zehneck ist also konstruierbar und dieselbe Konstruktion liefert sofort auch das regelmäßige Fünfeck. Am einfachsten ist die Konstruktion
des regelmäßigen Sechsecks. Dazu trägt man auf der Kreisperipherie mit einem Zirkel
nacheinander (insgesamt fünfmal) den Kreisradius r ab. Die Seitenlänge ist also gleich
$s_6 = r = 1$. Sofort erhält man daraus das regelmäßige (d.h. gleichseitige) Dreieck. Umgekehrt erhält man aus einem bereits konstruierten regelmäßigen n-Eck das regelmäßige
$2n$-Eck durch Halbieren der Seiten und der dazugehörigen Kreisbögen. Insbesondere
können wir also ausgehend vom Durchmesser, dem „regelmäßigen Zweieck" wie ANTI-
PHON durch fortgesetzte Halbierung das regelmäßige 2^n-Eck konstruieren. Sein Umfang,
d.h. die Länge des geschlossenen Polygonzuges, ist dann gegeben durch $E_{2^n} = 2^n s_{2^n}$.

Wir wollen hier ARCHIMEDES folgend eine Beziehung zwischen den Seitenlängen s_n
und s_{2n} herleiten und zeigen, wie man damit den Umfang des Einheitskreises durch
Polygonapproximation bestimmen kann.

Ist s_n die Seitenlänge des n-Ecks, so gilt

$$s_{2n} = \sqrt{2 - \sqrt{4 - s_n^2}} = \frac{s_n}{\sqrt{2 + \sqrt{4 - s_n^2}}},$$

denn es ist $\overline{DE} = 2\,\overline{DC}$, also $s_{2n} = \overline{DB}$ und $\overline{AB} = 2$. Es folgt

$$\Delta ABD = \frac{1}{2}\,\overline{BD} \cdot \overline{AD} = \frac{1}{2}\,\overline{AB} \cdot \overline{CD}$$

wegen $\overline{AD}^2 = \overline{AB}^2 - \overline{DB}^2$, $\overline{AB} = 2$, $s_{2n} = \overline{BD}$ und $s_n = 2\,\overline{CD}$, und daher

$$s_n = s_{2n}\sqrt{4 - s_{2n}^2} \quad \text{oder} \quad s_n^2 = s_{2n}^2(4 - s_{2n}^2).$$

Nach Lösung dieser quadratischen Gleichung für s_{2n}^2 folgt die Behauptung. Mit $s_4 = \sqrt{2}$ erhalten wir sukzessive für $n \geqslant 3$

$$s_{2^n} = \sqrt{2 - \sqrt{2 + \sqrt{2 + \cdots \sqrt{2}}}}$$

mit insgesamt $n - 1$ Quadratwurzeln und damit $E_{2^n} = 2^n s_{2^n}$ als den Umfang des 2^n-Ecks.

Analog betrachtet man wie BRYSON das umbeschriebene n-Eck mit der Seitenlänge t_n und dem Umfang $U_n = nt_n$. Eine ähnliche Rechnung liefert dann für die Seiten der umbeschriebenen regelmäßigen $2n$-Ecke die Längen

$$t_{2n} = \frac{2t_n}{2 + \sqrt{4 + t_n^2}}.$$

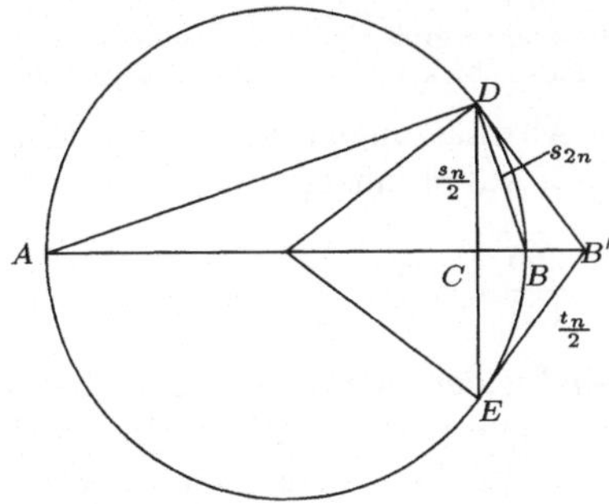

Fig. 2.11

Wir wollen nun E_n und U_n vergleichen. Es ist

$$E_n < E_{2n} = \frac{2E_n}{\sqrt{2 + \sqrt{4 - (E_n/n)^2}}} < U_{2n} = \frac{4U_n}{2 + \sqrt{4 + (U_n/n)^2}} < U_n.$$

Eine genauere Abschätzung erhalten wir wie folgt. Die Fläche $\Delta OB'D$ ist gegeben durch

$$\Delta OB'D = \frac{1}{2} \cdot 1 \cdot \frac{1}{2}t_n = \frac{1}{2}\sqrt{1 + \left(\frac{t_n}{2}\right)^2} \cdot \frac{s_n}{2},$$

d.h. $s_n^2(1 + \frac{t_n^2}{4}) = t_n^2$ und damit $E_n^2(1 + \frac{U_n^2}{4n^2}) = U_n^2$, so dass

$$E_n = \frac{U_n}{\sqrt{1 + (U_n/2n)^2}} < U_n = \frac{E_n}{\sqrt{1 - (E_n/2n)^2}}.$$

Die Intervalle $[E_n, U_n]$ definieren also eine Intervallschachtelung, und beide Folgen konvergieren gegen den Umfang des Einheitskreises. Insbesondere folgt

$$U_{2n} = H(E_n, U_n), \quad E_{2n} = G(E_n, U_{2n}),$$

wenn man $E_{2n} = \frac{2E_n}{\sqrt{2 + 2\frac{E_n}{U_n}}} = \sqrt{E_n}\sqrt{\frac{2E_n U_n}{E_n + U_n}}$ beachtet, wobei für zwei reelle Zahlen $a, b > 0$

$$A(a,b) = \frac{a+b}{2}, \quad G(a,b) = \sqrt{ab} \quad \text{bzw.} \quad H(a,b) = A(\frac{1}{a}, \frac{1}{b})^{-1}$$

das arithmetische, geometrische bzw. harmonische Mittel bezeichnen.

Auf diesem Weg hat ARCHIMEDES ausgehend vom regelmäßigen Sechseck mit Hilfe des 96-Ecks die Abschätzung

$$\boxed{3\frac{10}{71} < \pi < 3\frac{1}{7}}$$

für π hergeleitet. Er schreibt in seinem Werk über die „Kreismessung" dazu:

Der Umfang eines jeden Kreises ist dreimal so groß als der Durchmesser und noch um etwas größer, nämlich um weniger als ein Siebentel und mehr als zehn Einundsiebzigstel des Durchmessers.

Bemerkenswert sind dabei seine Abschätzungen für die irrationalen Zahlen E_{96} und U_{96}, die auf den folgenden für $\frac{U_6}{4} = \sqrt{3}$ beruhen:

$$\frac{265}{153} < \sqrt{3} < \frac{1351}{780}.$$

Seine detaillierten Rechnungen sind leider nicht überliefert, aber inzwischen sind mehrere mögliche Rekonstruktionen vorgeschlagen worden. Eine davon ist die Kettenbruchentwicklung von $\sqrt{3}$, denn die obigen Werte kommen unter den Näherungsbrüchen vor.

Dasselbe Verfahren liefert auch eine Approximation für den Flächeninhalt des Kreises.

Mit dem Flächeninhalt des einbeschriebenen n-Ecks, $A_n = n \cdot \frac{s_n}{2}\sqrt{1 - \frac{s_n^2}{4}}$ bzw. dem des umbeschriebenen n-Ecks, $B_n = n \cdot \frac{t_n}{2}$, gilt offensichtlich

$$\lim_{n \to \infty} A_n = \pi = \lim_{n \to \infty} B_n.$$

Wir wollen nun die Länge beliebiger (hinreichend glatter) Kurven definieren und berechnen. Nach dem Kreisumfang wurden zuerst die Länge der logarithmischen Spirale $r = e^{-\varphi}$, $0 \leqslant \varphi \leqslant a$, von E. Torricelli (1640) und der semikubischen Parabel $y = x^{\frac{3}{2}}$, $0 \leqslant x \leqslant b$, von W. Neil (1657) berechnet.

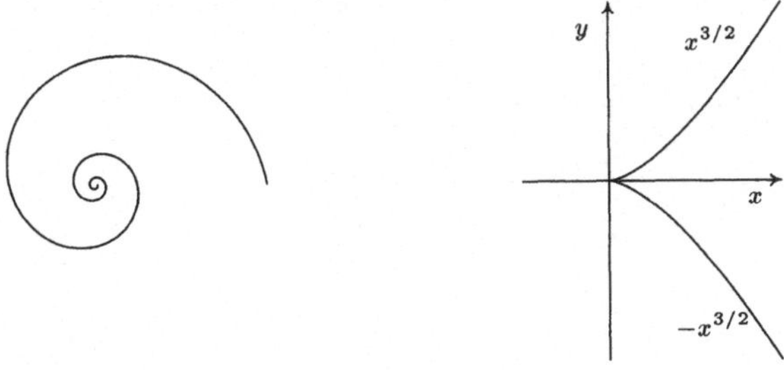

Fig. 2.12a   Fig. 2.12b

Man definiert die Bogenlänge eines Kurvenstücks wie beim Kreis als Grenzwert der Längen approximierender Polygone. Dazu ist es zweckmäßig die Kurve in parametrisierter Form vorliegen zu haben, d.h., sie sei gegeben durch

$$c(t) = \big(c_1(t), c_2(t)\big) \in \mathbb{R}^2, \quad t \in [a, b],$$

wobei die Funktionen c_1 und c_2 der Einfachheit halber als stückweise stetig differenzierbar vorausgesetzt werden. Die sonst übliche Definition für allgemeinere Kurven (so genannte rektifizierbare) wollen wir hier nicht verwenden. Wir verweisen auf [Leb] für eine ausführliche Diskussion des Problems der Messung von Bogenlängen (sowie des später zu betrachtenden Oberflächeninhalts), die insbesondere die hier getroffene Einschränkung nahe legt.

Die Funktionen c_1 und c_2 sind also stetig, und es gibt eine Zerlegung des Intervalls $[a, b]$ in Teilintervalle, auf denen sie stetig differenzierbar sind. Wählt man nun eine beliebige Zerlegung $a = t_0 < t_1 < \cdots < t_n = b$, so definieren die Punkte $c(t_k) \in \mathbb{R}^2$, $k = 0, \ldots, n$, einen Polygonzug, dessen Länge sich ergibt zu

$$\begin{aligned}
L &= \sum_{k=1}^{n} \|c(t_k) - c(t_{k-1})\| \\
&= \sum_{k=1}^{n} \sqrt{\big(c_1(t_k) - c_1(t_{k-1})\big)^2 + \big(c_2(t_k) - c_2(t_{k-1})\big)^2} \\
&= \sum_{k=1}^{n} \sqrt{\Big(\frac{c_1(t_k) - c_1(t_{k-1})}{t_k - t_{k-1}}\Big)^2 + \Big(\frac{c_2(t_k) - c_2(t_{k-1})}{t_k - t_{k-1}}\Big)^2}\,(t_k - t_{k-1}) \\
&= \sum_{k=1}^{n} \sqrt{\dot{c}_1(s_k')^2 + \dot{c}_2(s_k'')^2}\,(t_k - t_{k-1})
\end{aligned}$$

mit $s_k', s_k'' \in [t_{k-1}, t_k]$ nach dem Mittelwertsatz. Wir schreiben hier und im folgenden $\dot{c}$ für die Ableitung von c nach t.

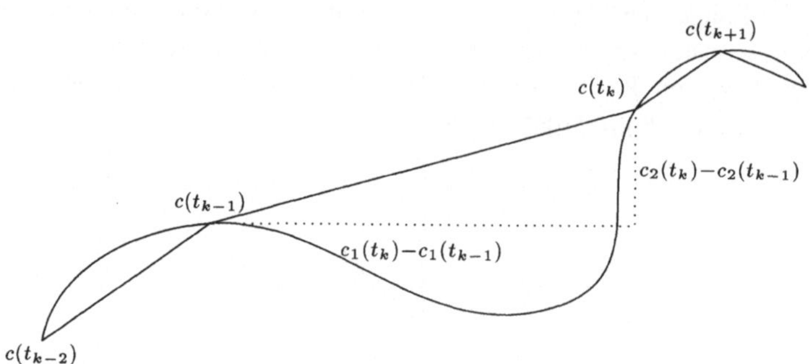

Fig. 2.13

Die Zahl entspricht also dem Integral einer speziellen Treppenfunktion. Wählt man eine Folge von immer feineren Zerlegungen, so konvergiert die Folge der zugehörigen Integrale. Der Grenzwert $L(c)$ ist unabhängig von der Wahl der Zerlegungsfolge; er wird als die Bogenlänge der Kurve c bezeichnet. Für eine stückweise stetig differenzierbare Kurve c wird die Bogenlänge also durch

Bogenlänge einer C^1-Kurve

$$L(c) = \int_a^b \sqrt{\dot{c}_1(t)^2 + \dot{c}_2(t)^2}\; dt$$

definiert.

Beispiele   1. Die semikubische (oder Neil'sche) Parabel besitzt die Parametrisierung $c(t) = (t^2, t^3)$, $0 \leqslant t \leqslant \sqrt{a}$, so dass man dafür

$$L(c) = \int_0^{\sqrt{a}} \sqrt{4t^2 + 9t^4}\; dt = \int_0^a \sqrt{1 + \frac{9}{4}s}\; ds = \frac{8}{27}\left((1 + \frac{9}{4}a)^{3/2} - 1\right)$$

berechnet. Mit dieser Kurve fand W. Neil 1657 die erste „krumme" Kurve, die man rektifizieren konnte, zu der man also mit Zirkel und Lineal eine gleich lange Strecke konstruieren kann. Zum gleichen Ergebnis kam 1659 H. de Heuraet. Damit war das alte Vorurteil von Aristoteles widerlegt, wonach es „zwischen Gekrümmtem und Gestrecktem kein rationales Verhältnis geben könne".

2. Noch einfacher ist die Rechnung im Fall der Kreislinie. Diese ist gegeben durch die Kurve $c(t) = (\cos t, \sin t)$, $0 \leqslant t \leqslant 2\pi$. Es folgt sofort

$$L(c) = \int_0^{2\pi} \sqrt{\sin^2 t + \cos^2 t}\; dt = 2\pi.$$

Ist die Kurve der Graph Γ_f einer Funktion $f : [a, b] \to \mathbb{R}$, wofür man die Parametrisierung $c(t) = \big(t, f(t)\big)$, $t \in [a, b]$, wählen kann, so erhält man sofort die

---

Bogenlänge eines Funktionsgraphen

$$L(\Gamma_f) = \int_a^b \sqrt{1 + f'(x)^2}\ dx.$$

Ist die Kurve in Polarkoordinaten $r = f(\varphi)$, $\alpha \leqslant \varphi \leqslant \beta$, gegeben, wobei der Zusammenhang mit den cartesischen Koordinaten x, y durch $x = r\cos\varphi$ und $y = r\sin\varphi$ hergestellt wird (oder durch $z = re^{i\varphi}$, wenn man $\mathbb{R}^2$ vermöge $z = x + iy$ mit $\mathbb{C}$ identifiziert), so folgt mit $c(t) = \big(f(\varphi)\cos\varphi, f(\varphi)\sin\varphi\big)$, $\alpha \leqslant \varphi \leqslant \beta$:

Bogenlänge einer Kurve in Polarkoordinaten

$$L = \int_\alpha^\beta \sqrt{f(\varphi)^2 + f'(\varphi)^2}\ d\varphi.$$

Damit wird die Berechnung der Bogenlänge der Kreislinie natürlich noch einfacher. Ferner kann man jetzt auch die Länge eines Segmentes der logarithmischen Spirale leicht bestimmen. Wir überlassen dies dem Leser als Übungsaufgabe (vgl. Aufgabe 2).

Wir betrachten nun eine geschlossene stückweise stetig differenzierbare Kurve $c : [a, b] \to \mathbb{R}^2$, d.h. wir setzen $c(a) = c(b)$ voraus. Stellt man sich vor, ein Punkt bewege sich längs der Kurve, so überstreicht der Fahrstrahl, die Verbindung des Punktes $c(t)$ mit dem Nullpunkt 0, eine Fläche. Wir wollen den Inhalt dieser Fläche berechnen. Damit werden wir in der Lage sein zu entscheiden, ob die Kurve den Nullpunkt umschlingt oder nicht und wenn ja wie oft und in welchem Sinn (im oder entgegen dem Uhrzeigersinn). Dazu benötigen wir den Begriff des orientierten Flächeninhalts, den wir bisher nicht berücksichtigt haben. Wir verabreden für die einfachste Fläche, die eines Dreiecks:

Orientierter Flächeninhalt eines Dreiecks

Ein Dreieck, gegeben durch drei Punkte mit den Koordinaten (x_1, x_2), (y_1, y_2) und (z_1, z_2), hat den Flächeninhalt

$$F = \frac{1}{2}\det\begin{pmatrix} 1 & x_1 & x_2 \\ 1 & y_1 & y_2 \\ 1 & z_1 & z_2 \end{pmatrix}.$$

Für die Punkte $(0,0)$, $(1,0)$, $(1,1)$ erhalten wir also den Wert $\frac{1}{2}$ und für $(0,0)$, $(0,1)$, $(1,1)$ den Wert $-\frac{1}{2}$. Letztendlich ist die Orientierung willkürlich, jedoch festgelegt durch die Wahl des Koordinatensystems.

Ein orientierter Flächeninhalt tritt bereits auf, wenn man den Inhalt der Fläche zwischen dem Graphen einer stetigen Funktion und der x-Achse mit Hilfe des bestimmten Integrals berechnet (vgl. Fig. 2.14). Bewegt man sich auf der x-Achse in positiver Richtung, so wird der Flächeninhalt positiv, falls der Graph der Kurve linker Hand liegt, negativ, falls er rechter Hand liegt.

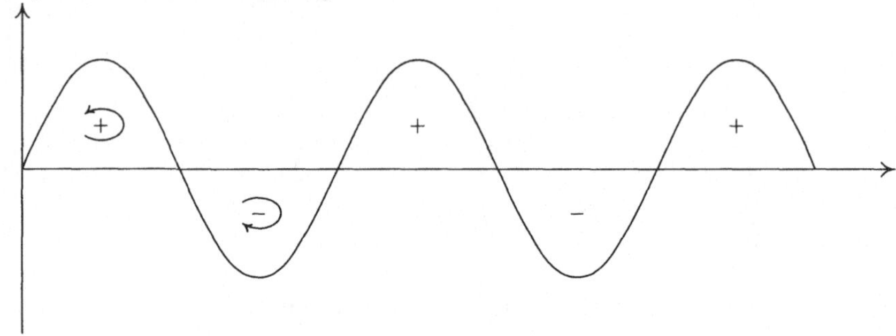

Fig. 2.14

Für einen geschlossenen Polygonzug (möglicherweise mit Selbstüberschneidungen) hat A.L.F. Meister 1770 als erster positive und negative Flächeninhalte betrachtet. Die folgende geschlossene Formel geht zurück auf C.F. Gauss. Sie wurde 1810 in den Zusätzen der von H.C. Schumacher besorgten Übersetzung „Geometrie der Stellung" (Teil 2) von Carnots „Géométrie de Position" veröffentlicht, war Gauss nach eigenem Bekunden aber schon um 1795 bekannt. Er erwähnt dies 1825 in einem Brief an H.W.M. Olbers, in dem er ferner schreibt:

In so fern man nemlich geometrische Relationen analytisch behandelt, hat man zwar längst Linien von positivem und negativem Werth recht wohl verstanden, und eingesehen, dass dabei immer explicite oder implicite ein gewisser Sinn (sens, Richtung) zum Grunde liege, nach welcher die Linien als wachsend angesehen werden etc. Allein in so fern man Flächen (areas) durch Formeln ausdrückt, muss natürlich auch ein negativer Werth seine gute verschiedene Bedeutung haben, und der Begriff der Area muss also so festgesetzt werden, dass diess klar einleuchte. Allein dann muss man noch einen Schritt weiter gehen und Figuren betrachten, deren Umfang sich selbst einmal oder mehreremale schneidet,...

Wählt man wie bei der Definition der Bogenlänge einen Polygonzug durch Punkte $c(t_0), \ldots, c(t_n)$ der Kurve c, so wird durch den Fahrstrahl die Fläche mit dem Inhalt

$$F = \frac{1}{2} \sum_{k=1}^{n} \det \begin{pmatrix} c_1(t_{k-1}) & c_2(t_{k-1}) \\ c_1(t_k) & c_2(t_k) \end{pmatrix}$$

$$= \frac{1}{2} \sum_{k=1}^{n} \big(c_1(t_{k-1})c_2(t_k) - c_2(t_{k-1})c_1(t_k) \big)$$

überstrichen. Wir können dann mit Hilfe des Mittelwertsatzes

$$F = \frac{1}{2} \sum_{k=1}^{n} \Big(c_1(t_{k-1})\big(c_2(t_k) - c_2(t_{k-1})\big) - c_2(t_{k-1})\big(c_1(t_k) - c_1(t_{k-1})\big) \Big)$$

$$= \frac{1}{2} \sum_{k=1}^{n} \big(c_1(t_{k-1})\dot{c}_2(s_k'') - c_2(t_{k-1})\dot{c}_1(s_k') \big)(t_k - t_{k-1})$$

schreiben und erhalten wieder das Integral einer speziellen Treppenfunktion. Mit einer
Folge von immer feineren Zerlegungen erhält man daraus im Limes für den orientierten
Flächeninhalt $F(c)$ des überstrichenen Sektors der Kurve c die so genannte:

Leibniz'sche Sektorformel

$$F(c) = \frac{1}{2} \int_a^b \big(c_1(t)\dot{c}_2(t) - \dot{c}_1(t)c_2(t)\big)\, dt$$

$$= \frac{1}{2} \int_a^b \det \begin{pmatrix} c_1(t) & c_2(t) \\ \dot{c}_1(t) & \dot{c}_2(t) \end{pmatrix}.$$

Ist c eine geschlossene Kurve, so erhalten wir den orientierten Inhalt der von c umschlossenen Fläche. Die Sektorformel war bei Leibniz Bestandteil des *Transmutationssatzes*,
mit dem er 1673 verschiedene Quadraturen ausführte.

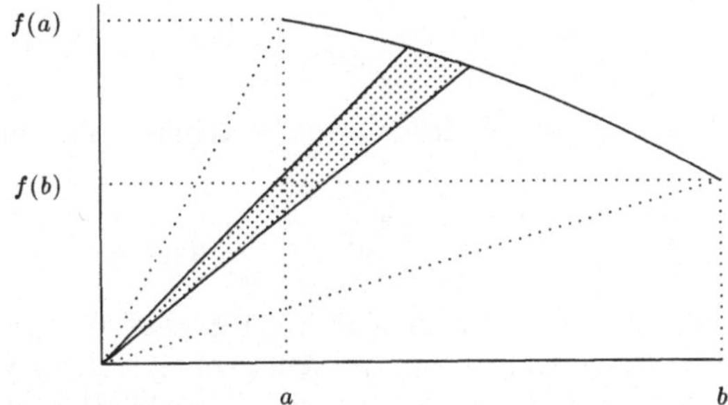

Fig. 2.15

Der Satz besagt, dass das Integral einer positiven Funktion $y = f(x)$, $a \leqslant x \leqslant b$
gegeben ist durch

$$\int_a^b f(x)\, dx = \frac{1}{2}\Big(bf(b) - af(a) + \int_a^b \big(f(x) - xf'(x)\big)\, dx\Big)$$

oder kurz $\int_a^b y\, dx = \frac{1}{2}\big(xy|_a^b + \int_a^b z\, dx\big)$, wenn man $z = y - xy'$ setzt. Er wandte diese
Formel speziell auf den Viertelkreisbogen $y = \sqrt{2x - x^2}$, $0 \leqslant x \leqslant 1$, an und erhielt
wegen $z = \sqrt{\frac{x}{2-x}}$ bzw. $x = \frac{2z^2}{1+z^2}$ und der Beziehung $\int_0^1 z\, dx + \int_0^1 x\, dz = 1$ (vgl. 2.1,
Aufgabe 3)

$$\frac{\pi}{4} = \int_0^1 y\, dx = 1 - \frac{1}{2}\int_0^1 x\, dz = 1 - \int_0^1 \frac{z^2}{1 + z^2}\, dz.$$

Das letzte Integral berechnete er durch formale gliedweise Integration, indem er den
Integranden als geometrische Reihe auffasste. Er erhielt damit seine berühmte Reihendarstellung, die wir schon in Abschnitt 1.2 benutzt haben.

Beispiele 3. Die Kreisfläche erhält man natürlich schneller mit der Parametrisierung aus Beispiel 2:

$$F(c) = \frac{1}{2} \int_0^{2\pi} (r^2 \cos^2 t + r^2 \sin^2 t) \, dt = r^2 \pi.$$

Durchläuft man den Kreis im Uhrzeigersinn, wählt also die Parametrisierung $c^-(t) = (\cos t, -\sin t)$, $0 \leqslant t \leqslant 2\pi$, so erhält man den negativen Flächeninhalt $F(\tilde{c}) = -r^2\pi$. Allgemein gilt: Wird für eine Kurve $c : [a,b] \to \mathbb{R}^2$ die entgegengesetzte Kurve $c^- : [a,b] \to \mathbb{R}^2$ definiert durch $c^-(t) = c(a + b - t)$, so gilt $F(c^-) = -F(c)$.

4. Das *cartesische Blatt*, zuerst von R. DESCARTES 1638 in einem Brief an P. MERSENNE erwähnt, ist gegeben durch die implizite Gleichung

$$x^3 + y^3 - 3axy = 0,$$

wobei $a > 0$ konstant ist. Setzt man hier $x = r \cos \varphi$ und $y = r \sin \varphi$, so erhält man sofort die Polarkoordinatendarstellung

$$r = \frac{3a \sin \varphi \cos \varphi}{\sin^3 \varphi + \cos^3 \varphi}.$$

Eine Parameterdarstellung $c(t)$, $t \in (-1, \infty)$ bzw. $t \in (-\infty, -1)$, erhält man, indem man $t = \frac{y}{x}$ substituiert. Es folgt dann sehr leicht durch Auflösen nach x bzw. y für die beiden Komponenten:

$$c_1(t) = \frac{3at}{1 + t^3} \quad \text{und} \quad c_2(t) = \frac{3at^2}{1 + t^3}.$$

Damit können wir den Flächeninhalt F des Blattes berechnen. Man muss $0 \leqslant t \leqslant \infty$ wählen und erhält nach einfacher Rechnung

$$F = \frac{1}{2} \int_0^{\infty} \frac{9a^2 t^2}{(1 + t^3)^2} \, dt = \frac{3}{2} a^2 \int_1^{\infty} \frac{du}{u^2} \, du = \frac{3}{2} a^2.$$

Die Quadratur des cartesischen Blattes gelang P. DE FERMAT 1657, wobei er bereits die Methode der partiellen Integration benutzte. Auf geometrischem Weg fand CHR. HUYGENS 1692 den Flächeninhalt. In einem Brief an L'HOSPITAL schrieb er (hier ist $n = 3a$):

Ich finde den Flächeninhalt des Blattes $ABCH$ als $\frac{1}{6}nn$ oder als $\frac{1}{3}$ des Quadrates des Durchmessers AC.

Er weist dabei auch auf die wahre Gestalt der Kurve hin (siehe Fig. 2.16), die DESCARTES fälschlicherweise als mehrblättrig annahm.

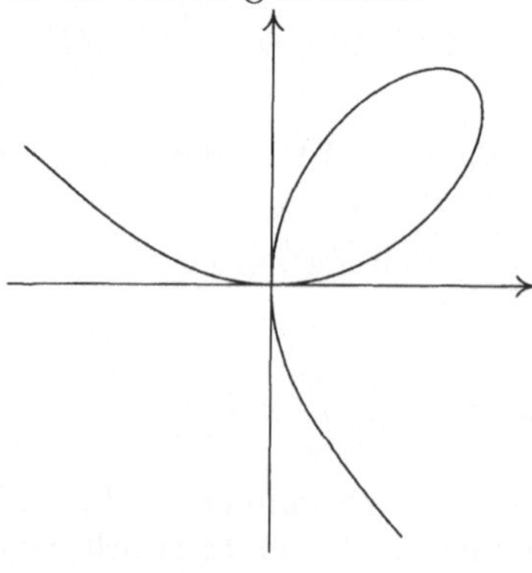

Fig. 2.16

Ist eine Kurve in Polarkoordinaten gegeben durch $r = f(\varphi) \geqslant 0$, $\alpha \leqslant \varphi \leqslant \beta$, mit stückweise stetig differenzierbarem f, so erhält man sogleich auch die

---

Leibniz'sche Sektorformel in Polarkoordinaten

Für die durch die Kurve und die Strahlen $\varphi = \alpha$ und $\varphi = \beta$ begrenzte Fläche gilt

$$F = \frac{1}{2} \int_{\alpha}^{\beta} f(\varphi)^2 \, d\varphi.$$

Denn mit $t = \varphi$ hat man die Parametrisierung $c(t) = \big(r(t)\cos t, r(t)\sin t\big)$, und es folgt

$$F = \frac{1}{2} \int_{\alpha}^{\beta} \big(r\cos t(\dot{r}\sin t + r\cos t) - r\sin t(\dot{r}\cos t - r\sin t)\big) \, dt = \frac{1}{2} \int_{\alpha}^{\beta} r(t)^2 \, dt.$$

In dieser Form wurde die Sektorformel bereits 1668 von J. GREGORY und 1670 von I. BARROW benutzt.

Die Bogenlängen weiterer spezieller Kurven bzw. die Inhalte der davon umschlossenen Flächen sollen in den Übungsaufgaben bestimmt werden. An dieser Stelle wollen wir noch auf ein klassisches Problem eingehen, die *isoperimetrische Aufgabe* der sagenhaften Königin DIDO, der Gründerin von Karthago, die bei der Ansiedlung in Nordafrika soviel Land erwerben konnte, wie man mit einer Ochsenhaut umspannen kann. Sie ließ die Haut in Streifen schneiden, zu einem langen geschlossenen Seil zusammenknüpfen und dieses in möglichst günstiger Form auslegen (siehe [HT]). Gesucht ist also eine geschlossene Kurve, die bei gegebener Länge den größten Flächeninhalt einschließt. Man weiß schon lange, dass es sich bei einer solchen Kurve nur um einen Kreis handeln kann. Ein „Beweis" geht zurück auf ZENODOROS, einen anderen, anschaulich einsichtigen hat 1836 J. STEINER gegeben; siehe [Pol]. STEINERs geometrischen Überlegungen zeigen aber nur, dass für eine Kurve, die kein Kreis ist, der Flächeninhalt nicht optimal ist und durch geeignete Variation noch vergrößert werden kann. Wie Beispiele von Variationsaufgaben von WEIERSTASS zeigen, ist es aber nicht ohne weiteres klar, ob überhaupt eine Lösung des Problems existiert. Dies stellte erst H.A. SCHWARZ 1884 sicher. Wir geben hier einen einfachen Beweis, dessen Grundidee von A. HURWITZ (1901) stammt.

Adolf Hurwitz
* 26.3.1859 Hildesheim / † 18.11.1919 Zürich
studierte in München, Berlin und Leibzig, 1882 Privatdozent in Göttingen, 1884 Professor in Königsberg, 1892 Professor für Höhere Mathematik am Polytechnikum in Zürich. Neben analytischen Fragestellungen, etwa im Bereich der Differentialgleichungen und der Funktionentheorie, speziell der elliptischen Funktionen, beschäftigte er sich besonders mit geometrischen und zahlentheoretischen Problemen (Kettenbrüche, diophantische Gleichungen).

Als mögliche geschlossene Kurven $c = c_1 + ic_2$ wollen wir dabei alle stetig differenzierbaren zugelassen. Man kann aber zeigen, dass dabei keine Kurven verloren gehen, das isoperimetrische Problem also in der Tat gelöst wird. Wie in [SzN] gezeigt wird, lässt der folgende Beweis in der Tat auch alle stetigen geschlossenen Kurven zu, für die überhaupt eine Bogenlänge erklärt werden kann; man benötigt dann jedoch weit stärkere Hilfsmittel der Analysis.

Die Bogenlänge $L = L(c) = \int_0^{2\pi} |\dot{c}(t)|\, dt$ ist also für alle in Frage kommenden Kurven konstant, während der gesuchte Flächeninhalt

$$F(c) = \frac{1}{2} \int_0^{2\pi} \left(c_1(t)\dot{c}_2(t) - \dot{c}_1(t)c_2(t) \right)\, dt = \operatorname{Im} \frac{1}{2} \int_0^{2\pi} \overline{c(t)}\, \dot{c}(t)\, dt$$

maximiert werden soll. Eventuell nach Umparametrisierung oder ausgehend von der Parametrisierung nach der Bogenlänge s und der Substitution $t = \frac{2\pi}{L}s$, können wir ferner

$$\dot{c}_1(t)^2 + \dot{c}_2(t)^2 = \left(\frac{L}{2\pi} \right)^2$$

annehmen, so dass

$$\left(\frac{L}{2\pi} \right)^2 = \frac{1}{2\pi} \int_0^{2\pi} |\dot{c}(t)|^2\, dt = \sum_{n \in \mathbb{Z}} n^2 |a_n|^2$$

wird, wobei $a_n = \frac{1}{2\pi} \int_0^{2\pi} c(t)e^{-int}\, dt$, $n \in \mathbb{Z}$, die *Fourier-Koeffizienten* von c bezeichnen, bzw. ina_n, $n \in \mathbb{Z}$, die der stetigen Funktion $\dot{c}$. Beachte dabei, dass nach partieller Integration und aufgrund der 2π-Periodizität

$$\frac{1}{2\pi} \int_0^{2\pi} \dot{c}(t)e^{-int}\, dt = \frac{in}{2\pi} \int_0^{2\pi} c(t)e^{-int}\, dt = ina_n$$

gilt. Ferner haben wir die *Parsevalsche Identität* benutzt, die wir sogleich beweisen werden. Für eine stetige 2π-periodische Funktion f mit den Fourier-Koeffizienten a_n ist dies die Beziehung

$$\frac{1}{2\pi} \int_0^{2\pi} |f(t)|^2\, dt = \sum_{n \in \mathbb{Z}} |a_n|^2, \tag{P}$$

und für eine weitere solche Funktion g mit den Fourier-Koeffizienten b_n, $n \in \mathbb{N}$, gilt allgemeiner

$$\frac{1}{2\pi} \int_0^{2\pi} f(t)\, \overline{g(t)}\, dt = \sum_{n \in \mathbb{Z}} a_n\, \overline{b_n},$$

wie man leicht mit Hilfe der *Polarisierungs-Identität*

$$z\bar{w} = \frac{1}{4}(|z + w|^2 + i|z + iw|^2 - |z - w|^2 - i|z - iw|^2)$$

für komplexe Zahlen z, w erhält. Es folgt also

$$\frac{F}{\pi} = \operatorname{Im} \frac{1}{2\pi} \int_0^{2\pi} \overline{c(t)}\, \dot{c}(t)\, dt = \operatorname{Im} \sum_{n \in \mathbb{Z}} \overline{a_n}\, ina_n = \sum_{n \in \mathbb{Z}} n|a_n|^2.$$

Da für $n \in \mathbb{Z}$ stets $n^2 - n \geqslant 0$ gilt, folgt daraus sofort

> **Die Isoperimetrische Ungleichung**
>
> $$L^2 \geqslant 4\pi F.$$

Ferner sieht man, dass Gleichheit nur eintreten kann, wenn $a_n = 0$ für $n \neq 0, 1$. In diesem Fall ist c von der Form $c(t) = a_0 + a_1 e^{it}$, $0 \leqslant t \leqslant 2\pi$, d.h. die Parametrisierung eines Kreises.

Wir müssen noch die Parseval'sche Identität (P) für eine stetige 2π-periodische Funktion f und die zugehörigen Fourier-Koeffizienten a_n beweisen. Wir bemerken zunächst, dass die Reihe in (P) tatsächlich konvergiert, denn für jedes $N \in \mathbb{N}$ gilt die so genannte *Bessel'sche Ungleichung*

$$\sum_{|n| \leqslant N} |a_n|^2 \leqslant \frac{1}{2\pi} \int_0^{2\pi} |f(t)|^2 \, dt.$$

Das wesentliche Hilfsmittel für alle Rechnungen in der Theorie der *Fourier-Reihen* sind die *Orthogonalitätsrelationen*

$$\frac{1}{2\pi} \int_0^{2\pi} e^{i(n-m)t} \, dt = \delta_{nm},$$

die oft nach L. Euler benannt werden. Sie lassen sich leicht verifizieren.

Sind nun $b_n \in \mathbb{C}$, $|n| \leqslant N$, beliebig, so folgt aufgrund der Orthogonalitätsrelationen und der Definition der Fourier-Koeffizienten

$$
\begin{aligned}
0 \leqslant{} & \frac{1}{2\pi} \int_0^{2\pi} \Big| f(t) - \sum_{|n| \leqslant N} b_n e^{int} \Big|^2 \, dt \\
={} & \frac{1}{2\pi} \int_0^{2\pi} |f(t)|^2 \, dt - \sum_{|n| \leqslant N} \frac{1}{2\pi} \int_0^{2\pi} f(t) e^{-int} \bar{b}_n \, dt \\
& - \sum_{|n| \leqslant N} \frac{1}{2\pi} \int_0^{2\pi} \overline{f(t)} \, e^{int} b_n \, dt + \sum_{|n| \leqslant N} |b_n|^2 \\
={} & \frac{1}{2\pi} \int_0^{2\pi} |f(t)|^2 \, dt + \sum_{|n| \leqslant N} |b_n|^2 - \sum_{|n| \leqslant N} a_n \bar{b}_n - \sum_{|n| \leqslant N} \bar{a}_n b_n \\
={} & \frac{1}{2\pi} \int_0^{2\pi} |f(t)|^2 \, dt + \sum_{|n| \leqslant N} |b_n - a_n|^2 - \sum_{|n| \leqslant N} |a_n|^2,
\end{aligned}
$$

insbesondere für $b_n = a_n$ also die Bessel'sche Ungleichung. Ist f selbst eine endliche Fourier-Reihe, so gilt die Parseval'sche Identität, wie man leicht mit Hilfe der Orthogonalitätsrelationen zeigt. Eine beliebige 2π-periodische Funktion f können wir nach

Weierstrass durch eine endliche Fourier-Reihe $g(t) = \sum_{|n|\leqslant N} b_n e^{int}$ gleichmäßig approximieren, d.h. zu vorgegebenem $\varepsilon > 0$ existiert ein solches g mit $|f(t) - g(t)| \leqslant \varepsilon$ für $0 \leqslant t \leqslant 2\pi$. Es folgt daher

$$
\begin{aligned}
0 &\leqslant \frac{1}{2\pi}\int_0^{2\pi} |f(t)|^2\, dt - \sum_{|n|\leqslant N} |a_n|^2 \\
&\leqslant \frac{1}{2\pi}\int_0^{2\pi} |f(t)|^2\, dt + \sum_{|n|\leqslant N} |b_n - a_n|^2 - \sum_{|n|\leqslant N} |a_n|^2 \\
&\leqslant \frac{1}{2\pi}\int_0^{2\pi} \Big|f(t) - \sum_{|n|\leqslant N} b_n e^{int}\Big|^2\, dt \\
&= \frac{1}{2\pi}\int_0^{2\pi} |f(t) - g(t)|^2\, dt \leqslant \varepsilon^2
\end{aligned}
$$

und damit ebenfalls die Behauptung.

Wie wir schon angedeutet haben, stellt das isoperimetrische Problem eine Variationsaufgabe dar. Für deren Lösung benötigt man in der Regel analytische Methoden, auf die wir hier nicht eingehen können; siehe dazu etwa [CH]. Wir wollen aber zumindest einige verwandte Probleme nennen, die meist physikalischer Natur sind. So hat Lord Rayleigh 1877 vermutet, dass von allen schwingenden homogenen Membranen gleichen Flächeninhalts die kreisförmige den tiefsten Grundton erzeugt. Er ist durch viele Versuche mit nahezu kreisförmigen Membranen darauf gekommen, konnte es aber nicht beweisen. Erst 1923/24 haben G. Faber und E. Krahn einen Beweis dafür erbracht. Die isoperimetrische Ungleichung löst natürlich auch die Aufgabe die Kurve kürzesten Umfangs zu finden, die einen gegebenen Flächeninhalt umschließt.

Wir wollen nun die *Windungszahl* (oder den *Index*) bzgl. 0 für eine geschlossene Kurve $c : [a, b] \to \mathbb{R}^2 \setminus \{0\}$ definieren. Da $0 \notin c([a, b])$ gilt, ist deren Radialprojektion auf den Einheitskreis wohldefiniert: $f : [a, b] \to S^1 = \{x \in \mathbb{R}^2 \mid \|x\| = 1\} = \{z \in \mathbb{C} \mid |z| = 1\}$, $f(t) = \frac{c(t)}{\|c(t)\|}$, $a \leqslant t \leqslant b$. Es ist hier bequem, c als komplexwertige Funktion aufzufassen, also in der Form $c(t) = c_1(t) + ic_2(t)$ zu schreiben.

Die Windungszahl einer stückweise C^1-Kurve

Die *Windungszahl* $\tau(c)$ einer geschlossenen Kurve c ist definiert durch

$$
\tau(c) = \frac{1}{\pi} F\left(\frac{c}{|c|}\right).
$$

Nun gilt $\frac{\dot{f}}{f} = \frac{\dot{f}\bar{f}}{|f|^2} = (\dot{f}_1 + i\dot{f}_2)(f_1 - if_2) = (\dot{f}_1 f_1 + \dot{f}_2 f_2) + i(f_1\dot{f}_2 - \dot{f}_1 f_2)$ und damit

$$
\tau(c) = \frac{1}{\pi} F(f) = \frac{1}{2\pi}\int_a^b (f_1\dot{f}_2 - \dot{f}_1 f_2)(t)\, dt = \frac{1}{2\pi i}\int_a^b \frac{\dot{f}}{f}(t)\, dt,
$$

denn das Integral von $\dot{f}_1 f_1 + \dot{f}_2 f_2 = \frac{1}{2}\frac{d}{dt}(f_1^2 + f_2^2)$ liefert wegen $f(a) = f(b)$ keinen Beitrag. Analog ist

$$\frac{\dot{c}}{c} = \frac{1}{|c|^2}\left((\dot{c}_1 c_1 + \dot{c}_2 c_2) + i(c_1\dot{c}_2 - \dot{c}_1 c_2)\right) = \frac{1}{2}\frac{d}{dt}\log|c|^2 + \frac{i}{|c|^2}(c_1\dot{c}_2 - \dot{c}_1 c_2),$$

und wegen $\frac{\dot{c}}{c} = \frac{\dot{f}}{f} + \frac{1}{2}\frac{d}{dt}\log|c|^2$ folgt

$$\tau(c) = \frac{1}{2\pi i}\int_a^b \frac{\dot{f}}{f}(t)\,dt = \frac{1}{2\pi i}\int_a^b \frac{\dot{c}}{c}(t)\,dt = \frac{1}{2\pi}\int_a^b \frac{c_1\dot{c}_2 - \dot{c}_1 c_2}{c_1^2 + c_2^2}(t)\,dt.$$

Da c und damit auch f stückweise stetig differenzierbar ist, ist $\frac{\dot{f}}{f}$ eine Regelfunktion, und $g(t) = \int_a^t \frac{\dot{f}}{f}(s)\,ds$ ist stückweise stetig differenzierbar. Dies gilt auch für $h = f \cdot e^{-g}$, und es gilt bis auf endliche viele $t \in [a,b]$

$$\dot{h}(t) = \dot{f}(t)e^{-g(t)} - f(t)e^{-g(t)}\dot{g}(t) = 0.$$

Daher ist h konstant, und wegen $f(a) = f(b)$ und $g(a) = 0$ folgt $e^{-g(b)} = 1$ oder $g(b) = 2k\pi i$ für ein $k \in \mathbb{Z}$. Die Windungszahl $\tau(c)$ ist also eine ganze Zahl. Ferner gilt

Beispiele   5. Es sei $c(t) = (\cos nt, \sin nt)$, $0 \leqslant t \leqslant 2\pi$, für ein $n \in \mathbb{Z}$ bzw. $c(t) = e^{2n\pi it}$, $0 \leqslant t \leqslant 1$. Dann gilt $\tau(c) = n$.

6. Die Kurven in Fig. 2.17 besitzen (von links nach rechts) die Windungszahlen 2, 0 und -1.

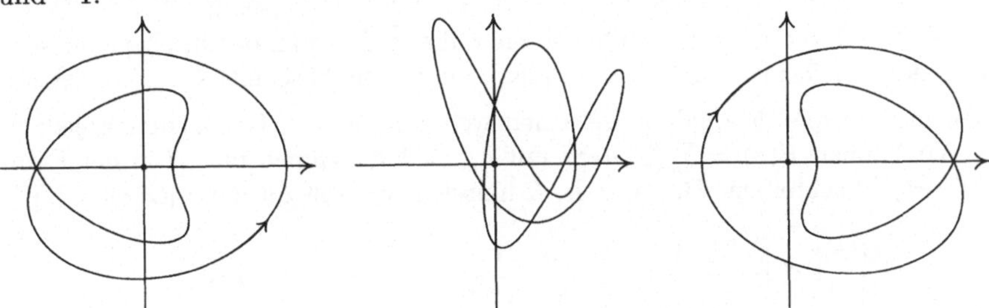

Fig. 2.17

Wir wollen noch eine wichtige Eigenschaft der Windungszahl herleiten.

Homotopieinvarianz

Sind c und $\tilde{c}$ zwei stückweise stetig differenzierbare Kurven von $[a,b]$ nach $\mathbb{C}^* = \mathbb{C} \setminus \{0\}$, die stetig ineinander deformiert werden können, so ist $\tau(c) = \tau(\tilde{c})$.

Dabei bedeutet die *stetige Deformation*, dass eine stetige Funktion $h : [a,b] \times [0,1] \to \mathbb{C}^*$, eine *Homotopie*, existiert mit $h(\cdot,0) = c$, $h(\cdot,1) = \tilde{c}$. Es nicht schwer einzusehen, dass dann endlich viele geschlossene Polygonzüge p_k, $k = 1,\ldots,n-1$, in $\mathbb{C}^*$ existieren,

so dass mit $p_0 = c$ und $p_n = \tilde{c}$ je zwei aufeinander folgende linear homotop sind, d.h.
$sp_k + (1 - s)p_{k-1}$ liegt in $\mathbb{C}^*$ für $s \in [0,1]$ und $k = 1, \ldots, n$. Da h auf $[a,b] \times [0,1]$
gleichmäßig stetig ist, kann man nämlich $[a,b] \times [0,1]$ in kleine Rechtecke $[t_{\ell-1}, t_\ell] \times$
$[s_{k-1}, s_k]$ zerlegen, deren Bilder unter h jeweils in einer ε-Kreisscheibe in $\mathbb{C}^*$ enthalten
sind. Innerhalb einer solchen Kreisscheibe kann man aber $h(\cdot, s_k)$ ersetzen durch $p_k(t) =$
$\frac{t_\ell - t}{t_\ell - t_{\ell-1}} h(t_{\ell-1}, s_k) + \frac{t - t_{\ell-1}}{t_\ell - t_{\ell-1}} h(t_\ell, s_k)$, $t_{\ell-1} \leqslant t \leqslant t_\ell$ und h selbst durch $sp_k + (1 - s)p_{k-1}$.
Wir müssen die Behauptung also nur für zwei linear homotope Wege zeigen, d.h. für h
von der Form $h_s = h(\cdot, s) = c + s(\tilde{c} - c)$. Nun ist aber mit $\alpha = \tilde{c} - c$

$$2\pi i \frac{d}{ds}\tau(h_s) = \int_a^b \frac{d}{ds}\frac{\dot{h}_s}{h_s}\, dt = \int_a^b \frac{\dot{\alpha}h_s - \alpha\dot{h}_s}{h_s^2}\, dt = \int_a^b \frac{d}{dt}\left(\alpha\frac{1}{h_s}\right) dt = \alpha\frac{1}{h_s}\Big|_a^b = 0,$$

und damit ist $\tau(h_s)$ konstant.

Insbesondere erhalten wir $\tau(c) = 0$ für jede geschlossene Kurve c, die homotop zu einer
konstanten Kurve ist. Damit kann man den konstruktiven Beweis des Fundamentalsatzes der Algebra aus Abschnitt 1.4 beenden. Für ein Polynom P vom Grad m mit
$a_m = 1$ besitzt die Kurve $c(t) = P(Re^{2\pi it})$, $0 \leqslant t \leqslant 1$, die Windungszahl $\tau(c) = m$.
Wir haben gesehen, dass sich $\tau(c)$ nicht ändert, wenn man c stetig deformiert, wobei
für die Homotopie h_s stets $h_s(t) \neq 0$ gelten muss. Dies ist etwa der Fall für

$$h_s(t) = P\left(\left(1 - s + s\alpha(t)\right)Re^{2\pi it}\right),$$

wobei $\alpha(t) = \frac{1}{\lceil \cos(t) \rceil}$ für $-\frac{\pi}{4} \leqslant t \leqslant \frac{\pi}{4}$, $\frac{3\pi}{4} \leqslant t \leqslant \frac{5\pi}{4}$, und $\alpha(t) = \frac{1}{\lceil \sin(t) \rceil}$ für $\frac{\pi}{4} \leqslant t \leqslant \frac{3\pi}{4}$,
$\frac{5\pi}{4} \leqslant t \leqslant \frac{7\pi}{4}$. Hierdurch wird der Einheitskreis radial auf das umbeschriebene achsen-
parallele Quadrat deformiert. Danach verfährt man wie in Abschnitt 1.4 beschrieben.

Zusammen mit Beispiel 5 erhalten wir einen weiteren Beweis. Er ist kürzer, jedoch
indirekt: Wir können $P(z) = \sum_{k=0}^m a_k z^k$ mit $a_m = 1$ annehmen und P in der Form
$P(z) = z^m + Q(z)$ schreiben. Für $|z| = R$, R hinreichend groß gilt dann $|Q(z)| < |z|^m$,
denn

$$\frac{|Q(z)|}{|z|^m} \leqslant \left| \frac{a_{m-1}}{a_m}\frac{1}{z} + \cdots + \frac{a_0}{a_m}\frac{1}{z^m} \right| \to 0, \quad \text{für} \quad |z| \to \infty.$$

Daher sind P und z^m linear homotop vermöge $H_s(z) = z^m + sQ(z)$ und

$$|H_s(z)| \geqslant |z^m| - |Q(z)| > 0$$

für $|z| = R$. Für $c(t) = P(Re^{2\pi it})$, $0 \leqslant t \leqslant 1$, folgt also $\tau(c) = m$. Wäre $P(z) \neq 0$ für
alle $z \in \mathbb{C}$, so hätte man aber auch die Homotopie $h(t,s) = P(sRe^{2\pi it})$, $0 \leqslant t, s \leqslant 1$,
zu einer konstanten Kurve, d.h. $\tau(c) = 0$. Das ist ein Widerspruch.

Wie wir bereits im Zusammenhang mit dem Beweis des Fundamentalsatzes in Abschnitt 1.4 bemerkt haben, hat Gauss tiefe Einsichten über die komplexen Zahlen
besessen, ohne sie explizit auszusprechen. Auch das Prinzip der Windungszahl und deren Homotopieinvarianz war ihm schon vor seinem zweiten Beweis von 1816 geläufig.
Dazu zitieren wir aus einem berühmten Brief an F.W. Bessel vom 18. Dezember 1811.
Nachdem er das Integral für eine komplexe Funktion längs eines Weges in $\mathbb{C}$ erklärt
hat, schreibt er:

Ich behaupte nun, dass das Integral $\int \varphi x \cdot dx$ nach zweien verschiednen Übergängen immer einerlei Werth erhalte, wenn innerhalb des zwischen beiden die Übergänge repräsentirenden Linien eingeschlossenen Flächenraumes nirgends $\varphi x = \infty$ wird. Dieß ist ein schöner Lehrsatz, dessen eben nicht schweren Beweis ich bei einer schicklichen Gelegenheit geben werde. Er hängt mit schönen andern Wahrheiten die Entwicklungen in Reihen betreffend zusammen. Der Übergang nach jedem Puncte läßt sich immer ausführen, ohne jemals eine solche Stelle, wo $\varphi x = \infty$ wird, zu berühren. Ich verlange daher, daß man solchen Punkten ausweichen soll, wo offenbar der ursprüngliche Grundbegriff von $\int \varphi x \cdot dx$ seine Klarheit verliert und leicht auf Widersprüche führt. Übrigens ist zugleich hieraus klar, wie eine durch $\int \varphi x \cdot dx$ erzeugte Function für einerlei Werthe von x mehrere Werthe haben kann, indem man nemlich beim Übergange dahin um einen solchen Punct, wo $\varphi x = \infty$ entweder gar nicht, oder einmal, oder mehreremale herumgehen kann. Definirt man z.B. $\log x$ durch $\int \frac{1}{x} \cdot dx$, von $x = 1$ anzufangen, so kommt man zu $\log x$ entweder ohne den Punct $x = 0$ einzuschließen oder durch ein- oder mehrmaliges Umgehen desselben; jedesmal kommt dann die Constante $+2\pi i$ oder $-2\pi i$ hinzu: so sind die vielfachen Logarithmen von jeder Zahl ganz klar.

Wir haben oben nur das spezielle Integral $\frac{1}{2\pi i} \int_a^b \frac{\dot{c}}{c}(t)\, dt$ benutzt, das man in der Funktionentheorie kurz als $\frac{1}{2\pi i} \int_\gamma \frac{dz}{z}$ schreibt, GAUSS lässt dagegen beliebige Funktionen φ zu, die sich, von singulären Stellen abgesehen, durch Potenzreihen darstellen lassen. Damit spricht er in der angeführten Stelle bereits den Cauchy'schen Integralsatz der Funktionentheorie aus, den A.L. CAUCHY erst 1825 veröffentlicht hat. Auch die Mehrdeutigkeit des komplexen Logarithmus, den JOH. BERNOULLI und G.W. LEIBNIZ überhaupt nicht und L. EULER nur teilweise verstanden hatten, wird hier vollkommen klar.

Andererseits bildet die Windungszahl den Ausgangspunkt für einen weiteren Zweig der Mathematik, die algebraische Topologie. In dieselbe Richtung zielen die Euler-Charakteristik, die wir am Ende des nächsten Kapitels kurz betrachten wollen. In beiden Fällen wird ein Integral berechnet, hier längs einer Kurve, also eindimensional, im Fall der Euler-Charakteristik über eine Fläche, also zweidimensional, und jedes Mal ist das Ergebnis eine ganze Zahl, ein so genannter Index. Eigentlich müsste man mit der Dimension 0 beginnen. In der Tat haben wir dies in Abschnitt 1.4 getan, als wir die reellen Nullstellen eines reellen Polynoms in einem kompakten Intervall gezählt haben. Wir haben gesehen (in 1.4, Aufgabe 5), dass sich die Anzahl der Nullstellen ändern kann, wenn man an den Koeffizienten des Polynoms „wackelt", jedoch nur um eine gerade Zahl, d.h., die Parität der Anzahl der Nullstellen, ein Element aus $\mathbb{Z}_2$ und nicht wie vorher aus $\mathbb{Z}$, ist ebenfalls eine Homotopieinvariante.

Aufgaben

1. Die *Zykloide* ist die Kurve, die durch $c(t) = (rt - r\sin t, r - r\cos t)$, $t \in \mathbb{R}$, gegeben ist. Sie entsteht als Bahnkurve eines festen Punktes auf der Peripherie eines Kreises, wenn man diesen gleitfrei auf einer Ebene abrollt (siehe Fig. 2.18). Berechnen Sie die Länge eines Zykloidenbogens und zeigen sie, dass der Inhalt der Fläche, die von diesem und der x-Achse begrenzt wird, das dreifache des Flächeninhalts des erzeugenden Kreises beträgt.
(Für das Verhältnis der Flächeninhalte hat G. GALILEI 1599 experimentell ungefähr 3 : 1 gefunden, den exakten Wert aber für nicht rational gehalten. Erst G.P. DE ROBERVAL hat 1634 den exakten Wert bestimmt und stolz R. DESCARTES mitgeteilt. Jener meinte, dies sei ein ihm bisher nicht bekanntes schönes Ergebnis, für einen einigermaßen geübten Geometer aber auch ohne Schwierigkeiten herzuleiten.)

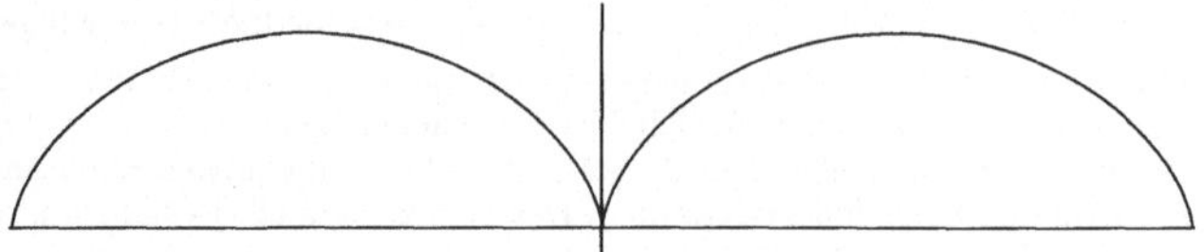

Fig. 2.18

2. Die *archimedische Spirale* ist in Polarkoordinaten gegeben als $r(\varphi) = \varphi$. Bestimmen Sie die Länge des ersten Bogens, der im ersten Quadranten liegt sowie den Inhalt der Fläche, den er mit der y-Achse bildet (siehe Fig. 2.19a). Bestimmen Sie ferner die Länge der *logarithmischen Spirale* $r(\varphi) = e^{-\varphi}$ für $0 \leqslant \varphi \leqslant a$. Diese wurde zuerst um 1590 von T. HARRIOT berechnet (aber nicht veröffentlicht) und 1645 von E. TORRICELLI.

3. Man skizziere die Kurve, die durch $r = |\sin \frac{n}{2}\varphi|$, $0 \leqslant \varphi \leqslant 2\pi$, beschrieben wird, im Fall $n = 4$ und berechne den Inhalt der von ihr eingeschlossenen Fläche.

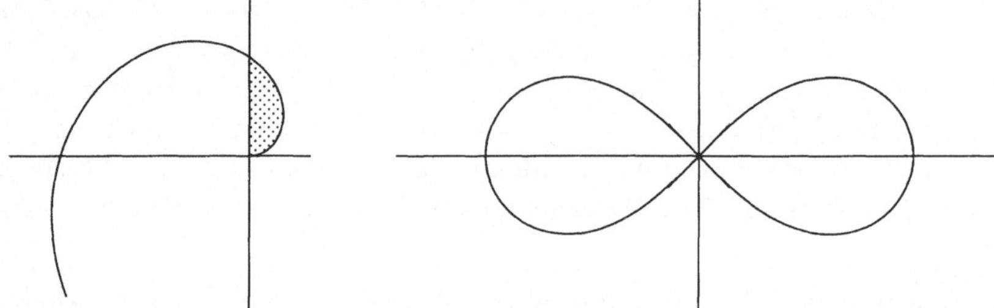

Fig. 2.19a   Fig. 2.19b

4. Die *Lemniskate* von JAKOB BERNOULLI (1694) (siehe Fig. 2.19b) ist gegeben durch die implizite Gleichung

$$(x^2 + y^2)^2 = 2(x^2 - y^2).$$

Zeigen Sie, dass sie sich in Polarkoordinaten in der Form

$$r^2 = 2\cos 2\varphi, \quad -\frac{\pi}{4} \leqslant \varphi \leqslant \frac{\pi}{4}, \frac{3\pi}{4} \leqslant \varphi \leqslant \frac{5\pi}{4},$$

darstellen lässt und berechnen Sie den Inhalt der von der Kurve umschlossenen Fläche. (Für die Bogenlänge lässt sich ebenso wie etwa für den Umfang einer Ellipse keine „elementare" Formel angeben. Sie führt in beiden Fällen auf ein so genanntes elliptisches Integral – bei der Lemniskate auf $L = 4\sqrt{2}\int_0^1 \frac{dt}{\sqrt{1-t^4}}$. Eine weitere Verwandtschaft besteht in der Definition: während die Ellipse aus allen Punkten besteht, für die die Summe der Abstände zu zwei festen Punkten, den Brennpunkten, konstant ist, ist es bei der Lemniskate das Produkt. Eine gute Approximation der Zahl L erhält man nach C.F. GAUSS (1799) mit der Formel $\mathrm{AGM}(1, \sqrt{2}) = \frac{2\sqrt{2}\pi}{L}$, wobei für zwei positive Zahlen a und b das arithmetisch-geometrische Mittel $\mathrm{AGM}(a, b)$ wie folgt definiert ist: Ist $a_0 = a$, $b_0 = b$ sowie $a_{n+1} = A(a_n, b_n)$ und $b_{n+1} = G(a_n, b_n)$ für $n \in \mathbb{N}_0$, so ist $\mathrm{AGM}(a, b) = \lim_{n\to\infty} a_n = \lim_{n\to\infty} b_n$.)

5. Die *Traktrix* oder auch *Schleppkurve* ist gegeben durch die Parametrisierung $c(t) = (\frac{1}{\cosh t}, t - \tanh t)$, $t \geqslant 0$. Sie entsteht, wenn ein sich im Punkt $(1, 0)$ befindlicher Massenpunkt an einem nicht dehnbaren Seil der Länge 1 entlang der y-Achse gezogen wird. Bestimmen Sie den zurückgelegten Weg als Funktion von x.

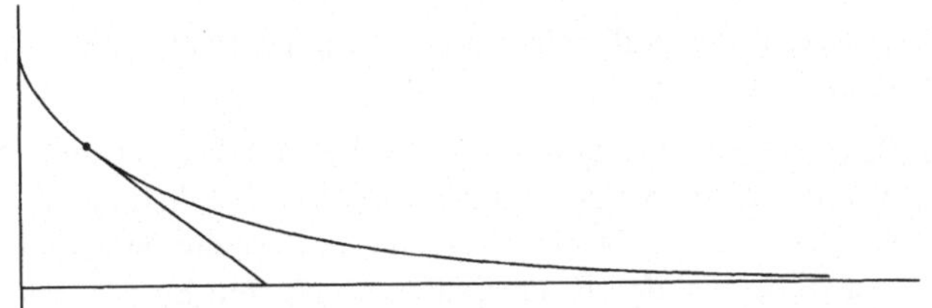

Fig. 2.20

(Die Traktrix wurde zuerst von G.W. LEIBNIZ (1693) untersucht.)

6. Es sei $c_0 : [0,1] \to \mathbb{C}$ mit $c_0(t) = t$, $0 \leqslant t \leqslant 1$, und induktiv seien Kurven $c_n : [0,1] \to \mathbb{C}$ definiert durch $c_n = \Gamma(c_{n-1})$, $n \in \mathbb{N}$, wobei für eine Kurve c die Kurve $\Gamma(c)$ durch

$$\Gamma(c)(t) = \begin{cases} \frac{1}{3}c(4t), & 0 \leqslant t \leqslant \frac{1}{4}, \\ \frac{1}{6}\left(2 + c(4t-1) + \sqrt{3}c(4t-1)i\right), & \frac{1}{4} \leqslant t \leqslant \frac{1}{2}, \\ \frac{1}{6}\left(3 + \sqrt{3}i + c(4t-2) - \sqrt{3}c(4t-2)i\right), & \frac{1}{2} \leqslant t \leqslant \frac{3}{4}, \\ \frac{1}{3}\left(2 + c(4t-3)\right), & \frac{3}{4} \leqslant t \leqslant 1, \end{cases}$$

erklärt wird. Zeigen Sie:

(a) Die Folge $(c_n)_{n \in \mathbb{N}}$ konvergiert gegen eine injektive stetige Kurve.

(b) Man erhält eine geschlossene Kurve, wenn man diese Konstruktion über jeder Seite eines gleichseitigen Dreiecks durchführt (siehe Fig. 2.21). Das von dieser umschlossene Gebiet, die so genannte *von Koch'sche Schneeflocke* (von H. VON KOCH 1904 konstruiert) besitzt einen endlichen Flächeninhalt, aber keinen endlichen Umfang.

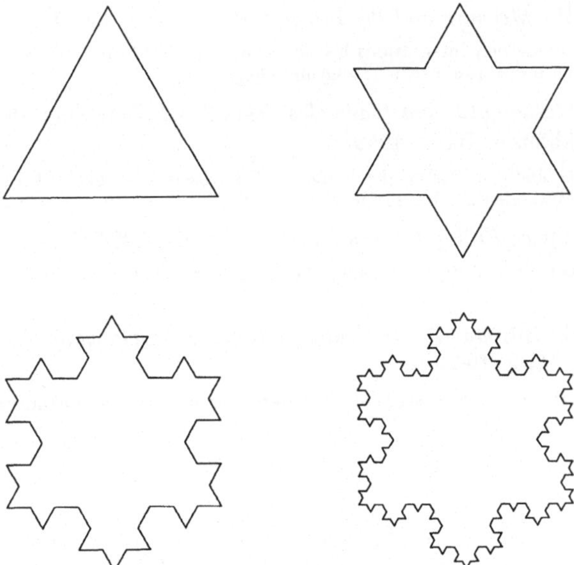

Fig. 2.21

Für weitere Beispiele nicht rektifizierbarer stetiger Kurven verweisen wir auf [Sag].

7. Bestimmen Sie die Anzahl der Nullstellen des Polynoms $P(z) = z^{23} + 4z^5 - 2$, die im Innern des Einheitskreises liegen.

8. Es sei $P(z) = \sum_{k=0}^{n} a_k z^k$ ein Polynom vom Grad n mit komplexen Koeffizienten $a_0, \ldots, a_{n-1}$ und $a_n = 1$, das die paarweise verschiedenen Nullstellen $z_1, \ldots, z_m$ mit den jeweiligen Vielfachheiten $\alpha_1, \ldots, \alpha_m$ besitzt. Zeigen Sie, dass die Nullstellen des Polynoms im folgenden Sinn stetig von den Koeffizienten abhängen: Zu $\varepsilon_0, \ldots, \varepsilon_m > 0$ existieren Zahlen $\delta_1, \ldots, \delta_n > 0$, so dass die Nullstellen aller Polynome $Q(z) = \sum_{k=0}^{n} b_k z^k$ mit $|a_k - b_k| < \delta_k$, $k = 0, \ldots, n$ in der (ohne Einschränkung disjunkten) Vereinigung $G = \bigcup_{j=1}^{m} B_{\varepsilon_j}(z_j)$ der offenen Kreisscheiben $B_{\varepsilon_j}(z_j)$ liegen. Genauer enthält jede der Kreisscheiben $B_{\varepsilon_j}(z_j)$ jeweils α_j Nullstellen mit Vielfachheiten gezählt.

Hinweis: Für die erste Aussage beachte man die Abschätzung $|P(z)| \geqslant \varepsilon_1^{\alpha_1} \cdots \varepsilon_m^{\alpha_m}$ für $z \notin G$. Zum Beweis der zweiten Aussage benutzt man die Homotopieinvarianz.

Literaturhinweise

[CH] Courant, R., Hilbert, D.: *Methoden der Mathematischen Physik*, Springer, Berlin, 1993^4

Ein weiterführendes Werk, das den klassischen Hintergrund (in Methode und Beispielreservoir) der modernen Funktionalanalysis in meisterhafter Weise darzustellen weiß.

[HT] Hildebrandt, S., Tromba, A.: *The Parsimonious Universe*, Copernicus-Springer, New York, 1999

Neben dem isoperimetrischen Problem werden in diesem besonders schön ausgestatteten Buch noch andere Extremalaufgaben vorgestellt, die wesentlichen Anteil an der Entstehung der „Variationsrechnung" hatten. Dazu gehört das „Plateau'sche Problem", bei dem nach einer Fläche im Raum gefragt wird, die bei gegebener Randkurve den kleinsten Flächeninhalt besitzt. Solche Flächen werden durch „Minimalflächen" realisiert, wie sie etwa bei Seifenblasen auftreten.

[Leb] Lebesgue, H.: *Measure and the Integral*, Holden-Day, San Francisco, 1966

Der Begründer der modernen Integrationstheorie vermittelt die Ideen die dem Prozess des Messens (von Längen, Flächen und Rauminhalten) zugrunde liegen.

[Pol] Pólya, G.: *Mathematik und Plausibles Schließen I. Induktion und Analogie in der Mathematik*, Birkhäuser, Basel, 1969^2

Erster Teil eines zweibändigen Werkes, das in die Arbeitsweise des Mathematiker einführen soll, wobei die (heuristischen) Methoden zur Lösung mathematischer Probleme im Vordergrund stehen.

[Sag] Sagan, H.: *Space-Filling Curves*, Springer, Berlin, 1994

Das umfassenste Buch über stetige nirgends differenzierbare Kurven mit vielen biographischen Anmerkungen

[SzN] Sz.-Nagy, B.: *Introduction to Real Functions and Orthogonal Expansions*, Oxford Univ. Press, New York, 1965

Eine klassische Einführung in die Theorie der Fourierreihen und anderer Orthonormalsysteme

2.3 Volumen- und Oberflächenintegrale

> Die Oberfläche der Kugel ist viermal so groß wie die Fläche ihres größten Kreises.
> ...Der Zylinder, der gleiche Grundfläche besitzt mit dem größten Kreise einer Kugel,
> dessen Höhe aber gleich dem Durchmesser der Kugel ist, ist sowohl seinem Inhalte als
> auch seiner Oberfläche nach $1\frac{1}{2}$ mal so groß wie eine Kugel. – *Archimedes*

Der nächste Schritt nach der Berechnung von Flächeninhalt und Bogenlängen sollte
die Berechnung von Volumina und Oberflächeninhalten von Körpern sein. Die ersten Versuche in dieser Richtung wurden ebenfalls schon in der Antike unternommen.
Zunächst für einfache Körper wie dem Würfel dem Prisma oder den Pyramiden und
Pyramidenstümpfen mit dreiseitiger bzw. quadratischer Grundfläche, aber auch für
komplizicrtere wie dem Kegel oder Kegelstumpf.

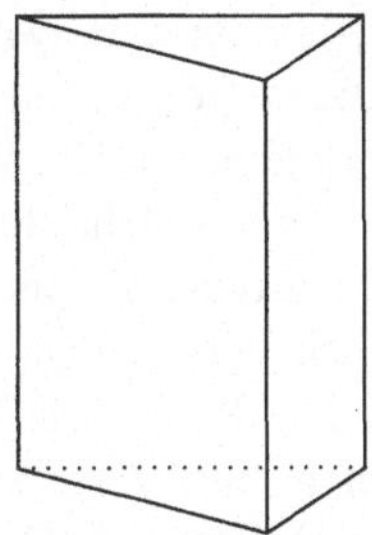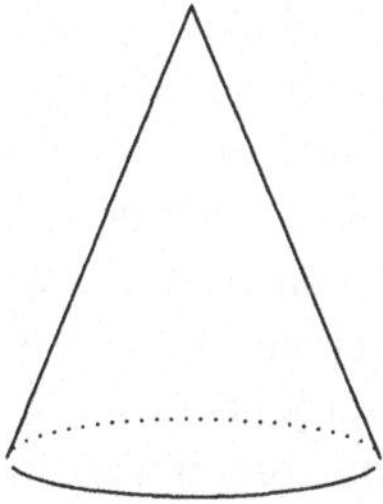

Fig. 2.22

Während von den Babyloniern unterschiedliche, teilweise falsche Werte für das Volumen eines Pyramidenstumpfs überliefert sind, findet sich in dem „Moskauer Papyrus"
(entstanden um 1800 v.u.Z.) ein Beispiel (vgl. Fig. 2.23), das zeigt, dass die Ägypter die
richtige Formel besessen haben müssen. Statt der folgenden allgemeinen Formel wird
aber auch hier nur exemplarisch ein Zahlenbeispiel vorgerechnet. Zur Übersetzung und
Erläuterung des Textes von Fig. 2.23 verweisen wir auf [Ger] oder [Pop].

Volumen eines Pyramidenstumpfs

Ein quadratischer Pyramidenstumpf der Höhe h, der Grundfläche a^2
und der Deckfläche b^2 besitzt das Volumen

$$V = \frac{h}{3}(a^2 + ab + b^2).$$

Speziell mit $b = 0$ erhält man das Volumen einer Pyramide.

Die Behandlung anderer Körper erwies sich aber als weitaus schwieriger. Will man
etwa das Volumen oder die Oberfläche der Kugel analog zur Fläche bzw. dem Umfang des Kreises mittels Exhaustion (Ausschöpfung) ermitteln, so kann man nicht auf

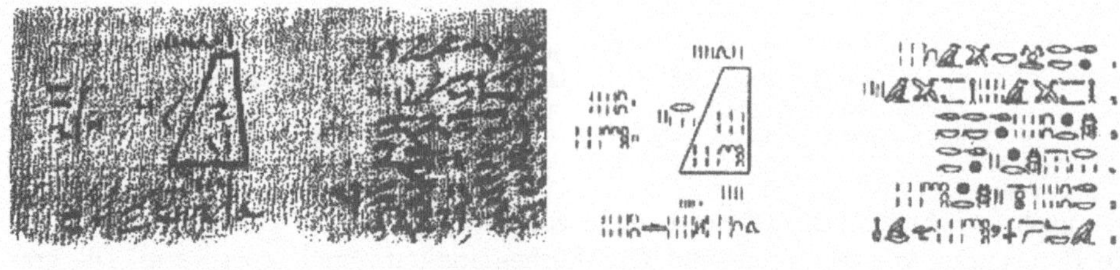

Fig. 2.23

regelmäßige Polyeder, d.h. Vielflächner mit gleichen und regelmäßigen Polygonen als Seitenflächen, zurückgreifen, denn es gibt derer nur fünf – die so genannten platonischen Körper. Auch die Definition des Volumens selbst ist nicht offensichtlich. Während man in der Ebene jede durch einen Polygonzug begrenzte konvexe Fläche durch Zerlegen in Dreiecksflächen quadrieren könnte, ist dies für ein konvexes Polyeder nicht klar. Man schreibt einem Würfel der Kantenlänge a natürlich wieder das Volumen $V = a^3$ zu bzw. einem Quader der Länge a, der Breite b und der Höhe c das Volumen $V = abc$. Man kommt damit (wie in der Ebene) zum Volumen eines Parallelepipeds und schließlich zu dem eines Prismas. In der Ebene haben wir Dreiecke als Grundbausteine der Inhaltsmessung benutzt. Das dreidimensionale Analogon ist das Tetraeder, ein Vielflächner, der von vier Dreiecksflächen begrenzt wird, also eine Pyramide mit dreiseitiger Grundfläche (häufig wird als Tetraeder nur der regelmäßige Vielflächner bezeichnet). Bereits dafür ist die Volumenbestimmung nicht elementar. Zum Beispiel bereitete es große Schwierigkeiten nachzuweisen, dass zwei spiegelsymmetrische Tetraeder gleiches Volumen besitzen – in der Ebene eine einfache Aufgabe, man muss zwei spiegelsymmetrische Dreiecke nur umklappen, um sie zur Deckung zu bringen. Die sorgfältige Unterscheidung nicht kongruenter symmetrischer Körper ist lange Zeit kaum beachtet worden. Erst W.J.G. KARSTEN hat es 1760 für nötig befunden, die Gleichheit der Volumina zweier inkongruenter symmetrischer Tetraeder zu beweisen. Ob dies (anders als bei Karsten) wie bei ebenen Polygonen auch ohne Exhaustionsverfahren möglich ist, stellte sich noch für C.F. GAUSS als nicht triviales Problem. Es wurde von CH. GERLING positiv gelöst. Die allgemeinere Aufgabe, die Volumengleichheit zweier Tetraeder mit gleicher Grundfläche und gleicher Höhe elementar (d.h. durch Zerlegung in paarweise kongruente Tetraeder) zu beweisen, blieb sogar bis 1900 ein offenes Problem. In diesem Jahr bewies M. DEHN die von D. HILBERT kurz zuvor aufgestellte Vermutung, dass dies nicht möglich sei, indem er zwei nicht zerlegungsgleiche Tetraeder mit gleicher Grundfläche und gleicher Höhe konstruierte (vgl. [Stil]). So musste man auf die erwähnte Exhaustionsmethode bzw. auf das später nach F.B. CAVALIERI benannte Prinzip zurückgreifen. Im ersten Fall zerlegt man ein Tetraeder zunächst in zwei Prismen (deren Volumen man berechnen kann) und in zwei dem Ausgangstetraeder ähnliche kleinere Tetraeder, indem man die Seiten halbiert (siehe Fig. 2.24).

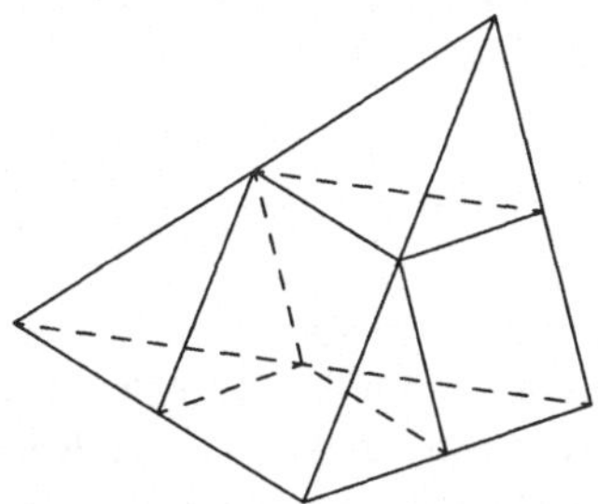

Fig. 2.24

Mit A, dem Inhalt der Grundfläche, und der Höhe h erhält man dann $\frac{1}{4}Ah$ für das Gesamtvolumen der beiden Prismen. Die verbleibenden Tetraeder der Höhe $\frac{1}{2}h$ und dem Grundflächeninhalt $\frac{1}{4}A$ werden nun analog zerlegt, und mit den so erhaltenen 4 Prismen kommt das Volumen $\frac{1}{4^2}Ah$ hinzu. Indem man so weiter verfährt, erhält man für das Tetraedervolumen die Approximation $V(n) = Ah\sum_{k=1}^{n}\frac{1}{4^k}$ und für das Tetraedervolumen V den Grenzwert

---

Volumen eines Tetraeders

$$V = Ah\sum_{n=1}^{\infty}\frac{1}{4^n} = \frac{1}{3}Ah.$$

Bei der zweiten Methode fasst man das Tetraeder als Teil eines Prismas auf. Ein solches lässt sich nämlich stets in drei Tetraeder zerlegen von denen jeweils zwei gleiche Grundfläche und gleiche Höhe haben. Die Volumina der einzelnen Tetraeder sind dann aber gleich, denn das *Cavalieri'sche Prinzip* besagt, dass zwei gleich hohe Körper dasselbe Volumen besitzen, falls die Inhalte der Schnittflächen in jeder Höhe für beide Körper gleich sind – für zwei Tetraeder mit gleicher Grundfläche und Höhe ist dies aus Ähnlichkeitsgründen natürlich erfüllt.

Fra Bonaventura Cavalieri
* 1598 Mailand / † 30.11.1647 Bologna
Mathematiker und Astronom, Mitglied des Jesuitenordens (Fra) in Mailand, Lodi und Parma, ab 1629 Professor in Bologna. Er war Schüler und Mitarbeiter Galileis. Er veröffentlichte seine Indivisiblenmethode zur Flächen- und Volumenberechnung, die er um 1625 fand, 1635 in seinem Hauptwerk „Geometria indivisibilius continuorum nova quadam ratione promota".

In der Tat hat EUKLID das obige Exhaustionsverfahren benutzt und damit indirekt das Cavalieri'sche Prinzip in diesem speziellen Fall hergeleitet: Für die Volumina V_1 und V_2 zweier gleich hoher Tetraeder mit den Grundflächeninhalten A_1 und A_2 gilt

$\frac{V_1}{V_2} = \frac{A_1}{A_2}$. Denn wäre $\frac{V_1}{V_2} < \frac{A_1}{A_2}$, d.h. $V_2 > S = \frac{V_1 A_2}{A_1}$, so könnte man $n \in \mathbb{N}$ wählen mit $V_2 - V_2(n) < V_2 - S$, also $V_2(n) > S$. Nach obiger Formel wäre dann

$$\frac{V_1(n)}{V_2(n)} = \frac{A_1}{A_2} = \frac{V_1}{S} \quad \text{und} \quad 1 > \frac{S}{V_2(n)} = \frac{V_1}{V_1(n)},$$

was aber nicht sein kann. Mit Hilfe von Tetraedern lässt sich das Volumen V_{Keg} eines Kegels approximieren, indem man in den Grundkreis regelmäßige n-Ecke einbeschreibt und deren Ecken mit dem Grundkreismittelpunkt und der Kegelspitze verbindet. Ist r der Grundkreisradius und h die Kegelhöhe, so erhält man für das Volumen V_n der Pyramide mit der n-eckigen Grundfläche sofort (in den Bezeichnungen des vorigen Abschnitts)

$$V_n = \frac{1}{3} A_n \cdot h,$$

also

$$V_{\mathrm{Keg}} = \frac{1}{3} r^2 \pi h.$$

Volumen eines Kegelstumpfs

Für einen Kegelstumpf der Höhe h mit Deckkreisradius $\rho \leqslant r$ beträgt das Volumen

$$V_{\mathrm{Ks}} = \frac{1}{3} \pi h (r^2 + r\rho + \rho^2).$$

Speziell mit $\rho = r$ erhalten wir für einen Kreiszylinder

$$V_{\mathrm{Zyl}} = \pi r^2 h.$$

Damit können wir ARCHIMEDES folgend auch das Volumen V_{Kug} der Kugel vom Radius r bestimmen.

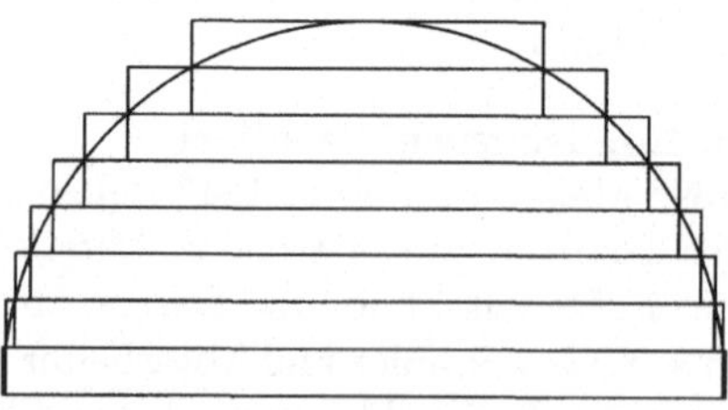

Fig. 2.25

Wir approximieren die Halbkugel von innen und außen durch Zylinder der Höhe $\frac{r}{n}$. Dann folgt für das Volumen V_{HKug} der Halbkugel

$$\sum_{k=1}^{n-1} \pi r^2 \left(1 - \left(\frac{k}{n}\right)^2\right) \frac{r}{n} < V_{\mathrm{HKug}} < \sum_{k=0}^{n-1} \pi r^2 \left(1 - \left(\frac{k}{n}\right)^2\right) \frac{r}{n} = \pi r^3 \left(1 - \frac{1}{n^3} S_2(n-1)\right),$$

und die beiden äußeren Ausdrücke konvergieren für $n \to \infty$ gegen $\frac{2}{3}\pi r^3$. Wir erhalten:

Volumen einer Kugel

Eine Kugel vom Radius r besitzt das Volumen

$$V_{\mathrm{Kug}} = \frac{4}{3}\pi r^3.$$

Insbesondere erhalten wir für die Verhältnisse der einzelnen Volumina zueinander

$$V_{\mathrm{Keg}} : V_{\mathrm{HKug}} : V_{\mathrm{Zyl}} = 1 : 2 : 3.$$

Das Verfahren lässt sich sofort übertragen auf beliebige Rotationskörper.

Volumen eines Rotationskörpers

Ist $c : [a,b] \to \mathbb{R}^2$ eine stückweise stetig differenzierbare Kurve mit $c_2 \geqslant 0$, so gilt für das Volumen V_{Rot} des Rotationskörpers, der durch Rotation der Kurve um die x-Achse entsteht:

$$V_{\mathrm{Rot}} = \pi \int_a^b c_2(t)^2 \dot{c}_1(t)\, dt. \qquad (R)$$

Mit $t_k = a + (b - a)\frac{k}{n}$ hat man dazu analog nur den Grenzwert von

$$\sum_{k=1}^n \pi c_2(t_k)^2 (c_1(t_k) - c_1(t_{k-1})) = \sum_{k=1}^n \pi c_2(t_k)^2 \dot{c}_1(s_k)(t_k - t_{k-1})$$

für $n \to \infty$ zu bestimmen (hier ist $s_k \in (t_{k-1}, t_k)$).

Beispiel 1. lässt man die Lemniskate um die x-Achse rotieren, so entsteht ein Rotationskörper, dessen Volumen sich wie folgt berechnet: Wir lösen die implizite Gleichung nach y^2 auf und erhalten $y^2 = -(x^2 + 1) + \sqrt{4x^2 + 1}$, also

$$V = \pi \int_{-\sqrt{2}}^{\sqrt{2}} (\sqrt{4x^2 + 1} - x^2 - 1)\, dx = \pi\left(\frac{1}{2}\mathrm{arsinh}(2\sqrt{2}) - \frac{1}{3}\sqrt{2}\right) \approx 1,288.$$

Ersetzt man die approximierenden Kreiszylinder durch Zylinder mit beliebiger Grundfläche, so liefert das Verfahren auch das Volumen V eines Körpers, für den die Inhalte der Schnittflächen parallel zur y-z-Ebene durch eine Funktion $Q(x)$, $a \leqslant x \leqslant b$, gegeben sind:

$$V = \int_a^b Q(x)\, dx.$$

Insbesondere beweist diese Formel das Cavalieri'sche Prinzip.

Cavalieri'sches Prinzip

Besitzen zwei Körper für jeden Schnitt parallel zur einer festen Ebene
dieselben Flächeninhalte, so besitzen sie gleiches Volumen.

Eine ausführliche Darstellung von CAVALIERIs Arbeiten findet man in [Bar].

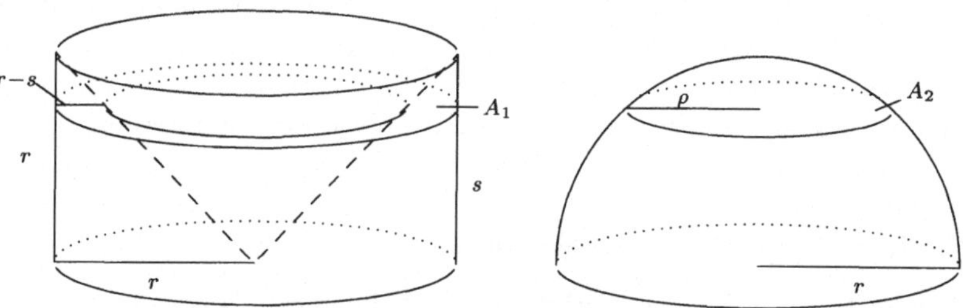

$$\pi(r^2 - s^2) = A_1 = A_2 = \pi\rho^2 \qquad\qquad \text{Fig. 2.26}$$

Der Begriff der Oberfläche ist noch komplizierter. Während man die Bogenlänge einer
„krummen" Kurve noch dadurch erhalten kann, dass man sie auf einer Geraden abwickelt (man vergleiche das Beispiel der Neil'schen Parabel), ist dies für eine „krumme"
Fläche i.a. nicht möglich – es geht nur für so genannte Regelflächen, die man sich durch
Bewegen eines Geradenstückes erzeugt vorstellen kann. Man definiert und berechnet
den Flächeninhalt in diesem Fall dadurch, dass man die Fläche in der Ebene abwickelt
und dann den ebenen Flächeninhalt bestimmt. So erhält man etwa für den Mantel eines
Kegels abgewickelt einen Kreissektor, dessen Radius s durch die Länge der Mantellinie
und dessen Öffnungswinkel α im Bogenmaß durch $\frac{r}{s}$ gegeben ist, falls r der Radius des
Kegelgrundkreises ist. Daher hat man nach der Sektorformel in Polarkoordinaten für
die Mantelfläche den Inhalt

$$M = \pi s^2 \frac{r}{s} = \pi r s.$$

Allgemeiner folgt sofort:

Mantelflächeninhalt eines Kegelstumpfs

Einen Kegelstumpf mit der Mantellinienlänge s und den Grund- bzw.
Deckkreisradien r bzw. ρ besitzt den Mantelflächeninhalt

$$M = \pi r s \frac{r}{r - \rho} - \pi \rho s \frac{\rho}{r - \rho} = \pi \frac{r^2 - \rho^2}{r - \rho} = \pi(r + \rho)s.$$

Die Kugeloberfläche ist keine Regelfläche (sie ist gekrümmt). ARCHIMEDES hat ihren Flächeninhalt dadurch berechnet (und damit implizit definiert), dass er die Kugel nicht wie oben durch zylindrische Scheiben ausschöpft sondern durch Kegelstümpfe, deren Mantellinien durch die Seiten eines regelmäßigen $2n$-Ecks gegeben sind, und dann n unbeschränkt wachsen lässt.

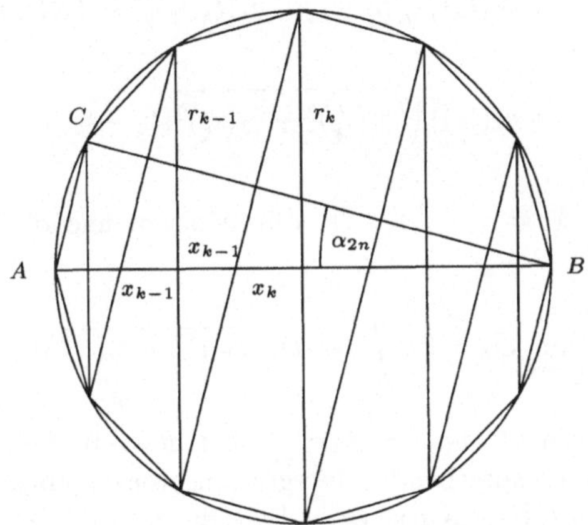

Fig. 2.27

Nach obiger Formel erhält er (in den Bezeichnungen der Skizze) für die Fläche O_n des approximierenden Körpers

$$O_n = \sum_{k=1}^{n} \pi s_{2n}(r_k + r_{k-1}) = 2\pi s_{2n} \sum_{k=1}^{n-1} r_k = 4\pi r^2 \cos \alpha_{2n},$$

denn mit den Hilfsgrößen x_k der Skizze gilt $\frac{r_k}{x_k} = \frac{\overline{BC}}{s_{2n}} = \frac{2r \cos \alpha_{2n}}{s_{2n}}$, $k = 1, \ldots, n-1$, und $2 \sum_{k=1}^{n-1} x_k = 2r$. Mit $\lim_{n \to \infty} \cos \alpha_{2n} = 1$ folgt daher

---

Oberflächeninhalt einer Kugel

Der Oberflächeninhalt einer Kugel vom Radius r beträgt

$$O_{\mathrm{Kug}} = 4\pi r^2.$$

Wir erhalten damit die Formel, die J. KEPLER 1616 so beschrieben hat:

Aussen umb die Kugel herumb ist viermal so viel rundes Feldes als innen am circkelrunden Schnitt wann man die Kugel mit einer Fläche durchs Centrum enzwey schneidet.

Wir können die Formel für O_n auch anders schreiben, indem wir den Kreis wie üblich durch $c(t) = (r \cos t, r \sin t)$, $0 \leqslant t \leqslant 2\pi$, parametrisieren. Die Eckpunkte des $2n$-Ecks sind dann gegeben durch $c(t_k)$ mit $t_k = k\frac{\pi}{n}$ und es folgt

$$O_n = \pi \sum_{k=1}^{n} \big(c_2(t_{k-1}) + c_2(t_k)\big) \|c(t_k) - c(t_{k-1})\|$$

$$= \pi \sum_{k=1}^{n} \big(c_2(t_{k-1}) + c_2(t_k)\big) \sqrt{\big(c_1(t_k) - c_1(t_{k-1})\big)^2 + \big(c_2(t_k) - c_2(t_{k-1})\big)^2}$$

$$= \pi \sum_{k=1}^{n} \big(c_2(t_{k-1}) + c_2(t_k)\big) \sqrt{\dot c_1(t_k')^2 + \dot c_2(t_k'')^2}\,(t_k - t_{k-1})$$

mit $t_k', t_k'' \in (t_{k-1}, t_k)$, $k = 1, \dots, n-1$. Für n gegen unendlich erhalten wir als Grenzwert das Integral

$$O = \lim_{n \to \infty} O_n = 2\pi \int_0^\pi c_2(t) \sqrt{\dot c_1(t)^2 + \dot c_2(t)^2}\, dt,$$

welches nach Einsetzen erneut $O_{\mathrm{Kug}} = 2\pi r^2 \int_0^\pi \sin t\, dt = 4\pi r^2$ liefert. Dieselbe Formel bleibt aber auch mit entsprechenden Integrationsgrenzen gültig für eine beliebige stückweise stetig differenzierbare Kurve $c : [a, b] \to \mathbb{R}^2$ mit $c_2(t) \geqslant 0$ für $a \leqslant t \leqslant b$.

Oberflächeninhalt eines Rotationskörpers

Ein Körper, der durch Rotation einer stückweise stetig differenzierbaren Kurve $c : [a, b] \to \mathbb{R}^2$ mit $c_2(t) \geqslant 0$ für $a \leqslant t \leqslant b$ um die x-Achse entsteht, besitzt den Oberflächeninhalt

$$O = 2\pi \int_a^b c_2(t) \sqrt{\dot c_1(t)^2 + \dot c_2(t)^2}\, dt.$$

Für die Oberfläche, die durch Rotation des Graphen einer positiven Funktion $f : [a, b] \to \mathbb{R}_+$ um die x-Achse entsteht, folgt sofort (durch Spezialisieren)

$$O = 2\pi \int_a^b f(x) \sqrt{1 + f'(x)^2}\, dx.$$

Die Definition und die Berechnung der Flächeninhalte allgemeinerer „gekrümmter" Flächen im $\mathbb{R}^3$ werden wir im nächsten Kapitel behandeln.

Aufgaben

1. Verifizieren Sie die Formel für das Volumen eines Kegelstumpfs

(a) mit Hilfe der Formel für den Kegel,

(b) mit Hilfe von (R).

2. Berechnen Sie die Volumina der folgenden Rotationskörper:

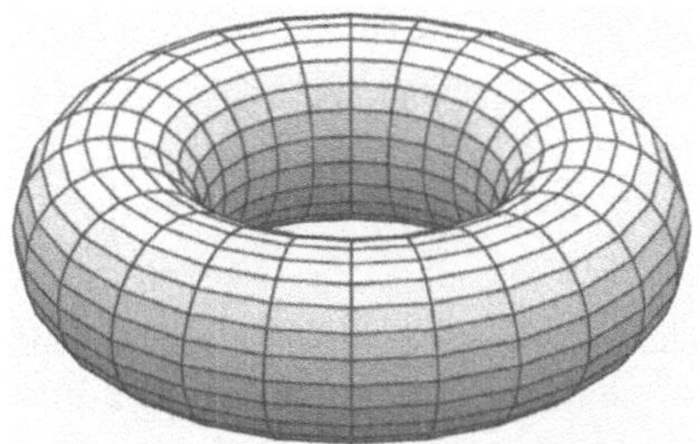

Fig. 2.28

(a) einer Kugelkappe der Höhe h (von einer Kugel mit Radius r),

(b) eines Fahrradschlauchs der Dicke 2ρ bei einem Raddurchmesser $2(r + \rho)$ (vgl. Fig. 2.28).

3. Ein zylindrisches Glas (Innendurchmesser 4cm) wird um die vertikale Achse gedreht. Dabei steigt der Flüssigkeitsspiegel, der im Querschnitt parabolisches Profil zeigt am Rand auf 3cm Höhe und sinkt in der Mitte auf 1cm ab. Wie viel cm^3 Flüssigkeit enthält das Glas und wie hoch steht diese im Ruhezustand?

4. Wie viel cm^3 Kaffee fasst ein Kaffeefilter der Höhe h, falls sich seine Querschnitte aus einem Rechteck mit angrenzenden Halbkreisen zusammensetzen, und diese Querschnitte oben zu einem Kreis vom Durchmesser 12cm und unten zu einem Geradenstück der Länge 4cm entarten?

5. Berechnen Sie die Oberflächeninhalte der Rotationskörper aus Aufgabe 2.

6. Welches Volumen und welcher Oberflächeninhalt entstehen, wenn man einen Zykloidenbogen um die x-Achse rotieren lässt? Diese Frage wurde zuerst 1658 von B. PASCAL beantwortet.

7. Man bestimme die Volumina und die Oberflächeninhalte der fünf regelmäßigen Polyeder in Abhängigkeit von der Kantenlänge a.

8. Man berechne das Volumen des Körpers, der entsteht, wenn sich zwei Zylinder des selben Radius gegenseitig senkrecht durchdringen (vgl. Fig. 2.26).

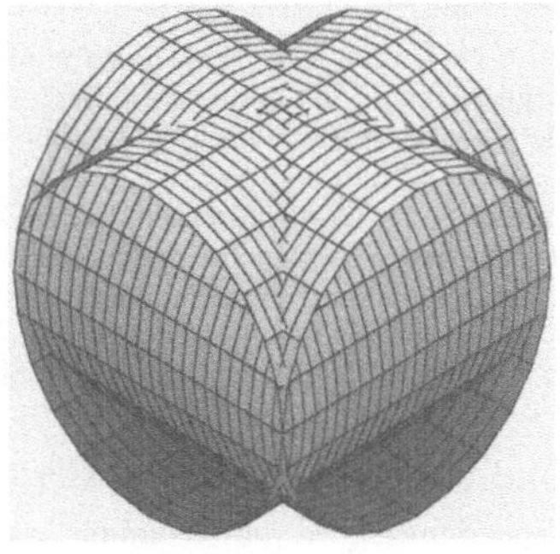

Fig. 2.29

9. Für ein Tetraeder, gegeben durch seine 4 Eckpunkte $P_i = (x_i, y_i, z_i)$, $i = 1, \ldots, 4$, wird das orientierte Volumen definiert durch

$$V = \frac{1}{3!} \det \begin{pmatrix} 1 & x_1 & y_1 & z_1 \\ 1 & x_2 & y_2 & z_2 \\ 1 & x_3 & y_3 & z_3 \\ 1 & x_4 & y_4 & z_4 \end{pmatrix}$$

definiert. Dabei sind die Ecken so angeordnet, dass nach Projektion von P_1 in die gegenüber liegende Seitenfläche, deren Ecken P_2, P_3 und P_4 in mathematisch positivem Sinn durchlaufen werden.
(Orientierte Volumina wurden erstmals 1809 von G. MONGE, ausführlicher aber erst 1827 von A.F. MÖBIUS betrachtet.)
Zeigen Sie, dass diese Formel für positiv orientierte Tetraeder mit der eingangs gefundenen Formel übereinstimmt.
Hinweis: Man beachte die Invarianz unter Translationen und Rotationen.

10. Für die Volumina einfacher Rotationskörper hat J. KEPLER 1615 in seiner „Neuen Sterometrie der Weinfässer" eine einfache Formel angegeben, die *Kepler'sche Faßregel*: Ist die Funktion Q, die die Inhalte der Schnittflächen für $a \leqslant x \leqslant b$ parallel zur y-z-Ebene angibt, eine Polynom vom Grad höchstens 3 (dies trifft etwa für Zylinder, Kegel und Kugel zu), so gilt

$$V = \int_a^b Q(x)\, dx = \frac{b-a}{6}\left(Q(a) + 4Q\left(\frac{a+b}{2}\right) + Q(b) \right).$$

Man beachte den Zusammenhang mit der Simpson-Regel.

Literaturhinweise

[Bar] Baron, M.E.: *The Origin of the Infinitesimal Calculus*, Pergamon Press, Oxford, 1969

Die Autorin beschreibt ausführlich die Vorgeschichte der Analysis bis 1700.

[Ger] Gericke, H.: *Mathematik in Antike und Orient/Mathematik im Abendland*, Fourier Verlag, Wiesbaden, 1993^2

Das Buch, das aus zwei einzelnen zuvor bereits getrennt erschienenen Büchern zusammengestellt ist, gibt einen umfassenden Überblick über die Geschichte der Mathematik von den Anfängen bis zum Niedergang der griechischen Mathematik sowie über die Mathematik in China, Indien und in den Ländern des Islam bis etwa 1600. Der zweite Teil umfasst im wesentlichen den Zeitraum von der Übernahme der arabischen Überlieferung durch den Westen um 1000 bis zur Entstehung der analytischen Geometrie in der Mitte des 17. Jahrhunderts.

[Pop] Popp, W.: *Wege des exakten Denkens*, Ehrenwirth, München, 1981

Eingeteilt in Antike, Mittelalter und Neuzeit werden jeweils nach einem knappen Überblick Originaltexte in deutscher Übersetzung vorgestellt und in der uns geläufigen mathematischen Sprache kommentiert. Die besonders für die Schule geeigneten Quellentexte können einmal ergänzt werden durch die ältere Quellensammlung *Mathematische Quellenbücher. IV. Infinitesimalrechnung* von H. Wieleitner (O. Salle, Berlin, 1929) und zum anderen durch die *Geschichte der Mathematik im Unterricht* in zwei Teilen von W. Popp (Bayerischer Schulbuch-Verlag, München, 1968). Diese beiden Bände, in Unter- und Mittelstufe und in Oberstufe unterteilt, sind hervorragend dazu geeignet, historische Aspekte in den Schulunterricht einfließen zu lassen. Besonders gelungen ist die Mischung aus Originalbeiträgen und deren Aufbereitung in unserer Sprache. Anhand vieler Beispiele lernt man die Denkweisen und Rechenmethoden früherer Zeiten kennen.

[Stil] Stillwell, J.: *Numbers and Geometry*, Springer, Berlin, 1998

Eine elementare Darstellung des Zusammenspiels von Geometry, Algebra und Arithmetik

2.4 Gewöhnliche Differentialgleichungen

> Unter allen Disziplinen der Mathematik ist *die Theorie der Differentialgleichungen* die
> wichtigste. Alle Zweige der Physik stellen uns Probleme, die auf die Integration von
> Differentialgleichungen hinauskommen. Es gibt überhaupt die Theorie der Differen-
> tialgleichungen den Weg zur Erklärung aller elementaren Naturphänomene, die Zeit
> brauchen. – *Sophus Lie*

Gleichzeitig und am Anfang davon nicht zu trennen hat sich mit der Differential- und
Integralrechnung die Theorie der Differential- und Integralgleichungen entwickelt sowie
die Variationsrechnung, bei denen man Gleichungen oder Funktionen untersucht, deren
Argumente selbst Funktionen oder Kurven sind; siehe [HW] und [Sim]. Zur Unterschei-
dung nennt man solche Funktionen (von Funktionen) auch Funktionale. Der einfachste
Fall einer Differentialgleichung liegt in der Form $y' = f$ vor, wobei f eine gegebene
Funktion ist und man eine Funktion F sucht, deren Ableitung F' in allen Punkten
mit f übereinstimmt. Die Lösung dieser „inversen Tangentenaufgabe", das Aufsuchen
einer Stammfunktion F von f, müssen wir hier nicht weiter verfolgen. Kompliziertere
Differentialgleichungen beinhalten die gesuchte Funktion auch auf der rechten Seite.
Die einfachste Gleichung dieser Gestalt ist die lineare Differentialgleichung $y' = y$.
Auch diese lässt sich leicht lösen. Man sucht eine Funktion, die in allen Punkten mit
ihrer Ableitung übereinstimmt, und kann natürlich sofort mit der Exponentialfunktion
$\exp(x)$ eine Lösung angeben.

Die Theorie der gewöhnlichen Differentialgleichungen ist entstanden aus physikalischen
Fragestellungen, zu deren Beantwortung vor allen I. NEWTON die Differential- und
Integralrechnung entwickelt hat. Er interpretierte die Ableitung einer Funktion oder
allgemeiner die Richtungsableitung einer Kurve als momentane Geschwindigkeit eines
Massenpunktes, der sich längs der Kurve bewegt. Nachdem bereits G. GALILEI 1638
durch Fallversuche (sowie Betrachtungen zur Bewegung auf schiefen Ebenen) erkannt
hatte, dass die Geschwindigkeit v eines aus einer Ruhelage ($v_0 = v(0) = 0$) frei fallenden Körpers proportional zur Fallzeit ist, also dem Fallgesetz $v(t) = gt$ gehorcht,
erkannte I. NEWTON die allgemeine Bedeutung dieses Gesetzes. Es beschreibt gleichermaßen die Bewegung eines Massenpunktes, der einem Kraftfeld (Gravitations- oder
elektromagnetische Kraft) ausgesetzt ist, etwa die Bahn eines Planeten um die Sonne.
Insbesondere konnte I. NEWTON allein aufgrund seines allgemeinen Gravitationsgesetzes (und einiger physikalischer Annahmen) die Gesetze der Planetenbewegung herleiten, die J. KEPLER 1609 bzw. 1618 rein experimentell aus den ihm zur Verfügung
stehenden Beobachtungsdaten gewonnen hatte. Nähere Einzelheiten zur Entdeckung
des Gravitationsgesetzes durch NEWTON findet man in [Arn].

Galileo Galilei
* 15.2.1564 Pisa / † 8.1.1642 Arcetri
Mathematiker, Physiker und Astronom, 1589 Professor in Pisa, 1592 in Padua, 1610 Hofmathematiker des Großherzogs
von Toscana in Florenz, lebte nach seinem Prozeß 1633 unter Arrest in seinem Landhaus. Seine mathematischen Leistungen blieben zwar hinter seinen bekannten grundlegenden
Beiträgen zur Astronomie und Physik zurück, einige seiner
Ideen zur Infinitesimalrechnung wirkten aber weiter in seinen
Schülern Cavalieri, Torricelli und Viviani.

Nimmt man aufgrund des enormen Massenunterschieds zwischen Sonne und betrachtetem Planeten die Sonne als im Koordinatenursprung ruhend an, so ist die Beschleunigung $\ddot{x}$ des Planeten umgekehrt proportional zum Quadrat seines Abstands von der Sonne und der Anziehungskraft der Sonne entgegengerichtet. Es gilt im *Zustandsraum* $\mathbb{R}^3 \setminus \{0\}$

$$\ddot{x} = -k\frac{x}{|x|^3} = F(x) \tag{1}$$

und gefragt ist nach dem Ort $x(t)$, in dem sich der Planet zur Zeit t befindet, wenn er zur Zeit $t = 0$ am Ort $x_0 = x(0)$ war und dort die Geschwindigkeit $v_0 = v(0) = \dot{x}(0)$ besaß.

Die Gleichung (1) ist eine *nichtlineare autonome Differentialgleichung zweiter Ordnung*, d.h. es tritt die zweite Ableitung der gesuchten Funktion $x(t)$ auf und F ist eine nichtlineare (vektorwertige) Funktion, die nicht explizit von der Zeit abhängt. Zusammen mit den Vorgaben $x(0) = x_0$ und $\dot{x}(0) = v_0$ heißt (1) ein *Anfangswertproblem*. Dieses ist äquivalent zu dem Problem

$$\dot{c} = X(c), \quad c(0) = c_0 \in \mathbb{R}^3 \setminus \{0\} \times \mathbb{R}^3 \tag{2}$$

im *Phasenraum* $\mathbb{R}^3 \setminus \{0\} \times \mathbb{R}^3$, das man erhält, wenn man

$$c(t) = \big(x(t), \dot{x}(t)\big) \quad \text{und} \quad X(c) = \Big(\dot{x}, -k\frac{x}{|x|^3}\Big)$$

setzt. $X : \mathbb{R}^3 \setminus \{0\} \times \mathbb{R}^3 \to \mathbb{R}^6$ heißt ein *Vektorfeld*. Gesucht sind die *maximalen Integralkurven* c, d.h. ein maximales Intervall $I \subset \mathbb{R}$ mit $0 \in I$ und $c : I \to \mathbb{R}^6$, so dass der Tangentialvektor (=Richtungsableitung) an die Kurve in jedem Punkt $c(t)$ durch $X\big(c(t)\big)$ gegeben ist. Leider lässt sich (2) nicht komponentenweise betrachten, denn die Komponenten $X_i(c)$ hängen für festes i von allen c_j, $j = 1, \ldots, 6$, ab. Der entscheidende Schritt zur Integration dieses Systems besteht nun in der Wahl geeigneter Koordinaten. Er erinnert an die Substitutionsregel bei der Integration. Dazu betrachten wir das Verhalten einer wichtigen physikalischen Größe, das des Drehimpulses. Wir benötigen hierzu das äußere oder Vektorprodukt in $\mathbb{R}^3$ (auch Kreuzprodukt genannt) sowie das innere Produkt (oder Skalarprodukt). Ersteres ist für zwei Vektoren $x = (x_1, x_2, x_3)$ und $y = (y_1, y_2, y_3)$ durch

$$x \times y = (x_2 y_3 - x_3 y_2, x_3 y_1 - x_1 y_3, x_1 y_2 - x_2 y_1)$$

definiert, letzteres durch

$$x \cdot y = \langle x, y \rangle = x_1 y_1 + x_2 y_2 + x_3 y_3.$$

Beide sind linear in der ersten und in der zweiten Komponente, und mit einem dritten Vektor $z = (z_1, z_2, z_3)$ sieht man sogleich, dass für das innere Produkt von $x \times y$ mit z die Beziehung

$$(x \times y) \cdot z = \det(x, y, z) \tag{+}$$

gilt. Dadurch ist gewährleistet, dass sich das innere bzw. das äußere Produkt zweier differenzierbarer vektorwertiger Funktionen (wie das gewöhnliche Produkt skalarer Funktionen) nach der Leibniz'schen Produktregel differenzieren lässt.

Der *Drehimpuls* eines Massenpunktes wird definiert als $M = mx \times \dot{x}$. Wenn wir hier $m = 1$ setzen, so gilt:
• Der Drehimpuls $M = x \times \dot{x}$ ist eine Konstante der Bewegung,
das heißt, es gilt $M(t) = x(t) \times \dot{x}(t) = c$ längs einer Bahnkurve, denn

$$\frac{d}{dt}M(t) = \frac{d}{dt}x(t) \times \dot{x}(t) = \dot{x}(t) \times \dot{x}(t) + x(t) \times \ddot{x}(t) = -\frac{k}{|x(t)|^3}x(t) \times x(t) = 0.$$

Wir wählen nun $x = (x_1, x_2, x_3)$ so, dass $M = (0, 0, |M|)$, d.h.

$$x(t) = \big(r(t)\cos\theta(t), r(t)\sin\theta(t), 0\big).$$

Dann folgt

$$M = \begin{vmatrix} e_1 & e_2 & e_3 \\ r\cos\theta & r\sin\theta & 0 \\ \dot{r}\cos\theta - r\dot{\theta}\sin\theta & \dot{r}\sin\theta + r\dot{\theta}\cos\theta & 0 \end{vmatrix} = r^2\dot{\theta}e_3,$$

d.h. $|M| = r^2\dot{\theta}$. Also gilt für die Fläche, die vom Radiusvektor $x(t)$ überstrichen wird

$$A(t) = \frac{1}{2}\int_0^t r^2\dot{\theta}\, ds = \frac{1}{2}\int_0^t |M|\, ds$$

und wir erhalten (siehe Fig. 2.30):

Zweites Kepler'sches Gesetz

Der Radiusvektor $x(t)$ überstreicht in gleichen Zeiten gleiche Flächen.

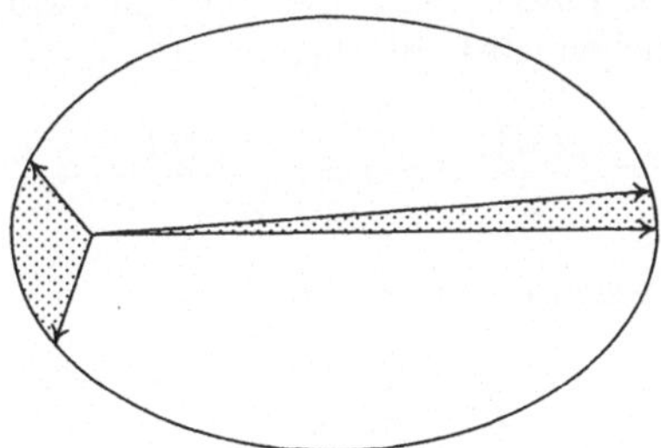

Fig. 2.30

Weiter ist $\dot{v}(t) = \ddot{x}(t) = -\frac{k}{r(t)^2}\big(\cos\theta(t), \sin\theta(t), 0\big)$ bzw. mit $R = \frac{k}{|M|}$ nach der Kettenregel (mit der physikalisch sinnvollen Annahme $\dot{\theta} > 0$)

$$\frac{dv}{d\theta} = -R(\cos\theta, \sin\theta, 0)$$

und

$$v(\theta) = R(-\sin\theta, \cos\theta, 0) + v_0, \quad v_0 = (v_{01}, v_{02}, v_{03}).$$

Wir haben bewiesen

$v(t)$ bewegt sich auf einem Kreis um v_0 mit Radius R und dabei gilt stets $v - v_0 \perp x$.

Wir setzen nun $\varepsilon = \frac{|v_0|}{R}$ und wählen $(x_1, x_2, 0)$ so, dass $v_0 = (0, v_{02}, 0)$, $v_{02} > 0$. Dann folgt $v = R(-\sin\theta, \varepsilon + \cos\theta, 0)$ und mit $|M| = |x \times v| = rR(1 + \varepsilon\cos\theta)$ erhalten wir die Planetenbahn in Polarkoordinaten als

$$r(t) = \frac{|M|^2}{k\big(1 + \varepsilon\cos\theta(t)\big)}. \tag{3}$$

Wir geben uns damit zufrieden, obwohl wir noch nicht die Kurve $x(t)$ gefunden haben, (3) ist nur eine implizite Gleichung für r und θ. Für $0 < \varepsilon < 1$ erhalten wir eine Ellipse, für $\varepsilon = 1$ eine Parabel und für $\varepsilon > 1$ einen Hyperbelast (vgl. Aufgabe 1). Mit anderen Worten gilt das erste Kepler'sche Gesetz:

Erstes Kepler'sches Gesetz

Die Planetenbahnen sind Kegelschnitte, bei denen die Sonne in einem der jeweiligen Brennpunkte steht.

Tatsächlich zeigen Beobachtungen (= Messung der relevanten Parameter), dass nur der erste Fall auftritt. Eine einfache elementargeometrische Rechnung mit Hilfe des Kosinussatzes zeigt, dass eine durch (3) gegebene Ellipse die Halbachsen

$$a = \frac{|M|^2}{k(1 - \varepsilon^2)}, \quad b = \frac{|M|^2}{k\sqrt{1 - \varepsilon^2}}$$

besitzt, so dass $\frac{b^2}{a} = \frac{|M|^2}{k}$. Die Fläche $A(T)$, die von dem Radiusvektor $x(t)$ bei einer vollen Umlaufszeit T überstrichen wird, gilt daher

$$A(T) = T\frac{|M|}{2} = \pi ab = \pi\frac{|M|^4}{k^2(1 - \varepsilon^2)^{3/2}}$$

aufgrund des zweiten Kepler'schen Gesetzes, d.h.

$$T^2 = \frac{4\pi^2}{k}a^3.$$

Wir haben schließlich das dritte Kepler'sche Gesetz hergeleitet:

Drittes Kepler'sches Gesetz

Die Quadrate der Umlaufzeiten sind proportional zu den Kuben der großen Halbachsen.

Schließlich betrachten wir noch die Energie $E = \frac{1}{2}\langle v, v\rangle - \frac{k}{r}$ (mit der auf 1 normierten Planetenmasse). Diese ist ebenfalls eine Konstante der Bewegung, denn

$$\frac{dE}{dt} = \frac{1}{2}\big(\langle \dot{v}, v\rangle + \langle v, \dot{v}\rangle\big) + \frac{k}{r^2}\dot{r} = \Big\langle v, -\frac{k}{r^3}x\Big\rangle + \frac{k\dot{r}}{r^2} = \frac{k}{r^3}\big(r\dot{r} - \langle v, x\rangle\big) = 0.$$

Bemerkung: Die Rechnungen zeigen, dass die Erhaltungssätze auch für allgemeinere Kraftfelder gelten. Der Drehimpulserhaltungssatz gilt für *Zentralkraftfelder*, d.h. für F von der Form $F(x) = \lambda(x)x$, $\lambda : \mathbb{R}^3 \setminus \{0\} \to \mathbb{R}$, und der Energieerhaltungssatz für *konservative Kraftfelder*, d.h. für $F(x) = -\operatorname{grad} V(x)$, $V : \mathbb{R}^3 \setminus \{0\} \to \mathbb{R}$ eine C^1-Potentialfunktion.

Das obige Modell gibt die realen Verhältnisse nur angenähert wieder, da die Sonne und ein einzelner Planet auch dem Einfluss der anderen Himmelskörper unterliegen. Die tatsächliche Bahn eines Planeten oder eines Mondes lässt sich nicht exakt bestimmen.

Als weiteres mechanisches Beispiel betrachten wir das Pendel, d.h. einen Massenpunkt der Masse m an einem Faden der Länge ℓ aufgehängt und in einer Ebene schwingend.

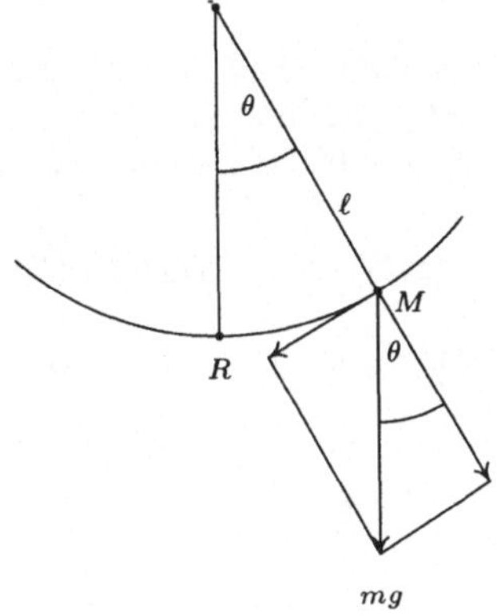

Fig. 2.31

Dabei zerlegt sich die Erdanziehungskraft so, dass auf m die tangentiale Kraft $-mg\sin\theta$ wirkt und wenn man noch eine Reibungskraft $-k\ell\dot{\theta}$ annimmt mit $k \geqslant 0$, so gilt insgesamt

$$ma = m\ell\ddot{\theta} = F(\theta, \dot{\theta}) = -(k\ell\dot{\theta} + mg\sin\theta).$$

Damit erhalten wir die

Pendelgleichung

$$\ddot{\theta} + \frac{k}{m}\dot{\theta} + \frac{g}{\ell}\sin\theta = 0. \tag{4}$$

Wie oben schreiben wir (4) um in ein System, indem wir $\omega = \dot\theta$ setzen

$$\dot\theta = \omega$$

$$\dot\omega = -\frac{g}{\ell}\sin\theta - \frac{k}{m}\omega.$$

Wenn wir nur kleine Auslenkungen $|\theta| < \varepsilon$ zulassen, so dass wir in erster Näherung $\sin\theta \approx \theta$ annehmen dürfen, so wird das System (4) approximiert durch

$$\dot\theta = \omega$$

$$\dot\omega = -\frac{g}{\ell}\theta - \frac{k}{m}\omega$$

oder in Matrixschreibweise mit $A = \begin{pmatrix} 0 & 1 \\ -\frac{g}{\ell} & -\frac{k}{m} \end{pmatrix}$ und $x^\top = \begin{pmatrix} \theta \\ \omega \end{pmatrix}$ durch

$$\dot{x}^\top = \begin{pmatrix} \dot\theta \\ \dot\omega \end{pmatrix} = A\begin{pmatrix} \theta \\ \omega \end{pmatrix} = Ax^\top. \tag{5}$$

Wir betrachten dafür nur den einfachsten Fall: $k = 0$ und g/ℓ auf 1 normiert, den so genannten *harmonischen Oszillator*. Er lässt sich rein geometrisch diskutieren. Die Matrix A stellt dann eine Drehung um 90° dar, es gilt also stets $\dot{x} \perp x$, d.h.

$$\frac{d}{dt}|x(t)|^2 = \frac{d}{dt}\langle x(t), x(t)\rangle = 2\langle \dot{x}(t), x(t)\rangle = 0.$$

Die Lösungskurve $x(t) = \big(\theta(t), \omega(t)\big)$ beschreibt daher im Phasenraum $(-\varepsilon, \varepsilon) \times \mathbb{R}$ einen Kreis, ist also von der Form

$$x(t) = \big(r\cos\varphi(t), r\sin\varphi(t)\big).$$

Wegen

$$|\dot{x}(t)| = r|\dot\varphi(t)| = |x(t)| = r$$

ist dabei $\dot\varphi = \pm 1$, also

$$x(t) = (r\cos t, \pm r\sin t) + x_0.$$

Durch Projektion auf die erste Koordinate erhält man die Bewegung des Pendels im Zustandsraum.

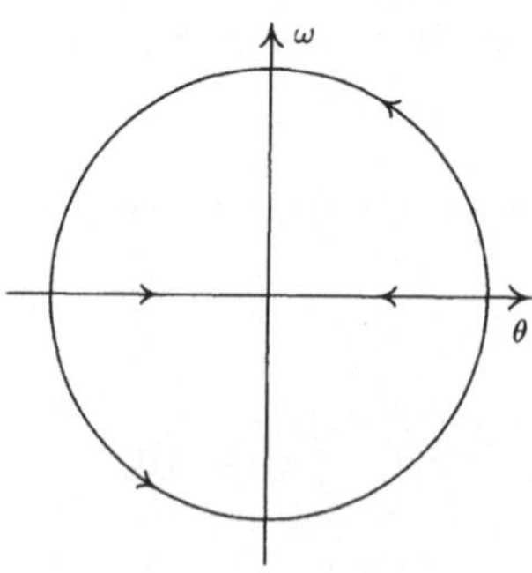

Fig. 2.32

Sie wird beschrieben durch die 2π-periodische Funktion $\theta(t) = r\cos t$. Wenn g/ℓ nicht auf 1 normiert ist, so kann man zeigen, dass die Bewegung durch eine T-periodische Lösung mit der Schwingungsdauer $T = 2\pi\sqrt{\frac{\ell}{g}}$ beschrieben wird.

Wir wollen noch die Gleichungen (4) für beliebige Auslenkungen diskutieren, dabei aber $k = 0$ voraussetzen. Multipliziert man (4) mit $\omega = \dot{\theta}$, so folgt aufgrund der Kettenregel

$$\frac{d}{dt}\left(\frac{1}{2}\dot{\theta}^2 - \frac{g}{\ell}\cos\theta\right) = 0,$$

d.h., mit der Maximalauslenkung θ_0 bei $\omega = 0$ erhalten wir

$$\dot{\theta}^2 = \frac{2g}{\ell}(\cos\theta - \cos\theta_0).$$

Dies ist eine Differentialgleichung vom Typ *getrennte Veränderliche*, d.h. von der Form $\dot{x}(t) = f(t)g\big(x(t)\big)$ mit stetigen Funktionen f und g. Sind F bzw. G Stammfunktionen von f bzw. $\frac{1}{g}$, so liefert erneut die Kettenregel sofort die Beziehung $\frac{d}{dt}G\big(x(t)\big) = \frac{\dot{x}(t)}{g(x(t))}$ also

$$G\big(x(t)\big) - G\big(x(t_0)\big) = \int_{x(t_0)}^{x(t)} \frac{\dot{x}(t)}{g(x(t))}\, dt = \int_{t_0}^{t} f(t)\, dt = F(t) - F(t_0).$$

In unserem Fall folgt

$$\sqrt{\frac{\ell}{2g}} \int_0^{\theta(t)} \frac{d\varphi}{\sqrt{\cos\varphi - \cos\theta_0}} = t,$$

wenn wir $\theta(t_0) = \theta(0) = 0$ annehmen. Wegen $\cos\varphi = 1 - 2\sin^2\frac{\varphi}{2}$ erhalten wir

$$t = \frac{1}{2}\sqrt{\frac{\ell}{g}} \int_0^{\theta(t)} \frac{d\varphi}{\sqrt{\sin^2\frac{\theta_0}{2} - \sin^2\frac{\varphi}{2}}},$$

und die Substitution $\alpha = \arcsin(\frac{1}{u}\sin\frac{\varphi}{2})$ mit $u = \sin\frac{\theta_0}{2}$ führt für die linke Seite auf ein so genanntes *elliptisches Integral*

$$t = \frac{\ell}{g} \int_0^{\alpha(t)} \frac{d\alpha}{\sqrt{1 - u^2\sin^2\alpha}},$$

das wir nicht weiter auswerten können. Wir bemerken nur, dass

$$\alpha\left(\frac{T}{4}\right) = \arcsin\left(\frac{1}{u}\sin\frac{\theta_0}{2}\right) = \frac{\pi}{2}$$

gilt, also

$$T = 4 \int_0^{\pi/2} \frac{d\alpha}{\sqrt{1 - u^2\sin^2\alpha}}.$$

Für kleine Auslenkungen $|\theta_0| < \varepsilon$, d.h. kleines u^2, erhalten wir näherungsweise die Schwingungsdauer $T = 2\pi$. Für größere Auslenkungen $|\theta_0| < \pi$ ist dies nicht mehr der

Fall. Um dies einzusehen, benutzen wir die für $u^2 < 1$ in α gleichmäßige Potenzreihenentwicklung des Integranden mittels binomischer Reihe. Es ist

$$(1 - u^2 \sin^2 \alpha)^{-1/2} = \sum_{n=0}^{\infty} \binom{n}{-\frac{1}{2}} u^{2n} \sin^{2n} \alpha,$$

und durch gliedweise Integration erhalten wir

$$T = 4 \sum_{n=0}^{\infty} (-1)^n \binom{-\frac{1}{2}}{n} u^{2n} \int_0^{\pi/2} \sin^{2n} \alpha \, d\alpha = 2\pi \sum_{n=0}^{\infty} \left(\frac{1 \cdot 3 \cdots 2n-1}{2 \cdot 4 \cdots 2n} \right)^2 u^{2n},$$

wobei wir benutzen, dass

$$\int_0^{\pi/2} \sin^{2n} \alpha \, d\alpha = \frac{2n-1}{2n} \int_0^{\pi/2} \sin^{2n-2} \alpha \, d\alpha$$

für $n \in \mathbb{N}$ gilt.

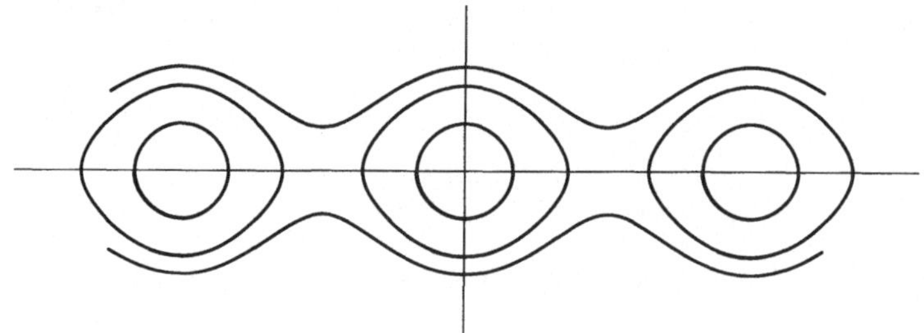

Fig. 2.33

Man kann die Differentialgleichung des mathematischen Pendels aber numerisch lösen – etwa mit dem weiter unten kurz beschriebenen Euler'schen Polygonzugverfahren. Qualitativ erhält man dann etwa die in Fig. 2.33 skizzierten Lösungskurven im (θ, ω)-Phasenraum. Sie zeigen für kleine Auslenkungen $|\theta| < \varepsilon$ und kleine Anfangsgeschwindigkeiten $|\omega| < \varepsilon$ periodische Pendelbewegungen, wenn man wieder auf den Zustandsraum projeziert. Dabei ist zu beachten, dass die Koordinate θ eigentlich nicht wahrgenommen wird und nur modulo 2π in Erscheinung tritt. Die Bewegung bei einer Auslenkung $\theta > 180°$ ist von der mit $\theta - 360°$ nicht zu unterscheiden. Als Koordinate hätte man auch $e^{i\theta} \in S^1$ wählen können. Erteilt man dem Massenpunkt dagegen eine hinreichend hohe Anfangsgeschwindigkeit (obere bzw. untere Kurve), so kommt keine Pendelbewegung zustande; der Massenpunkt rotiert um den Aufhängepunkt. Erst hier wird der Bereich $\theta \in \mathbb{R}$ benötigt. Zwischen diesen beiden Fällen gibt es eine Lösung, die in der Figur nicht wiedergegeben ist. Das Pendel nähert sich asymptotisch, d.h. in unendlich langer Zeit, dem oberen Ruhepunkt $\theta = \pi$.

Zieht man auch eine Dämpfung in Betracht, so nähert sich der Massenpunkt auch bei großer Anfangsgeschwindigkeit ω nach hinreichend langer Zeit dem Ruhepunkt. In Figur 2.34 sind zwei solche Lösungen skizziert.

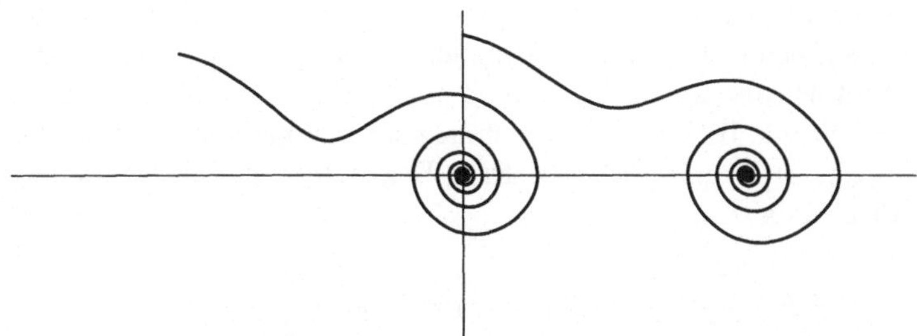

Fig. 2.34

Bereits G. Galilei hat die Eigenschaften des Pendels weitgehend erkannt. Für die Zeitmessung bei seinen physikalischen Versuchen setzte er jedoch Wasseruhren ein, da er die Schwingungsdauer eines Pendels nicht hinreichend genau kontrollieren konnte. Man suchte daher nach einem Pendel, bei dem die Schwingungsdauer von der Größe der Auslenkung unabhängig, man sagt *tautochron*, ist. Natürlich kann sich dafür der Massenpunkt nicht mehr auf einer Kreislinie bewegen.

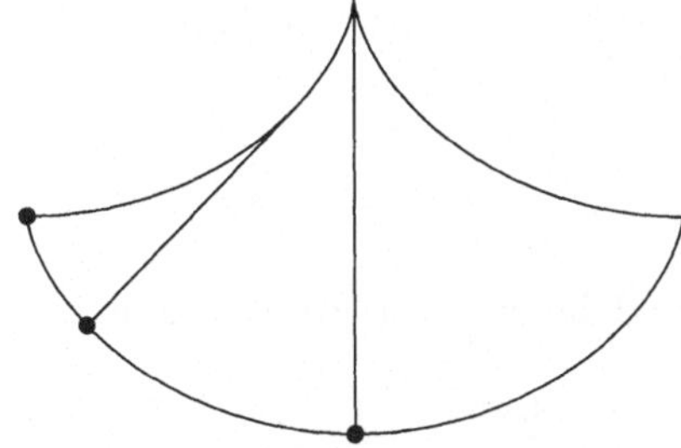

Fig. 2.35

Ein solches Pendel hat CH. Huygens dann 1657 tatsächlich konstruiert.

Christiaan Huygens
* 14.4.1629 Den Haag / † 8.7.1695 Den Haag
Mathematiker, Physiker und Astronom, 1666 bis 1681 der führende Kopf der neu gegründeten Académie des Sciences in Paris, lebte vorher und nachher als Privatgelehrter auf seinem Landgut. Er formulierte grundlegende Prinzipien der Physik (Optik), wie etwa 1678 die Wellentheorie des Lichts, und konstruierte und fertigte Präzisionsinstrumente, 1656 die Pendeluhr, 1674 die Unruh für Taschenuhren.

Noch ohne die Hilfsmittel der Differential- und Integralrechnung hatte er zuvor die wesentlichen Eigenschaften der Zykloide entdeckt, u.a. die bemerkenswerte Tatsache, dass die Evolute (vgl. dazu Abschnitt 3.1) einer Zykloide wieder eine Zykloide ist. Hängt man also einen Massenpunkt an einem Faden in der Spitze einer umgedrehten Zykloide auf, so bewegt er sich entlang der Evolvente der Kurve (vgl. ebenfalls Abschnitt 3.1), also ebenfalls auf einer umgedrehten Zykloide. Ferner zeigte er, dass die Zykloide tatsächlich eine Tautochrone ist.

Wir können dies leicht mit Hilfe einer Differentialgleichung herleiten. Wir suchen also eine Kurve $c : [-\frac{T}{2}, \frac{T}{2}] \to \mathbb{R}^2$ mit $c(0) = 0$, deren Bogenlänge $s(t)$ einerseits nach dem Energiesatz die Beziehung

$$E = \frac{1}{2} m \dot{s}(t)^2 + 2mg c_2(t) = 2mg c_2\left(\frac{T}{2}\right)$$

erfüllt und andererseits die Differentialgleichung

$$\ddot{s}(t) + \kappa^2 s(t) = 0$$

mit $\kappa = \frac{2\pi}{T}$. Multiplikation mit $\dot{s}$ und m liefert

$$\frac{1}{2}\frac{d}{dt}\left(m\dot{s}(t)^2 + m\kappa^2 s(t)^2\right) = 0,$$

so dass

$$\frac{1}{2} m \dot{s}(t)^2 + \frac{1}{2} m \kappa^2 s(t)^2 = \frac{1}{2} m \dot{s}(t)^2 + mg c_2(t)$$

und damit

$$c_2(t) = \frac{\kappa^2}{2g} s(t)^2$$

gilt. Es folgt $c_2(t) \geqslant 0$ und damit in kartesischen Koordinaten

$$\frac{\sqrt{2gy}}{\kappa} = \int_0^x \sqrt{1 + y'^2}\, dx.$$

Nach Differentiation erhalten wir

$$\sqrt{\frac{g}{2\kappa^2}}\, y' = \sqrt{y}\sqrt{1 + y'^2}$$

bzw. $y'^2 = \frac{y}{\alpha - y}$ mit $\alpha = \frac{g}{2\kappa^2}$. Mit der Substitution $y = \frac{\alpha}{2}(1 - \cos 2u)$ folgt

$$(\alpha u' \sin 2u)^2 = \frac{1 - \cos 2u}{1 + \cos 2u} = \frac{\sin^2 u}{\cos^2 u}$$

oder $2\alpha u' \cos^2 u = 1$ und durch Integration nach Trennung der Variablen

$$x = 2\alpha \int_0^u \cos^2 z\, dz = \alpha u + \frac{\alpha}{2}\sin 2u.$$

Zum Abschluss wollen wir einen Existenzsatz für Differentialgleichungen der Form $\dot{x} = f(t, x)$ herleiten, wobei $f : [a, b] \times \mathbb{R} \to \mathbb{R}$ eine (gleichmäßig) stetige Funktion ist, die bzgl. der zweiten Variablen einer Lipschitz-Bedingung genügt, d.h., es existiert eine Konstante $L > 0$, so dass

$$|f(t, x_1) - f(t, x_2)| \leqslant L|x_1 - x_2| \quad \text{für alle} \quad t \in [a, b], \; x_1, x_2 \in \mathbb{R}$$

gilt. Genauer wollen wir ein Anfangswertproblem lösen, d.h. wir suchen eine stetig differenzierbare Funktion $u : [a, b] \to \mathbb{R}$ mit $\dot{u}(t) = f(t, u(t))$, $t \in [a, b]$, deren Graph durch einen vorgegebenen Punkt $(t_0, x_0) \in [a, b] \times \mathbb{R}$ verläuft, also $u(t_0) = x_0$ erfüllt.

Satz von Picard-Lindelöf

Genügt die stetige Funktion $f : [a, b] \times \mathbb{R} \to \mathbb{R}$ einer Lipschitz-Bedingung bzgl. der zweiten Variablen, so besitzt das Anfangswertproblem $\dot{x} = f(t, x)$, $x(t_0) = x_0$ genau eine Lösung.

Zum Beweis konstruiert man sukzessive eine Folge stetig differenzierbarer Funktionen und zeigt, dass diese gleichmäßig gegen die gesuchte Lösung konvergiert. Man beginnt mit $u_0(t) \equiv x_0$ und setzt für $n \in \mathbb{N}$

$$u_n(t) = x_0 + \int_{t_0}^{t} f(s, u_{n-1}(s)) \, ds, \; t \in [a, b].$$

Offensichtlich ist u_n stetig differenzierbar, und es gilt

$$|u_{n+1}(t) - u_n(t)| \leqslant \int_{t_0}^{t} |f(s, u_n(s)) - f(s, u_{n-1}(s))| \, ds$$

$$\leqslant L \int_{t_0}^{t} |u_n(s) - u_{n-1}(s)| \, ds$$

$$\leqslant L|t - t_0| \sup_{t_0 \leqslant s \leqslant t} |u_n(s) - u_{n-1}(s)|$$

für $t_0 < t$. Wählt man $\alpha > 0$ mit $q = L\alpha < 1$, so folgt auf dem Intervall $I_+ = [a, b] \cap [t_0, t_0 + \alpha]$ die gleichmäßige Abschätzung

$$\|u_{n+1} - u_n\| \leqslant q\|u_n - u_{n-1}\|,$$

wobei $\|u_n - u_{n-1}\| = \sup_{t \in I} |u_n(t) - u_{n-1}(t)|$ gesetzt ist. Dieselbe Abschätzung gilt auch auf dem Intervall $I_- = [a, b] \cap [t_0 - \alpha, t_0]$, insgesamt also auf $I = I_+ \cup I_-$. Induktiv folgt dann

$$\|u_{n+m} - u_n\| \leqslant \|u_{n+m} - u_{n+m-1}\| + \cdots + \|u_{n+1} - u_n\|$$

$$\leqslant (q^m + \cdots + q)\|u_n - u_{n-1}\| \leqslant q^{n-1}(q^m + \cdots + q)\|u_1 - u_0\|$$

$$= q^n \frac{1 - q^m}{1 - q} \|u_1 - u_0\|.$$

Daher ist u_n eine gleichmäßige Cauchy-Folge, die nach einem bekannten Satz gegen eine stetige Funktion $u : I \to \mathbb{R}$ konvergiert. Es gilt dann

$$u(t) = \lim_{n \to \infty} u_n(t) = x_0 + \lim_{n \to \infty} \int_{t_0}^t f\big(s, u_n(s)\big) \, ds$$

$$= x_0 + \int_{t_0}^t \lim_{n \to \infty} f\big(s, u_n(s)\big) \, ds = x_0 + \int_{t_0}^t f\big(s, u(s)\big) \, ds,$$

so dass u insbesondere stetig differenzierbar ist, und damit, wie man durch Ableiten leicht bestätigt, auf dem Intervall I der Differentialgleichung genügt.

Man erhält eine eindeutige Lösung auf $[a, b]$, indem man das Ausgangsintervall $[a, b]$ in Teilintervalle der Länge $\leqslant 2\alpha$ zerlegt und sukzessive die Lösungen geeigneter Anfangswertprobleme aneinander setzt.

Bemerkungen   1. Man kann den Satz auch für Funktionen $f : [a, b] \times [c, d] \to \mathbb{R}$ beweisen. Der Beweis wird dann etwas technischer. Ferner lässt er sich leicht auf ein Differentialgleichungssystem übertragen. Dabei sind u und f durch vektorwertige Funktionen zu ersetzen und die Beträge $|\cdot|$ jeweils durch den euklidischen Abstand.

2. Die Beweismethode der sukzessiven Approximation wird in der Regel nach E. Picard (1890) und E. Lindelöf (1894) benannt, wurde aber auch schon 1830 von J. Liouville benutzt. Sie liefert auch den Fixpunktsatz von S. Banach (1920) für eine kontrahierende Selbstabbildung g eines vollständigen metrischen Raums X (mit der Metrik d): Zu $g : X \to X$ mit $d\big(g(x), g(y)\big) \leqslant qd(x, y)$, $x, y \in X$, für ein $0 \leqslant q < 1$, existiert genau ein $x_0 \in X$ mit $g(x_0) = x_0$.

3. Ein anderer konstruktiver Beweis geht zurück auf L. Euler (1768), der die gesuchte Lösung durch Polygonzüge approximierte, deren Steigungen auf den einzelnen Teilintervallen jeweils durch den Wert von f im linken Intervallendpunkt bestimmt sind:

Es seien $I, J \subset \mathbb{R}$ offene Intervalle, $(t_0, x_0) \in I \times J$, und $f : I \times J \to \mathbb{R}$ sei stetig. Ist $[t_0, t_0 + a] \subset I$ und $t_0 < t_1 < \cdots < t_n = t_0 + a$ eine Zerlegung, so wird ein *Euler'scher Polygonzug* definiert durch die stückweise affin-lineare Funktion u_z mit

$$u_z(t) = x_0 + (t - t_0)f(t_0, x_0), \quad t_0 \leqslant t \leqslant t_1,$$

$$u_z(t) = u(t_j) + (t - t_j)f\big(t_j, u(t_j)\big), \quad t_j \leqslant t \leqslant t_{j+1}, j = 0, \ldots, n - 1.$$

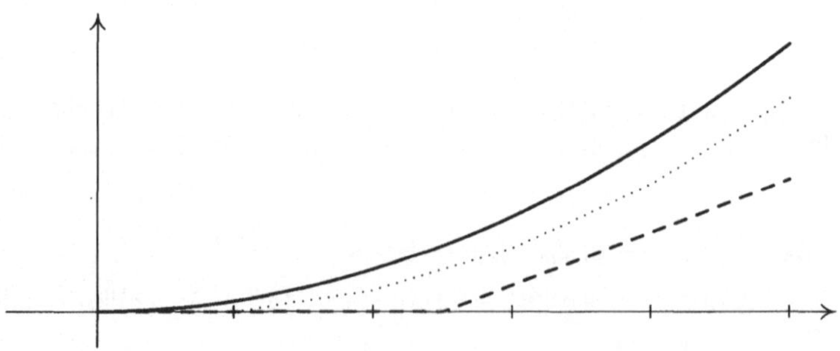

Fig. 2.36

Die Fig. 2.36 zeigt (mit unterschiedlicher Skalierung der Achsen) die Lösung $u(t) = t^2$ der einfachen Differentialgleichung $\dot{x} = 2t$ sowie zwei Euler'sche Polygonzüge u_1 bzw. u_2 zu den äquidistanten Zerlegungen $Z_1 = \{0, 0.75, 1.5\}$ bzw. $Z_2 = \{0, 0.3, \ldots, 1.5\}$.

Indem man die Zerlegungen immer feiner wählt, erhält man eine Folge u_n von Polygonzügen, die, wie A.-L. CAUCHY 1824 (unter etwas stärkeren Voraussetzungen, R. LIPSCHITZ 1876 unter den angegebenen) in seinen Vorlesungen gezeigt hat, gegen die Lösung u konvergiert. Dieses Verfahren ist sogar für numerische Zwecke geeignet und entspricht der Quadratur mittels Trapezregel.

Setzt man nur die Stetigkeit von f voraus, so lässt sich immer noch die Existenz einer Lösung zeigen (G. PEANO (1886)). Diese ist aber i.a. nicht eindeutig bestimmt, und sie kann auch nicht konstruktiv gewonnen werden. Für weitere Einzelheiten verweisen wir auf [Ama].

Das Ziel der Mathematiker des 18. Jahrhunderts war es, Differentialgleichungen möglichst durch Quadratur zu integrieren, d.h. die Lösungen in „geschlossener Form" durch Integrale elementarer Funktionen auszudrücken. Dabei versteht man unter den *elementaren Funktionen* all diejenigen, die sich mittels algebraischer Operationen (inklusive Wurzelziehen) aus Polynomen, trigonometrischen Funktionen sowie Exponentialfunktion und Logarithmen zusammensetzen lassen. Wir haben oben bemerkt, und J. LIOUVILLE hat dies 1835 bewiesen, dass die elliptischen Integrale nicht zu den elementaren Funktionen gehören. Die einfachste Differentialgleichung, die sich (ebenfalls nach LIOUVILLE (1841)) nicht durch Quadratur lösen lässt, ist $y' = x^2 + y^2$. An dieser haben sich schon die Gebrüder BERNOULLI 1694 vergeblich versucht. Als Ausweg hat JAKOB BERNOULLI 1703 den Weg über Potenzreihenansatz gewählt. Mit der formalen Potenzreihe $y(x) = \sum_{n=0}^{\infty} a_n x^n$ erhielt er durch Einsetzen und Koeffizientenvergleich die allgemeine Lösung

$$y(x) = \frac{x^3}{3} + \frac{x^7}{3 \cdot 3 \cdot 7} + \frac{2x^{11}}{3 \cdot 3 \cdot 3 \cdot 7 \cdot 11} + \frac{13x^{15}}{3 \cdot 3 \cdot 3 \cdot 3 \cdot 5 \cdot 7 \cdot 7 \cdot 11} + \cdots.$$

Heute kann man diese Funktion mit Hilfe von so genannten *Bessel-Funktionen* ausdrücken, die ihrerseits durch Potenzreihen definiert sind. Die nach F.W. BESSEL benannten Funktionen treten unter anderem bei zweidimensionalen Schwingungsproblemen, genauer bei schwingenden kreisförmigen Membranen, auf und spielen somit eine ähnliche Rolle in der Physik wie die trigonometrischen Funktionen, die die schwingende Saite beschreiben. Mehr dazu findet man etwa in [Heu].

Aufgaben

1. Zeigen Sie, dass durch die Gleichung $r(t) = \frac{|M|^2}{k(1+\varepsilon \cos \theta(t))}$ für $0 < \varepsilon < 1$ eine Ellipse, für $\varepsilon = 1$ eine Parabel und für $\varepsilon > 1$ ein Hyperbelast beschrieben wird. Im Fall der Ellipse bestimme man die jeweiligen Halbachsen.

2. Es seien $I \subset \mathbb{R}$ ein Intervall und $a, b : I \to \mathbb{R}$ stetige Funktionen. Für die *inhomogene lineare Differentialgleichung*

$$\dot{x} + a(t)x = b(t)$$

leite man eine allgemeine Lösungsformel her. Dazu benutze man zunächst im homogenen Fall $b = 0$ die Methode der Trennung der Veränderlichen und im allgemeinen Fall die Methode der *Variation der Konstanten*. Das heißt, mit einer nicht trivialen Lösung u der homogenen Gleichung setze man eine Lösung der Form $v(t) = c(t)u(t)$ an.

(Die erste Methode findet man schon in den Veröffentlichungen von G.W. LEIBNIZ zur Differential- und Integralrechnung (siehe [Lei]) sowie in den Notizen [Ber] von JOH. BERNOULLI aus den Jahren 1691/92, die dem ersten Lehrbuch zur Analysis, der „Analyse des infiniment petits" von G.F.A. DE L'HOSPITAL (1696), zugrunde lagen. Die zweite Methode wurde – im vorliegenden Beispiel – ebenfalls zuerst von JOH. BERNOULLI 1697 angewandt. Sie wird heute oft J.-L. LAGRANGE zugesprochen, der sie in allgemeineren Situationen benutzte.)

3. Für $a, b \in \mathbb{R}$ betrachte man die *homogene lineare Differentialgleichung zweiter Ordnung*

$$\ddot{x} + a\dot{x} + bx = 0.$$

Man bestimme alle Lösungen durch einen Ansatz (nach L. EULER) der Form $u(t) = c(t)e^{\lambda t}$ mit $\lambda \in \mathbb{C}$.

4. Zeigen Sie: Der harmonische Oszillator besitzt die Schwingungsdauer $T = 2\pi\sqrt{\frac{\ell}{g}}$.

5. Stellen Sie die Differentialgleichung auf, die die Traktrix aus Abschnitt 2.2, Aufgabe 6 als Lösung besitzt. Verifizieren Sie die dort angegebene Lösung.

Literaturhinweise

[Ama] Amann, H.: *Gewöhnliche Differentialgleichungen*, W. de Gruyter, Berlin, 1995[2]

Eine Darstellung der modernen Theorie der gewöhnlichen Differentialgleichungen (oder dynamischen Systeme), in der besonders der qualitative Aspekt betont wird.

[Arn] Arnol'd, V.I.: *Huygens and Barrow, Newton and Hooke*, Birkhäuser, Basel, 1990

Der Autor beleuchtet die Hintergründe, die zur Entdeckung des Gravitationsgesetzes geführt haben. Dabei erfährt man auch einiges über die Charaktere der beteiligten Person und die Auseinandersetzungen zwischen ihnen.

[Ber] Bernoulli, Joh.: *Die erste Integralrechnung*, Ostwalds Klass. d. exakt. Wiss. 194, dt. von G. Kowalewski, Akad. Verlagsges., Leipzig, 1914

Zusammen mit der „Differentialrechnung" von 1691/92 (Ostwalds Klass. d. exakt. Wiss. 211, dt. von P. Schafheitlein, ebd. 1924) bilden diese Vorlesungsaufzeichnungen die Grundlage des oben erwähnten Analysisbuches von L'HOSPITAL.

[HW] Hairer, E., Wanner, G.: *Analysis by its History*, Springer, Berlin, 1997[2]

Die Autoren versuchen die Analysis in ihrer historischen Entwicklung im Anschluss an NEWTON und LEIBNIZ darzustellen. Viele Aufgaben sind den Originalarbeiten der BERNOULLIs und EULERs entnommen und daher für den Studienanfänger teilweise zu anspruchsvoll.

[Heu] Heuser, H.: *Gewöhnliche Differentialgleichungen*, Teubner, Stuttgart, 1991[2]

Das Buch bietet die klassische Theorie der gewöhnlichen Differentialgleichungen, gewürzt mit Beispielen aus den unterschiedlichsten Bereichen und allerlei Anekdoten.

[Lei] Leibniz, G.W.: *Über die Analysis des Unendlichen*, Ostwalds Klass. d. exakt. Wiss. 162, dt. von G. Kowalewski, Akad. Verlagsges., Leipzig, 1908 (Nachdruck bei H. Deutsch, Frankfurt, 1996)

Hiermit liegt (in deutscher Übersetzung) eine Auswahl der wichtigsten Arbeiten LEIBNIZens zur Analysis vor. Sie sind fast alle in der von ihm mit herausgegebenen Zeitschrift „Acta Eruditorum" erschienen. Der Nachdruck bei H. Deutsch, Frankfurt, 1996, enthält auch Band 164 NEWTONs „Abhandlung über die Quadratur von Kurven".

[Sim] Simmons, G.F.: *Differential Equations with Applications and Historical Notes*, McGraw-Hill, New York, 1972

Wie das vorige Buch zeichnet sich auch dieses vor allem durch seine historischen Anmerkungen aus.

Kapitel 3 Differentialrechnung

3.1 Ebene Kurven

> Multiply every Term of the Equation by the Index of the Power of each Quantity
> contained in that Term, and in each Multiplication change the Root of the Power into
> its Fluxion; and then the Aggregate of all the Products under their proper Signs will
> be the new Equation. – *Isaac Newton*

Der abstrakte Funktionsbegriff ist erst relativ spät entstanden. Die ersten Ansätze
findet man in philosophischer Sprache bei N. ORESME, der mathematische Funktionsbegriff entwickelte sich im Anschluss an die Erfindung der analytischen Geometrie,
und wurde zuerst 1673 von G.W. LEIBNIZ explizit formuliert. Aber auch danach wurden nur spezielle Klassen von Funktionen betrachtet, im wesentlichen die elementaren
Funktion und solche, die sich in Form einer Potenzreihe oder eines parameterabhängi-
gen Integrals (wie etwa die Gamma-Funktion) darstellen lassen. Mit dem Studium der
Fourier-Reihen entsteht dann bei L. EULER und ganz explizit 1837 bei P.G. LEJEUNE
DIRICHLET die heute gebräuchliche allgemeine Definition der Funktion als eindeutige
Zuordnungsvorschrift. Viel älter als der Begriff der Funktion ist der der Kurve. Kurven traten schon in der Antike als geometrische Objekte auf, und man stellte sie sich
als mechanisch erzeugt vor, etwa durch Bewegung eines Punktes. Zur Vereinfachung
der Darstellung benutzen wir im folgenden die Sprache der analytischen Geometrie.
Darin lassen sich die gebräuchlichsten ebenen Kurven in impliziter Form $f(x,y) = 0$
schreiben, wobei f ein Polynom in den Variablen x und y ist, also

$$f(x,y) = \sum_{0 \leqslant k+\ell \leqslant m} a_{k\ell} x^k y^\ell$$

mit in der Regel ganzzahligen Koeffizienten $a_{k\ell}$ (von LEIBNIZ *algebraische Kurven*
genannt). Die ältesten Beispiele sind die Gerade $y - ax - b = 0$ und der Kreis $x^2 +
y^2 - r^2 = 0$. Andere (algebraische) Kurven wurden bei der Beschäftigung mit drei
berühmten klassischen Problemen entdeckt (vgl. [vdW] und [Kno]),

- dem delischen Problem der Würfelverdoppelung,
- der Quadratur des Kreises und
- der Dreiteilung eines beliebigen Winkels α.

Man versuchte diese auf rein geometrischem Weg zu lösen, wobei zur Konstruktion
als Hilfsmittel nur Zirkel und Lineal zugelassen wurden. Damit erhält man jedoch
nur die Schnittpunkte von Geraden und Kreisen, und es zeigte sich bald, dass dies
nicht ausreichte, um die gestellten Probleme zu lösen. Das erste läuft auf die Lösung
der kubischen Gleichung $x^3 - 2 = 0$ hinaus, also die Konstruktion der Zahl $\sqrt[3]{2}$, das
zweite auf die Konstruktion der Zahl π, und bei dem dritten muss man die Lösung
der kubischen Gleichung $4x^3 - 3x - c = 0$ finden, die man mit $\beta = \frac{\alpha}{3}$, $x = \cos\beta$ und
$c = \cos\alpha$ aus

$$\cos 3\beta = 4\cos^3\beta - 3\cos\beta$$

erhält. Obwohl der strenge Beweis für die Unlösbarkeit dieser Probleme erst im 19.
Jahrhundert gefunden wurde (ein direkter Beweis ohne tiefere algebraische Hilfsmittel
ist in Aufgabe 9 skizziert), erahnten dies die Griechen bereits und behalfen sich mit

anderen Konstruktionen. MENAICHMOS (um 350 v.u.Z.), der angebliche Erfinder der Kegelschnitte, bestimmte die Schnittpunkte der Parabeln mit den Gleichungen $y^2 = 2x$ und $x^2 = y$. Diese führen nach Elimination von y auf die Gleichung $2x = x^4$ mit der positiven Lösung $x = \sqrt[3]{2}$. Auch die Dreiteilung des Winkels konnte mit Kegelschnitten bewerkstelligt werden. Um 1070 erklärte der OMAR KHAYYAM wohl als erster, dass Gleichungen 3. Grades nicht mit Hilfe der Eigenschaften des Kreises, d.h. mit quadratischen Wurzeln gelöst werden können:

Der Beweis dieser Arten kann nur mit Hilfe der Eigenschaften der Kegelschnitte erbracht werden.

Für die Konstruktion der transzendenten Zahl π reichen diese und sogar höhere algebraische Kurven natürlich nicht aus, aber sie gelingt mit Hilfe der *Quadratix* des HIPPIAS (um 425 v.u.Z.), einer *transzendenten Kurve.*

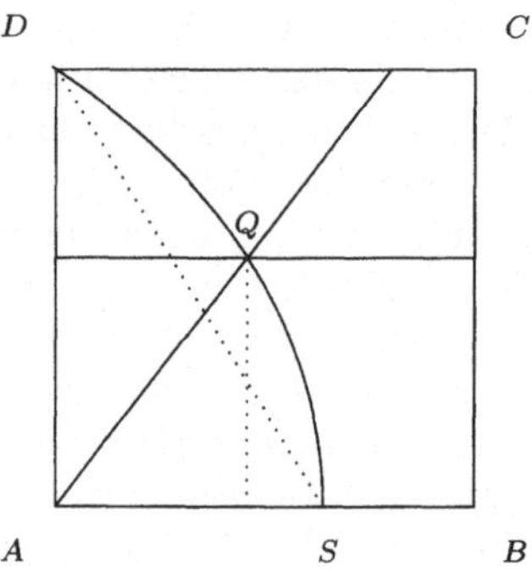

Fig. 3.1

Bewegt sich in dem Quadrat $ABCD$ die Gerade DC mit konstanter Geschwindigkeit nach unten und dreht sich gleichzeitig der Strahl AD mit konstanter Winkelgeschwindigkeit, so beschreibt der Schnittpunkt $Q = (x, y) = (r, \varphi)$ eine Kurve, die Quadratix. Hier ist also y proportional zu φ. HIPPIAS gelang damit die Dreiteilung des Winkels, denn man muss bei gegebenem φ nur die zugehörige Strecke y dritteln. Dazu müsste man jedoch die Kurve bereits konstruiert haben. Dies gelingt jedoch nur für einzelne Kurvenpunkte, etwa indem man den Winkel $\varphi = \frac{\pi}{2}$ sukzessive halbiert und entsprechend die Strecke $\overline{BC} = 1$. dass mit der Quadratix auch die Quadratur des Kreises gelingt, hat DEINOSTRATOS (um 350 v.u.Z.) erkannt. Ist $\overline{BC} = 1$, so entspricht $y = 1$ dem Wert $\varphi = \frac{\pi}{2}$. Dann folgt aber

$$y = x \tan \varphi = x \tan\left(\frac{\pi}{2}y\right) \quad \text{bzw.} \quad r = \frac{2}{\pi}\frac{\varphi}{\sin \varphi},$$

und für $\varphi \to 0$ wird $x = \overline{AS} = \frac{2}{\pi}$.

Andere klassische Kurven sind die *Kissoide* des DIOKLES (Efeukurve) mit der Gleichung

$$y^2(2a - x) - x^3 = 0 \quad \text{bzw.} \quad r = 2a \sin \varphi \tan \varphi,$$

die dieser um 180 v.u.Z. zur Würfelverdopplung benutzte, sowie die *Konchoide* (Muschelkurve) des NIKOMEDES (um 180 v.u.Z.) mit der Gleichung

$$(x^2 + y^2)(x - a)^2 - b^2 x^2 = 0 \quad \text{bzw.} \quad \left(r - \frac{a}{\cos \varphi}\right)^2 = b^2,$$

die ebenfalls zur Würfelverdoppelung aber auch zur Winkeldreiteilung benutzt wurde (siehe hierzu [vdW] oder [Vah]). Die Namen leiten sich ab von dem Efeublatt bzw. der Muschel, die man in den Kurven erkennen kann.

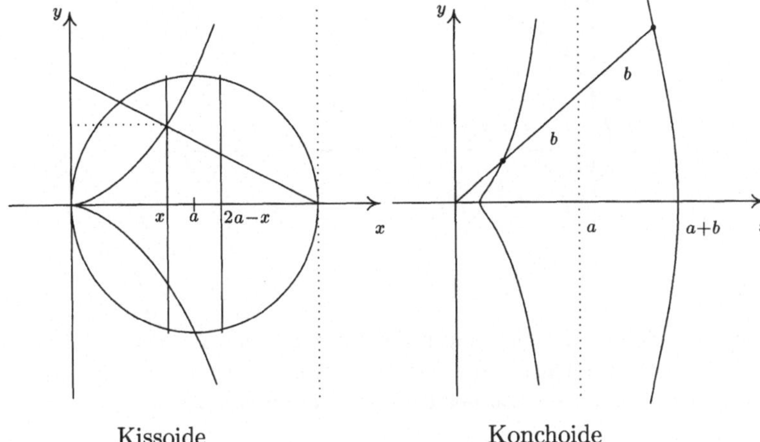

Fig. 3.2

Zur Würfelverdopplung bestimmt man den Schnittpunkt der Kissoide mit der Geraden durch $(0, a)$ und $(2a, 0)$. Dafür gilt nach dem Strahlensatz

$$\frac{2a - x}{y} = \frac{2a}{a} = \frac{x^3}{y^3} = \left(\frac{x}{y}\right)^3,$$

und für einen Würfel der Kantenlänge y hat der Würfel mit doppeltem Volumen die Kantenlänge $x = \sqrt[3]{2}y$.

Mit der Kissoide verwandt ist die *Strophoide*

$$(x + a)x^2 + (x - a)y^2 = 0.$$

Man erhält beide offensichtlich als Sonderfälle der Gleichung

$$(x + b)x^2 + (x - a)y^2 = 0.$$

Später wurden ganze Familien von Kurven untersucht, die nach ähnlichen Prinzipen konstruiert werden können und daher als Kissoiden bzw. Konchoiden bezeichnet werden. Wir erwähnen hier nur noch die *Epizyklen*, die Hipparchos (um 130 v.u.Z.) und K. Ptolemaios (um 150) zur Beschreibung der Planetenbahnen benutzten. Sie gehören wie die *Zykloiden* und die *Hypozykloiden* zu den *Radkurven* und entstehen als Bahnkurve eines Punktes, der sich auf einer Radspeiche befindet (oder auf deren Verlängerung), wenn man dieses auf einer Geraden (Zykloide) oder im Innern (Hypozykloide) bzw. Äußeren (Epizykloide) eines Kreises gleitfrei abrollt. Zahlreiche andere Kurven wurden im 17. Jahrhundert entdeckt, als man begann analytische Hilfsmittel einzusetzen (siehe [Lor] und [SD] sowie [Gra] für viele computergenerierte Bilder).

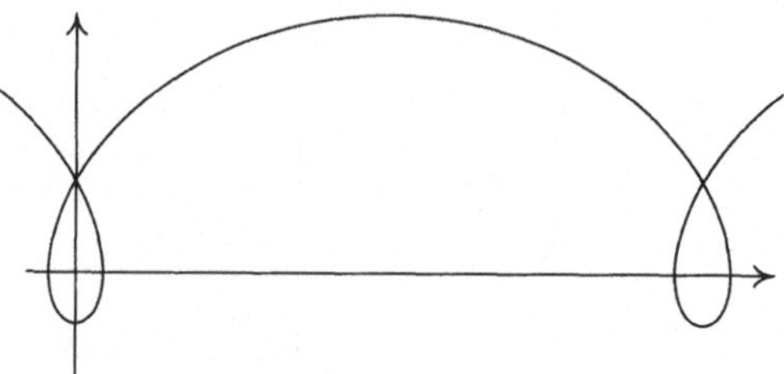

Fig. 3.3

Ein besonders schönes Beispiel liefern die *Cassini'schen Kurven*, die sich der Astronom G.D. CASSINI 1680 ausdachte, um „die wahren Bewegungen der Sonne und ihre verschiedenen Entfernungen von der Erde" zu veranschaulichen:

$$(x^2 + y^2)^2 - 2a^2(x^2 - y^2) + a^4 - c^4 = 0.$$

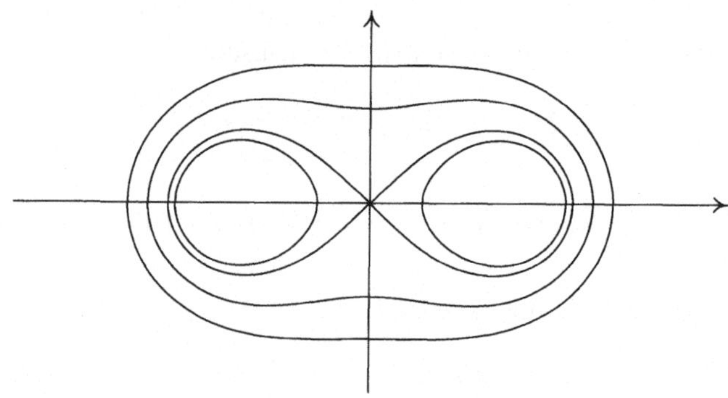

Fig. 3.4

Sie bestehen aus all den Punkten, für die das Produkt der Abstände von den Brennpunkten $(-a, 0)$ und $(a, 0)$ konstant gleich c^2 ist. Sie enthalten insbesondere für $a = c = 1$ die *Lemniskate* von JAKOB BERNOULLI, die wir schon im vorigen Kapitel (2.2, Aufgabe 4) kennen gelernt haben.

In diesem Abschnitt wollen wir herausfinden, wie man mit Hilfe der Differentialrechnung die Gestalt solcher Kurven genauer ermitteln kann. Ein Problem, das schon lange vor der Erfindung der Differentialrechnung untersucht wurde, ist das „Tangentenproblem". Für eine gegebene Kurve ist in jedem Punkt die Tangente an die Kurve zu bestimmen, d.h. die Gerade, die in der Nähe des gegebenen Punktes keine weiteren Schnittpunkte mit der Kurve besitzt. Im Fall der Kegelschnitte wurde dieses Problem bereits im Altertum auf geometrischem Weg gelöst. Für den Kreis ist die Konstruktion der Tangente einfach: Sie steht senkrecht auf der Geraden durch den gegebenen

Punkt und den Kreismittelpunkt. Im Fall der Ellipse, die als geometrischer Ort aller Punkte gegeben ist, für die die Summe der Abstände von zwei festen Punkten, den Brennpunkten der Ellipse, konstant ist, nutzt man aus, dass die Tangente mit den Verbindungslinien des Punktes und den Brennpunkten gleiche Winkel bildet.

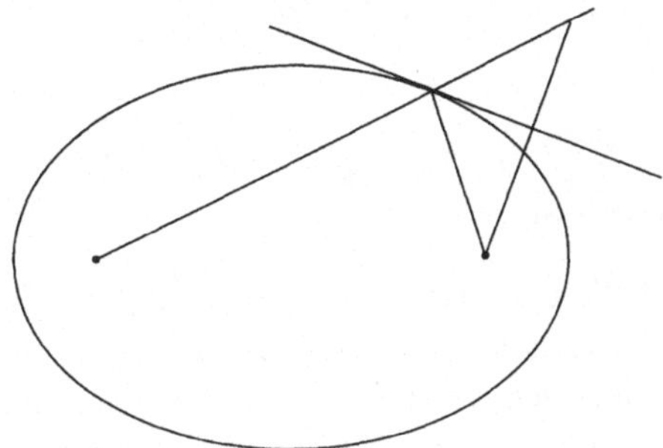

Fig. 3.5

Um dies einzusehen, betrachten wir die Tangente als bereits gegeben. Dann besitzt von allen Punkten der Tangente der Berührpunkt mit der Ellipse den kleinsten Gesamtabstand von den beiden Brennpunkten. Man erhält ihn, wenn man einen der Brennpunkte mit dem Bildpunkt des an der Tangente gespiegelten anderen Brennpunkts geradlinig verbindet. Die Wechselwinkel an der Verbindungsgeraden und der Tangente sind aber gleich.

Sofort nach der Veröffentlichung der „Geometrie" von R. DESCARTES bemühte man sich, das Tangentenproblem für die darin beschriebenen Kurven zu lösen. Noch vor der eigentlichen Begründung der Differentialrechnung durch NEWTON und LEIBNIZ haben verschiedene Mathematiker auf algebraischem Weg für implizite Kurven der Form

$$f(x,y) = \sum_{0 \leqslant k+\ell \leqslant m} a_{k\ell} x^k y^\ell = 0$$

die Tangentengleichungen hergeleitet. Hier ist zunächst P. DE FERMAT zu nennen, der bereits 1625 in der Lage war, Extremwerte von Polynomen dadurch zu finden, dass er die Punkte bestimmte, in denen die Funktionswerte sich kaum ändern, wenn man die unabhängige Variable variiert. Mit anderen Worten bestimmte er die Werte, für die die Ableitung verschwindet. Den allgemeinen Fall haben R.F. DE SLUSE (1657) und J. HUDDE (1658) behandelt.

Isaac Barrow
∗ Okt.1630 London / † 4.5.1677 London
Mathematiker und Theologe, 1662 Professor für Geometrie in London, 1663 Professor für Mathematik in Cambridge, übergab 1669 seinen Lehrstuhl an Newton und wurde Hofprediger. Er gilt als einer der wichtigsten Vorläufer der Infinitesimalrechnung, indem er in seinen „Lectiones Geometricae" von 1670 ein Äquivalent des Hauptsatzes der Differential- und Integralrechnung für monotone Funktionen mit geometrischen Methoden hergeleitet hat.

Ähnlich wie FERMAT im Fall von $y - x^n = 0$ hat auch I. BARROW (1670) für x, y die benachbarten Punkte $x + e, y + a$ eingesetzt und aus

$$0 = \sum_{0 \leqslant k+\ell \leqslant m} a_{k\ell} x^k y^\ell = \sum_{0 \leqslant k+\ell \leqslant m} a_{k\ell}(x + e)^k (y + a)^\ell = 0$$

die Beziehung

$$\sum_{0 \leqslant k+\ell \leqslant m} a_{k\ell}(k x^{k-1} y^\ell e + \ell x^k y^{\ell-1} a) = 0$$

erhalten, indem er die Differenz beider Seiten gebildet, die binomische Formel angewandt und die Terme von höherer Ordnung in e und a vernachlässigt hat. Dies entspricht natürlich der heutigen Vorstellung von der Tangente als „Grenzwert" von Sekanten, bei denen die Schnittpunkte mit der Kurve zusammenfallen. Aus der letzten Gleichung erhält man sofort für die Steigung m der Tangente im Punkt (x, y)

$$m = \frac{a}{e} = -\frac{\sum_{0 \leqslant k+\ell \leqslant m} k a_{k\ell} x^{k-1} y^\ell}{\sum_{0 \leqslant k+\ell \leqslant m} \ell a_{k\ell} x^k y^{\ell-1}}.$$

Oft wurde auch der Ausdruck $\frac{y}{m}$ betrachtet, die Länge der so genannten *Subtangente*, die definiert ist als die Strecke auf der x-Achse zwischen der Abszisse x und dem Schnittpunkt der Tangente mit der x-Achse.

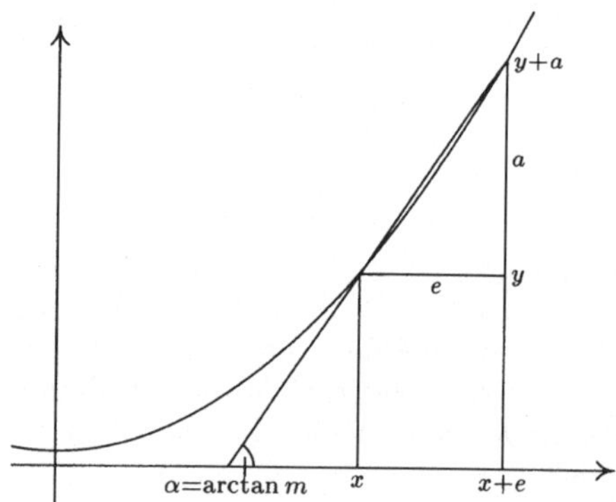

Fig. 3.6

Man erkennt ohne weiteres, dass der Zähler bzw. Nenner gerade die Ableitung von f nach einer der beiden Variablen ist, wobei die andere festgehalten wird. Dies motiviert den Begriff der „partiellen Ableitung" für eine Funktion mehrerer Variabler, den wir anschließend einführen werden. Wir werden uns dabei auf zwei Variable beschränken, obwohl sich die wesentlichen Resultate auch für $n \geqslant 2$ Variable in entsprechender Weise formulieren und beweisen lassen.

Wir können nun die Nullstellenmenge $f(x, y) = 0$ als Niveau- oder Höhenlinie des Graphen Γ_f der Funktion $f : G \to \mathbb{R}$ ($G \subset \mathbb{R}^2$ eine offene Menge) ansehen, d.h. als

$$f^{-1}(c) = \{(x,y) \in G \mid f(x,y) = c\} \text{ für } c = 0.$$

Definition

Wir sagen f sei *partiell differenzierbar*, falls die Funktionen $t \mapsto f(x,t)$ und $t \mapsto f(t,y)$ für festes x bzw. y differenzierbar sind, d.h. falls die partiellen Ableitungen

$$\partial_1 f(x,y) = \frac{d}{dt}\Big|_{t=x} f(t,y) \quad \text{und} \quad \partial_2 f(x,y) = \frac{d}{dt}\Big|_{t=y} f(x,t)$$

existieren. Darüberhinaus heißt f *stetig partiell differenzierbar*, falls $\partial_j f$ stetig ist für $j = 1, 2$.

Da es sich hier nur um gewöhnliche Ableitungen von Funktionen einer Variablen handelt, bleiben alle Rechenregeln der Differentialrechnung gültig. Insbesondere sind alle Polynome in zwei Variablen stetig partiell differenzierbar. Es treten jedoch auch Unterschiede auf: Während eine partiell differenzierbare Funktion auch in jeder Variablen stetig ist, folgt nicht die Stetigkeit der Funktion selbst, wie das Beispiel

$$f(x,y) = \begin{cases} \frac{2xy}{x^2+y^2}, & (x,y) \neq (0,0), \\ 0, & (x,y) = (0,0), \end{cases}$$

zeigt (vgl. Fig. 3.7).

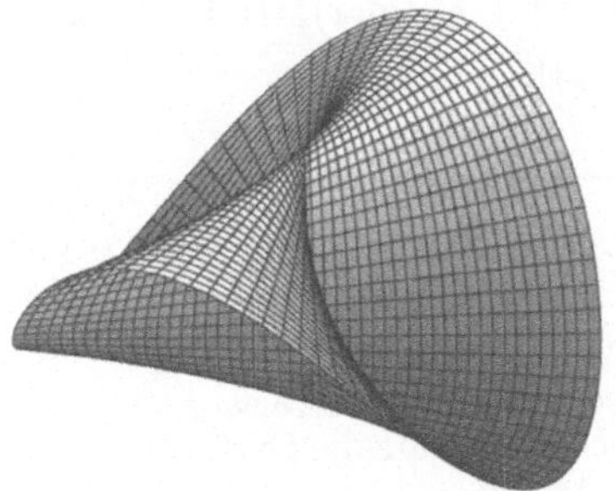

Fig. 3.7

Die Funktion ist in allen Punkten partiell differenzierbar – im Nullpunkt, da $f(\cdot,0) = 0 = f(0,\cdot)$, jedoch nicht stetig in $(0,0)$, denn $f(x,x) = 1$ für alle $x \neq 0$. Ist f jedoch stetig partiell differenzierbar, so ist f auch stetig: Für $h, k \in \mathbb{R}$ mit $|h| + |k| < \varepsilon$ folgt zunächst nach dem Mittelwertsatz

$$f(x+h, y+k) - f(x,y) = f(x+h, y+k) - f(x, y+k) + f(x, y+k) - f(x,y)$$
$$= \partial_1 f(x + \vartheta_1 h, y+k)h + \partial_2 f(x, y + \vartheta_2 k)k$$

mit $\vartheta_1, \vartheta_2 \in (0,1)$. Da die $\partial_j f$ stetig sind und damit insbesondere beschränkt nahe (x,y), können wir die rechte Seite abschätzen durch $M(|h| + |k|) \leqslant M\varepsilon$, wobei M unabhängig von ε gewählt werden kann.

Ist f stetig partiell differenzierbar, so wollen wir die Tangente an die Kurve $f(x,y) = 0$ im Punkt (x_0, y_0) bestimmen. Ist die Kurve selbst eine Gerade, $f(x,y) = ax+by+c = 0$, so können wir die Daten a bzw. b aus f zurückgewinnen, indem wir f nach x bzw. y differenzieren. Es gilt dann

$$f(x,y) = \partial_1 f(x_0, y_0)x + \partial_2 f(x_0, y_0)y + c = 0,$$

also $c = -\partial_1 f(x_0, y_0)x_0 - \partial_2 f(x_0, y_0)y_0$, und es folgt

$$f(x,y) = \partial_1 f(x_0, y_0)(x - x_0) + \partial_2 f(x_0, y_0)(y - y_0) = 0.$$

Diese Formel gilt offensichtlich auch, falls f der Graph einer stetig differenzierbaren Abbildung g ist, d.h., falls $f(x,y) = y - g(x) = 0$ gilt. Dann ist nämlich

$$\partial_1 f(x_0, y_0)(x - x_0) + \partial_2 f(x_0, y_0)(y - y_0) = y - y_0 - g'(x_0)(x - x_0) = 0$$

die Gleichung der Tangente in (x_0, y_0).

Unter Umständen können wir den allgemeinen Fall auf diesen zurückführen. Dies leistet der Satz über implizite Funktionen.

Satz über implizite Funktionen

Es sei $f : G \to \mathbb{R}$ stetig partiell differenzierbar, $f(x_0, y_0) = 0$, und es gelte $\partial_2 f(x_0, y_0) \neq 0$. Dann existiert ein $\delta > 0$ und eine eindeutig bestimmte stetig differenzierbare Funktion $g : I = (x_0 - \delta, x_0 + \delta) \to \mathbb{R}$ mit $(x, g(x)) \in G$ und $f(x, g(x)) = 0$ für alle $x \in I$. Ferner gilt $g'(x) = -\frac{\partial_1 f}{\partial_2 f}(x, g(x))$.

Zum Beweis können wir $\partial_2 f(x_0, y_0) > 0$ annehmen (sonst betrachte $-f$). Dann gilt dies für alle $(x,y) \in I \times J \subset G$ mit $I = (x_0 - \delta, x_0 + \delta)$ und $J = [y_0 - \varepsilon, y_0 + \varepsilon]$. Für jedes $x \in I$ ist nun $f(x, \cdot)$ streng monoton wachsend in J. Wählt man nun noch $\delta = \delta(\varepsilon) > 0$, so dass $f(x, y_0 - \varepsilon) < 0$ und $f(x, y_0 + \varepsilon) > 0$ für alle $x \in I$ gilt, so folgt für festes $x \in I$ nach dem Zwischenwertsatz die Existenz eines $y = g(x)$ mit $f(x, g(x)) = 0$, und aufgrund der strengen Monotonie ist dieses y eindeutig bestimmt. Die Abbildung g ist stetig in x_0, denn obiges ε kann beliebig klein gewählt werden, während für das zugehörige $\delta = \delta(\varepsilon)$ dann $|g(x) - y_0| < \varepsilon$ ausfällt, sobald $|x - x_0| < \delta$ ist. Da auch jeder andere Punkt $(x, g(x))$ für $x \in I$ den Voraussetzungen des Satzes genügt, ist g insgesamt stetig. Es bleibt zu zeigen, dass g stetig differenzierbar ist. Ist $x \in I$ und $h \neq 0$, mit $x + h \in I$, so gilt mit $k = g(x + h) - g(x)$

$$\begin{aligned}
0 = f(x + h, g(x + h)) &= f(x + h, g(x) + k) \\
&= f(x, g(x)) + \big(f(x + h, g(x) + k) - f(x + h, g(x))\big) \\
&\qquad + \big(f(x + h, g(x)) - f(x, g(x))\big) \\
&= f(x, g(x)) + \partial_1 f(x + \vartheta_1 h, g(x))h + \partial_2 f(x + h, g(x) + \vartheta_2 k)k,
\end{aligned}$$

wenn man auf die beiden Klammern in der zweiten Zeile jeweils den Mittelwertsatz anwendet. Wegen $f(x, g(x)) = 0$ folgt damit aber

$$\frac{g(x+h) - g(x)}{h} = -\frac{\partial_1 f(x + \vartheta_1 h, g(x))}{\partial_2 f(x + h, g(x) + \vartheta_2 k)},$$

und da mit $h \to 0$ auch $k \to 0$ aufgrund der Stetigkeit von g, folgt die Behauptung aufgrund der Stetigkeit der partiellen Ableitungen.

Liegt diese Situation vor, so gilt $y = g(x)$, und für die Tangente im Punkt (x_0, y_0) erhalten wir die Gleichung

$$y = g(x_0) + g'(x_0)(x - x_0) = y_0 - \frac{\partial_1 f}{\partial_2 f}(x_0, g(x_0))(x - x_0),$$

also wiederum

Die Tangentengleichung

$$\partial_1 f(x_0, y_0)(x - x_0) + \partial_2 f(x_0, y_0)(y - y_0) = 0.$$

Ist $\partial_2 f(x_0, y_0) = 0$ aber $\partial_1 f(x_0, y_0) \neq 0$, so schließt man analog, indem man die Rollen von x und y vertauscht. Man erhält dann lokal eine eindeutige Funktion h mit $f(h(y), y) = 0$. Verschwinden beide partielle Ableitungen, so liegt ein so genannter *singulärer Punkt* vor. In diesem Fall muss, wie wir sehen werden, keine eindeutige Tangente existieren.

Beispiel 1. Wir betrachten die Lemniskate

$$f(x, y) = (x^2 + y^2)^2 - 2(x^2 - y^2) = 0.$$

Hier ist $\partial_1 f = 4x(x^2 + y^2) - 4x$ und $\partial_2 f = 4y(x^2 + y^2) + 4y = 4y(x^2 + y^2 + 1)$, und letztere verschwindet genau für $y = 0$. Für $y \neq 0$ können wir also eine Funktion $y = g(x)$ finden. Aufgrund der speziellen Gestalt des Polynoms können wir diese Funktion sogar explizit angeben, indem wir die quadratische Gleichung für y^2 lösen. Es folgt $y = \pm\sqrt{\sqrt{4x^2 + 1} - (x^2 + 1)}$. Ist $y = 0$, also $x^2 = 2$ oder $x = 0$, so finden wir $\partial_1 f(\pm\sqrt{2}, 0) = \pm 4\sqrt{2} \neq 0$ und $\partial_1 f(0, 0) = 0$. Im ersten Fall ist eine Auflösung möglich. In $(0, 0)$ liegt ein singulärer Punkt vor. Wie im Falle einer Variablen wird die genaue Gestalt der Kurve nahe des singulären Punktes eventuell durch höhere Ableitungen erhellt. Wir werden darauf im nächsten Abschnitt zurückkommen.

Den ersten allgemeinen Beweis des Satzes über implizite Funktionen hat U. DINI 1876/77 in seinen Vorlesungen gegeben (vgl. auch [GP]). Er wird heute meist durch Iteration bewiesen. Setzt man

$$g(x, y) = y - \partial_2 f(x_0, y_0)^{-1} f(x, y),$$

so erhält man nahe (x_0, y_0) eine Kontraktion und kann iterativ einen Fixpunkt $u(x)$ bestimmen. Diese Funktion löst dann das ursprüngliche Problem. Für analytische Funktionen kann man die gesuchte Funktion als Potenzreihe ansetzen und deren Koeffizienten durch Koeffizientenvergleich ermitteln. Man erhält so eine formale Potenzreihe, die die Gleichung löst, und muss nur noch deren Konvergenz nachweisen.

Es sei etwa $f(x,y) = \sum_{i,j \geqslant 0} a_{ij} x^i y^j$ mit $f(0,0) = a_{00} = 0$ und $\partial_2 f(0,0) = a_{01} \neq 0$ also $g(x,y) = \sum_{i,j \geqslant 0} b_{ij} x^i y^j$ mit $b_{00} = 0 = b_{01}$ und $b_{ij} = -\frac{a_{ij}}{a_{01}}$ sonst. Für eine Potenzreihe $v(x) = \sum_{j \geqslant 0} a_j x^j$ sei $v_{(j)}(x) = a_j x^j$. Die Koeffizienten der formalen (bzw. zunächst nur für $x = 0$ konvergenten) Potenzreihe $u(x) = \sum_{j \geqslant 0} u_{(j)} = \sum_{j \geqslant 0} c_j x^j$ erhält man dann induktiv durch Koeffizientenvergleich wie folgt:

$$u_{(0)} = 0 \quad \text{und} \quad u_{(k+1)}(x) = g\Big(x, \sum_{j=0}^{k} c_j x^j\Big)_{(k+1)}, \quad k \geqslant 0.$$

Die c_k sind also Polynome mit positiven ganzzahligen Koeffizienten in den $c_1, \ldots, c_{k-1}$ und den b_{ij} mit $i + j \leqslant k + 1$. Zum Beweis der Konvergenz benutzen wir das Majorantenkriterium. Ohne Einschränkung sei g absolut konvergent für $x = 1 = y$ und $A = \sum_{i,j \geqslant 0} |b_{ij}|$. Für die Potenzreihe

$$h(x,y) = A\Big(x + \sum_{i+j \geqslant 2} x^i y^j\Big) = A\Big(\frac{1}{(1-x)(1-y)} - y - 1\Big)$$

gilt dann $g(x,y) = y$ genau dann, wenn $(A+1)y^2 - y + \frac{Ax}{1-x} = 0$. Für kleines $|x|$ besitzt diese quadratische Gleichung zwei reelle Lösungen $v_{\pm} = \frac{1}{2(A+1)} \pm \sqrt{\frac{1}{4(A+1)^2} - \frac{Ax}{1-x}}$, die sich als Komposition von Potenzreihen in x wieder als solche darstellen lassen. Sei etwa $v_-(x) = \sum_{j \geqslant 1} d_j x^j$. Da die Koeffizienten d_j denselben Rekursionsformeln genügen wie die c_j nur mit den Koeffizienten von h anstatt denen von g und stets $|b_{ij}| \leqslant A$ gilt, folgt auch $|c_j| \leqslant d_j$ und damit die Konvergenz von $u(x)$.

Der Satz über implizite Funktionen (für Potenzreihen) lässt sich auch als Spezialfall aus dem folgenden Resultat herleiten, dem so genannten *Weierstraß'schen Vorbereitungssatz*.

Vorbereitungssatz von Weierstraß

Es sei $f(x,y) = \sum_{i,j \geqslant 0} a_{ij} x^i y^j$ eine nahe $(0,0)$ konvergente Potenzreihe mit $f(0,0) = 0$, und es gelte $f(0,y) = y^m g(y)$ für eine Potenzreihe g mit $g(0) \neq 0$. Dann existiert ein eindeutig bestimmtes „Polynom"
in y,

$$P(x,y) = y^m + a_1(x)y^{m-1} + \cdots + a_{m-1}(x)y + a_m(x).$$

dessen Koeffizienten a_j Potenzreihen in x sind, und eine nahe $(0,0)$ konvergente Potenzreihe $h(x,y)$ mit $f(x,y) = P(x,y) \cdot h(x,y)$.

Mit dem Vorbereitungssatz wird das Studium der Nullstellenmenge $f(x,y) = 0$ einer Potenzreihe auf die eines *Weierstraß-Polynoms* $P(x,y)$ zurückgeführt. K. WEIERSTASS hat den Satz seit 1860 zu diesem Zweck in seinen Vorlesungen über Funktionentheorie benutzt – er gilt sinngemäß natürlich auch für komplexe Variable. Zum Beweis verwenden wir den folgenden *Divisionssatz*, den H. SPÄTH 1929 gefunden hat:

Unter den obigen Voraussetzungen an f existiert zu jeder nahe $(0,0)$ konvergenten Potenzreihe $b(x,y)$ eine Potenzreihe $c(x,y)$ und ein eindeutig bestimmtes Polynom $R(x,y) = a_1(x)y^{m-1} + \cdots + a_m(x)$ (mit nahe 0 konvergenten Koeffizienten a_j), so dass

$$b(x,y) = f(x,y)c(x,y) - R(x,y).$$

Der Vorbereitungssatz folgt dann sofort für $b(x,y) = y^m$, denn dann ist

$$f(x,y)c(x,y) = P(x,y) = y^m + R(x,y)$$

und wegen

$$f(0,y)c(0,y) = y^m g(0)c(0,y) = y^m + R(0,y)$$

muss $c(0,0) = g(0)^{-1} \neq 0$ gelten, so dass wir $h(x,y) = c(x,y)^{-1}$ nahe $(0,0)$ setzen können.

Zum Beweis des Divisionssatzes nehmen wir $f(x,y) = \sum_{i,j\geqslant 0} a_{ij}x^i y^j$ an mit $a_{0j} = 0$ für $0 \leqslant j \leqslant m - 1$ und o.E. $a_{0m} = 1$ an sowie $b(x,y) = \sum_{i,j\geqslant 0} b_{ij}x^i y^j$ und setzen $c(x,y) = \sum_{i,j\geqslant 0} c_{ij}x^i y^j$ an. Ist dann

$$f(x,y)c(x,y) = \sum_{i,j\geqslant 0} \beta_{ij}x^i y^j,$$

so muss $\beta_{ij} = b_{ij}$ für alle $i \geqslant 0$ gelten, falls $j \geqslant m$. Explizit folgt

$$\beta_{k\ell} = \sum_{i=0}^{k}\sum_{j=0}^{\ell} c_{ij}a_{k-i,\ell-j} = \sum_{j=0}^{\ell} c_{kj}a_{0,\ell-j} + \sum_{i=0}^{k-1}\sum_{j=0}^{\ell} c_{ij}a_{k-i,\ell-j}$$

$$= c_{k,\ell-m} + \sum_{j=0}^{\ell-m-1} c_{kj}a_{0,\ell-j} + \sum_{i=0}^{k-1}\sum_{j=0}^{\ell} c_{ij}a_{k-i,\ell-j}$$

und damit, wenn man ℓ durch $\ell + m$ ersetzt und $\beta_{k,\ell+m} = b_{k,\ell+m}$ beachtet,

$$c_{k,\ell} = b_{k,\ell+m} - \sum_{j=0}^{\ell-1} c_{kj}a_{0,\ell+m-j} + \sum_{i=0}^{k-1}\sum_{j=0}^{\ell+m} c_{ij}a_{k-i,\ell+m-j}.$$

Die Koeffizienten von c sind also rekursiv eindeutig bestimmt. Wir zeigen noch, dass sie den Abschätzungen

$$|c_{ij}| \leqslant M r_1^i r_2^j, \quad i,j \geqslant 0,$$

für geeignete Konstanten $M, r_1, r_2 > 1$ genügen, denn dann konvergiert die zugehörige Potenzreihe c für $|x| \leqslant \frac{1}{r_1}$ und $|y| \leqslant \frac{1}{r_2}$. Die gesuchten Ungleichungen erhalten wir induktiv mit den obigen Rekursionsformeln. Ist $|a_{ij}| \leqslant C_1$ und $|b_{ij}| \leqslant C_2$, so folgt $|c_{00}| = |b_{k0}| \leqslant C_2$ und induktiv

$$
\begin{aligned}
|c_{k\ell}| &\leqslant C_2 + C_1 \sum_{j=0}^{\ell-1} |c_{kj}| + C_1 \sum_{i=0}^{k-1} \sum_{j=0}^{\ell+m} |c_{ij}| \\
&\leqslant C_2 + C_1 \sum_{j=0}^{\ell-1} M r_1^k r_2^j + C_1 \sum_{i=0}^{k-1} \sum_{j=0}^{\ell+m} M r_1^i r_2^j \\
&= C_2 + C_1 M r_1^k r_2^{\ell-1} \sum_{j=0}^{\ell-1} r_2^{-j} + C_1 \sum_{j=0}^{\ell+m} r_2^j r_1^{k-1} \sum_{i=0}^{k-1} r_1^{-i} \\
&< C_2 + C_1 M r_1^k \frac{r_2^\ell}{r_2 - 1} + C_1 M \frac{r_2^{\ell+m+1}}{r_2 - 1} \frac{r_1^k}{(r_1 - 1)(r_2 - 1)}.
\end{aligned}
$$

Wählt man nun zuerst r_2 und dann r_1 hinreichend groß, so wird

$$
\frac{C_2}{M r_1^k r_s^\ell} + \frac{C_1}{r_2 - 1} + \frac{C_1 r_2^{m+1}}{r_1 - 1} \leqslant 1,
$$

und damit folgt die gewünschte Abschätzung sowie insgesamt die Behauptung.

Schon NEWTON hat 1669 die Potenzreihenmethode benutzt, ohne jedoch eine detaillierte Konvergenzbetrachtung anzustellen. Er hat ferner auch algebraische Funktionen in der Nähe eines singulären Punktes betrachtet und dann y als eine Potenzreihe nach gebrochenen Potenzen in x angesetzt. Wir wollen dies an einigen Beispielen erläutern.

Isaac Newton
* 4.1.1643 Woolsthorpe / † 31.3.1727 London
Mathematiker, Physiker und Astronom, 1669 bis 1701 Professor für Mathematik in Cambridge, 1699 königlicher Münzmeister in London, ab 1703 Präsident der Royal Society. Er begründete mit seinem Werk „Philosophiae naturalis principia mathematica" die theoretische Physik. Den größten Teil seiner mathematischen Arbeiten hat er nicht veröffentlicht. Die um 1665 von ihm entwickelte und 1671 im Manuskript ausgearbeitete Fluxionsrechnung erschien erst posthum 1736.

Beispiele 2. Wir betrachten zunächst den Fall eines *homogenen Polynoms* $f(x,y) = \sum_{i+j=n} a_{ij} x^i y^j$ mit $a_{ij} \in \mathbb{R}$ für $i + j = n \in \mathbb{N}$. Setzt man hier $y = tx$, so folgt

$$
f(x, tx) = \sum_{i+j=n} a_{ij} x^{i+j} t^j = x^n \sum_{i+j=n} a_{ij} t^j = x^n P(t)
$$

mit dem Polynom $P(t) = \sum_{j=0}^{n} a_{n-j,j} t^j$ vom Grad $m \leqslant n$. Mit paarweise verschiedenen $\lambda_k \in \mathbb{C}$ gilt nun $P(t) = c \prod_k (t - \lambda_k)^{\ell_k}$, $\sum_k \ell_k = m$ also

$$
f(x, y) = c x^{n-m} \prod_k (y - \lambda_k x)^{\ell_k}.
$$

Die Nullstellenmenge $f(x,y)$ zerfällt also in eine Vereinigung von Geraden $y = \lambda_k x$ für $\lambda_k \in \mathbb{R}$ und $x = 0$, falls $n > m$. Ist $n = m$ und $\mathrm{Im}\lambda_k \neq 0$ für alle k, so treten λ_k und $\overline{\lambda}_k$ paarweise auf, und $(y - \lambda_k x)(y - \overline{\lambda}_k x) = y^2 - 2\mathrm{Re}\lambda_k + |\lambda_k|x^2 = 0$ besteht aus dem isolierten Punkt $(0,0)$.

3. Ist $f(x,y) = \sum_{pi+qj=n} a_{ij}x^i y^j$ ein *quasi-homogenes Polynom* mit den Gewichten $p, q \in \mathbb{N}$, so setzen wir $y = tx^\mu$ mit $\mu = \frac{q}{p}$. Dann folgt

$$f(x, tx^\mu) = \sum_{pi+qj=n} a_{ij}x^{i+\mu j}t^j = x^r \sum_{pi+qj=n} a_{ij}t^j = x^r P(t),$$

wobei $r = i + \mu j = \frac{n}{p}$. Ist t_0 eine Nullstelle von $P(t)$, so löst $u(x) = t_0 x^\mu$ die implizite Gleichung, d.h. $f\big(x, u(x)\big) = 0$ für alle $x \geqslant 0$. Das einfachste Beispiel ist $f(x,y) = x^p - y^q$ für zwei teilerfremde natürliche Zahlen p, q (hier ist $\mu = \frac{p}{q}$ und $n = p$. In Abhängigkeit von p und q gibt es „qualitativ" drei verschiedene mögliche Fälle (siehe Fig. 3.8).

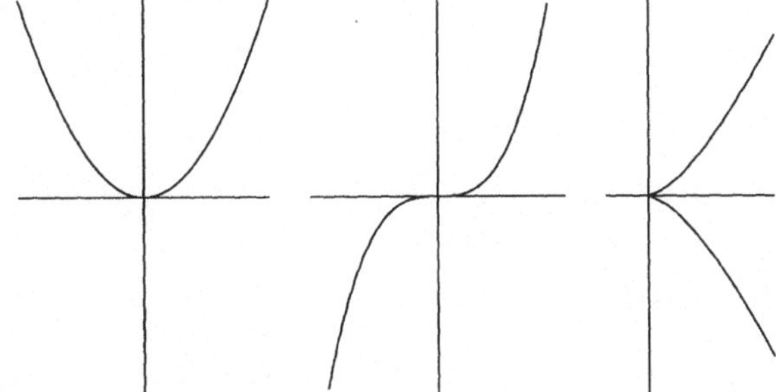

Fig. 3.8

Für ein allgemeines Polynom $f(x,y) = \sum_{i+j\leqslant n} a_{ij}x^i y^j$ betrachtet man den Träger $\Delta(f) = \{(i,j) \in \mathbb{Z}_+^2 \mid a_{ij} \neq 0\}$, das zugehörige *Newton-Diagramm* (von diesem zuerst 1671 verwendet). Der Rand $\partial C(f)$ der konvexen Hülle $C(f)$ von $\bigcup_{p\in\Delta(f)} p + \mathbb{R}_+^2$ wird als *Newton-Polygon* von f bezeichnet.

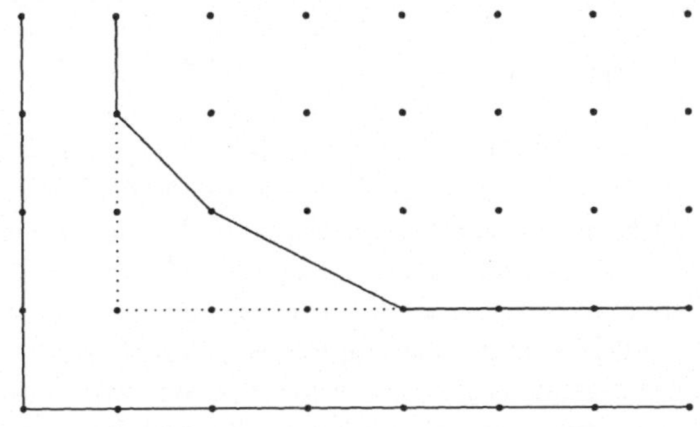

Fig. 3.9

Dieses setzt sich zusammen aus endlich vielen Geradenstücken. Hat eine davon die Steigung 0, so können wir eine Potenz y^m abspalten und erhalten $f(x,y) = y^m f_1(x,y)$.

Wenn das Newton-Polygon keinen Punkt der Form $(0, m)$ enthält, so können wir analog eine Potenz x^k abspalten. Wir können danach also annehmen, dass das Newton-Polygon zwei Punkte $(0, m)$ und $(k, 0)$ jeweils mit minimalem m bzw. k verbindet. Es enthält dann mindestens ein Geradenstück etwa der Steigung $-\frac{1}{\mu}$. Wir machen den Ansatz $y = tx^\mu$ und erhalten

$$
\begin{aligned}
0 = f(x, tx^\mu) &= \sum_{i+j \leqslant n} a_{ij} x^{i+\mu j} t^j = \sum_{i+\mu j = \nu} a_{ij} x^\nu t^j + \sum_{i+\mu j > \nu} a_{ij} x^{i+\mu j} t^j \\
&= x^\nu g(t) + \sum_{i+\mu j > \nu} a_{ij} x^{i+\mu j} t^j.
\end{aligned}
$$

Ist $g(t_0) = 0$, so ist $u_1(x) = t_0 x^\mu$ die erste Näherung einer Lösung u. Besitzt das Polynom $g(t)$ keine reelle Nullstelle und gilt dies auch für kein weiteres Geradenstück, so ist $(0, 0)$ ein isolierter Punkt der Nullstellenmenge $f(x, y) = 0$. Für komplexe Kurven $f(z, w) = 0$ mit $z, w \in \mathbb{C}$ kann dieser Fall natürlich nicht eintreten. Man kann die Näherungslösung u_1 wie folgt verbessern: Man setzt $x_1 = x^{\frac{1}{q}}$ für $\mu = \frac{p}{q}$ sowie $y = x_1^p(t_0 + y_1)$ und erhält

$$
\begin{aligned}
0 = f(x, y) &= f\left(x_1^q, x_1^p(t_0 + y_1)\right) \\
&= x_1^{q\nu}\left(g(t_0 + y_1) + \sum_{i+\mu j > \nu} a_{ij} x_1^{iq+pj-q\nu}(t_0 + y_1)^j\right) \\
&= x_1^{q\nu} f_1(x_1, y_1).
\end{aligned}
$$

Hier ist $f_1(0, y_1) = \sum_{i+\mu j \geqslant \nu} a_{ij}(t_0 + y_1)^j$ ein Polynom vom Grad $\leqslant m$ und $f_1(0, 0) = g(t_0) = 0$. Wir können also so weiter verfahren: Sind mit $f_0 = f$, $m_0 = m$ und $x_0 = x$ die Polynome f_k bereits definiert, für die $f_k(0, y_k)$ den Grad $m_k \leqslant m_{k-1}$ hat, so setzt man $x_{k+1} = x_k^{1/q_k}$ für geeignetes $\mu_k = \frac{p_k}{q_k}$ und $y_k = x_k^{\mu_k}(t_k + y_{k+1})$ für geeignetes $t_k \neq 0$. Damit kann man dann rekursiv eine Näherungslösung u_k berechnen

$$
u_k(x) = x^{\mu_0}(t_0 + y_1) = x^{\mu_0}\left(t_0 + x_1^{\mu_1}(t_1 + y_2)\right)
$$

$$
\vdots
$$

$$
= t_0 x^{\mu_0} + t_1 x^{\mu_0 + \mu_1/q_0} + \cdots + t_k x^{\mu_0 + \mu_1/q_0 + \cdots \mu_k/q_0 \cdots q_{k-1}}.
$$

Bricht dieses Approximationsverfahren ab, man hat dann $f_k(x_k, y_k) = y_k^{m_k} g(x_k, y_k)$ mit $g(0, 0) \neq 0$, so ist $u(x)$ ein Polynom in $x^{1/n}$ für ein $n \in \mathbb{N}$. Andernfalls kann man zeigen, dass die Nenner der Exponenten stationär werden, d.h. man erhält $\mu_k \in \mathbb{N}$ und $q_k = 1$ für $k \geqslant k_0 \in \mathbb{N}$. Ferner kann man zeigen, dass schließlich $m_k = 1$ gilt, so dass man den Satz über implizite Funktionen anwenden kann. Damit wird u eine konvergente Potenzreihe in $x^{1/n}$ für ein $n \in \mathbb{N}$, eine so genannte *Puiseux-Reihe* (nach V.A. Puiseux, der sie 1850 in diesem Zusammenhang genauer studierte). Wir wollen dies hier nicht beweisen (vgl. dazu [BK] und [Bur]), sondern an einem Beispiel demonstrieren.

Beispiel 4. Es sei $f(x, y) = x^3 + y^3 - 3axy$, d.h. $f(x, y) = 0$ das cartesische Blatt (vgl. 2.2, Beispiel 4).

Das Newton-Polygon besteht hier aus zwei Geraden mit den Steigungen -2 bzw. $-\frac{1}{2}$.

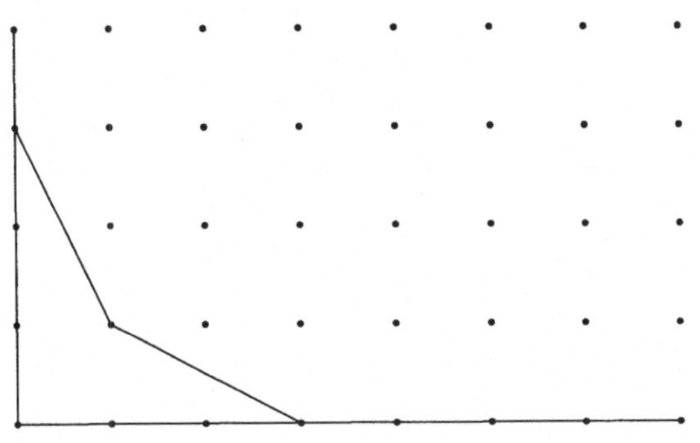

Fig. 3.10

Im ersten Fall ist $\mu = \frac{1}{2}$ und der Ansatz $y = tx^{1/2}$ führt auf

$$x^3 + t^3 x^{3/2} - 3atx^{3/2} = 0,$$

also $g(t) = t(t^2 - 3a)$ mit den Nullstellen $t_{1,2} = \pm\sqrt{3a}$ (und $t = 0$). Damit erhalten wir in erster Näherung die Lösungen $u_{+,1}(x) = \sqrt{3a}x^{1/2}$ und $u_{-,1}(x) = -\sqrt{3a}x^{1/2}$. Im zweiten Fall ist $\mu = 2$, und $y = tx^2$ führt auf

$$x^3 + t^3 x^6 - 3atx^3 = 0,$$

also $g(t) = 1 - 3at$, d.h. $t_0 = \frac{1}{3a}$. Dies entspricht einem weiteren Lösungszweig u mit erster Näherung $u_1(x) = \frac{1}{3a}x^2$. Verfährt man wie oben, so erhält man als nächste Näherungen $u_{\pm,2}(x) = \pm\sqrt{3a}x^{1/2} - \frac{1}{6a}x^2$ bzw. $u_2(x) = \frac{1}{3a}x^2 + \frac{1}{(3a)^4}x^5$. Wir überlassen dies dem Leser als Übungsaufgabe (vgl. Aufgabe 7).

Auch transzendente ebene Kurven kann man mit der Potenzreihenmethode behandeln. So hat I. Newton bei der Rektifikation des Kreises die Binomialreihe für $\sqrt{1 - x^2}$ gliedweise integriert und die Arcussinus-Reihe erhalten. Durch Reihenumkehr gewinnt er daraus mittels unvollständiger Induktion die bekannte Sinus-Reihe. Weit schwieriger gestaltet sich die Auflösung der Gleichung $y - x\sin y = c$, die nach J. Kepler benannt wird. Wir wollen zunächst ihren historischen Ursprung kurz erläutern. In Abschnitt 2.4 haben wir gezeigt, dass die Planetenbewegung durch eine implizite Gleichung beschrieben wird, etwa im Fall der Ellipse durch

$$r(1 + \varepsilon\cos\theta) = a(1 - \varepsilon^2)$$

mit $0 < \varepsilon < 1$. Nach dem Flächensatz (2. Kepler'sches Gesetz) ist die Laufzeit t des Planeten proportional zum Flächeninhalt des Ellipsensektors, der durch den Winkel θ bestimmt wird. Unser Ziel ist es, die Umkehrfunktion $\theta(t)$ möglichst explizit zu bestimmen. Nun besteht eine eindeutige Beziehung zwischen θ und dem Zentriwinkel φ, der der Fig. 3.11 zu entnehmen ist.

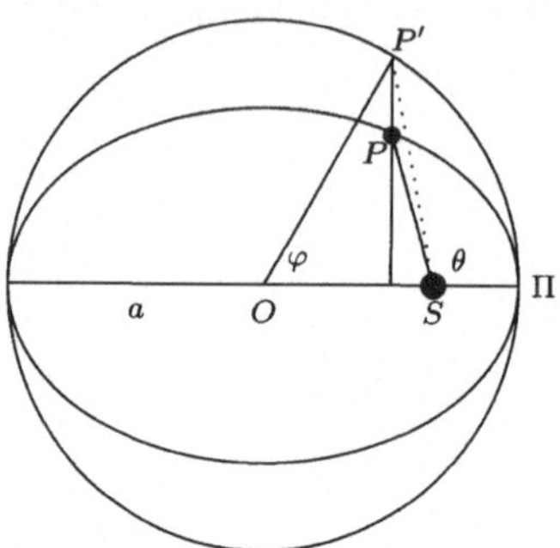

Fig. 3.11

Für die x-Koordinate des Planeten P erhält man einerseits $x = a \cos \varphi$ und andererseits $x = a\varepsilon + r \cos \theta$, d.h. nach Einsetzen die Beziehung

$$\cos \varphi = \varepsilon + \frac{(1 - \varepsilon^2) \cos \theta}{1 + \varepsilon \cos \theta}$$

oder nach Umformung

$$\cos \theta (1 - \varepsilon \cos \varphi) = \cos \varphi - \varepsilon.$$

Benutzt man noch die Beziehungen $1 + \cos \theta = 2 \cos^2 \frac{\theta}{2}$ und $1 - \cos \theta = 2 \sin^2 \frac{\theta}{2}$, so folgt

$$\tan^2 \frac{\theta}{2} = \frac{1 - \cos \theta}{1 + \cos \theta} = \frac{1 + \varepsilon}{1 - \varepsilon} \frac{1 - \cos \varphi}{1 + \cos \varphi} = \frac{1 + \varepsilon}{1 - \varepsilon} \tan^2 \frac{\varphi}{2},$$

und es genügt, φ in Abhängigkeit von t zu bestimmen. Mit dem Flächensatz erhält man nun für die Flächeninhalte der in 3.11 eingezeichneten Sektoren und des Dreiecks

$$S(O\Pi P') = \Delta(P'OS) + S(\Pi S P') = \Delta(P'OS) + \frac{a}{b} S(\Pi S P).$$

Mit der Umlaufzeit U des Planeten, beginnend am *Perihel* Π, ist die Größe $M = t \frac{2\pi}{U}$ verknüpft, die in der Himmelsmechanik als *mittlere Anomalie* bezeichnet wird; φ heißt dort die *exzentrische Anomalie E*, und θ ist die *wahre Anomalie W*, die es zu berechnen gilt. Mit diesen Bezeichnungen erhält man für die Flächeninhalte daher

$$a^2 \pi \frac{\varphi}{2\pi} = \frac{a^2}{2} \varphi = \frac{1}{2} a\varepsilon \cdot a \sin \varphi + \frac{a}{b} \frac{M}{2\pi} ab\pi,$$

d.h. mit E statt φ die *Kepler'sche Gleichung*

$$E - \varepsilon \sin E = M.$$

J. Kepler hat die Gleichung 1609 näherungsweise gelöst. Auch I. Newton hat 1687 in den „Philosophiae naturalis principia mathematica" eine Näherungslösung gefunden, die, obwohl in geometrischer Sprache formuliert, auf dem nach ihm benannten Näherungsverfahren beruht; vgl. [Cha] für eine modernisierte Darstellung. Eine Lösung mit

Hilfe von Potenzreihen hat J.-L. Lagrange 1770/71 gegeben. Diese wollen wir kurz skizzieren. Wir betrachten dazu allgemeiner eine Gleichung der Form

$$y = a + xf(y)$$

mit einer Funktion f, die in der Nähe von $y = a \in \mathbb{R}$ eine Potenzreihenentwicklung besitzt. Wir suchen eine Potenzreihe $y = g(x)$ mit $g(x) = a + xf\big(g(x)\big)$ in der Nähe von $x = 0$. Nun lässt sich die implizite Gleichung

$$F(x, y, z) = xf(y) + z - y = 0$$

in der Nähe von $(0, a, a)$ nach y auflösen, da $\partial_2 F(0, a, a) = -1 \neq 0$. Für die lokal eindeutige Lösung $y = g(x, z)$ gilt

$$\partial_1 g(0, a) = -\frac{\partial_1 F}{\partial_2 F}(0, a, a) = f(a) = f(a)\partial_2 g(0, a).$$

Davon ausgehend folgt aber induktiv

$$g^{(n)}(0) = \left.\frac{d^{n-1}}{dy^{n-1}}\right|_{y=a} \big(f(y)^n\big)$$

für $n \geq 1$. Man benutzt hierbei ein Resultat, das wir erst im nächsten Abschnitt beweisen: die partiellen Ableitungen nach y und z, hintereinander ausgeführt, vertauschen. Wie weiter oben bemerkt, ist g sogar eine Potenzreihe in x und a.

Damit erhalten wir nach einer Methode von P.-S. Laplace (1774) die

Umkehrformel von Lagrange

Für eine nahe $y = a$ konvergente Potenzreihe $f(y)$ besitzt die Gleichung $y = a + xf(y)$ die in der Nähe von $x = 0$ konvergente Lösung

$$g(x) = a + \sum_{n=1}^{\infty} \left.\frac{d^{n-1}}{dy^{n-1}}\right|_{y=a} \big(f(y)^n\big)\frac{x^n}{n!}.$$

Speziell auf das Kepler-Problem angewandt, erhält man

$$E = M + \sum_{n=1}^{\infty} \frac{\varepsilon^n}{n!} 2^{1-n} \sum_{k=0}^{[n/2]} (-1)^k \binom{n}{k}(n - 2k)^{n-1} \sin\big((n - 2k)M\big),$$

wenn man $f(y)^n = \sin^n y = \left(\frac{e^{iy} - e^{-iy}}{2i}\right)^n$ nach der binomischen Formel berechnet und anschließend $(n-1)$-mal an der Stelle $y = M$ differenziert. Leider gilt diese Entwicklung, wie P.-S. Laplace 1774 bereits erkannt hat, nicht für alle Ellipsen: der Konvergenzradius ist durch die mysteriöse Zahl $0.6627434193\ldots$ gegeben. Für die Planeten unseres

Sonnensystems, für die die Exzentrizität zwischen 0.007 (Venus) und 0.25 (Pluto) liegt, ist sie jedoch anwendbar. Man kann alternativ auch eine Entwicklung als Fourier-Reihe herleiten, bei der in die Koeffizienten die Bessel-Funktionen eingehen:

$$E = M + \sum_{n=1}^{\infty} \frac{2}{n} J_n(n\varepsilon) \sin(nM).$$

Diese Reihe, die man ebenfalls bereits bei Lagrange findet, konvergiert für alle $\varepsilon < 1$. Übrigens ist F.W. Bessel 1816/17 in diesem Zusammenhang auf die später nach ihm benannten Funktionen gestoßen und A.-L. Cauchy ist durch die Beschäftigung mit der Keplerschen Gleichung zur Theorie der komplexen Funktionen geführt worden. Der russische Mathematiker V.I. Arnol'd schreibt in [Arn] dazu:

This equation plays an important part in the history of mathematics....
Such fundamental mathematical concepts and results as Bessel functions, Fourier series, the topological index of a vector field, and the "principle of the argument" of the theory of functions of a complex variable also first appeared in the investigation of Kepler's eqution.

Eine weitere Anwendung des Umkehrsatzes von Lagrange betrifft die Lösung der Gleichung

$$x = y^m + y = y(1 + y^{m-1}) = yh(y),$$

die sich in der angegebenen Form schreiben lässt, wenn man $a = 0$ und $f(y) = \frac{1}{h(y)}$ setzt. Berechnet man wie oben die Taylor-Koeffizienten $g^{(n)}(0)$, so erhält man die Lösung

$$y = g(x) = x + \sum_{k=1}^{\infty} (-1)^k \frac{1}{k} \binom{km}{k-1} x^{k(m-1)+1},$$

die J. Lambert bereits 1758 angegeben hat. Genauer ist

$$\frac{1}{h(y)^n} = (1 + y^{m-1})^{-n} = \sum_{k=0}^{\infty} \binom{-n}{k} y^{k(m-1)}$$

aufgrund der binomischen Reihe, und durch gliedweise Differentiation an der Stelle $y = 0$ folgt die Behauptung (vgl. Aufgabe 10).

Wir haben hier keine Aussagen über die Konvergenz der allgemeinen Reihe von Lagrange oder der Reihe von Lambert getroffen. Letztere stellt nur für y nahe Null eine Lösung dar. dass man so nicht alle Lösungen der Gleichung $y^m + y = x$ erhält, ist schon im Fall $m = 2$ ersichtlich, beim dem sie nur die Wurzel $y = \frac{1}{2}(\sqrt{1+4x} - 1)$ liefert – die zweite Wurzel, $y = -\frac{1}{2}(\sqrt{1+4x} + 1)$, erhält man nicht. Wir haben in Abschnitt 1.4 gesehen, wie der Übergang zu komplexen Zahlen zum richtigen Verständnis über das Lösungsverhalten polynomialer Gleichungen geführt hat. Auch das Konvergenzverhalten reeller Potenzreihen kann man erst richtig verstehen, wenn man auch komplexe Variable benutzt. lässt man auch bei algebraischen Gleichungen zweier Variabler komplexe Zahlen zu, so eröffnet sich ein weites Feld, die algebraische Geometrie. Wir können darauf jedoch nicht weiter eingehen, da man nicht ohne tiefere Hilfsmittel der Funktionentheorie und der Topologie auskommt. Eine erste Einführung bietet [BK].

Oft kann man den Verlauf einer Kurve besser erkennen, wenn sie als differenzierbare Kurve $c : [a,b] \to G \subset \mathbb{R}^2$ in parametrisierter Form vorliegt. Die Tangente im Punkt $c(t)$, $t \in (a,b)$, ist dann gegeben durch die Richtungsableitung $\dot{c}(t)$, oder in physikalischer Interpretation durch den Geschwindigkeitsvektor an die Kurve, die man sich durch Bewegung eines Punkts gemäß der Funktion $c(t)$ erzeugt denkt. Dies entspricht im wesentlichen NEWTONs Zugang zur Differentialrechnung (1666). Er fasste die Variablen x und y als Funktionen der Zeit t auf und differenzierte die Gleichung $f(x,y) = 0$ nach t. Im Fall eines Polynoms erhielt er

$$\sum_{0 \leqslant k+\ell \leqslant m} \left(k\frac{\dot{x}}{x} + \ell\frac{\dot{y}}{y} \right) a_{k\ell} x^k y^\ell = 0.$$

Um dies zu rechtfertigen und den Zusammenhang mit den obigen Überlegungen herzustellen, benutzen wir die *Kettenregel*, die wir im Beweis des Satzes über implizite Funktionen in einem Spezialfall mitbewiesen haben:

Die Kettenregel

Ist $f : G \to \mathbb{R}$ stetig differenzierbar und $c : [a,b] \to G$ differenzierbar, so gilt

$$\frac{d}{dt} f\big(c(t)\big) = \partial_1 f\big(c(t)\big)\dot{c}_1(t) + \partial_2 f\big(c(t)\big)\dot{c}_2(t), \quad a < t < b.$$

Zum Beweis wählt man $h \neq 0$ mit $t+h \in (a,b)$ und setzt $k_j = c_j(t+h) - c_j(t)$, $j = 1,2$. Dann folgt mit dem Mittelwertsatz

$$f\big(c(t+h)\big) - f\big(c(t)\big) = f\big(c_1(t) + k_1, c_2(t) + k_2\big) - f\big(c_1(t), c_2(t)\big)$$
$$= f\big(c_1(t) + k_1, c_2(t) + k_2\big) - f\big(c_1(t), c_2(t) + k_2\big)$$
$$f\big(c_1(t), c_2(t) + k_2\big) - f\big(c_1(t), c_2(t)\big)$$
$$= \partial_1 f\big(c_1(t) + \vartheta_1 k_1, c_2(t) + k_2\big) k_1 + \partial_2 f\big(c_1(t), c_2(t) + \vartheta_2 k_2\big) k_2$$

und damit die Behauptung im Grenzübergang $h \to 0$. Denn c_j ist differenzierbar, also $\frac{c_j(t+h) - c_j(t)}{h} = \frac{k_j}{h} \to \dot{c}_j(t)$, $j = 1,2$, und die $\partial_j f$ sind stetig.

Für eine ebene Kurve gilt nun $f\big(c(t)\big) = 0$, $a \leqslant t \leqslant b$, und damit

$$\partial_1 f\big(c(t)\big)\dot{c}_1(t) + \partial_2 f\big(c(t)\big)\dot{c}_2(t) = 0, \quad a < t < b.$$

Dies erlaubt auch eine geometrische Interpretation des Vektors

$$\operatorname{grad} f\big(c(t)\big) = (\partial_1 f, \partial_2 f)\big(c(t)\big);$$

er steht senkrecht auf dem Tangentenvektor und ist daher die *Normale* an die Kurve im Punkt $c(t)$ – er wird als *Gradient* bezeichnet. Die Gleichung der Normalen im Punkt (x_0, y_0) lautet demnach

$$y - y_0 = \frac{\partial_2 f(x_0, y_0)}{\partial_1 f(x_0, y_0)}(x - x_0),$$

falls $\partial_1 f(x_0, y_0) \neq 0$, und allgemein

Die Normalengleichung

$$\partial_1 f(x_0, y_0)(y - y_0) - \partial_2 f(x_0, y_0)(x - x_0) = 0.$$

Beispiel 5. Für die Kurve

$$f(x, y) = (x + b)x^2 + (x - a)y^2 = 0$$

mit $a, b \in \mathbb{R}$ erhalten wir

$$\partial_1 f = 2x(x + b) + x^2 + y^2, \quad \text{und} \quad \partial_2 f = 2(x - a)y.$$

Damit kann man die Tangenten- bzw. Normalengleichungen für jeden nicht singulären Punkt sofort angeben; singulär ist nur der Nullpunkt $(0, 0)$. Hier hilft die folgende Parametrisierung weiter: Wir setzen $t = \frac{y}{x}$ und erhalten mit

$$0 = \frac{f(x, y)}{x^2} = x + b + (x - a)t^2$$

sofort $x = \frac{at^2 - b}{1 + t^2}$, also

$$c_1(t) = \frac{at^2 - b}{1 + t^2}, \quad c_2(t) = t\frac{at^2 - b}{1 + t^2}$$

für $t \in \mathbb{R}$. Diese Parametrisierung liefert auch für $x = 0$ die richtigen Werte. Weiterhin ist

$$\dot{c}(t) = \left(2t\frac{a + b}{(1 + t^2)^2}, \frac{at^2 - b}{1 + t^2} + 2t^2\frac{a + b}{(1 + t^2)^2}\right),$$

also $\dot{c}(t) \neq 0$ für alle t, außer im speziellen Fall $b = 0$, der Kissoide. Haben a und b verschiedenes Vorzeichen, so ist der Nullpunkt isolierter Punkt, haben sie gleiches Vorzeichen, so wird er zweimal durchlaufen, und zwar mit unterschiedlichen Richtungsableitungen; es liegt ein *Doppelpunkt* vor. Die vertikale Gerade spielt auch im allgemeinen Fall eine besondere Rolle. Sie ist Asymptote der Kurve, d.h., die Kurve nähert sich dieser Geraden für $t \to \pm\infty$.

Im allgemeinen wird eine *Asymptote* wie folgt bestimmt: Ist $c : (a, b) \to \mathbb{R}^2$ gegeben und gilt etwa für $t \to b$
- $c_2(t) \to \pm\infty$ und $c_1(t) \to a$, so ist $x = a$ eine vertikale Asymtote,
- $c_1(t) \to \pm\infty$ und $c_2(t) \to a$, so ist $y = a$ eine horizontale Asymtote,
- $c_1(t) \to \infty$ und $c_2(t) \to \infty$ und existieren die Grenzwerte $m = \lim_{t \to a}\frac{c_2(t)}{c_1(t)}$ und $c = \lim_{t \to a}\left(c_2(t) - mc_1(t)\right)$, so ist $y = mx + c$ eine Asymtote.

Entsprechendes gilt für $c_j(t) \to \pm\infty$ und gegebenenfalls für $t \to b$.

Liegt eine algebraische Kurve in impliziter Form $f(x, y) = 0$ vor, so substituiert man

$y = mx + c$ (oder $x = my + c$), ordnet $f(x, mx + c) = 0$ (bzw. $f(my + c, y)$ nach fallenden Potenzen in x (bzw. y) und ermittelt m und c aus den Koeffizienten der beiden höchsten Potenzen, die für $x \to \pm\infty$ (bzw. $y \to \pm\infty$) verschwinden müssen.

Beispiele 6. Die Kissoide, die Konchoide und die Strophoide haben jeweils eine vertikale Asymptote, die Kissoide bei $x = 2a$, die anderen bei $x = a$.

7. Das cartesische Blatt hat eine Asymptote. In der Parameterdarstellung c wird $\lim_{t \to -1} |c(t)| = \infty$, und es folgt

$$\lim_{t \to -1} \frac{c_2(t)}{c_1(t)} = -1.$$

Ferner ist

$$\lim_{t \to -1} \big(c_2(t) + c_2(t)\big) = \lim_{t \to -1} 3at \frac{1+t}{1+t^3} = -a,$$

also $y = -x - a$ die gesuchte Asymptote.
In der impliziten Form führt der Ansatz $x^3 + (mx + c)^3 - 3ax(mx + c) = 0$ auf

$$x^3(1 + m^3) + (3m^2c - 3am)x^2 + (3mc^2 - 3ac)x + c^3 = 0,$$

also ebenfalls $m = -1$ und $c = -a$.

Das asymptotische Verhalten einer algebraischen Kurve $f(x, y) = 0$ für $x, y \to \pm\infty$ ist von NEWTON 1695 (engl. veröffentl. 1710 als "Curves"; vgl. [New]) zum Ausgangspunkt einer Klassifikation der Kubiken, d.h. der Polynome f vom Grad 3, gemacht worden. Neben dem cartesischen Blatt und der Neil'schen Parabel fand er noch 70 andere Kurventypen – 6 weitere hat er übersehen. Wir verweisen dazu auf [New] sowie auf [BK].

Ein weiteres Charakteristikum einer Kurve ist die *Krümmung* κ. Sie wird für eine zweimal stetig differenzierbare Kurve $c : [a, b] \to \mathbb{R}^2$ in einem nicht singulären Punkt $c(t)$ definiert als die Änderung des Winkels $\phi(t) = \arctan \frac{\dot{c}_2(t)}{\dot{c}_1(t)}$, den die Richtungsableitung $\dot{c}(t)$ mit der x-Achse bildet, in Abhängigkeit von der Bogenlänge $s(t) = \int_a^t \|\dot{c}(u)\| \, du$ (siehe Fig. 3.12), d.h.

$$\kappa(t) = \frac{d}{ds}\phi(t) = \frac{\dot{\phi}}{\dot{s}}.$$

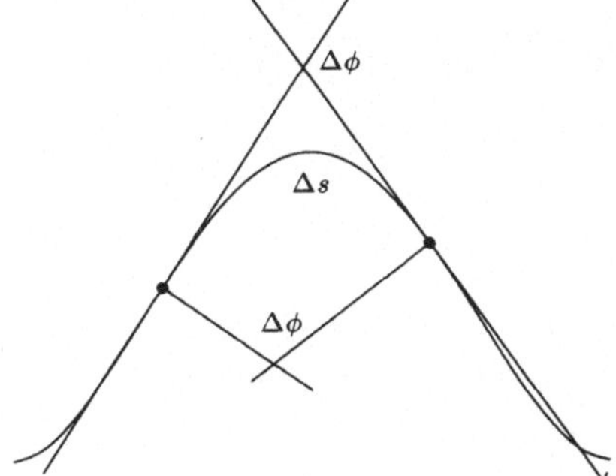

Fig. 3.12

Beispiel 8. Wir betrachten die allgemeine logarithmische Spirale

$$r(\varphi) = ae^{\varphi \cot \psi}, \quad \varphi \in \mathbb{R}.$$

Hier ist $a > 0$ eine Konstante und der ebenfalls konstante Winkel $\psi \in (0, \pi)$ ist der Winkel, den der Radiusvektor mit der Tangente bildet (siehe Fig. 3.13).

Man rechnet leicht nach (vgl. 2.2, Aufgabe 2), dass die Bogenlänge der logarithmischen Spirale durch

$$s(\varphi) = \frac{a}{\sin \psi} \int_{-\infty}^{\varphi} e^{t \cot \psi} \, dt = \frac{r(\varphi)}{\cos \psi}$$

gegeben ist. Es folgt $\frac{dr}{ds} = \cos \psi$, wegen $\frac{dr}{d\varphi} = r \cot \psi$ also

$$\kappa = \frac{d}{ds}(\varphi + \psi) = \frac{d\varphi}{ds} = \frac{d\varphi}{dr}\frac{dr}{ds} = \frac{\sin \psi}{r}.$$

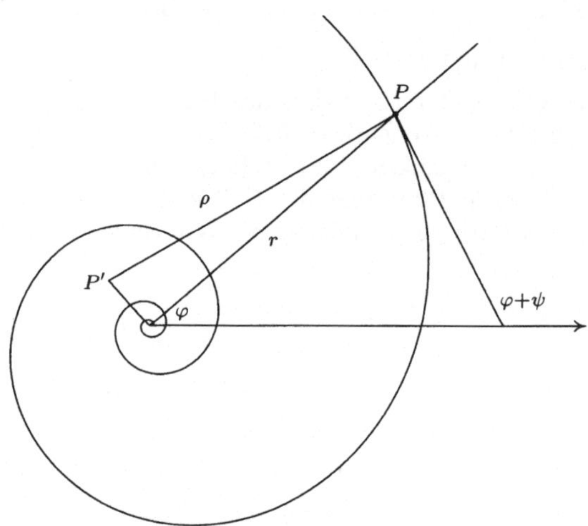

Fig. 3.13

Nun ist (nach der Ketten- und der Quotientenregel)

$$\dot{\phi} = \frac{d}{dt} \arctan \frac{\dot{c}_2}{\dot{c}_1} = \frac{1}{1 + (\dot{c}_2/\dot{c}_1)^2} \frac{\ddot{c}_2 \dot{c}_1 - \ddot{c}_1 \dot{c}_2}{\dot{c}_1^2}$$

und mit $\dot{s}(t) = \|\dot{c}(t)\|$ folgt

Die Krümmung

$$\kappa = \frac{\dot{c}_1 \ddot{c}_2 - \ddot{c}_1 \dot{c}_2}{(\dot{c}_1^2 + \dot{c}_2^2)^{3/2}} = \frac{\det(\dot{c}, \ddot{c})}{\|\dot{c}\|^3}.$$

Besonders einfach wird die Formel, wenn c regulär und nach der Bogenlänge parametrisiert ist. Ist c *regulär*, d.h. $\|\dot{c}(t)\| \neq 0$ für alle t, so kann man die Bogenlänge $s(t)$ als Parameter wählen. Diese spezielle Parametrisierung nach der Bogenlänge stammt von EULER (1775). Wir nennen sie die *natürliche Parametrisierung* einer Kurve. Als Funktion von s hat man dann $\|\dot{c}(s)\| \equiv 1$ und somit $\frac{d}{ds}\|\dot{c}(s)\|^2 = 2\langle \dot{c}(s), \ddot{c}(s)\rangle = 0$, d.h., die Vektoren $\dot{c}$ und $\ddot{c}$ stehen senkrecht aufeinander. Mit der Drehmatrix $J = \begin{pmatrix} 0 & -1 \\ 1 & 0 \end{pmatrix}$ und dem *Einheitsnormalenvektor* $\mathfrak{n} = J\dot{c}$ wird

$$\kappa = \det(\dot{c}, \ddot{c}) = \langle \ddot{c}, J\dot{c}\rangle = \|\ddot{c}\|\Big\langle \frac{\ddot{c}}{\|\ddot{c}\|}, J\dot{c}\Big\rangle.$$

Es gilt also

$$|\kappa(s)| = \|\ddot{c}(s)\|$$

und das Vorzeichen von κ ist positiv oder negativ, je nachdem ob $\ddot{c}$ in die Richtung von $\mathfrak{n}$ zeigt oder in die entgegengesetzte, d.h., je nachdem ob die Kurve eine Links- oder eine Rechtskurve beschreibt.

Bei beliebiger Parametrisierung wird der *Einheitstangentenvektor* durch $\mathfrak{t} = \frac{\dot{c}}{\|\dot{c}\|}$ definiert und $\mathfrak{n} = J\mathfrak{t}$ gesetzt. Man kann (mit der Kettenregel) leicht zeigen, dass $\kappa(t)$ nicht von der Wahl der Parametrisierung abhängt, d.h. $\kappa\big(c(t)\big)$ geschrieben werden kann.

Für einen Kreis vom Radius $r > 0$, also $c(t) = (\xi + r\cos t, \eta + r\sin t)$, $t \in \mathbb{R}$, gilt $\kappa(t) = \frac{1}{r}$, wie man leicht bestätigt. Durchläuft man den Kreis in umgekehrter Richtung, so erhält man $\kappa(t) = -\frac{1}{r}$. Umgekehrt wollen wir zeigen, dass für eine zweimal stetig differenzierbare Kurve c in jedem nicht singulären Punkt $c(t_0)$ genau ein Kreis existiert, der die Kurve in $c(t_0)$ berührt (dort also dieselbe Tangente besitzt) und die Krümmung $\kappa\big(c(t_0)\big)$ hat. Ohne Einschränkung dürfen wir $t_0 = 0$ und $c(0) = 0$ annehmen. Gesucht ist also ein Kreis

$$k(t) = \big(\xi + \rho\cos(t + \varphi), \eta + \rho\sin(t + \varphi)\big)$$

vom Radius ρ mit $k(0) = 0$, $\dot{k}(0) = \alpha\dot{c}(0)$ für ein $\alpha \in \mathbb{R}$ und $\rho\kappa(0) = 1$. Aus der ersten Gleichung folgt $\xi = -r\cos\varphi$ und $\eta = -r\sin\varphi$ und aus der letzten $r = \frac{1}{\kappa(0)}$, so dass nur φ zu bestimmen ist. Aus der zweiten Gleichung folgt aber $\dot{k}(0) = (-r\sin\varphi, r\cos\varphi) = \alpha\dot{c}(0)$ und daraus $\varphi = -\arctan\frac{\dot{c}_1(0)}{\dot{c}_2(0)}$ wobei $\varphi = \pm\frac{\pi}{2}$ für $\dot{c}_2(0) = 0$ und $\dot{c}_1(0) \gtrless 0$ zu setzen ist.

Wir nennen den so bestimmten Kreis den *Krümmungskreis* im Punkt (x_0, y_0) und seinen Radius $\rho = \frac{1}{\kappa}$ den *Krümmungsradius* der Kurve c in diesem Punkt. Für den Mittelpunkt (ξ, η) dieses Krümmungskreises erhalten wir also:

$$(\xi, \eta) = (x_0, y_0) - \frac{1}{\kappa}\Big(\cos\arctan\frac{\dot{c}_1}{\dot{c}_2}, -\sin\arctan\frac{\dot{c}_1}{\dot{c}_2}\Big)$$

$$= (x_0, y_0) - \frac{(\dot{c}_1^2 + \dot{c}_2^2)^{3/2}}{\dot{c}_1\ddot{c}_2 - \ddot{c}_1\dot{c}_2}\Big(\frac{\dot{c}_2}{(\dot{c}_1^2 + \dot{c}_2^2)^{1/2}}, \frac{-\dot{c}_1}{(\dot{c}_1^2 + \dot{c}_2^2)^{1/2}}\Big),$$

d.h.

> **Die Krümmungskreismittelpunkte**
>
> $$(\xi, \eta) = (x_0, y_0) + \frac{\dot{c}_1^2 + \dot{c}_2^2}{\dot{c}_1 \ddot{c}_2 - \ddot{c}_1 \dot{c}_2}(-\dot{c}_2, \dot{c}_1).$$

Den geometrischen Ort aller Krümmungskreismittelpunkte einer Kurve bezeichnet man nach CH. HUYGENS (1673) als deren *Evolute*. Ist die Kurve c nach ihrer Bogenlänge parametrisiert, so besitzt die Evolute c_{ev} die Darstellung

$$c_{ev} = c + \frac{1}{\kappa} J\dot{c} = c + \rho J\dot{c}.$$

Beispiele 9. Wir können jetzt die Behauptung aus Abschnitt 2.4 beweisen, dass die Evolute einer Zykloide wiederum eine Zykloide ist. In der Tat erhält man für $c(t) = r(t - \sin t, 1 - \cos t)$, $t \in \mathbb{R}$, sofort durch Differentiation als Evolute die Kurve

$$c_{ev}(t) = r(t + \sin t, -1 + \cos t) = (r\pi, -2r) + r\big((t - \pi) - \sin(t - \pi), 1 - \cos(t - \pi)\big),$$

also $c_{ev}(t) = (r\pi, -2r) + c(t - \pi)$, eine um π verschobene, in $(r\pi, -2r)$ startende Zykloide.

10. Wir wollen noch die Evolute einer Parabel $y = ax^2 + b$ bestimmen. Hier liefert die Parametrisierung $c(t) = (t, at^2 + b)$, $t \in \mathbb{R}$, für die Evolute sofort

$$c_{ev}(t) = (t, at^2 + b) - \frac{1 + (2at)^2}{2a}(2at, -1) = \Big(-4a^2 t^3, 3at^2 + b + \frac{1}{2a}\Big),$$

also eine semikubische Parabel.

Ist die Kurve als Graph einer Funktion f gegeben (was wir nach dem Satz über implizite Funktionen ohne weiteres annehmen dürfen), so kann man die Krümmungskreismittelpunkte auch nach der folgenden Idee von I. NEWTON (1671) bestimmen. Dazu beachtet man, dass der Krümmungskreismittelpunkt für den Kurvenpunkt $(x_0, f(x_0))$ auf der Normalen an die Kurve, $y = f(x_0) - \frac{1}{f'(x_0)}(x - x_0)$, liegt. Der Schnittpunkt mit der Normalen in einem benachbarten Kurvenpunkt $(x_0 + h, f(x_0 + h))$ ist dann gerade der gesuchte Krümmungskreismittelpunkt (ξ, η), wenn man $h \to 0$ gehen lässt. Es muss also $\eta = f(x_0) - \frac{1}{f'(x_0)}(\xi - x_0)$ gelten und als Funktion von x_0 muss η in ξ einen stationären Punkt besitzen, also $\frac{dy}{dx_0}(\xi) = 0$ erfüllen. Nun folgt aber aus

$$\frac{dy}{dx_0} = f'(x_0) + \frac{f''(x_0)}{f'(x_0)^2}(x - x_0) + \frac{1}{f'(x_0)} = 0,$$

sofort

$$\xi - x_0 = -\frac{\big(1 + f'(x_0)^2\big)f'(x_0)}{f''(x_0)} \quad \text{und} \quad \eta - f(x_0) = -\frac{\xi - x_0}{f'(x_0)},$$

und damit für den Betrag der Krümmung

$$|\kappa| = \rho^{-1} = \left((\xi - c_0)^2 + (\eta - f(x_0))^2\right)^{-1/2} = \frac{|f''(x_0)|}{\left(1 + f'(x_0)^2\right)^{3/2}}.$$

Wir erhalten auch das Vorzeichen der Krümmung, wenn wir die Normale so orientieren, dass sie aus der Tangente durch Drehung um $\frac{\pi}{2}$ entsteht. Ihr Vorzeichen stimmt dann mit dem von $f''(x_0)$ überein.

Sieht man den Übergang von einer Kurve zu ihrer Evoluten als eine Art Ableitung an, so stellt sich die Frage nach der Umkehrung. Ist eine gegebene Kurve stets die Evolute einer anderen Kurve? Dies ist in der Tat der Fall. Wie bei der Integration, ist eine solche Kurve – sie wird als *Involute* bezeichnet – jedoch nicht eindeutig bestimmt. Bevor wir diese Involuten bestimmen, sehen wir uns die Kurve c_{ev} etwas genauer an. Für eine natürlich parametrisierte Kurve c ist c_{ev} i.a. nicht natürlich parametrisiert. Für die Bogenlänge σ von c_{ev} und den Einheitstangentenvektor $t_{ev} = \frac{\dot{c}_{ev}}{\|\dot{c}_{ev}\|}$ gilt vielmehr

$$\dot{\sigma}t_{ev} = \frac{d}{ds}\left(c(s) + \rho J\dot{c}(s)\right) = \dot{c}(s) + \rho J\ddot{c}(s) + \dot{\rho}J\dot{c}(s)$$
$$= t(s) - \rho\kappa t(s) + \dot{\rho}n(s) = \dot{\rho}n,$$

da J^2 der Multiplikation mit -1 entspricht. Es gilt also $\dot{\sigma} = \pm\dot{\rho}$, d.h. $\sigma = a \pm \rho$ mit einer Konstanten a. Ohne Einschränkung können wir hier $\sigma = a + \rho$ wählen. Dann folgt $t_{ev} = n$ und wegen $c_{ev} = c + \rho n$ die Beziehung $c = c_{ev} - \rho t_{ev}$. Eine Involute c_{en} einer gegebenen natürlich parametrisierten Kurve c besitzt dann mit einer willkürlichen Konstanten a die Parametrisierung

$$c_{en}(s) = c(s) + (a - s)\dot{c}(s).$$

Wir können also die Kurve c aus der Evoluten c_{ev} rein geometrisch rekonstruieren bzw. zu vorgegebener Kurve auch die gesuchte Involute. Dazu denkt man sich die Evolute (oder die Ausgangskurve) mit einem Faden belegt, den man von einem Punkt der Evolute (bzw. der Ausgangskurve) aus abwickelt. Der Endpunkt des straffen Fadens beschreibt die gesuchte Kurve, eine so genannte *Evolvente* – dieser Begriff stammt ebenfalls von Huygens.

Bisher haben wir ausschließlich differenzierbare Kurven betrachtet. Mit dem Aufkommen der Fourier-Reihen wurde der Funktions- und damit auch der Kurvenbegriff weiter gefasst. Man untersuchte auch beliebige stetige Kurven. Um einen ersten Eindruck von der Vielfalt der dabei vorkommenden Phänomene zu geben, beschreiben wir die zuerst von G. Peano (1890) und von D. Hilbert (1891) konstruierten stetigen Kurven. Sie haben eine stetige Kurve $c : [0, 1] \to [0, 1] \times [0, 1]$ konstruiert, deren Bild das ganze Quadrat $[0, 1] \times [0, 1]$ ausfüllt. Man geht aus von einer stetigen Kurve $\varphi : [0, 1] \to [0, 1] \times [0, 1]$, die die Punkte $\varphi(0) = (0, 0)$ und $\varphi(1) = (1, 0)$ miteinander verbindet. Vermöge der Operation $\Phi(\varphi)$

$$\Phi(\varphi)(t) = \begin{cases} \frac{1}{2}\left(\varphi_2(4t), \varphi_1(4t)\right), & 0 \leqslant t \leqslant \frac{1}{4}, \\ \frac{1}{2}\left(\varphi_1(4t - 1), 1 + \varphi_2(4t - 1)\right), & \frac{1}{4} \leqslant t \leqslant \frac{1}{2}, \\ \frac{1}{2}\left(1 + \varphi_1(4t - 2), 1 + \varphi_2(4t - 2)\right), & \frac{1}{2} \leqslant t \leqslant \frac{3}{4}, \\ \frac{1}{2}\left(2 - \varphi_2(4t - 3), 1 - \varphi_1(4t - 3)\right), & \frac{3}{4} \leqslant t \leqslant 1, \end{cases}$$

wird eine neue Kurve $c_1 = \Phi(c) : [0,1] \to [0,1] \times [0,1]$ mit der Eigenschaft $c_1(0) = (0,0)$ und $c_1(1) = (1,0)$ definiert.

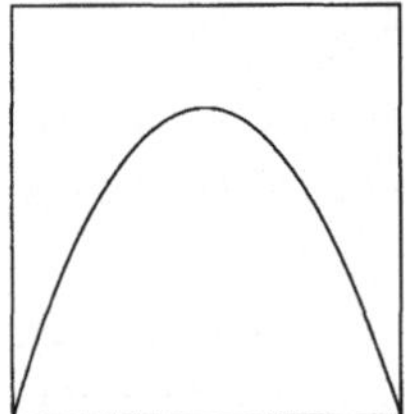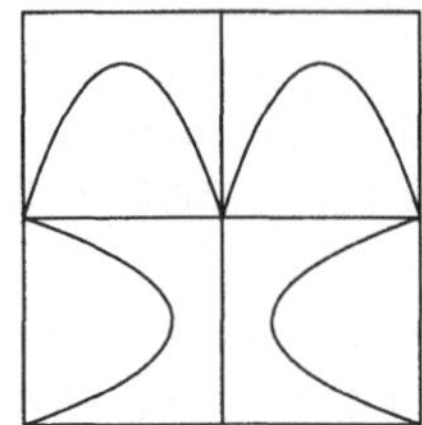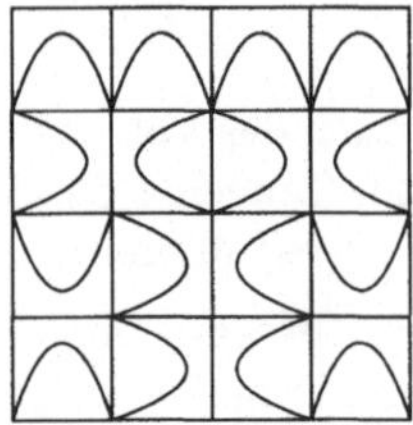

Fig. 3.14

Man definiert nun induktiv $c_n = \Phi(c_{n-1})$ für $n \geqslant 2$. Die wesentliche Eigenschaft des Operators Φ besteht darin, dass für zwei Ausgangskurven φ und ψ mit dem Abstand $\max\{\|\varphi(t) - \psi(t)\| \mid 0 \leqslant t \leqslant 1\} \leqslant M$ die Bildkurven den Abstand

$$\max\{\|\Phi(\varphi)(t) - \Phi(\psi)(t)\| \mid 0 \leqslant t \leqslant 1\} \leqslant \frac{M}{2}$$

besitzen, man mit $\psi = c_m$ nach n Schritten also

$$\max\{\|c_n(t) - c_{n+m}(t)\| \mid 0 \leqslant t \leqslant 1\} \leqslant \frac{1}{2^n}$$

erhält. Die Funktionenfolge $(c_n)_{n\in\mathbb{N}}$ konvergiert also gleichmäßig auf $[0,1]$, und die Grenzfunktion c besitzt die gewünschten Eigenschaften: sie ist stetig und surjektiv. Die Stetigkeit ist offensichtlich und die Surjektivität sieht man wie folgt ein: Ist $(x,y) \in [0,1] \times [0,1]$, so existiert nach Konstruktion eine Folge $(t_n)_{n\in\mathbb{N}}$ mit $\lim_{n\to\infty} c_n(t_n) = (x,y)$. Aufgrund der Kompaktheit von $[0,1]$ besitzt die Folge $(t_n)_{n\in\mathbb{N}}$ eine konvergente Teilfolge $(t_{n_k})_{k\in\mathbb{N}}$, und für deren Grenzwert $t \in [0,1]$ gilt

$$\|c(t) - (x,y)\| = \|c(t) - c(t_k)\| + \|c(t_k) - c_k(t_k)\| + \|c_k(t_k) - (x,y)\| < 3\varepsilon,$$

denn c ist gleichmäßig stetig, und $(c_n)_{n\in\mathbb{N}}$ konvergiert gleichmäßig. Da $\varepsilon > 0$ beliebig gewählt werden kann, folgt $c(t) = (x,y)$. Man kann sogar zeigen, dass die Komponenten c_j, $j = 1,2$ der stetigen Kurve beide nirgends differenzierbar sind. Einen Beweis hierfür und mehr über flächen- oder raumfüllende Kurven findet man in [Sag].

Aufgaben

1. Man löse die Quadratur des Kreises mit Hilfe der archimedischen Spirale, die in Polarkoordinaten durch $r = a\varphi$ gegeben ist.

2. Zeigen Sie: (a) Der Inhalt der Fläche, die von der Kissoide und der Geraden $x = 2a$ begrenzt wird, beträgt $3\pi a^2$ (Ch. Huygens (1658)).
(b) Das Volumen des Körpers, den man erhält wenn man diese Fläche um die Gerade $x = 2a$ rotiert, beträgt $2\pi^2 a^3$ (R. de Sluse (1668)).
(c) Der Flächeninhalt des „Efeublattes" beträgt $(2\pi - 4)a^2$.

3. Man diskutiere die Kurve, die durch die Gleichung

$$a^2 y^2 - x^2(a^2 - x^2) = 0$$

gegeben ist (die Lemniskate von GERONO, die G. DE ST. VINCENT 1647 zuerst untersucht hat).

4. Man bestimme die Evolute für die Ellipse $\frac{x^2}{a^2} + \frac{y^2}{b^2} = 1$ (d.h. $c(t) = (a\cos t, b\sin t)$, $0 \leqslant t \leqslant 2\pi$) und für die allgemeine logarithmische Spirale $r = ae^{\varphi\cot\psi}$.

5. Man bestimme die Evolute der Funktion $y = a\cosh\frac{x}{a}$ sowie die Kurve, die man erhält, wenn man die Krümmungskreisradien in negativer Richtung auf der Normalen abträgt.

6. Folgern Sie den Satz über implizite Funktionen für Potenzreihen aus dem Weierstraß'schen Vorbereitungssatz.

7. Man verifiziere die in Beispiel 4 angegebenen zweiten Näherungen.

8. Bestimmen Sie Puiseux-Reihen $u(x)$ für die Kurvenzweige von $f(x,y) = 0$ nahe $(x,y) = (0,0)$ für
(a) $f(x,y) = x^4 + y^4 - y^3$
(b) $f(x,y) = x^4 + y^4 - y^2$.

9. Eine Konstruktion mit Zirkel und Lineal in endlich vielen Schritten ist algebraisch gegeben durch eine endliche Kette $\mathbb{Q} = K_0 \subset K_1 \subset \cdots \subset K_n$ von Körpern, wobei $K_{j+1} = K_j(\sqrt{c_j})$ mit $c_j \in K_j$, $\sqrt{c_j} \notin K_j$, $j = 0, \ldots, n-1$ (vgl. 1.3, Aufgabe 5).
Beweisen Sie mit den folgenden Schritten, dass die Dreiteilung des Winkels von 60° mit Zirkel und Lineal nicht durchführbar ist.
(a) Die kubische Gleichung $x^3 - 3x - 1 = 0$ – beachte $\cos 60° = \frac{1}{2}$ – besitzt drei reelle Lösungen.
(b) Ist $a + b\sqrt{c} \in K(\sqrt{c})$ Lösung von $x^3 - 3x - 1 = 0$, wobei $\sqrt{c} \notin K$, so ist auch $a - b\sqrt{c}$ eine Lösung.
(c) Die kubische Gleichung $x^3 - 3x - 1 = 0$ besitzt keine rationale Lösung.
Behandeln Sie analog das Problem der Würfelverdopplung sowie das der Konstruktion eines regelmäßigen Siebenecks. Diese Methode stammt von E. LANDAU (1897).

10. Beweisen Sie, dass man durch die oben angegebene Reihe von LAMBERT in der Tat eine Lösung der Gleichung $x = y + y^m$ erhält.

11. Zeigen Sie: (a) Die Funktion E, die die Kepler'sche Gleichung für festes $0 < \varepsilon < 1$ löst, ist als Funktion in M monoton wachsend.
(b) Die Funktion $\varepsilon\sin E$ ist (als Funktion in M) ungerade und 2π-periodisch.
(c) Die Funktion E lässt sich in der Form

$$E(M) = M + \sum_{n=1}^{\infty} a_n \sin(nM)$$

darstellen, wobei die Fourier-Koeffizienten a_n durch

$$a_n = \frac{2}{n\pi} \int_0^{\pi} \cos(nt - n\varepsilon\sin t)\, dt, \quad n \in N$$

gegeben sind.

Hinweis: Man bestimme zunächst die Fourier-Koeffizienten der Ableitung $\frac{dE}{dM}$.

(Wie oben bemerkt, gilt $a_n = \frac{2}{n} J_n(n\varepsilon)$. Die Integraldarstellung ist die ursprüngliche Definition der Bessel-Funktionen J_n; die Reihendarstellung

$$J_n(x) = \sum_{k=0}^{\infty} \frac{(-1)^k}{k!(k+n)!} \left(\frac{x}{2}\right)^{2k+n}, \quad n \geqslant 0$$

für die Koeffizienten ist für $n \leqslant 3$ allerdings schon von J.-L. LAGRANGE gegeben worden. Wir verweisen etwa auf [Heu] für den Zusammenhang und die Rolle, die die Bessel-Funktionen in der Theorie der Differentialgleichungen spielen.)

12. Diskutieren Sie die Kurve, die parametrisiert wird durch

$$c(t) = \left(a\sqrt{\pi} \int_0^t \cos\left(\frac{\pi u^2}{2}\right) du, \, a\sqrt{\pi} \int_0^t \sin\left(\frac{\pi u^2}{2}\right) du\right), \quad t \in \mathbb{R}.$$

Zeigen Sie dabei im einzelnen:

(a) Der Krümmungsradius ist umgekehrt proportional zur Bogenlänge – man vergleiche die entsprechenden Größen bei der logarithmischen Spirale.

(b) Die Kurve hat in $(0,0)$ einen Wendepunkt und beschreibt für $t > 0$ ein Links-, für $t < 0$ eine Rechtskurve.

(c) Die Kurve ist punktsymmetrisch zu $(0,0)$ und windet sich für $t \to \infty$ spiralformig gegen einen Punkt (x_0, y_0) im ersten Quadranten (bzw. für $t \to -\infty$ gegen $(-x_0, -y_0)$) – E. CESÀRO bezeichnete sie daher 1886 als *Klothoide*.

Hinweis: Man zeige, dass die Flächeninhalte der aufeinanderfolgenden „Wellenberge und -täler" monoton gegen 0 gehen, und verwende das Leibniz-Kriterium.

(Mit Kurven, die das Krümmungsverhalten wie in (a) zeigen, hat sich bereits JAK. BERNOULLI beschäftigt, ohne jedoch ihre explizite Gestalt bestimmen zu können. Dies gelang erst 1744 L. EULER, wobei er durch Integration die angegebene Parameterdarstellung fand. Er hat dann 1781 auch ihre Konvergenz für $t \to \infty$ nachgewiesen und dabei $x_0 = y_0 = \frac{a}{2}\sqrt{\pi}$ gezeigt; vgl. [Eul]. Die uneigentlichen Integrale heißen nach A.J. FRESNEL auch *Fresnel'sche Integrale*. Dieser untersuchte sie 1818 im Zusammenhang mit Beugungserscheinungen des Lichts. In diesem Zusammenhang hat der Physiker A.M. CORNU 1874 auch zuerst eine geometrische Beschreibung der Kurve gegeben; sie heißt daher auch *Cornu'sche Spirale*. Heute werden Klothoidenbögen aufgrund ihrer Krümmungseigenschaften beim Bau von Autobahnauffahrten benutzt, um den Krümmungsunterschied zwischen Geraden und Kreisbögen zu glätten. Ferner finden sie bei Kurvenlinealen Verwendung.)

Literaturhinweise

[Arn] Arnol'd, V.I.: *Huygens and Barrow, Newton and Hooke*, Birkhäuser, Basel, 1990
siehe Abschnitt 2.4

[BK] Brieskorn, E., Knörrer, H.: *Ebene algebraische Kurven*, Birkhäuser, Basel, 1981
Dies ist die beste Einführung in die moderne algebraische Geometrie.

[Bur] Burau, W.: *Algebraische Kurven und Flächen, Band I: Algebraische Kurven der Ebene*, Sammlung Göschen Band 435, W. de Gruyter, Berlin, 1962
Einführung in die klassische algebraische Geometrie der Kurven

[Cha] Chandrasekhar, S.: *Newton's Principia for the Common Reader*, Clarendon Press, Oxford, 1995

Obwohl NEWTONS „Principia" sogar in deutscher Übersetzung vorliegen – *Mathematische Prinzipien der Naturlehre*, hrsg. von J. Ph. Wolfers, Wiss. Buchges. Darmstadt, 1963 – ist der Text heute für den mathematischen (und physikalischen) Laien sehr schwer zu lesen. Das Buch gibt eine moderne Darstellung der wichtigsten Passagen mit vielen Kommentaren.

[Eul] Euler, L.: *Zur Theorie komplexer Funktionen*, Ostwalds Klass. d. exakt. Wiss. 261, Harri Deutsch, Frankfurt, 1996[2]

siehe Abschnitt 1.1

[GP] Genocchi, A., Peano, G.: *Differentialrechnung und Grundzüge der Integralrechnung*, Turin, 1884, dt. von G. Bohlmann und A. Schepp, Teubner, Leipzig, 1899

siehe Abschnitt 3.2

[Gra] Gray, A.: *Modern Differential Geometry of Curves and Surfaces with Mathematica®*, CRC Press, Boca Raton, 1998

Elementare Einführung in die Differentialgeometrie mit vielen Bildern, die mit Hilfe des Computer-Algebra-Programms MATHEMATICA erstellt wurden. Das Buch enthält ferner eine Vielzahl kurzer biographischer Notizen und Bildnissen von Mathematikern.

[Heu] Heuser, H.: *Gewöhnliche Differentialgleichungen*, Teubner, Stuttgart, 1991[2]

siehe Abschnitt 2.4

[Kno] Knorr, W.R.: *The Ancient Tradition of Geometric Problems*, Birkhäuser, Boston, 1986

Eine eingehende Studie über den Ursprung der drei klassischen Probleme der Geometrie

[Lor] Loria, G.: *Spezielle algebraische und transzendente ebene Kurven*, Teubner, Leipzig, 1902

Ein fast enzyclopädisches Werk zur Theorie und zur Geschichte ebener Kurven

[New] Newton, I.: *The Mathematical Works of Isaac Newton*, Vol. I,II, ed. D.T. Whiteside, Johnson Reprint Corp., New York, 1967

Die beiden Bände enthalten eine Auswahl seiner wichtigsten mathematischen Schriften in englischer Sprache (Band 1 die Arbeiten zur Analysis (Reihenlehre und Fluxionsrechnung), Band 2 u.a. die Klassifikation kubischer Kurven). Ausführlicher ist die Werkausgabe *Mathematical Papers*, 8 Bände, Cambridge Univ. Press, Cambridge, 1967-1981, vom selben Herausgeber.

[Sag] Sagan, H.: *Space-Filling Curves*, Springer, Berlin, 1994

siehe Abschnitt 2.2

[SD] Schupp, H., Dabrock, H.: *Höhere Kurven*, B·I·Wissenschaftsverlag, Mannheim, 1995

Es werden die ebenen Kurven (mit ihren Anwendung in der Technik) dargestellt, die in der Schule besprochen werden könnten.

[Vah] Vahlen, Th.: *Konstruktionen und Approximationen*, Teubner, Leipzig, 1911

Das Buch beschäftigt sich mit der Frage geometrischer Konstruktionen mit Zirkel und Lineal sowie auch anderer Hilfsmittel. Im Fall der Quadratur des Kreises, der Winkeldreiteilung oder der Konstruktion von regelmäßigen Vielecken werden auch Näherungskonstruktionen vorgestellt.

[vdW] van der Waerden, B.L.: *Erwachende Wissenschaft*, Birkhäuser, Basel, 1956

siehe Abschnitt 2.1

3.2 Extremwerte und Singularitäten

> Rein gar nichts ereignet sich in der Welt, worin nicht ein Gesetz des Maximums oder
> Minimums zutage tritt. – *Leonhard Euler*

Wie bei Funktionen einer Variablen können auch für Funktionen von zwei (und mehr)
Variablen höhere Ableitungen erklärt werden, falls $\partial_1 f$ und $\partial_2 f$ wieder differenzierbar
sind. Dann besitzt $\partial_1 f$ die Ableitungen $\partial_{11} f = \partial_1(\partial_1 f)$ und $\partial_{21} f = \partial_2(\partial_1 f)$, und analog
sind $\partial_{22} f$ und $\partial_{12} f$ definiert. Wir sagen f sei *n-mal stetig partiell differenzierbar* (oder
kurz *stetig differenzierbar*), falls $\partial_{i_1 \ldots i_{n-1}} f$ stetig partiell differenzierbar ist. Polynome
etwa sind n-mal stetig partiell differenzierbar für jedes $n \in \mathbb{N}$.

Beispiel 1. Für die Funktion $f(x,y) = x^3 + y^3 - 3axy$ erhalten wir

$$\partial_1 f(x,y) = 3x^2 - 3ay, \quad \partial_2 f = 3y^2 - 3ax,$$
$$\partial_{11} f(x,y) = 6x, \quad \partial_{22} f = 6y,$$
$$\partial_{12} f(x,y) = -3a = \partial_{21} f.$$

Es fällt auf, dass $\partial_{12} f$ und $\partial_{21} f$ hier übereinstimmen. dass dies allgemeiner gilt, hat
bereits L. EULER 1734 bemerkt, und H.A. SCHWARZ hat es 1873 streng bewiesen:

Satz von Schwarz

Ist $f : G \to \mathbb{R}$ zweimal stetig partiell differenzierbar, so gilt

$$\partial_{12} f(x,y) = \partial_{21} f(x,y)$$

für alle $(x,y) \in G$.

Für den Beweis können wir $G = (-\varepsilon, \varepsilon) \times (-\varepsilon, \varepsilon)$ annehmen. Ferner reicht es o.E.,
dies im Punkt $(0,0)$ nachzuweisen. Wir wählen nun zu $n \in \mathbb{N}$ mit $\frac{1}{n} < \varepsilon$ die Funktion
$f_n : (-\varepsilon, \varepsilon) \to \mathbb{R}$, die durch

$$f_n(x) = f\left(x, \frac{1}{n}\right) - f(x,0)$$

definiert ist. Dann gilt nach dem Mittelwertsatz

$$f_n\left(\frac{1}{n}\right) - f_n(0) = f_n'(\xi_n)\frac{1}{n} = \left(\partial_1 f\left(\xi_n, \frac{1}{n}\right) - \partial_1 f(\xi_n, 0)\right)\frac{1}{n}$$
$$= \partial_{21} f(\xi_n, \eta_n)\frac{1}{n^2}$$

zunächst für ein $\xi_n \in (0, \frac{1}{n})$ und dann für ein $\eta_n \in (0, \frac{1}{n})$. Es folgt

$$f\left(\frac{1}{n}, \frac{1}{n}\right) - f\left(\frac{1}{n}, 0\right) - f\left(0, \frac{1}{n}\right) + f(0,0) = \partial_{21} f(\xi_n, \eta_n)\frac{1}{n^2}$$

Karl Hermann Amandus Schwarz
* 25.1.1843 Hermsdorf / † 30.11.1921 Berlin
nach dem Studium bei Weierstraß in Berlin 1867 zunächst in Halle, 1869 Professor an der ETH in Zürich, 1875 in Göttingen, 1892 Nachfolger von Weierstraß in Berlin. Sein Hauptarbeitsgebiet war die Analysis, wo er Beiträge zur Funktionentheorie, insbesondere über konforme Abbildungen und zur Potentialtheorie, zur Variationsrechnung (isoperimetrische Eigenschaften der Kugel) sowie zur Eigenwerttheorie partieller Differentialgleichungen lieferte.

und analog

$$f\Big(\frac{1}{n},\frac{1}{n}\Big) - f\Big(0,\frac{1}{n}\Big) - f\Big(\frac{1}{n},0\Big) + f(0,0) = \partial_{12}f(\tilde\xi_n,\tilde\eta_n)\frac{1}{n^2}$$

für geeignete $\tilde\xi_n,\tilde\eta_n \in (0,\frac{1}{n})$. Es gilt also

$$\partial_{21}f(\xi_n,\eta_n) = \partial_{12}f(\tilde\xi_n,\tilde\eta_n),$$

und da die partiellen Ableitungen in $(0,0)$ stetig sind, folgt die Gleichheit auch im Nullpunkt.

dass hier auf die Stetigkeit der zweiten partiellen Ableitungen nicht verzichtet werden kann, zeigt das Beispiel von Aufgabe 2, das von G. Peano (1884) stammt.

Wir erinnern an ein bekanntes Resultat aus der Differentialrechnung für Funktionen einer Variablen:

Ist f zweimal stetig differenzierbar auf dem Intervall $[a,b]$ und $c \in (a,b)$ mit $f'(c) = 0$ und $f''(c) > 0$, so besitzt f in c ein relatives Minimum.

Wir wollen dies auf Funktionen zweier Variablen ausdehnen.

Definition

Ist $f : G \subset \mathbb{R}^2 \to \mathbb{R}$ gegeben, so besitzt f in dem inneren Punkt $a \in G$ ein *striktes lokales Minimum*, falls ein $\delta > 0$ existiert, so dass $f(x) < f(a)$ für alle $x \in B_\delta(a)$ gilt.

Sinngemäß definiert man ein *striktes lokales Maximum*.

Ist f zweimal stetig differenzierbar und ist $a \in G$ ein innerer Punkt, so ist auch

$$g(s) = f(a_1 + s\cos t, a_2 + s\sin t)$$

zweimal stetig differenzierbar in $(-\delta,\delta)$ für festes $t \in [0,\pi]$. Nach der Kettenregel gilt

$$g'(s) = \partial_1 f\cos t + \partial_2 f\sin t,$$
$$g''(s) = \partial_{11} f\cos^2 t + 2\partial_{12} f\cos t\sin t + \partial_{22} f\sin^2 t,$$

wobei wir den Satz von Schwarz ausgenutzt haben. Das Studium dieser beiden Ableitungen wird uns den folgenden Satz liefern.

Kriterium für lokale Extrema

Besitzt die stetig differenzierbare Funktion $f : G \subset \mathbb{R}^2 \to \mathbb{R}$ in dem inneren Punkt $a \in G$ ein relatives lokales Extremum, so gilt

$$\partial_1 f(a) = 0 = \partial_2 f(a).$$

Ist umgekehrt diese Bedingungen erfüllt, f zweimal stetig differenzierbar und gilt

$$\left(\partial_{12} f(a)\right)^2 - \partial_{11} f(a)\partial_{22} f(a) < 0,$$

so liegt in a ein relatives lokales Minimum vor, falls $\partial_{11} f(a) > 0$, bzw. ein relatives lokales Maximum, falls $\partial_{11} f(a) < 0$. Ist dagegen

$$\left(\partial_{12} f(a)\right)^2 - \partial_{11} f(a)\partial_{22} f(a) > 0,$$

so liegt kein Extremum vor sondern ein *Sattelpunkt*, d.h. es existieren t_1, t_2, so dass g für t_1 ein striktes relatives Minimum in 0 und für t_2 ein striktes relatives Maximum in 0 besitzt.

Besitzt einerseits f in a etwa ein relatives Minimum, so gilt $g(s) < g(0)$ für $|s|$ hinreichend klein. Es folgt notwendigerweise

$$g'(0) = \partial_1 f(a) \cos t + \partial_2 f(a) \sin t = 0,$$

und da wir t beliebig wählen können (etwa $t = 0$ oder $t = \frac{\pi}{2}$), folgt

$$\partial_1 f(a) = 0 = \partial_2 f(a). \tag{+}$$

Ist nun umgekehrt $\partial_1 f(a) = \partial_2 f(a) = 0$, so folgt $g'(0) = 0$, und es ist $g''(0) > 0$, falls

$$\partial_{11} f(a) \cos^2 t + 2\partial_{12} f(a) \sin t \cos t + \partial_{22} f(a) \sin^2 t > 0. \tag{*}$$

Nach dem obigen eindimensionalen Resultat ist dies ein hinreichendes Kriterium dafür, dass f in a ein striktes relatives Minimum besitzt. Ist $\sin t = 0$, so gilt (*) nur für $\partial_{11} f(a) > 0$, ist $\sin t \neq 0$, so folgt (*), falls zusätzlich

$$\left(\partial_{12} f(a) \sin t\right)^2 - \partial_{11} f(a)\partial_{22} f(a) \sin^2 t < 0$$

gilt oder dazu dazu äquivalent

$$\left(\partial_{12} f(a)\right)^2 - \partial_{11} f(a)\partial_{22} f(a) < 0. \tag{**}$$

Mit quadratischer Ergänzung erhält man nämlich dann für $(*)$

$$\partial_{11}f(a)\cos^2 t + 2\partial_{12}f(a)\sin t\cos t + \partial_{22}f(a)\sin^2 t$$

$$= \partial_{11}f(a)\left(\cos^2 t + 2\frac{\partial_{12}f(a)}{\partial_{11}f(a)}\sin t\cos t + \frac{\partial_{22}f(a)}{\partial_{11}f(a)}\sin^2 t\right)$$

$$= \partial_{11}f(a)\left(\cos t + \frac{\partial_{12}f(a)}{\partial_{11}f(a)}\sin t\right)^2$$

$$- \partial_{11}f(a)\left(\left(\frac{\partial_{12}f(a)}{\partial_{11}f(a)}\sin t\right)^2 - \frac{\partial_{22}f(a)}{\partial_{11}f(a)}\sin^2 t\right) > 0.$$

Die Bedingungen lassen sich auch kürzer mit Hilfe der so genannten *Hesse-Matrix*

$$H(f)(a) = \begin{pmatrix} \partial_{11}f(a) & \partial_{12}f(a) \\ \partial_{21}f(a) & \partial_{22}f(a) \end{pmatrix}$$

formulieren. Diese ist symmetrisch, und es gilt daher gerade

$$\det H(f)(a) = \left(\partial_{12}f(a)\right)^2 - \partial_{11}f(a)\partial_{22}f(a).$$

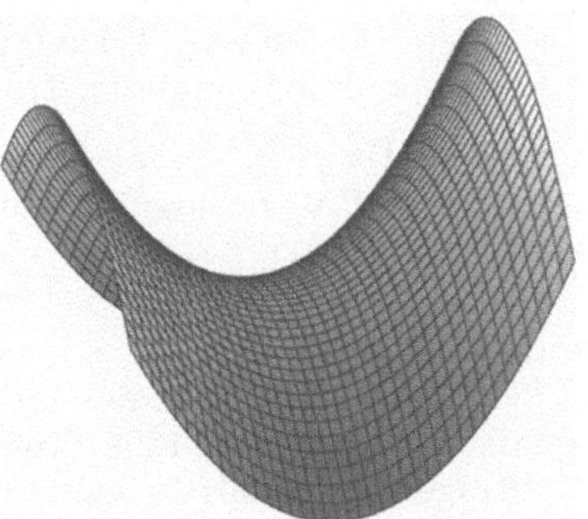

Fig. 3.15

Typische Beispiele sind die Funktionen $f_{\pm}(x,y) = \pm(x^2 + y^2)$ bzw. $f_s(x,y) = x^2 - y^2$. Die ersten beiden haben in $(0,0)$ in Abhängigkeit vom Vorzeichen ein Maximum oder Minimum, während f_s in $(0,0)$ einen Sattelpunkt besitzt; siehe Fig. 3.15. Gilt $(+)$, aber

$$\left(\partial_{12}f(a)\right)^2 - \partial_{11}f(a)\partial_{22}f(a) = 0,$$

so ist zunächst keine Aussage möglich. Wie im eindimensionalen Fall kann die Gestalt der Funktion in der Nähe von a eventuell durch höhere Ableitungen ermittelt werden. Zum Beispiel können mehrfache Sattelpunkte auftreten, wie etwa beim so genannten *Affensattel*. Dieser wird beschrieben durch die Funktion

$$f(x,y) = x^3 - 3xy^2, \quad (x,y) \in \mathbb{R}^2.$$

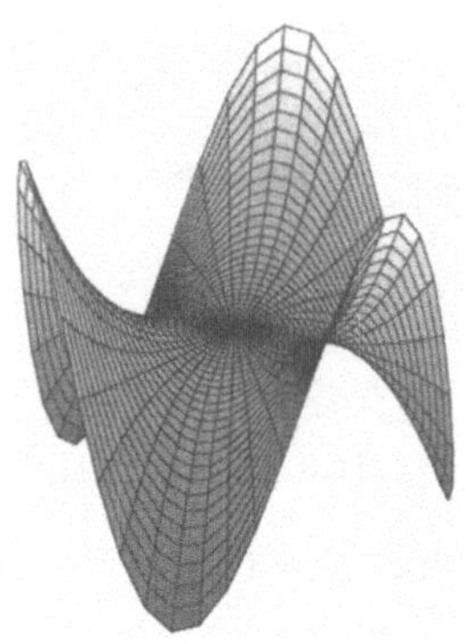

Fig. 3.16

Wie die Fig. 3.16 zeigt, lässt er im Gegensatz zum gewöhnlichen Sattel auch Platz für den Affenschwanz.

Beispiele   2. Die hinreichende Bedingung ist stärker als die Bedingung, dass die Funktion f bezüglich jeder Richtung in a ein striktes Minimum besitzt. Dazu hat G. PEANO ein Beispiel gegeben. Die Funktion

$$f(x,y) = (y^2 - 2x)(y^2 - x) = 2x^2 - 3xy^2 + y^4$$

hat $(0,0)$ als singulären Punkt. Man rechnet leicht nach, dass für festes t und für g wie oben $g''(0) = 4\cos^2 t$ gilt. Ist $t \neq \frac{\pi}{2} + k\pi$, so ist $g''(0) > 0$ und es liegt ein striktes Minimum vor. Der Fall $t = \frac{\pi}{2} + k\pi$ entspricht der Funktion $f(0,y) = y^4$, und diese hat ebenfalls ein striktes Minimum in $(0,0)$. Da $f(\frac{2}{3}y^2, y) = -\frac{y^4}{9}$ und $f(2y^2, y) = 3y^4$ gilt, sieht man, dass in jeder Umgebung von $(0,0)$ positive und negative Funktionswerte existieren, also kein Extremum vorliegen kann.

Guiseppe Peano
* 27.8.1858 Spinetta / † 20.4.1939 Turin
Mathematiker und Logiker, 1890 Professor in Turin. Neben seinen Beiträgen zur Analysis wurde er durch seine Arbeiten über die Grundlagen der Mathematik bekannt, in denen er eine stark formalisierte Sprache benutzte. Er formulierte das noch heute verwendete Axiomensystem für die Menge der natürlichen Zahlen und lieferte eine axiomatische Begründung der linearen Algebra; dabei prägte er speziell den Begriff der Dimension eines Vektorraums.

3. Bei der Funktion aus Beispiel 1 sind die Bedingungen (+) genau in $(0,0)$ und (a,a) erfüllt. Ist $a > 0$, so erhalten wir

$$\left(\partial_{12} f(a,a)\right)^2 - \partial_{11} f(a,a)\partial_{22} f(a) = -27a^2 < 0$$

und $\partial_{11} f(a,a) = 6a > 0$, d.h. es liegt ein striktes Minimum vor. Der Nullpunkt ist ein Sattelpunkt, denn für die Einschränkungen auf die Diagonale bzw. auf die Gegendiagonale erhalten wir

$$f(x,x) = 2x^3 - 3ax^2, \quad \text{bzw.} \quad f(x,-x) = 3ax^2,$$

welche in $x = 0$ ein striktes relatives Maximum bzw. Minimum haben.

Das hinreichende Kriterium für relative Extrema wurde 1759 von J.-L. Lagrange gefunden. Von ihm (1788) stammt auch die folgende Vorgehensweise, die es erlaubt, Extremwerte einer Funktion von zwei Variablen unter Nebenbedingungen zu bestimmen. Er schreibt (siehe [Lag]):

Es kommt im Allgemeinen nur darauf an, dass man, wenn eine Function mehrerer veränderlicher Grössen ein Maximum oder Minimum sein soll, und zwischen den veränderlichen Grössen eine, oder mehrere Bedingungs-Gleichungen gegeben sind, die Grössen, welche Null sein sollen, jede mit einer beliebigen unbestimmten Grössen multiplicirt, die Producte zu der gegebenen Grösse addiert und von der Summe das Maximum oder Minimum auf die nemliche Weise sucht, als wenn die Grössen gänzlich von einander unabhängig wären. Die Gleichungen, welche man auf diese Weise findet, verbunden mit den Bedingungs-Gleichungen, dienen zur Bestimmung der unbekannten Grössen.

Dabei ist neben einer zweimal stetig differenzierbaren Funktion $f : G \to \mathbb{R}$ eine zweimal stetig differenzierbare Kurve $g(x, y) = 0$ gegeben, und man sucht Extrema von f unter der Nebenbedingung $g(x, y) = 0$, d.h. Extrema der Einschränkung $f|_{g^{-1}(0)}$. lässt sich g mit Hilfe des Satzes über implizite Funktionen auflösen, d.h. gilt $g\big(x, h(x)\big) = 0$ für eine geeignete Funktion h, so erhält man die gesuchten Extrema, indem man die Funktion $f_1(x) = f\big(x, h(x)\big)$ betrachtet, die nur von einer Variablen abhängt. Ebenso verfährt man, wenn für die Kurve ein Parametrisierung $c : [a, b] \to G$ vorliegt: Man betrachtet dann $f_2(t) = f\big(c(t)\big)$ und erhält als notwendige Bedingung für ein Extremum im Punkt $(x_0, y_0) = c(t_0) \in G$

$$\frac{\partial}{dt} f_2(t_0) = \partial_1 f(x_0, y_0)\dot{c}_1(t_0) + \partial_2 f(x_0, y_0)\dot{c}_2(t_0) = 0.$$

In einem solchen Punkt muss also grad $f(x_0, y_0)$ senkrecht stehen auf $\dot{c}(t_0)$, d.h. es müssen grad $f(x_0, y_0)$ und grad $g(x_0, y_0)$ parallel sein: Es existiert eine reelle Zahl λ, ein so genannter *Lagrange-Multiplikator*, mit

$$\text{grad } f(x_0, y_0) = \lambda \, \text{grad } g(x_0, y_0).$$

Zusammen mit der Nebenbedingung $g(x_0, y_0) = 0$ führt diese Bedingung auf drei Bestimmungsgleichungen für die drei Unbekannten x_0, y_0 und λ. Führt man zusätzlich die *Lagrange-Funktion*

$$L(x, y, \lambda) = f(x, y) - \lambda g(x, y), \quad (x, y) \in G, \lambda \in \mathbb{R},$$

ein (eine Funktion von drei Variablen), so kann man obige Bedingung kurz wie folgt schreiben.

Kriterium für Extrema unter Nebenbedingungen

Liegt für eine stetig differenzierbare Funktion $f : G \to \mathbb{R}$ im Punkt $(x_0, y_0) \in G$ unter der Nebenbedingung $g(x_0, y_0) = 0$ ein lokales Extremum vor, so gilt für die zugehörige Lagrange-Funktion L die Bedingung

$$\text{grad } L(x_0, y_o, \lambda) = (\partial_1 L, \partial_2 L, \partial_3 L)(x_0, y_0, \lambda) = 0.$$

Das Kriterium ist natürlich nicht hinreichend; im Einzelfall ist stets zu überprüfen, ob dann tatsächlich ein Extremum vorliegt. Man kann auch hinreichende Kriterien formulieren, wir wollen darauf aber nicht weiter eingehen.

Beispiel 4. Unter allen rechtwinkligen Dreiecken mit gegebener Hypothenuse c ist das mit größtem Flächeninhalt zu finden. Wir bezeichnen die Katheten mit x bzw. y, haben also die Funktion $f(x,y) = \frac{1}{2}xy$, $x, y > 0$, zu maximieren. Die Nebenbedingung ist, bei Einschränkung auf rechtwinklige Dreiecke, durch $g(x,y) = x^2 + y^2 - c^2 = 0$ gegeben. Die Lagrange-Funktion lautet also

$$L(x, y, \lambda) = \frac{1}{2}xy + \lambda(x^2 + y^2 - c^2),$$

und wir erhalten

$$\operatorname{grad} L(x, y, \lambda) = \left(\frac{1}{2}y + 2\lambda x, \frac{1}{2}x + 2\lambda y, x^2 + y^2 - c^2\right) = 0$$

und daraus sofort $x = y = \frac{\sqrt{2}}{2}c$, also das gleichschenklige Dreieck.

Alle bisherigen Überlegungen lassen sich auch auf Funktionen von mehr als zwei Variablen übertragen, ja sogar auf unendlich viele Variable. Wir wollen dies hier nicht im einzelnen ausführen, sondern mit einer einfachen Anwendung illustrieren.

Beispiel 5. Gesucht wird das Dreieck größtmöglichen Flächeninhalts, das sich in einen Kreis vom Radius 1 einbeschreiben lässt. Dazu zerlegen wir ein Dreieck in die drei Dreiecke, die man erhält, wenn man jeden Eckpunkt mit dem Kreismittelpunkt verbindet. Bezeichnen α_1, α_2 und α_3 die drei Zentriwinkel, so ist der Flächeninhalt

$$F = \frac{1}{2}(\sin\alpha_1 + \sin\alpha_2 + \sin\alpha_3)$$

zu maximieren unter der Nebenbedingung $\alpha_1 + \alpha_2 + \alpha_3 = 2\pi$. Mit der Lagrange-Funktion

$$L(\alpha, \lambda) = \frac{1}{2}(\sin\alpha_1 + \sin\alpha_2 + \sin\alpha_3) - \lambda(\alpha_1 + \alpha_2 + \alpha_3 - 2\pi)$$

erhält man sofort aus $\operatorname{grad} L(\alpha, \lambda) = 0$ die 4 Bedingungen $\cos\alpha_i = \lambda$, $i = 1, 2, 3$, und $\alpha_1 + \alpha_2 + \alpha_3 = -2\pi$. Also muss $\alpha_1 = \alpha_2 = \alpha_3 = \frac{2\pi}{3}$ gelten, d.h. das gesuchte Dreieck ist ein gleichseitiges. Damit erhält man sofort auch eine Antwort auf die Frage nach dem einbeschriebenen n-Eck mit größtmöglichem Flächeninhalt. Es muss ein regelmäßiges n-Eck sein. Wie man solche Probleme ohne analytische Hilfsmittel löst, findet man in [Niv] oder [Tik].

Wir haben schon an einigen Stellen die Einschränkungen einer Funktion f in radialer Richtung betrachtet und dabei gesehen, dass deren Verhalten keinen vollständigen Aufschluss über die Funktion geben. Die Stetigkeit folgt nicht aus der partiellen Differenzierbarkeit, ja nicht einmal aus der radialen Differenzierbarkeit, wie das folgende Beispiel zeigt.

Beispiel 6. Es sei $f : \mathbb{R}^2 \to \mathbb{R}$ definiert durch $f(x,y) = \frac{x^2 y}{x^4 + y^2}$ für $(x,y) \neq (0,0)$ und $f(0,0) = (0,0)$. Dann ist f in jedem Punkt $(x,y) \neq (0,0)$ stetig partiell differenzierbar

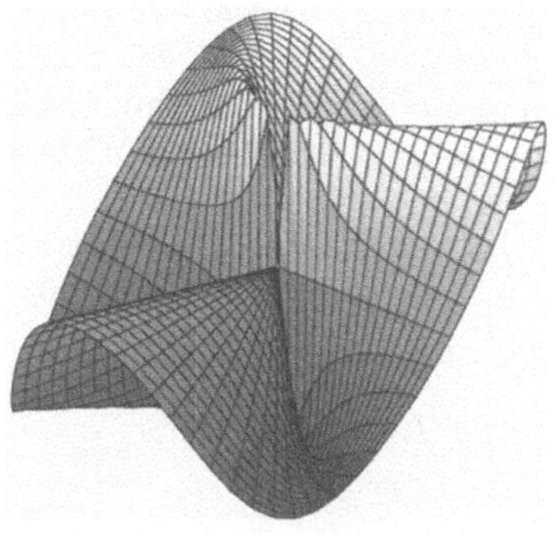

Fig. 3.17

(sogar beliebig oft). Im Nullpunkt ist f radial differenzierbar: Für $(x,y) \neq (0,0)$ und $t \neq 0$ gilt

$$\frac{1}{t}\big(f(tx,ty) - f(0,0)\big) = \frac{tx^2 y}{t^2 x^2 + y^2} \to 0$$

für $t \to 0$ (beachte dabei $f(x,0) = 0$). Jedoch ist f in $(0,0)$ nicht stetig, wie man leicht anhand von $f(x,cx^2) = \frac{c}{1+c^2}$ erkennt.

Allgemeiner kann man für jeden Punkt $a \in G$ und einen Vektor $v \in \mathbb{R}^2$ in a die Richtungsableitung in Richtung v definieren als den Grenzwert

$$\partial_v f(a) = \lim_{t \overline{0}} \frac{1}{t}\big(f(a + tv) - f(a)\big),$$

falls dieser existiert. Die partiellen Ableitungen erhält man speziell für $v = e_1 = (1,0)$ bzw. $v = e_2 = (0,1)$. Es gibt noch einen weiteren Differenzierbarkeitsbegriff, der „zwischen" der partiellen Differenzierbarkeit und der stetigen partiellen Differenzierbarkeit liegt. Er liefert die eigentliche natürliche Verallgemeinerung der Ableitung für Funktionen von zwei (und mehr) Variablen. Er wurde 1887 von O. Stolz eingeführt:

Definition

Eine Funktion $f : G \to \mathbb{R}$ *total differenzierbar* im Punkt $a \in G$, falls eine lineare Abbildung $A : \mathbb{R}^2 \to \mathbb{R}$ existiert und eine stetige Funktion $r : G \to \mathbb{R}$ mit $r(a) = 0$, so dass

$$f(x) = f(a) + A(x - a) + r(x)\|x - a\| \qquad (\times)$$

für alle $x \in G$ gilt.

Nun ist $A(v)$ für $v \in \mathbb{R}^2$ von der Form $A(v) = m_1 v_1 + m_2 v_2$ mit $(m_1, m_2) \in \mathbb{R}^2$. Dieser Vektor ist eindeutig bestimmt und ist gegeben durch den Gradienten grad $f(a)$. Wählt man nämlich $x = a + te_j$ mit $t \neq 0$, so folgt $f(x) - f(a) = tm_j + r(x)t$, also

$$m_j = \lim_{t \to 0} \frac{1}{t}\big(f(a + te_j) - f(a)\big) = \partial_j f(a).$$

Insbesondere ist eine total differenzierbare Funktion partiell differenzierbar (sogar in jeder Richtung: $\partial_v f(a) = A(v)$), und aus ($\times$) folgt sofort, dass f im Punkt a auch stetig ist. Die totale Differenzierbarkeit ist also eine stärkere Eigenschaft als die partielle Differenzierbarkeit. Ist f allerdings stetig partiell differenzierbar, so ist f auch total differenzierbar. In diesem Fall können wir mit Hilfe des Mittelwertsatzes

$$
\begin{aligned}
f(x) - f(a) &= f(x_1, x_2) - f(a_1, x_2) + f(a_1, x_2) - f(a_1, a_2) \\
&= \partial_1 f(\xi_1, x_2)(x_1 - a_1) + \partial_2 f(a_1, \xi_2)(x_2 - a_2) \\
&= \partial_1 f(a_1, a_2)(x_1 - a_1) + \partial_2 f(a_1, a_2)(x_2 - a_2) + r(x)\|x - a\| \\
&= \langle \operatorname{grad} f(a), x - a \rangle + r(x)\|x - a\|
\end{aligned}
$$

schreiben, wobei

$$
r(x) = \frac{1}{\|x - a\|}\big((\partial_1 f(\xi_1, x_2) - \partial_1 f(a_1, a_2))(x_1 - a_1) \\
+ (\partial_2 f(a_1, \xi_2) - \partial_2 f(a_1, a_2))(x_2 - a_2) \big).
$$

Wegen $|x_j - a_j| \leqslant \|x - a\|$ und wegen $\xi_j(x) \to a_j$ für $x_j \to a_j$ folgt dann aber $r(x) \to 0$ für $x \to a$ aufgrund der Stetigkeit der partiellen Ableitungen, also die totale Differenzierbarkeit. Der Graph der affin-linearen Approximation

$$
g(x) = f(a) + \partial_1 f(a_1, a_2)(x_1 - a_1) + \partial_2 f(a_1, a_2)(x_2 - a_2), x \in \mathbb{R}^2,
$$

ist eine affine Ebene im $\mathbb{R}^3$. Sie heißt die *Tangentialhyperebene* an den Graphen von f im Punkt $(a, f(a))$.

Hat man zwei Funktionen $f_1, f_2 : G \to \mathbb{R}$, so heißt die vektorwertige Funktion $f = (f_1, f_2)$ total differenzierbar, falls es eine lineare Abbildung $A : \mathbb{R}^2 \to \mathbb{R}^2$ und eine stetige Funktion $r : G \to \mathbb{R}^2$ mit denselben Eigenschaften wie in der Definition gibt. Dies gilt insbesondere, falls jede Komponente von f stetig partiell differenzierbar ist. Die lineare Abbildung A lässt sich dann durch die *Jakobi-Matrix* $J(f)(a)$ darstellen, deren Spalten durch die Gradienten von f_1 und f_2 gebildet werden:

$$
J(f)(a) = \begin{pmatrix} \partial_1 f_1(a) & \partial_1 f_2(a) \\ \partial_2 f_1(a) & \partial_2 f_2(a) \end{pmatrix}.
$$

Sinngemäß kann man auch die totale Differenzierbarkeit von Abbildungen $f : G \to \mathbb{R}^m$ für $G \subset \mathbb{R}^n$ erklären. Wir wollen dies nicht näher ausführen, sondern nur noch eine Verallgemeinerung des Satzes über implizite Funktionen formulieren und beweisen. Zunächst stellt man fest, dass sich dieser Satz inklusive Beweis sofort auf eine stetig partiell differenzierbare Funktion $f : G \to \mathbb{R}$ übertragen lässt, wobei G eine offene Teilmenge des $\mathbb{R}^{n+1}$ ist. Sinngemäß wie im Fall zweier Variabler bezeichnet $\partial_k f(x)$ die partielle Ableitung von f nach der k-ten Koordinate von $x = (x_1, \ldots, x_n, x_{n+1}) = (x', x_{n+1})$:

- Es sei $a = (a_1, \ldots, a_{n+1}) \in G$ und $f(a) = 0$ sowie $\partial_{n+1} f(a) \neq 0$. Dann existiert ein $\delta > 0$ und eine eindeutig bestimmte stetig differenzierbare Funktion $g : I \to \mathbb{R}$ mit $(x', g(x')) \in G$ und $f(x', g(x)) = 0$ für alle $x' \in I_\delta = (a_1 - \delta, a_1 + \delta) \times \cdots \times (a_n - \delta, a_n + \delta)$.

Wir betrachten jetzt eine stetig partiell differenzierbare Abbildung $f = (f_1, f_2) : G \to \mathbb{R}^2$ und im Punkt $(a, b) \in G \subset \mathbb{R}^{n+2}$ gelte $f(a, b) = 0$, wobei $a = (a_1, \ldots, a_n)$ und $b = (b_1, b_2)$. Wir wollen dann in der impliziten Gleichung $f(x, y) = 0$ wieder die Koordinaten $y = (y_1, y_2)$ eindeutig als Funktion von $x = (x_1, \ldots, x_n)$ darstellen. Wie wir sehen werden, spielen dafür nur die partiellen Ableitungen nach y_j, $j = 1, 2$ eine Rolle, die wir daher mit ∂_j, $j = 1, 2$ bezeichnen.

Satz über implizite Funktionen

Ist $J(a, b) = \begin{pmatrix} \partial_1 f_1 & \partial_1 f_2 \\ \partial_2 f_1 & \partial_2 f_2 \end{pmatrix}$ regulär, d.h. gilt $\det J(a, b) \neq 0$, so existiert ein $\delta > 0$ und eine eindeutig bestimmte stetig partiell differenzierbare Abbildung $g : I_\delta \to \mathbb{R}^2$, so dass $(x, g(x)) \in G$ und $f(x, g(x)) = 0$ für $x \in I_\delta$.

Zum Beweis können wir o. E. $\partial_2 f_2(a, b) \neq 0$ annehmen. Dann existiert nach der Vorbemerkung ein $\delta > 0$ und eine Funktion $\tilde{g} : I_{\tilde{\delta}} \times (b_1 - \tilde{\delta}, b_1 + \tilde{\delta}) \to \mathbb{R}$ mit $f_2(x, y_1, \tilde{g}(x, y_1)) = 0$ und ferner ist $\partial_1 \tilde{g} = -\frac{\partial_1 f_2}{\partial_2 f_2}$. Wir betrachten nun die Gleichung

$$\tilde{f}(x, y_1) = f_1(x, y_1, \tilde{g}(x, y_1)) = 0$$

in einer Umgebung von (a, b_1). Hier ist

$$\partial_1 \tilde{f}(a, b_1) = \partial_1 f_1(a, b) + \partial_2 f_1(a, b) \partial_1 \tilde{g}(a, b_1) = \partial_1 f_1(a, b) - \partial_2 f_1(a, b) \frac{\partial_1 f_2(a, b)}{\partial_2 f_2(a, b)}$$

$$= \left(\partial_1 f_1(a, b) \partial_2 f_2(a, b) - \partial_2 f_1(a, b) \partial_1 f_2(a, b) \right) \big/ \partial_2 f_2(a, b)$$

$$= \det J(a, b) / \partial_2 f_2(a, b) \neq 0,$$

und erneute Anwendung der Vorbemerkung liefert eine Funktion $g_1 : I_\delta \to \mathbb{R}$ mit

$$\tilde{f}(x, g_1(x)) = f_1(x, g_1(x), \tilde{g}(x, g_1(x))) = 0$$

sowie

$$f_2(x, g_1(x), \tilde{g}(x, g_1(x))) = 0.$$

Die Behauptung folgt dann, wenn wir $g_2(x) = \tilde{g}(x, g_1(x))$ für $x \in I_\delta$ setzen.

Wendet man diesen Satz auf die implizite Gleichung

$$f(x, y) = x - h(y) = 0$$

an für eine Abbildung $h : G \subset \mathbb{R}^2 \to \mathbb{R}^2$, für die det $\begin{pmatrix} \partial_1 h_1(y) & \partial_1 h_2(y) \\ \partial_2 h_1(y) & \partial_2 h_2(y) \end{pmatrix}$ im Punkt $a \in G$ nicht verschwindet, so folgt $x = h(g(x))$ für $x \in I_\delta$ für eine stetig differenzierbare

Funktion $g : I_\delta \to G$. Dies ist der

Satz über inverse Funktionen

Es sei $h : G \subset \mathbb{R}^2 \to \mathbb{R}^2$ stetig partiell differenzierbar und die Jakobi-Matrix $J(h)(a) = \begin{pmatrix} \partial_1 h_1(a) & \partial_1 h_2(a) \\ \partial_2 h_1(a) & \partial_2 h_2(a) \end{pmatrix}$ sei regulär im Punkt $a \in G$. Dann existiert ein $\delta > 0$ und eine offene Umgebung U von a, so dass $h|_U : U \to I_\delta$ bijektiv ist mit einer stetig differenzierbaren Umkehrabbildung $g : I_\delta \to U$.

Zur Ermittlung von Extrema benötigt man wie im Fall von Funktionen einer Variablen oft auch nichtlineare Approximationen in der Form einer Taylor-Entwicklung. Diese kann leicht aus der Taylor-Entwicklung der Funktion $g(s) = f(a_1 + s\cos t, a_2 + s\sin t)$ mittels Kettenregel gewonnen werden. Wenn wir $x = a + h$, d.h., $h_1 = s\cos t$ und $h_2 = s\sin t$ setzen, so erhalten wir etwa als Taylor-Polynom dritter Ordnung

$$
\begin{aligned}
f(x) = {}& f(a) + \partial_1 f(a)h_1 + \partial_2 f(a)h_2 \\
& + \frac{1}{2}\left(\partial_{11} f(a)h_1^2 + 2\partial_{12} f(a)h_1 h_2 + \partial_{22} f(a)h_2^2\right) \\
& + \frac{1}{6}\left(\partial_{111} f(a)h_1^3 + 3\partial_{112} f(a)h_1^2 h_2 + 3\partial_{122} f(a)h_1 h_2^2 + \partial_{222} f(a)h_2^3\right).
\end{aligned}
$$

Wir wollen dies hier nicht vertiefen, sondern noch einmal auf algebraische Kurven zu sprechen kommen. Betrachtet man diese als Höhenlinien einer Funktion zweier Variabler, so können wir mit den bisher gewonnenen Bedingungen für Extrema bereits einige Phänomene erklären, die bei singulären Punkten auftreten.

Ist $f(x_0, y_0) = 0$ und grad $f(x_0, y_0) = 0$ sowie

$$
\Delta = \left(\partial_{12} f(x_0, y_0)\right)^2 - \partial_{11} f(x_0, y_0)\partial_{22} f(x_0, y_0) < 0
$$

erfüllt, so ist (x_0, y_0) ein *isolierter Punkt* (oder *Einsiedlerpunkt*), da die Funktion f dort ein isoliertes Extremum besitzt.

Gilt $\Delta > 0$ (der Graph hat einen Sattelpunkt), so besitzt die Kurve einen *Doppelpunkt*, in dem sich zwei Tangenten schneiden. Man kann die Tangentensteigungen $m = \frac{h_2}{h_1}$ dann aus der Gleichung

$$
\partial_{11} f(x_0, y_0)h_1^2 + 2\partial_{12} f(x_0, y_0)h_1 h_2 + \partial_{22} f(x_0, y_0)h_2^2 = 0
$$

ermitteln: Ist $\partial_{22} f(x_0, y_0) \neq 0$, so erhält man als Lösung der quadratischen Gleichung $m = -\frac{\partial_{12} f(x_0, y_0)}{\partial_{22} f(x_0, y_0)} \pm \frac{\sqrt{\Delta}}{\partial_{22} f(x_0, y_0)}$. Als Beispiele hierfür haben wir den Punkt $(0,0)$ bei der Lemniskate und der Strophoide. Ist $\partial_{22} f(x_0, y_0) = 0$, so ist eine Tangente vertikal ($h_1 = 0$ oder $m = \infty$). Dieser Fall tritt etwa beim cartesischen Blatt auf.

Ist $\Delta = 0$, ohne dass alle zweiten Ableitungen verschwinden, so fallen die beiden Tangenten zusammen. Man erhält eine *Spitze* (auch *Kuspe* oder *Rückkehrpunkt*) wie bei der semikubischen Parabel oder einen *Berührpunkt* wie bei der Kurve $x^4 - y^2 = 0$, bei der sich die beiden Parabeln $y = \pm x^2$ im Punkt $(0,0)$ berühren.

Verschwinden alle zweiten Ableitungen in dem singulären Punkt, so können höhere Ableitung herangezogen werden. Wir geben dafür ein Beispiel:

Beispiel 7. Die Funktion $f(x,y) = (x^2 + y^2)^2 + 2x(y^2 - x^2)$ besitzt den Gradienten

$$\operatorname{grad} f(x,y) = \left(4x(x^2 + y^2) + 2y^2 - 6x^2, 4y(x^2 + y^2) + 4xy\right),$$

der in den Punkten $(0,0)$ und $(\frac{3}{2}, 0)$ sowie $(-\frac{1}{6}, \pm\frac{\sqrt{5}}{6})$ verschwindet. Von diesen liegt nur der erste auf der Kurve $f(x,y) = 0$. Für die übrigen Punkte liefert unser Kriterium jeweils ein lokales Minimum (siehe Skizze). Im Punkt $(0,0)$ verschwinden auch alle zweiten Ableitungen. Wir erhalten die Steigungen der Tangenten an die Kurve im Punkt $(0,0)$, indem wir das Taylor-Polynom dritter Ordnung gleich 0 setzen und wie oben nach $m = \frac{h_2}{h_1}$ auflösen:

$$-12h_1^3 + ^2 h_1 h_2^2 = 0$$

liefert $h_1 = 0$, d.h. $m = \infty$, sowie $m = \pm 1$. Insgesamt gibt es drei Tangenten, also drei Zweige, die sich im Nullpunkt schneiden. Es liegt ein *Tripelpunkt* vor.

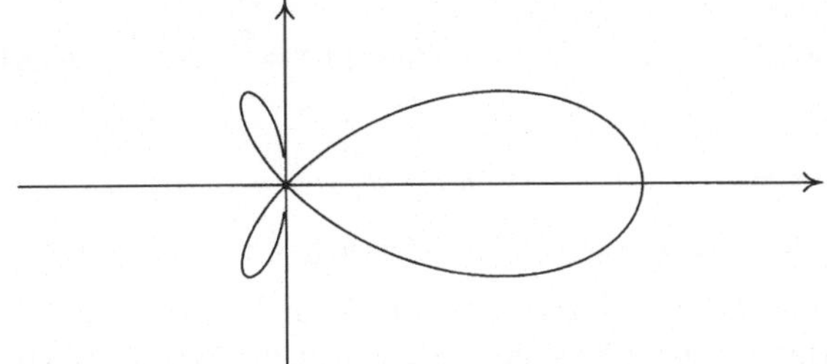

Fig. 3.18

Für die *Zeppelinkurve* $f(x,y) = 0$ findet man leicht die Parametrisierung $c(t) = \left(c_1(t), tc_2(t)\right)$ mit $c_1(t) = 2\frac{1-t^2}{(1+t^2)^2}$, $t \in \mathbb{R}$, und es folgt für die Fläche:

$$F = \frac{1}{2}\int_{-\infty}^{\infty} \left(c_1(t)\dot{c}_2(t) - \dot{c}_1(t)c_2(t)\right) dt = \frac{1}{2}\int_{-\infty}^{\infty} c_1(t)^2 \, dt$$

$$= 2\int_{-\infty}^{\infty} \frac{\left(1 - t^2\right)^2}{(1 + t^2)^4} \, dt = \frac{\pi}{2}.$$

Zum Abschluss wollen wir das qualitative Verhalten einer Funktion $f : G \to \mathbb{R}$ in der Nähe eines singulären Punktes $a \in G \subset \mathbb{R}^2$ studieren. Dies bedeutet, dass wir geeignete neue Koordinaten (u, v) suchen, in denen die Funktion f eine einfache Gestalt besitzt. Genauer suchen wir einen *Diffeomorphismus* $\varphi : U \to \varphi(U) \subset G$, d.h. eine umkehrbare stetig differenzierbare Abbildung φ, deren Umkehrabbildung φ^{-1} ebenfalls stetig differenzierbar ist, und betrachten $f \circ \varphi$.

Wir setzen f im folgenden sogar als beliebig oft (partiell) differenzierbar voraus - wir sagen dann, f sei eine C^∞-Funktion. Ferner nehmen wir ohne Einschränkung $a = 0$ und $f(a) = 0$ an. Der Diffeomorphismus φ wird dann ebenfalls zusammen mit seiner

Umkehrabbildung eine C^∞-Abbildung sein. Unter diesen Voraussetzungen existieren C^∞-Funktionen $g, h : U \to \mathbb{R}$ mit

$$f(x,y) = x\, g(x,y) + y\, h(x,y)$$

in einer offenen Umgebung $U \subset G$ von 0 und $g(0) = \partial_1 f(0)$, $h(0) = \partial_2 f(0)$, denn man kann in $U = B_\varepsilon(0) \subset \mathbb{R}^2$

$$f(x,y) = \int_0^1 \frac{d}{dt} f(tx, ty)\, dt = \int_0^1 \left(\partial_1 f(tx, ty)x + \partial_2 f(tx, ty)y \right) dt$$

schreiben, also

$$g(x,y) = \int_0^1 \partial_1 f(tx, ty)\, dt \quad \text{und} \quad h(x,y) = \int_0^1 \partial_2 f(tx, ty)\, dt$$

setzen. Gilt darüber hinaus grad $f(0) = 0$, d.h. ist 0 ein singulärer Punkt von f, so ist auch $g(0) = 0 = h(0)$ und man findet weiter C^∞-Funktionen $\tilde{h}_{ij}$, $i, j = 1, 2$, in einer offenen Umgebung $0 \in V \subset U$ mit

$$g(x,y) = x\tilde{h}_{11}(x,y) + y\tilde{h}_{21}(x,y) \quad \text{und} \quad h(x,y) = x\tilde{h}_{12}(x,y) + y\tilde{h}_{22}(x,y),$$

also

$$f(x,y) = x^2\, h_{11}(x,y) + 2xy\, h_{12}(x,y) + y^2\, h_{22}(x,y),$$

wenn man noch $h_{ij} = \frac{1}{2}(\tilde{h}_{ij} + \tilde{h}_{ji})$ setzt. Offensichtlich gilt dann $\partial_{ij} f(0) = h_{ij}(0)$.

Beispiel 8. Der einfachste Fall liegt vor, wenn f ein quadratisches Polynom, d.h. eine quadratische Form ist. Dann sind die Funktionen h_{ij} konstant und wie aus der analytischen Geometrie bekannt ist, können wir

$$f(x,y) = ax^2 + 2bxy + cy^2$$

vermöge einer linearen Koordinatentransformation $(x,y) = \varphi(u,v)$ in eine der folgenden fünf „Normalformen" bringen – die Nullform mit $a = b = c = 0$ schließen wir dabei aus.

(1) $f \circ \varphi(u,v) = u^2$, falls $b^2 = ac$ und $a > 0$ ode $c > 0$,
(1') $f \circ \varphi(u,v) = -u^2$, falls $b^2 = ac$ und $a < 0$ oder $c < 0$,
(2) $f \circ \varphi(u,v) = u^2 + v^2$, falls $b^2 - ac < 0$ und $a > 0$,
(2') $f \circ \varphi(u,v) = -(u^2 + v^2)$, falls $b^2 - ac < 0$ und $a < 0$,
(3) $f \circ \varphi(u,v) = u^2 - v^2$, falls $b^2 - ac > 0$.

In den ersten beiden Fällen gilt nämlich

$$f(x,y) = \operatorname{sgn}(a)(\sqrt{|a|}x \pm \sqrt{|c|}y)^2,$$

so dass man $u = \sqrt{|a|}x \pm \sqrt{|c|}y$ setzen kann. In den restlichen Fällen können wir

$$f(x,y) = a\left(x + \frac{b}{a}y\right)^2 + \left(\frac{ac - b^2}{a}\right)y^2$$

schreiben, also $u = \pm\sqrt{|a|}\left(x + \frac{b}{a}y\right)$ und $v = \pm\sqrt{\frac{ac-b^2}{|a|}}\,y$ in den Fällen (2) und (2') und $u = \sqrt{|a|}\left(x + \frac{b}{a}y\right)$ und $v = \sqrt{\frac{b^2-ac}{|a|}}\,y$ im letzten Fall.

Wir betrachten nun den allgemeinen Fall und setzen nur voraus, die Hesse-Matrix $Jf(0) = \left(\partial_{ij}f(0)\right)_{1\leqslant i,j\leqslant 2}$ sei regulär, d.h. 0 sei ein nicht ausgearteter singulärer Punkt von f. Obwohl jetzt auch höhere Potenzen aus der Taylor-Entwicklung vorkommen können, existieren zum obigen Spezialfall analoge Normalformen, wie das folgende Resultat von M. Morse (1925) zeigt.

Morse'sches Lemma

Ist $f : G \to \mathbb{R}$ eine C^∞-Funktion auf einer offenen Umgebung des nicht ausgearteten singulären Punkts $0 \in G \subset \mathbb{R}^2$, so existiert ein Diffeomorphismus $\varphi : U \to \varphi(U) \subset G$ mit $\varphi(0) = 0$, so dass

$$f \circ \varphi(u,v) = \pm(u^2 \pm v^2)$$

für $(u,v) \in U$ gilt.

Zum Beweis dürfen wir in der obigen Bezeichnung $h_{11}(0) \neq 0$ oder $h_{22}(0) \neq 0$ annehmen, denn ansonsten ist $f(x,y) = 2xy\, h_{12}(x,y)$ und wir können die mit der Transformation $(x,y) = \psi(u,v) = (u+v, u-v)$ erreichen:

$$f \circ \psi(u,v) = 2(u^2 - v^2)\, h_{12} \circ \psi(u,v).$$

Ohne Einschränkung sei etwa $h_{11}(0) > 0$ (ansonsten betrachtet man $-f$). Dann ist $\varphi_0(x,y) = \sqrt{h_{11}(x,y)}$ eine C^∞-Funktion in einer Umgebung von 0. Für

$$(u,w) = \tilde{\varphi}(x,y) = \left(x\varphi_0(x,y) + y\frac{h_{12}(x,y)}{\varphi_0(x,y)}, y\right)$$

ist dann $J(\tilde{\varphi})(0) = \begin{pmatrix} \varphi_0(0) & \partial_2(h_{12}/\varphi_0)(0) \\ 0 & 1 \end{pmatrix}$ regulär, d.h., $\tilde{\varphi}$ ist aufgrund des Satzes über inverse Funktionen ein Diffeomorphismus nahe 0. In den Koordinaten u, w hat f dann wegen

$$y = w \quad \text{und} \quad x = u/\varphi_0\left(\tilde{\varphi}^{-1}(u,w)\right) - w\, h_{12}\left(\tilde{\varphi}^{-1}(u,w)\right)/\left(\varphi\left(\tilde{\varphi}^{-1}(u,w)\right)\right)^2$$

die Form

$$f\left(\tilde{\varphi}^{-1}(u,w)\right) = u^2 - w^2\,(h_{12}/h_{11} - h_{22})\left(\tilde{\varphi}^{-1}(u,w)\right) = u^2 \mp w^2\,\tilde{h}_{22}(u,w)$$

mit $\tilde{h}_{22}(0) > 0$. Schließlich definieren wir φ als die Umkehrabbildung von

$$(u,v) = \left(u, w\sqrt{\tilde{h}_{22}(u,w)}\right),$$

die ebenfalls aufgrund des Satzes über inverse Funktionen in einer Umgebung von 0 existiert.

Das Morse'sche Lemma zeigt, dass eine Funktion in der Nähe eines nicht ausgearteten singulären Punkts qualitativ durch ihr Taylor-Polynom vom Grad 2 bestimmt ist. Als nächstes steht der Fall eines ausgearteten singulären Punktes an. Im einfachsten Fall besitzt f eine nicht reguläre Hesse-Matrix $H(f)(0)$, die jedoch nicht identisch verschwindet. Nach einer linearen Transformation können wir $\partial_{22}f(0) \neq 0$ annehmen. Dies erlaubt es, den Satz über implizite Funktionen auf die Gleichung $\partial_2 f(x,y) = 0$ anzuwenden. Es existiert also eine Funktion $g : I \to \mathbb{R}$ mit $\partial_2 f(x, g(x)) = 0$ für $x \in I$, I ein offenes Intervall um 0. Dann wird durch

$$(x, y) = \varphi_1(u_1, v_1) = (u_1, v_1 + g(u_1))$$

ein Diffeomorphismus definiert, und jeweils für festes u_1 besitzt die Funktion $f \circ \varphi_1(u_1, \cdot)$ in $v_1 = 0$ eine nicht ausgeartete Singularität, denn

$$\frac{d}{dt}\Big|_{t=0} f \circ \varphi(u_1, t) = \partial_2 f(u_1, t + g(u_1))|_{t=0} = \partial_2 f(u_1, g(u_1)) = 0$$

$$\frac{d^2}{dt^2}\Big|_{t=0} f \circ \varphi_1(u_1, t) = \partial_{22} f(u_1, g(u_1)) = 0.$$

Mit $h(u_1) = f \circ \varphi_1(u_1, 0)$ folgt also

$$f \circ \varphi_1(u_1, v_1) = h(u_1) + v_1^2\, a(u_1, v_1)$$

oder

$$f \circ \varphi(u, v) = h(u) \pm v^2,$$

wenn man $(u, v) = \varphi^{-1}(u_1, v_1) = (u_1, v_1 \sqrt{|a(u_1, v_1)|})$ setzt. Das qualitative Verhalten von f nahe 0 wird nun durch das der Funktion h bestimmt. Verschwinden alle Ableitungen von h in 0, wie dies etwa für die Funktion $h(u) = e^{-1/u^2}$ der Fall ist, so sind keine weiteren Aussagen nötig. Andernfalls gilt $h^{(k)}(0) \neq 0$ für ein minimales $k \in \mathbb{N}$. Dann kann man nach einer weiteren Koordinatentransformation in $\mathbb{R}$ erreichen, dass h die Form $h(u) = \pm u^k$ besitzt (vgl. Aufgabe 8). Damit folgt auch, dass sich die Monome $\pm x^k$ und $\pm x^\ell$ nur dann qualitativ nicht unterscheiden, wenn $\ell = k$ gilt und die Vorzeichen dieselben sind. Dies wird offensichtlich, wenn man die Singularitäten „entfaltet", indem man die jeweilige Funktion in eine parametrisierte Familie einbindet, bei der eine Variation des Parameters es erlaubt, die Singularität in 0 in Singularitäten niedrigerer Ordnung aufzulösen. So zeigen $g(x) = x^3$ und $h(x) = x^5$ auch darin einen Unterschied, dass man g einbetten kann in die Familie $G(x, c) = x^3 + cx$ und h in die Familie $H(x, c_1, c_2, c_3) = x^5 + c_1 x^3 + c_2 x^2 + c_3 x$. Wählt man $c < 0$, so besitzt $G(\cdot, c)$ singuläre Punkte in $-\sqrt{-c/3}$ (ein lokales Maximum) und in $\sqrt{-c/3}$ (ein lokales Minimum), während man für $H(\cdot, c_1, c_2, c_3)$ bei geeigneter Wahl der Parameter bis zu 4 singuläre Punkte erhält.

Wir betrachten nun den Fall, bei dem die Hesse-Matrix in 0 verschwindet, d.h. die Taylor-Entwicklung mit kubischen Termen (oder Termen höherer Ordnung) beginnt. Dem schicken wir wieder als Spezialfall die kubischen Polynome voraus:

Beispiel 9. Wir betrachten die allgemeine kubische Form

$$f(x,y) = ax^3 + bx^2y + cxy^2 + dy^3,$$

bei der nicht alle Koeffizienten verschwinden sollen. Ist $d = 0$, so erhalten wir $f(x,y) = x(ax^2 + bxy + cy^2)$, also

$$f \circ \varphi(u,v) = (\alpha u + \beta u)q(u,v),$$

wobei q eine der quadratischen Formen u^2, $u^2 + v^2$ oder $u^2 - v^2$ ist. Ist $d \neq 0$, so besitzt $f(1,y)$ eine reelle Lösung y_1, oder drei reelle Lösungen $y_1 \leqslant y_2 \leqslant y_3$, wovon auch je zwei oder alle drei zusammenfallen können. Jede solche Lösung bestimmt eine Gerade $y - y_j x = a_j x + b_j x = 0$ und da f homogen ist, gilt $f(x, y_j x) = 0$ für alle $x \in \mathbb{R}$. Im Fall dreier verschiedener Geraden wählen wird die mit der kleinsten Steigung als neue Koordinatenachse u, die mit der größten Steigung als Koordinatenachse v und die mittlere als Diagonale $u = v$, wozu die u- und v-Achsen geeignet skaliert werden müssen. Mit $\varphi(u,v) = (x,y)$ gilt dann

$$f \circ (u,v) = cuv(u - v)$$

mit einer Konstanten $c \in \mathbb{R}$, die bei eventuell neuer Skalierung als 1 angenommen werden kann. Genauer setzen wir zunächst

$$(u_1, v_1) = (a_1 x + b_1 y, a_3 x + b_3 y) = (x,y) \begin{pmatrix} a_1 & a_2 \\ b_1 & b_2 \end{pmatrix} = (x,y)A$$

oder $(x,y) = (u_1, v_1) \begin{pmatrix} b_2 & -a_2 \\ -b_1 & a_1 \end{pmatrix} \frac{1}{\det A}$. Dann wird $a_2 x + b_2 y = au_1 + bv_1$ mit geeigneten $a, b \in \mathbb{R}$ und schließlich hat mit

$$u = \frac{a}{\sqrt[3]{ab}} u_1 \quad \text{und} \quad v = -\frac{b}{\sqrt[3]{ab}} v_1$$

und der zugehörigen Transformation $(x,y) = \varphi(u,v)$ das Polynom $f \circ \varphi$ in der Tat die Form

$$f \circ \varphi(u,v) = uv(u - v).$$

In allen anderen Fällen gilt

$$f(x,y) = (a_1 x + b_2 y)(\alpha x^2 + 2\beta xy + \gamma y^2)$$

mit geeigneten reellen Konstanten α, β und γ. Nach einer Transformation $(x,y) = \varphi_1(u_1, v_1)$ wie in Beispiel 8 erhalten wir die Fälle

(1) $f \circ \varphi_1(u_1, v_1) = (au_1 + bv_1)(u_1^2 - v_1^2) = (au_1 + bv_1)(u - v)(u + v)$
(2) $f \circ \varphi_1(u_1, v_1) = (au_1 + bv_1)u_1^2$
(3) $f \circ \varphi_1(u_1, v_1) = (au_1 + bv_1)(u_1^2 + v_1^2)$

Im ersten Fall muss darüber hinaus $a = b = c$ oder $a = -b = c$ gelten, so dass wir

$$u = \frac{1}{\sqrt[3]{c}}(u_1 \pm v_1) \quad \text{und} \quad v = \frac{v_1}{\sqrt[3]{c}}$$

setzen können. Es folgt

$$f \circ \varphi(u, v) = u^2 v.$$

Dies erhält man auch im zweiten Fall mit $u = u_1$ und $v = au_1 + bv_1$, wenn $b \neq 0$ gilt. Gilt $b = 0$ so folgt mit $u = \sqrt[3]{a}u_1$ und $v = v_1$ die Darstellung

$$f \circ \varphi(u, v) = u^3.$$

Im letzten Fall führt eine Rotation und anschließende Skalierung auf

$$u = \frac{1}{\sqrt[3]{a^2 + b^2}}(av_1 + bu_1) \quad \text{und} \quad v = \frac{1}{\sqrt[3]{a^2 + b^2}}(au_1 - bv_1)$$

und damit auf

$$f \circ \varphi(u, v) = (u^2 + v^2)v = u^3 + uv^2.$$

Schreibt man wieder x und y statt u und v bzw. setzt im ersten Fall $x = \frac{1}{2\sqrt{2}}(v - u)$ und $y = \frac{1}{2\sqrt{2}}(v + u)$ so erhält man insgesamt die vier Normalformen x^3, x^2y und $x^3 \pm xy^2$.

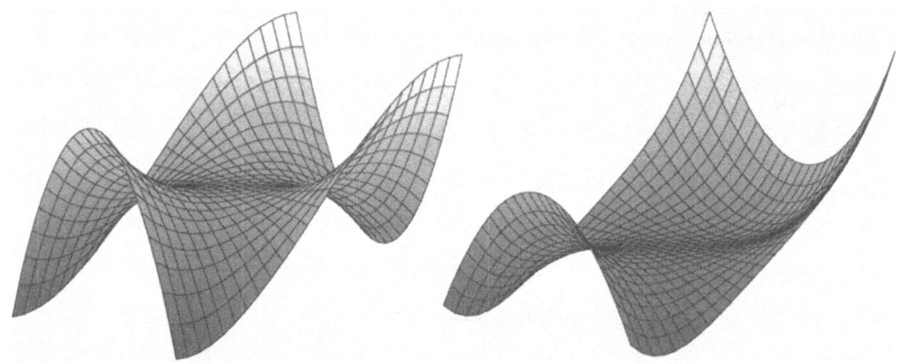

Graph von $x^3 - xy^2$ Graph von $x^2y + y^4$ Fig. 3.19

Schwieriger zu entscheiden ist nun die Frage, inwieweit das Taylor-Polynom vom Grad 3 die Funktion f in der Nähe eines ausgearteten singulären Punkts qualitativ bestimmt. Ist dieses (bis auf einen Diffeomorphismus φ) von der Form $p(x, y) = x^3 \pm xy^2$, so lässt sich auch der Rest der Taylor-Entwicklung „wegtransformieren", d.h., f ist bereits durch p bestimmt und man erhält qualitativ Fig. 3.16 bzw. 3.19, links. In den beiden anderen Fällen gilt dies nicht. Analog zum ausgearteten Fall $f(x, y) = x^2 + h(y)$ muss man dann höhere y-Potenzen hinzunehmen, wobei aber y^4 genügt (siehe Fig. 3.19, rechts). Leider können wir all dies hier nicht beweisen; vgl. etwa [BL] oder [PS]. Man benötigt dafür u.a. Hilfsmittel aus der algebraischen Topologie, der kommutativen Algebra und der Theorie der Differentialgleichungen. Erwähnt sei nur, dass eine Verallgemeinerung des Weierstraß'schen Vorbereitungssatzes auf C^∞-Funktionen eine wesentliche Rolle spielt.

Aufgaben

1. Zeigen Sie, dass $f(x,y) = \frac{x^2 y}{x^2+y^2}$ für $(x,y) \neq (0,0)$ und $f(0,0) = (0,0)$ in $(0,0)$ partiell differenzierbar ist, jedoch nicht total differenzierbar (vgl. Fig. 3.20).

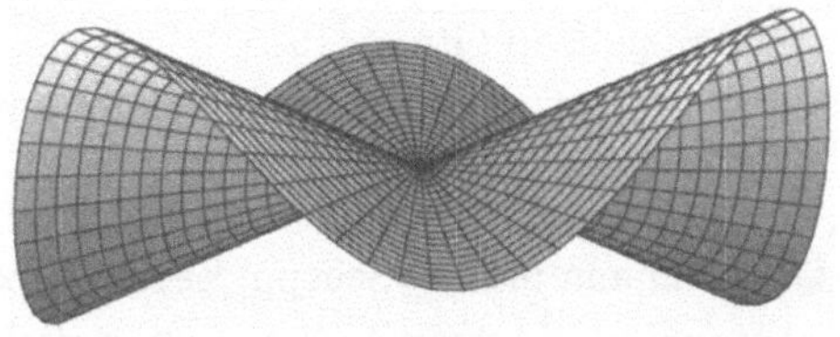

Fig. 3.20

2. Zeigen Sie, dass für $f(x,y) = \begin{cases} xy\frac{x^2-y^2}{x^2+y^2}, & (x,y) \neq (0,0), \\ 0, & (x,y) = (0,0), \end{cases}$ die partiellen Ableitungen $\partial_{12} f$ und $\partial_{21} f$ im Nullpunkt existieren aber nicht übereinstimmen.

3. In einen Kreis vom Radius r ist ein Rechteck von maximalem Flächeninhalt einzubeschreiben. Wie lang und wie breit muss es sein?

4. Unter allen Kegeln mit gegebener Mantelfläche ist der mit maximalem Volumen zu bestimmen.

5. Führen Sie die Rechnungen für Beispiel 7 aus. Bestimmen Sie auch die Flächeninhalte der einzelnen Schleifen.

6. Nach HERON von Alexandria ist der Flächeninhalt eines Dreiecks mit den Seitenlängen a, b und c und dem Umfang $2s = a + b + c$ gegeben durch

$$F = \sqrt{s(s-a)(s-b)(s-c)}.$$

Welches ist das flächengrößte Dreieck bei gegebenem Umfang?

7. Es sei $A = \begin{pmatrix} a & b \\ b & c \end{pmatrix}$ eine symmetrische 2×2-Matrix.

(a) Bestimmen Sie das Maximum und das Minimum der quadratischen Form

$$f(x) = xAx^\top = ax_1^2 + 2bx_1x_2 + cx_2^2$$

unter der Nebenbedingung $|x|^2 = x_1^2 + x_2^2 = 1$.

(b) Welche geometrische Bedeutung besitzen hier die Lagrange-Multiplikatoren?

(c) Bearbeiten Sie die entsprechende Aufgabe für eine symmetrische $n \times n$-Matrix A.

8. Es sei $f : I \to \mathbb{R}$ eine C^∞-Funktion mit $f(0) = f'(0) = \cdots = f^{(k-1)}(0) = 0$ und $f^{(k)}(0) \neq 0$ für ein $k \in \mathbb{N}$. Zeigen Sie:

(a) Es gibt einen Diffeomorphismus $\varphi : J \to \varphi(J) \subset I$, so dass

$$f \circ \varphi(u) = \pm u^k, \quad u \in J.$$

Hinweis: Man schreibe f in der Form $f(x) = x^k\big(c + g(x)\big)$, wobei $c = \frac{1}{k!}\, f^{(k)}(0)$ und g eine C^∞-Funktion ist mit $g(0) = 0$.

(b) Es gibt keinen Diffeomorphismus $\varphi : J \to \varphi(J) \subset \mathbb{R}$, so dass $f \circ \varphi(u) = u^\ell$ für ein $\ell \neq k$.

9. Beweisen Sie die Umkehrformel von Lagrange aus Abschnitt 3.1.

Literaturhinweise

[BL] Bröcker,T., Lander, L.: *Differentiable Germs and Catastrophes*, London Math. Soc. Lect. Notes Series 17, Cambridge Univ. Press. 1975

Dies ist die englische Bearbeitung einer Vorlesung des ersten Autors. Eine Vorabversion in dt. Sprache erschien als „Regensburger Trichter".

[GP] Genocchi, A., Peano, G.: *Differentialrechnung und Grundzüge der Integralrechnung*, Turin, 1884, dt. von G. Bohlmann und A. Schepp, Teubner, Leipzig, 1899

G. Peanos Ausarbeitung der Vorlesungen seines Lehrers A. Genocchi wurden berühmt durch seine eigenen Zusätze, in denen er durch Beispiele (wie die oben angegebenen Funktionen zweier Variabler) einige Fehler in den Lehrbüchern eines so renommierter Mathematikers wie J.A. Serret aufdeckte. Näheres findet man in H.C. Kennedy, *Selected Works of Guiseppe Peano*, Allen & Unwin, London, 1973. Das Lehrbuch von Peano war das zweite, das die Grundbegriffe der Analysis in „Weierstraß'scher Strenge" einführte. Das erste war das aus Vorlesungen in den Jahren 1875/76 entstandene Lehrbuch *Grundlagen für eine Theorie der Funktionen einer veränderlichen reellen Größe* von U. Dini (Pisa, 1878, dt. von J. Lüroth und A. Schepp, Teubner, Leipzig, 1892). Hier wurden im Original die reellen Zahlen mittels Dedekind'scher Schnitte konstruiert, in der deutschen Übersetzung à la Cantor mittels Cauchy-Folgen. Wie bereits erwähnt hat Dini auch die Sätze über implizite bzw. inverse Funktionen erstmals streng bewiesen, und zwar in den weiterführenden Vorlesungen zur Differential- und Integralrechnung der Jahre 1876/77. Diese Vorlesungen waren bereits weit verbreitet – sie gingen auch in Peanos Lehrbuch ein – bevor sie 1907/1909 auch gedruckt als „Lezioni di analysis infinitesimale" (zweibändig) erschienen.

[Lag] Lagrange, J.L. de: *Mathematische Werke*, 2 Bde, dt. von A.L. Crelle, Reimer, Berlin, 1823

Enthalten sind darin die Lehrbücher *Theorie der analytischen Functionen* (Paris, 1797) und *Vorlesungen über die Functionen-Rechnung* (Paris, 1801), in denen Lagrange ohne jegliche Verwendung von Grenzwerten oder infinitesimalen Größen die algebraische Analysis begründet hat. Das obige Zitat ist dem ersten Buch entnommen, das man im franz. Original als Band 9 in den gesammelten Werken findet. Diese enthalten auch die ursprünglichen Arbeiten aus den Jahren 1759 und 1788.

[PS] Poston, T., Stewart, I.N.: *Catastrophe Theory and its Applications*. Pitman, London, 1978

Das Buch bietet neben einer elementaren Einführung in die Katastrophentheorie eine Vielzahl von Anwendungen sowie eine umfangreiche Bibliographie bis zum Jahr 1978.

[Niv] Niven, I.: *Maxima and Minima without Calculus*, Math. Assoc. of America, Washington, 1981

[Tik] Tikhomirov, V.M.: *Stories about Maxima and Minima*, Amer. Math. Soc., Providence, 1990

Die beiden Bücher zeigen, dass man bei der Lösung von Extremalproblemen oft ohne die zumeist mechanisch und blinde Anwendung der Differentialrechnung auskommt, ein Umstand der in der Schule noch zu wenig berücksichtigt wird.

3.3 Kurven und Flächen im Raum

> Es gibt gewisse Aufgaben, die nur eine unbekannte Stelle aufweisen und die man *bestimmt* nennen könnte, um sie von den Problemen der Örter zu unterscheiden. Es gibt wiederum gewisse andere, die zwei unbekannte Stellen besitzen, und die man niemals auf solche, die nur eine enthalten, zurückführen kann: das sind die Aufgaben der Örter. Bei den ersten Aufgaben suchen wir nur einen einzigen Punkt, bei den letzteren eine Linie. Aber wenn die gestellte Aufgabe drei Stellen erlaubt, so gilt es, um der Frage zu genügen, nicht nur einen Punkt oder eine Linie zu finden, sondern gleich eine ganze Fläche; dadurch entstehen die flächenhaften Örter, usw. – *Pierre de Fermat*

Die eigentliche Bedeutung des griechischen Wortes für Fläche, *Epiphania* (Erscheinung), zeigt deutlich den Ursprung der geometrischen Begriffe. Am Anfang standen die Körper, die durch ihre sichtbare Oberfläche wahrgenommen werden. Die ebene Fläche entstand durch Abstraktion von der Erdoberfläche, die in dem der Feldmessung zugänglichen Nahbereich scheinbar nicht gekrümmt ist. Die für die Ausmessung einer kugelförmigen Erde benötigte sphärische Trigonometrie wurde zunächst für astronomische Zwecke entwickelt, die selbst aber stets der Orientierung auf unserer Erde dienten. Sie reichten von der Bestimmung der Himmelsrichtungen (Auf- und Untergang der Sonne) über die Kalenderrechnung (periodische Wiederkehr signifikanter Gestirne) und Zeitmessung bis zur Navigation (Breitengradbestimmung mittels Polarstern). Die wesentliche Grundlage war die Einteilung der Himmelssphäre in Längen- und Breitengrade, die HIPPARCHOS von Nikaia (um 140 v.u.Z.) zugeschrieben wird.

Raumkurven und ebene Kurven wurden in der Antike zunächst durch den Schnitt von Körpern gewonnen. Am bekanntesten sind Ellipse, Parabel und Hyperbel, die MENAICHMOS (um 350 v.u.Z.) durch Schnitt einer Ebene mit einem Kreiskegel erhielt (siehe Fig. 3.21).

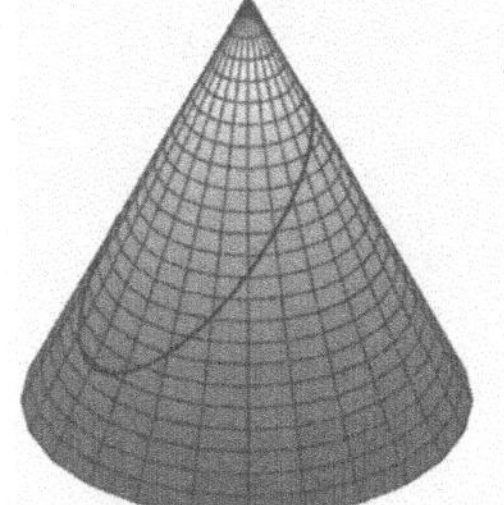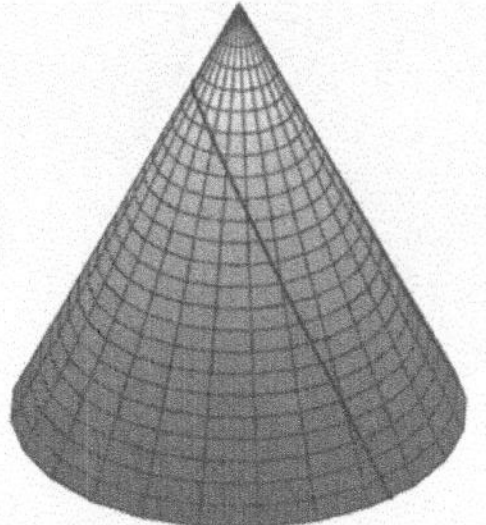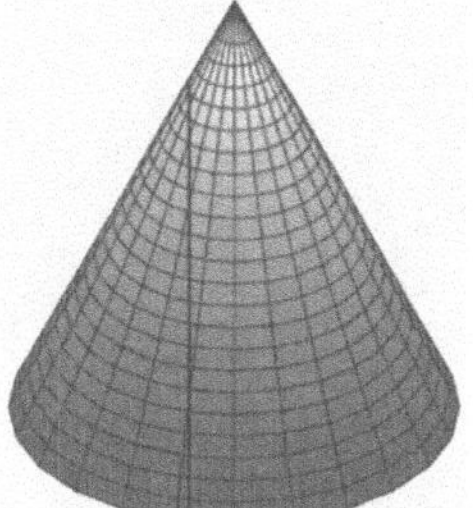

Fig. 3.21

Ebene Schnitte eines Torus parallel zu dessen Rotationsachse liefern die Cassini'schen Kurven, insbesondere also die Lemniskate. Sie sind auch als *Spiren* des PERSEUS bekannt, der sie im 2./3. Jahrhundert v.u.Z. fand (siehe Fig. 3.22).

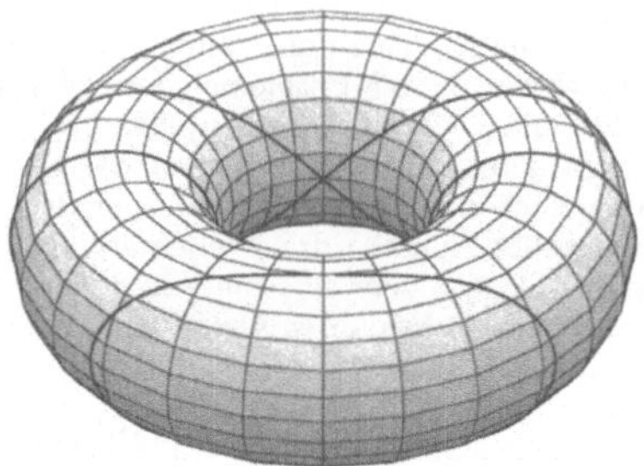

Fig. 3.22

Um 360 v.u.Z. hat Eudoxos von Knidos die *Hippopede* (Pferdeschlinge) zur Beschreibung von Planetenbahnen herangezogen. Sie entsteht durch Schnitt einer Kugel mit einem berührenden Kreiszylinder. Ist der Durchmesser des Zylinders gleich dem Radius der Kugel, so erhält man die so genannte *Viviani'sche Kurve*, die durch eine von V. Viviani 1692 gestellte Aufgabe berühmt wurde: Man soll aus einer halbkugelförmigen Kuppel vier gleiche Fenster so herausschneiden, dass die verbleibende Kuppelfläche quadrierbar ist (siehe Fig. 3.23 sowie Beispiel 6).

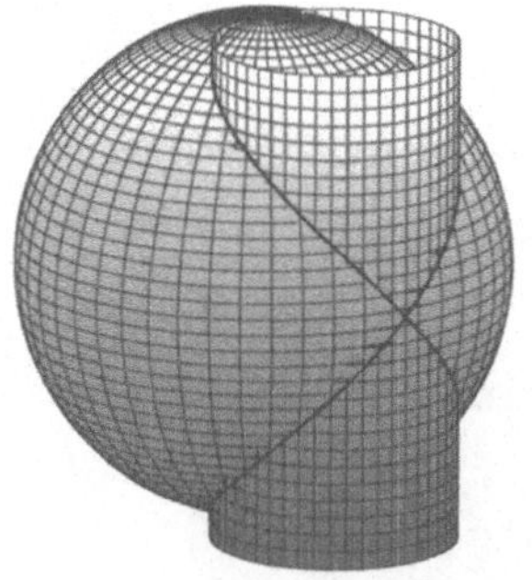

Fig. 3.23

Die vielleicht älteste Raumkurve hat Archytas von Tarent (um 370 v.u.Z.) gefunden. Er hat sie durch den Schnitt eines Torus und eines Kreiszylinders konstruiert (siehe Fig. 3.24). Durch einen weiteren Schnitt mit einem Kreiskegel konnte er darauf einen Punkt lokalisieren, der eine Lösung des delischen Problems liefert (vgl. Aufgabe 9).

Wie im ebenen Fall setzte eine Weiterentwicklung aber erst mit der Einführung des Koordinatenbegriffs durch R. Descartes und P. de Fermat ein. Die fruchtbare Ver-

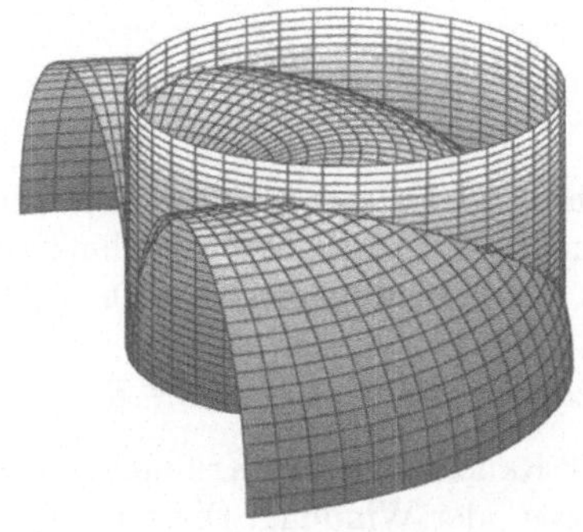

Fig. 3.24

bindung mit der Differential- und Integralrechnung führte schließlich zur Differentialgeometrie. Deren Ausbau ging Hand in Hand mit wichtigen praktischen Anwendungen.
Insbesondere die mathematischen Kartographie, die Darstellung gekrümmter Flächen
(wie die Erdoberfläche) durch ebene Bilder, gab wesentliche Impulse. Einen kurzen
Überblick über die Anfänge der Differentialgeometrie findet man in [Str]. Nachdem im
siebzehnten Jahrhundert vor allem ebene Kurven untersucht worden waren, und zwar
in impliziter Form, stellte A.-C. Clairaut (1731) auch Raumkurven durch ihre Projektion auf die drei Koordinatenebenen dar. Wir beschreiben eine Raumkurve durch
eine Parametrisierung, also durch eine Funktion $c : [a, b] \to \mathbb{R}^3$, deren drei Komponenten c_i differenzierbare Funktionen sind. Dafür kann man sofort die Bogenlänge wie im
ebenen Fall definieren:

$$L(c) = \int_a^b \|\dot{c}(t)\|\, dt,$$

wobei wir für $x = (x_1, x_2, x_3) \in \mathbb{R}^3$ jetzt $\|x\|^2 = x_1^2 + x_2^2 + x_3^2$ setzen. Ist c eine reguläre
Kurve, d.h. gilt $\dot{c}(t) \neq 0$ für alle t, so kann man wieder $s(t) = \int_a^t \|\dot{c}(u)\|\, du$ als neuen
Parameter wählen, d.h. c natürlich parametrisieren.

Beispiel 1. Die *Helix* oder *Schraubenlinie* ist definiert durch

$$c(t) = (r \cos t, r \sin t, ct), \quad t \in \mathbb{R},$$

wobei $r > 0$ und $c \in \mathbb{R}$ Konstante sind.

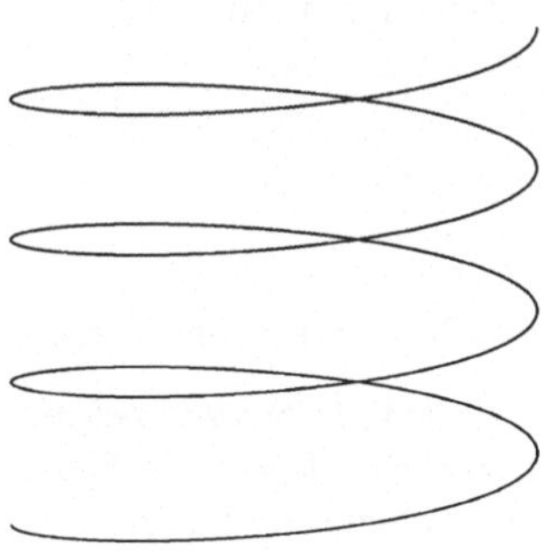

Fig. 3.25

Der Kurvenbogen zwischen $t = 0$ und $t = s$ besitzt die Bogenlänge

$$L(c|_{[0,s]}) = \int_0^s \sqrt{r^2 + c^2}\, dt = s\sqrt{r^2 + c^2} = \frac{s}{\alpha}$$

mit $\alpha^{-1} = \sqrt{r^2 + c^2}$. Man beachte, dass dies die Länge der Geraden ist, die man erhält, wenn man den Zylindermantel, auf dem die Schraubenlinie verläuft, in die Ebene abwickelt. Parametrisiert man die Schraubenlinie nach der Bogenlänge, so erhält man also

$$c(s) = (r\cos\alpha s, r\sin\alpha s, c\alpha s), \quad s \in \mathbb{R}.$$

Wie bei ebenen Kurven ist auch bei Raumkurven die Krümmung ein wichtiges Charakteristikum. Hinzu kommt die Torsion oder Windung. Diese werden wir folgt definiert. Die *Krümmung* einer natürlich parametrisierten Kurve $c : [a, b] \to \mathbb{R}^3$ ist durch

$$\kappa(s) = \|\ddot{c}(s)\|, \quad s \in [a, b],$$

gegeben, wobei $\kappa(s)$ wiederum nur von $c(s)$ abhängt. Ist $\kappa(s) \neq 0$, so liegt der Vektor $\ddot{c}(s)$ in der zum Tangentialvektor $\mathfrak{t}(s) = \dot{c}(s)$ senkrechten Ebene, der so genannten *Normalebene* im Punkt $c(s)$, denn es gilt

$$0 = \frac{d}{ds}\|\mathfrak{t}(s)\|^2 = \frac{d}{ds}\dot{c}(s) \cdot \dot{c}(s) = 2\dot{c}(s) \cdot \ddot{c}(s).$$

Durch $\mathfrak{n} = \kappa^{-1}\ddot{c}$ wird dann der *Hauptnormalenvektor* definiert, d.h. $\ddot{c} = \kappa\mathfrak{n}$. Zusammen mit $\dot{c} \times \ddot{c}$ spannt er die Normalebene auf, falls $\dot{c}$ und $\ddot{c}$ linear unabhängig sind. Dann ist $\dot{c} \times \ddot{c} \neq 0$, und wir können die *Binormale* $\mathfrak{b} = \frac{\dot{c}\times\ddot{c}}{\|\dot{c}\times\ddot{c}\|}$ betrachten, sowie die *Torsion* $\tau(s)$, die durch

$$\dot{\mathfrak{b}}(s) = -\tau(s)\mathfrak{n}(s)$$

definiert ist. Dazu bemerken wir, dass $\dot{\mathfrak{b}}$ senkrecht auf $\mathfrak{b}$ steht und wegen

$$\dot{\mathfrak{b}} = \frac{d}{ds}\mathfrak{t} \times \mathfrak{n} = \dot{\mathfrak{t}} \times \mathfrak{n} + \mathfrak{t} \times \dot{\mathfrak{n}} = \mathfrak{t} \times \dot{\mathfrak{n}}$$

auch senkrecht auf $\mathfrak{t}$ und damit ein Vielfaches von $\mathfrak{n}$ ist. Wir können die Torsion daher auch in der Form

$$\tau = -\dot{\mathfrak{b}} \cdot \mathfrak{n} = \mathfrak{n} \cdot (\dot{\mathfrak{n}} \times \mathfrak{t})$$

schreiben und erhalten wegen

$$\dot{\mathfrak{n}} = \kappa^{-1}\dot{\ddot{c}} - \dot{\kappa}\kappa^{-2}\ddot{c}$$

schließlich

$$\tau = \kappa^{-2}(\dot{c} \times \ddot{c}) \cdot \dot{\ddot{c}} = \kappa^{-2}\det(\dot{c}, \ddot{c}, \dot{\ddot{c}}).$$

Die von $\mathfrak{t}$ und $\mathfrak{n}$ aufgespannte Ebene wird als *Schmiegeebene* bezeichnet und die von $\mathfrak{t}$ und $\mathfrak{b}$ aufgespannte als die *rektifizierende Ebene*. Die Schmiegeebene findet sich bereits bei JOH. BERNOULLI, wurde aber zusammen mit der Windung einer Raumkurve und der rektifizierenden Ebene erst 1802 von M.A. LANCRET, einem Schüler von G. MONGE, eingehend studiert. Natürlich wurden die Krümmung und die Torsion (wie die Krümmung ebener Kurven) zunächst geometrisch interpretiert und zwar als Änderung des Tangentialvektors bzw. Änderung der Schmiegeebene. Bezeichnet $\phi(h)$ den Winkel, den die Vektoren $\dot{c}(s)$ und $\dot{c}(s+h)$ miteinander bilden, so gilt $\kappa(s) = \lim_{h \to 0} \left| \frac{\phi(h)}{h} \right|$, und wenn $\psi(h)$ den Winkel zwischen $\mathfrak{b}(s)$ und $\mathfrak{b}(s+h)$ bezeichnet, so folgt $\tau(s) = \lim_{h \to 0} \frac{\psi(h)}{h}$ (vgl. Aufgabe 2). Als fundamental für das Studium einer Raumkurve haben sich die folgenden Differentialgleichungen von J.-F. Frenet (1847) und J.A. Serret (1850) erwiesen (J.M.C. Bartels und seinem Schüler K.E. Senff waren sie allerdings bereits 1831 bekannt; vgl. dazu [Rei]). Sie lassen sich besonders einfach formulieren, wenn man das von J.-G. Darboux in seinem vierbändigen Werk über die allgemeine Theorie der Flächen (1887) eingeführte *begleitende Dreibein* einer Raumkurve benutzt, das aus den Einheitsvektoren $\mathfrak{t}$, $\mathfrak{n}$ und $\mathfrak{b}$ besteht.

Die Frenet-Serret'schen Formeln

$$\frac{d\mathfrak{t}}{ds} = \kappa(s)\mathfrak{n}(s)$$

$$\frac{d\mathfrak{n}}{ds} = -\kappa(s)\mathfrak{t}(s) + \tau(s)\mathfrak{b}(s)$$

$$\frac{d\mathfrak{b}}{ds} = -\tau(s)\mathfrak{n}(s)$$

Hier gelten die erste und dritte Gleichung aufgrund unserer Definition. Wegen $\mathfrak{n} = \mathfrak{b} \times \mathfrak{t}$ folgt die zweite aus den anderen beiden, da dann

$$\dot{\mathfrak{n}} = \dot{\mathfrak{b}} \times \mathfrak{t} + \mathfrak{b} \times \dot{\mathfrak{t}} = -\tau\mathfrak{n} \times \mathfrak{t} + \kappa\mathfrak{b} \times \mathfrak{n}$$

gilt.

Bemerkungen 1. Anders als im ebenen Fall ist die Krümmung einer Raumkurve stets positiv. Während in der Ebene das Paar $\mathfrak{t}, \mathfrak{n}$ orientiert werden kann in Übereinstimmung mit der Orientierung der beiden Koordinatenachsen – positiv bei Drehung gegen, negativ bei Drehung im Uhrzeigersinn – ist dies im Raum nicht möglich. Erst die drei Vektoren $\mathfrak{t}$, $\mathfrak{n}$ und $\mathfrak{b}$ besitzen eine (in der gegebenen Reihenfolge positive) Orientierung.

2. Ist die Kurve nicht nach der Bogenlänge parametrisiert, so zeigt die Kettenregel, dass

$$\kappa(t) = \frac{\|\dot{c}(t) \times \ddot{c}(t)\|}{\|\dot{c}(t)\|^3}$$

gilt, und für die Torsion erhält man dann

$$\tau(t) = \frac{\det\left(\dot{c}(t), \ddot{c}(t), \dddot{c}(t)\right)}{\|\dot{c}(t) \times \ddot{c}(t)\|^2}.$$

Beispiele 1. (Fortsetzung) Die Krümmung und die Torsion der Helix sind konstant. Man erhält sehr leicht

$$\kappa = \frac{r}{r^2 + c^2} \quad \text{und} \quad \tau = \frac{c}{r^2 + c^2}.$$

Insbesondere ist für die Helix auch das Verhältnis $\frac{\kappa}{\tau} = \frac{r}{c}$ konstant.

2. Die Viviani'sche Kurve, die durch Schnitt der Sphäre vom Radius $2a$ mit dem Zylinder mit der Gleichung $(x_1 - a)^2 + x_2^2 = a^2$ entsteht, besitzt die Parametrisierung

$$c(t) = \left(a(1 + \cos t), a \sin t, 2a \sin \frac{t}{2} \right), \quad 0 \leqslant t \leqslant \pi,$$

wie man durch Einsetzen leicht bestätigt. Mit Hilfe der Formeln in Bemerkung 2 zeigt man, dass

$$\kappa(s) = \frac{\sqrt{13 + 3\cos s}}{a(3 + \cos s)^{3/2}} \quad \text{und} \quad \tau(s) = \frac{6 \cos \frac{t}{2}}{a(13 + 3\cos s)}$$

gilt.

Durch die Formeln von Frenet-Serret ist eine Raumkurve bei vorgegebenen Funktionen κ und τ im wesentlichen eindeutig bestimmt. Genügen zwei Raumkurven diesen Gleichungen mit denselben Funktionen κ und τ, so können sie durch eine euklidische Bewegung ineinander überführt werden. (siehe Aufgabe 3). Dies folgt aus dem Existenz- und Eindeutigkeitssatz für Differentialgleichungen. Die Formeln bilden nämlich ein System von 9 linearen Differentialgleichungen, lassen sich mit $\mathfrak{t} = (x_1, x_2, x_3)$, $\mathfrak{n} = (x_4, x_5, x_6)$ und $\mathfrak{b} = (x_7, x_8, x_9)$ also in der Form $\dot{x} = xA$ mit einer (9×9)-Matrix A schreiben. Für gegebene stetige Funktionen $\kappa, \tau : [a, b] \to \mathbb{R}$ ($\kappa(s) > 0$) genügt die rechte Seite $f(s, x) = xA(s)$ einer Lipschitz-Bedingung, und damit existiert eine eindeutige Lösung des Anfangswertproblems mit $x(a) = x_0 = (\mathfrak{t}_0, \mathfrak{n}_0, \mathfrak{b}_0)$. Die gesuchte Raumkurve c erhält man dann als Integral

$$c(s) = c(a) + \int_a^s \mathfrak{t}(u)\, du, \quad a \leqslant s \leqslant b.$$

Die Beschreibung von gekrümmten Flächen mittels lokaler Karten ist motiviert durch die vielfältigen Projektionsmethoden, derer man sich in der Geodäsie (Kartographie) oder der Astronomie bedient hat, und damit zumindest im Fall der Sphäre S^2 viel älter.

Die beiden ältesten Projektionsarten sind die *stereographische Projektion* (siehe Fig. 3.26) und die *orthogonale Projektion* (siehe Fig. 3.27). Die erste hat bereits K. PTOLEMAIOS in seinem „Planisphaerium" beschrieben, und auch die orthogonale Projektion auf Koordinatenebenen findet man in einem anderen seiner Werke, den „Analemma". Inwieweit diese Verfahren von ihm selbst stammen oder von dem griechischen Astronom HIPPARCHOS von Nikaia, von dem er vieles übernommen hat, können wir heute jedoch nicht mehr entscheiden.

Bei der stereographischen Projektion verbindet man den Nordpol (bzw. den Südpol) mit einem anderen Punkt der Sphäre S^2 und bestimmt den Schnittpunkt der so definierten Geraden mit der Äquatorebene, d.h., man definiert

---

Die stereographische Projektion

$$\varphi_N : U_N = S^2 \setminus \{N\} \to \mathbb{R}^2, \quad \varphi_N(x) = (1 - x_3)^{-1}(x - x_3 N)$$

für $x = (x_1, x_2, x_3) \in U_N$, wenn $N = (0, 0, 1)$ den Nordpol bezeichnet.

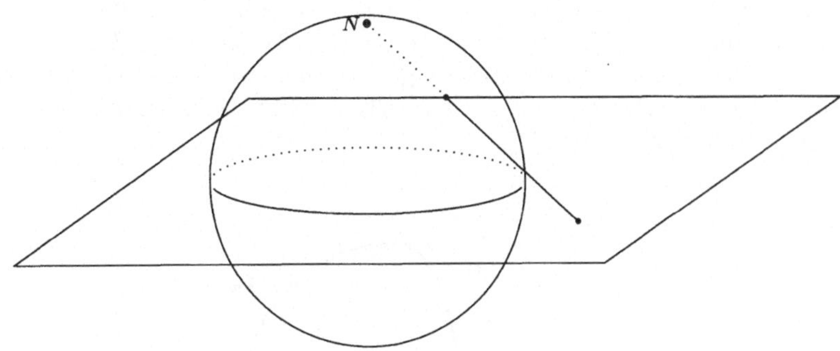

Fig. 3.26

Die *Karte* (U_S, φ_S) wird sinngemäß definiert. Die beiden Karten (U_N, φ_N) und (U_S, φ_S) sind verträglich und ergeben zusammen einen *Atlas* von S^2. Das bedeutet, dass die Mengen U_N und U_S die Sphäre S^2 überdecken und dass die so genannten *Übergangsabbildungen* $\varphi_S \circ \varphi_N^{-1}$ und $\varphi_N \circ \varphi_S^{-1} : \mathbb{R}^2 \setminus \{0\} \to \mathbb{R}^2 \setminus \{0\}$ differenzierbar sind. Um dies einzusehen, betrachten wir etwa die Parametrisierung $x(u, v) = \varphi_N^{-1}(u, v)$, $(u, v) \in \mathbb{R}^2$, von $U_N \subset S^2$. Dafür gilt

$$x_1(u, v) = \frac{2u}{u^2 + v^2 + 1},$$

$$x_2(u, v) = \frac{2v}{u^2 + v^2 + 1},$$

$$x_3(u, v) = \frac{u^2 + v^2 - 1}{u^2 + v^2 + 1}$$

für $(u, v) \in \mathbb{R}^2$. Mit $\varphi_S(x) = (1 + x_3)^{-1}(x + x_3 S)$, $x \in U_S$, folgt

$$\varphi_S \circ \varphi_N^{-1}(u, v) = (u^2 + v^2)^{-1}(u, v)$$

oder in komplexer Schreibweise, wenn man $z = u + iv$ setzt,

$$\varphi_S \circ \varphi_N^{-1}(z) = \frac{z}{|z|^2}, \quad z \neq 0.$$

Oft projeziert man nicht auf die Äquatorialebene, sondern auf eine Tangentialebene (siehe Aufgabe 8).

Bei der orthogonalen Projektion auf die Koordinatenebenen (siehe Fig. 3.27) benötigt man 6 Karten für einen Atlas. Wir überlassen die Beschreibung der einzelnen Karten und der zugehörigen Übergangsabbildungen dem Leser (Aufgabe 4).

Allgemein besteht eine Fläche $\mathscr{F}$ aus einer Teilmenge des $\mathbb{R}^3$, für die jeder Punkt $x_0 \in \mathscr{F}$ in einem Flächenstück $U \subset \mathscr{F}$ liegt. Das heißt, zu jedem $x_0 \in \mathscr{F}$ gibt es eine differenzierbare Abbildung $x : V \to U \subset \mathbb{R}^3$ mit $x_0 = x(u_0, v_0)$ für ein $(u_0, v_0) \in V$, die *lokale Parametrisierung*. Dabei ist V eine zusammenhängende Teilmenge von $\mathbb{R}^2$ zumeist von der Form $V = I \times J$ mit Intervallen I, J. Der Punkt x_0 kann dabei in mehreren Flächenstücken liegen. Die Parametrisierung von Flächen durch differenzierbare Funktionen geht auf Euler (1771) zurück, nachdem er bereits 1760 mit Untersuchungen zur Krümmung von Flächen, die als Graph einer Funktion gegeben sind, begonnen hatte. Mit einer lokalen Parametrisierung x erhalten wir eine Schar von Raumkurven, die alle in $\mathscr{F}$ verlaufen, indem wir jeweils eine der Variablen u oder v festhalten: $c_u = x(u, \cdot)$ bzw. $c_v = x(\cdot, v)$.

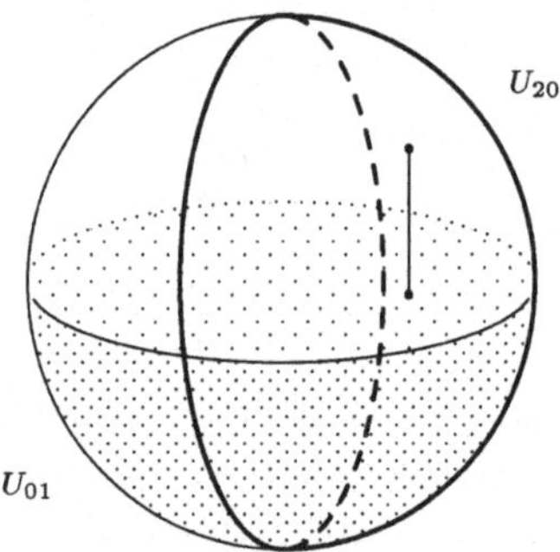

Fig. 3.27

Beispiele   3. Den *Torus T^2* vom Durchmesser $2(a+r)$ und der Dicke $2r$ $(0 < r < a)$ erhält man mit Hilfe der Parametrisierung

$$x(u, v) = \big((r \cos u + a) \cos v, (r \cos u + a) \sin v, r \sin u\big), \quad 0 \leqslant u, v \leqslant 2\pi.$$

4. Eine Parametrisierung von S^2 ist gegeben durch

$$x(u, v) = (\cos u \cos v, \sin u \cos v, \sin v), \quad -\pi \leqslant u \leqslant \pi, -\frac{\pi}{2} \leqslant v \leqslant \frac{\pi}{2}.$$

Hier heißen die *Kugelkoordinaten* u und v die Länge bzw. Breite und werden üblicherweise mit λ bzw. β bezeichnet. Für festes v ist c_v ein Breitenkreis, und für festes u erhalten wir den Längenhalbkreis (oder Meridian) c_u.

Wir nennen U ein *reguläres Flächenstück*, wenn die Tangentialvektoren $x_u = \frac{\partial x}{\partial u}$ und $x_v = \frac{\partial x}{\partial v}$ an die Kurven c_v bzw. c_u, für jeden Punkt (u, v) linear unabhängig sind, d.h. stets $x_u \times x_v \neq 0$ gilt, und wenn die Abbildung x injektiv ist. Die Fläche F heißt *regulär*, wenn jeder Punkt in einem regulären Flächenstück liegt. Der *Normalenvektor* im Punkt x_0 bezüglich x wird dann definiert als $\mathrm{n}_x(x_0) = \frac{x_u \times x_v}{\|x_u \times x_v\|}$ und die Ebene, auf der dieser senkrecht steht, heißt die *Tangentialebene* an F in x_0. In der Tat enthält diese alle Tangentialvektoren an reguläre Kurven in F, die durch x_0 laufen. Eine solche Kurve ist nämlich das Bild einer ebenen Kurve unter x, lässt sich also in der Form $c(t) = x\big(u(t), v(t)\big)$ schreiben, wobei $u(0) = u_0$ und $v(0) = v_0$ gilt, und es folgt mit der Kettenregel

$$\dot{c}(0) = x_u(u_0, v_0)\dot{u}(0) + x_v(u_0, v_0)\dot{v}(0).$$

Liegt x_0 in den Flächenstücken U_1 und U_2 mit den Parametrisierungen x_1 und x_2, so gilt $\mathfrak{n}_{x_1}(x_0) = \pm\mathfrak{n}_{x_2}(x_0)$, denn dann gibt es einen Diffeomorphismus $\pi : x_1^{-1}(U_1 \cap U_2) \to x_2^{-1}(U_1 \cap U_2)$ mit $x_2(u_2, v_2) = x_2\big(\varphi(u_1, v_1)\big) = x_1(u_1, v_1)$, so dass

$$x_{1u_1} \times x_{1v_1} = \left(x_{2u_2}\frac{\partial u_2}{\partial u_1} + x_{2v_2}\frac{\partial v_2}{\partial u_1}\right) \times \left(x_{2v_2}\frac{\partial v_2}{\partial u_2} + x_{2v_2}\frac{\partial v_2}{\partial u_2}\right)$$
$$= \det D\varphi(u_1, v_1)x_{2u_2} \times x_{2v_2}$$

gilt, d.h.

$$\mathfrak{n}_{x_1}(x_0) = \operatorname{sgn} \det D\varphi\big(x_1^{-1}(x_0)\big)\mathfrak{n}_{x_2}(x_0).$$

Unabhängig vom Vorzeichen ist die Tangentialebene daher wohldefiniert. In den vorigen beiden Beispielen ist die Parametrisierung x jeweils nicht injektiv, und im Fall von S^2 gilt

$$x_u \times x_v = (\cos u \cos^2 v, \sin u \cos^2 v, \sin u \cos v),$$

d.h. $x_u \times x_v = 0$ für $v = \pm\frac{\pi}{2}$. Trotzdem sind beides reguläre Flächen, denn man kann die Abbildungen x einschränken und für die fehlenden Punkte ein zweites Flächenstück betrachten. Im Fall des Torus wählt man etwa $0 < u, v < 2\pi$ und für die zweite Parametrisierung den Parameterbereich $-\pi < u, v < \pi$.

Der Winkel zwischen zwei Flächenkurven in einem Schnittpunkt ist definitionsgemäß der Winkel den die entsprechenden Tangentialvektoren miteinander bilden.

Beispiel 5. Die Schraubenlinie $c(t) = (\cos t, \sin t, t)$, $t \in \mathbb{R}$, (als Kurve auf dem Zylinder vom Radius 1) bildet mit jedem Kreis $c_d(t) = (\cos t, \sin t, d)$, $t \in \mathbb{R}$, den konstanten Winkel

$$\varphi = \arccos\left(\frac{\dot c \cdot \dot c_d}{|\dot c|\,|\dot c_d|}\right) = \arccos\left(\frac{1}{\sqrt{2}}\right) = \frac{\pi}{4}.$$

Man sagt sie sei eine *Loxodrome* des Zylinders – die Bezeichnung stammt von W. Snellius (1624).

Gerhard Mercator
* 5.3.1512 Rupelmonde / † 2.12.1594 Duisburg
studierte ab 1530 in Löwen (Louvain) Philosophie, Theologie, Mathematik und Astronomie, seit 1552 Kosmograph des Herzogs von Jülich in Duisburg. Er gilt als Begründer der modernen Kartographie, indem er zahlreiche Landkarten sowie Globen erstellte, insbesondere 1569 seine berühmte Weltkarte, bei der er die nach ihm benannte Projektion verwendet. Sein ab 1585 herausgegebener Atlas umfasste 107 Karten.

Ein wichtiges Problem im Zusammenhang mit der Navigation bestand für die Seefahrer des 15. und 16. Jhdts. darin, einen konstanten Kurs, d.h. eine Loxodrome auf der Sphäre zu finden. P. Nunes, der dies 1537 erkannte, versuchte als erster die bis dahin gebräuchlichen Kartenentwürfe nach Ptolemaios unter diesem Aspekt zu verbessern. Dies gelang aber erst G. Mercator mit seiner Weltkarte von 1569.

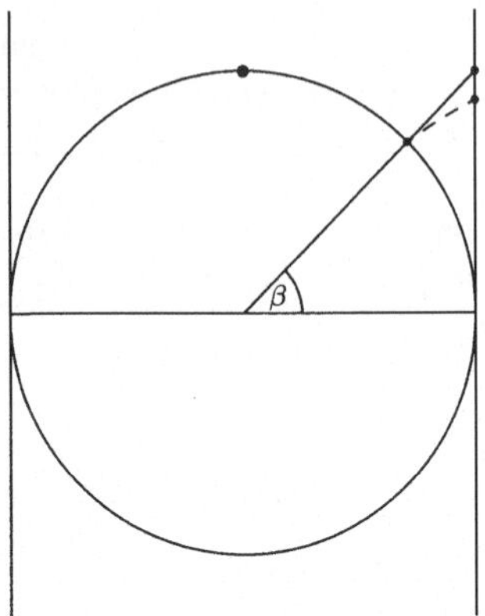

Fig. 3.28

Bei dieser so genannten *Mercator-Projektion* werden die Loxodromen auf Geraden abgebildet. MERCATOR ging aus von einer zentralen Zylinderprojektion (siehe Fig. 3.28) und variierte dafür die Breitenverzerrung. Es dauerte aber noch lange bis die von ihm gefundene Projektion auch mathematisch behandelt werden konnte. Man fand

$$D(\beta) = \int_0^\beta \sec t \; dt = \int_0^\beta \frac{1}{\cos t} \; dt$$

für den Abstand vom Äquator und H. BOND vermutete 1645, dass

$$D(\beta) = \log \left| \tan \left(\frac{\beta}{2} + \frac{\pi}{4} \right) \right|$$

gilt. Aber erst J. GREGORY und I. BARROW konnten dies 1668 beweisen. In der Tat gilt

$$\int \frac{dt}{\cos t} = \int \frac{d(t + \frac{\pi}{2})}{\sin(t + \frac{\pi}{2})} = \int \frac{d(t + \frac{\pi}{2})}{\sin(\frac{t}{2} + \frac{\pi}{4}) \cos(\frac{t}{2} + \frac{\pi}{4})}$$

$$= \int \frac{ds}{\tan s \cos^2 s} = \log |\tan s| = \log \left| \tan \left(\frac{t}{2} + \frac{\pi}{4} \right) \right|.$$

Die Entfernungsberechnung längs einer Loxodrome gelang nach LEIBNIZens vergeblichen Versuchen schließlich JAK. BERNOULLI (1691).

Jakob Bernoulli
* 27.12.1654 Basel / † 16.8.1705 Basel
1687 Professor für Mathematik in Basel. Er verhalf zusammen mit seinem jüngeren Bruder Johann der Leibniz'schen Differentialrechnung zum Sieg über die Newton'sche Fluxionsrechnung. Dabei erzielte er viele wichtige Ergebnisse in der Theorie der Differentialgleichungen, begründete (zusammen mit Johann) die Variationsrechnung und legte in der „Ars conjectandi" die Grundlagen der Wahrscheinlichkeitsrechnung.

Da die Abwicklung eines Kreiszylinders auf die Ebene keine Schwierigkeiten bereitet, können wir Zylinderkoordinaten benutzen:

Die Mercator-Projektion

$$\varphi_M : U_M = S^2 \setminus \{N, S\} \to [-\pi, \pi] \times \mathbb{R}, \ \varphi_M(x) = (\lambda, D(\beta))$$

für $x = (\cos \lambda \cos \beta, \sin \lambda \cos \beta, \sin \beta) \in U_M$.

Für die Umkehrfunktion $x_M : [-\pi, \pi] \times \mathbb{R}$ gilt

$$x_M(u, v) = \frac{1}{\cosh v}(\cos u, \sin u, \sinh v), \ -\pi \leqslant u \leqslant \pi, v \in \mathbb{R},$$

denn es ist

$$\log\left(\tan\left(\frac{\beta}{2} + \frac{\pi}{4}\right)\right) = \frac{1}{2}\log\left(\frac{1 + \sin\beta}{1 - \sin\beta}\right) = \operatorname{arsinh}(\tan\beta) = \operatorname{artanh}(\sin\beta).$$

Die Gerade mit dem Winkel α zur u-Achse wird dadurch auf die Kurve

$$c(t) = x_M(t\cos\alpha, t\sin\alpha), \quad t \in \mathbb{R},$$

abgebildet. Diese bildet den konstanten Winkel $\frac{\pi}{2} - \alpha$ mit jedem Meridian.

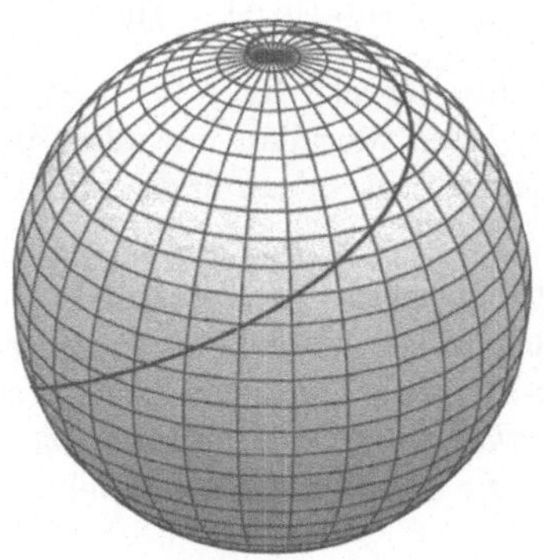

Fig. 3.29

Dazu zeigen wir, dass die Abbildung x_M *konform* ist, d.h. winkeltreu, was wiederum aus der Tatsache folgt, dass die (2×3)-Matrix $A = \begin{pmatrix} x_u \\ x_v \end{pmatrix}$ die Bedingung

$$AA^\top = c^2(u, v)I_2$$

erfüllt mit $c(u,v) \in \mathbb{R}$ und der (2×2)-Einheitsmatrix I_2. Es folgt dann wegen

$$xA \cdot yA = xA(yA)^\top = xAA^\top y^\top$$

nämlich

$$\frac{xA \cdot yA}{|xA|\,|yA|} = \frac{c^2 x \cdot y}{c^2 |x|\,|y|} = \frac{x \cdot y}{|x|\,|y|}$$

für alle Tangentialvektoren in einem Punkt $(u,v) \in V \subset R^2$. Nun ist

$$AA^\top = \begin{pmatrix} x_u \cdot x_u & x_u \cdot x_v \\ x_v \cdot x_u & x_v \cdot x_v \end{pmatrix}$$

und im vorliegenden Fall folgt $AA^\top = c^2(u,v)I_2$ mit $c(u,v) = \frac{1}{\cosh^2 v}$. Die Einträge der Matrix $AA^\top$ werden nach Gauss (1827) üblicherweise mit

$$E = x_u \cdot x_u, \quad F = x_u \cdot x_v \quad \text{und} \quad G = x_v \cdot x_v$$

bezeichnet. Diese Größen spielen auch eine Rolle bei der Berechnung der Bogenlänge einer Flächenkurve $c = x\big(u(\cdot), v(\cdot)\big) : [a,b] \to \mathscr{F}$. Mit $\dot{c}(t) = x_u \dot{u}(t) + x_v \dot{v}(t)$ und obigen Abkürzungen folgt

$$L(c) = \int_a^b \|\dot{c}(t)\|\, dt = \int_a^b \sqrt{E\dot{u}^2 + 2F\dot{u}\dot{v} + G\dot{v}^2}\, dt.$$

Mit dieser Formel lässt sich dann leicht die Länge einer Loxodromen berechnen. Für die Mercator-Projektion erhält man $E = \frac{1}{\cosh^2 v} = G$ und $F = 0$, und damit ist

$$L\big(c|_{[0,T]}\big) = \int_0^T \|\dot{c}\|\, dt = \int_0^T \frac{dt}{\cosh(t\sin\alpha)} = \frac{2}{\sin\alpha}\Big(\arctan(e^{T\sin\alpha}) - \frac{\pi}{4}\Big).$$

Insbesondere hat die Loxodrome, die sich für $0 < \alpha < \frac{\pi}{2}$ spiralförmig um Nord- und Südpol windet und dabei jeden Meridian unendlich oft schneidet, die endliche Länge $L(c|_{(-\infty,\infty)}) = \frac{\pi}{\sin\alpha}$. Weitere Anwendung finden die Größen E, F und G bei der Flächeninhaltsberechnung.

Betrachtet man eine Weltkarte, die nach der Mercator-Projektion gefertigt ist (siehe etwa [Sch] oder [BS]), so stellt man fest, dass die Regionen nahe der Pole unnatürlich groß erscheinen. Die Mercator-Projektion ist nicht flächentreu. Die einfachste flächentreue Kartenprojektion, die *orthographische Projektion*, hat 1772 J.H. Lambert geschaffen. Dabei projiziert man die Kugel einfach parallel zur Äquatorebene auf einen umbeschriebenen Zylinder.

Die orthographische Projektion

$$\varphi_L : U_L = S^2 \setminus \{N, S\} \to [-\pi, \pi] \times [-1, 1], \quad \varphi_L(x) = (\lambda, \sin\beta)$$

für $x = (\cos\lambda\cos\beta, \sin\lambda\cos\beta, \sin\beta) \in U_L$.

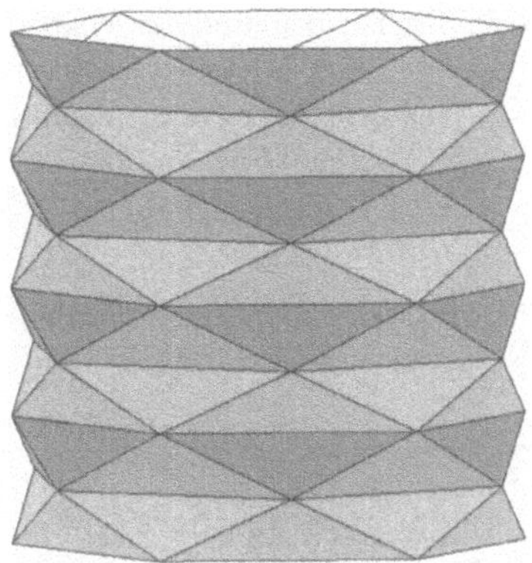

Fig. 3.30

Mit der Formel für den Oberflächeninhalt von Rotationskörpern folgt sofort, dass der Mantel einer Kugelschicht und dessen Bild auf dem Zylinder denselben Flächeninhalt besitzen. Für eine allgemeine Fläche $\mathscr{F}$ haben wir den Flächeninhalt bisher noch nicht erklärt. Der nahe liegende Zugang mittels Approximation durch Polyederflächen führt nicht ohne weiteres zum Ziel, denn H.A. Schwarz hat gezeigt, dass man einem Kreiszylinder ein Polyeder von beliebig großem Flächeninhalt einbeschreiben kann. Einem Zylinder vom Radius r und der Höhe h sei wie in Fig. 3.30 Skizze ein Polyeder einbeschrieben, das aus $2nm$ Dreiecken besteht.

Mit elementarer Geometrie sieht man leicht, dass jedes der Dreiecke den Flächeninhalt

$$F(\Delta) = r \sin \frac{\pi}{n} \sqrt{r^2 \left(1 - \cos \frac{\pi}{n}\right)^2 + \left(\frac{h}{m}\right)^2}$$

hat. Wegen $1 - \cos \frac{\pi}{n} = 2 \sin^2 \frac{\pi}{2n}$ folgt also für die Gesamtfläche

$$F_{n,m} = 2rn \sin \frac{\pi}{n} \sqrt{4r^2 m^2 \sin^4 \frac{\pi}{2n} + h^2},$$

und für $n, m \to \infty$ hängt deren Verhalten von $\frac{m}{n^2}$ ab (vgl. Aufgabe 6). Obwohl sich bei Verfeinerung der Unterteilung das Polyeder dem Zylindermantel annähert, konvergiert der Normalenvektor der Polyederflächen i.a. nicht gegen den Normalenvektor der Zylinderfläche und damit auch nicht die zugehörigen Tangentialebenen. Während dies im Fall der Polygonapproximation von Kurven (aufgrund des Mittelwertsatzes) automatisch erfüllt ist, muss man dies bei der Polyederapproximation von Flächen fordern, d.h. nur solche Polyederfolgen zulassen, die dies erfüllen. Ist die Parametrisierung x eines Flächenstücks U von der Form $x : V = [a,b] \times [c,d] \to U \subset \mathscr{F}$, so wählt man Zerlegungen $a = u_0 < u_1 < \cdots < u_n = b$ und $c = v_0 < v_1 < \cdots < v_m = d$. Vier benachbarte Gitterpunkte auf der Fläche spannen dann i.a. kein planares Viereck auf, sind jedoch Vereinigung zweier Dreiecke $\Delta_{ij}^{\pm}$, deren jeweiliger Flächeninhalt durch

$$F(\Delta_{ij}^{-}) = \frac{1}{2} \left\| \left(x(u_i, v_{j-1}) - x(u_{i-1}, v_{j-1})\right) \times \left(x(u_{i-1}, v_j) - x(u_{i-1}, v_{j-1})\right) \right\|$$

$$F(\Delta_{ij}^{+}) = \frac{1}{2} \left\| \left(x(u_{i-1}, v_j) - x(u_i, v_j)\right) \times \left(x(u_i, v_{j-1}) - x(u_i, v_j)\right) \right\|$$

gegeben ist. Schreibt man die euklidische Norm und das Vektorprodukt aus und wendet auf jeden der vorkommenden Faktoren den Mittelwertsatz an, so sieht man, dass die Summe dieser Flächeninhalte für eine geeignete Zerlegungsfolge gegen das Integral

$$F(U) = \iint_V \|x_u \times x_v\|\, dudv$$

konvergiert. Dadurch wird nahe gelegt, den *Flächeninhalt* von U durch diese Integral zu definieren. Aufgrund der Identität von J.-L. Lagrange (vgl. Aufgabe 1 (a)) erhalten wir somit für den

---

Flächeninhalt eines Flächenstücks

$$F(U) = \iint_V \sqrt{EG - F^2}\, dudv = \iint_V \sqrt{g}\, dudv.$$

Wird eine reguläre Fläche $\mathscr{F}$ nicht durch ein einzelnes solches Flächenstück überdeckt, wobei mehrfache Überdeckung einzelner Punkte oder Kurven keine Rolle spielt, so muss man die Fläche in geeignete aneinandergrenzende Flächenstücke zerlegen. Wir betrachten nur Flächen, für die dies mit endlich vielen Flächenstücken möglich ist.

Beispiele 6. In den Kugelkoordinaten aus Beispiel 4 gilt $E = \cos^2\beta$, $F = 0$ und $G = 1$, also $\sqrt{g} = \sqrt{EG - F^2} = \cos\beta$. Die Viviani'sche Kurve wird dann im ersten Oktanten $0 \leqslant \lambda, \beta \leqslant \frac{\pi}{2}$ durch die Gleichung $\lambda = \beta$ beschrieben, und wir erhalten als Inhalt des zugehörigen Fensters

$$F = \int_0^{\pi/2} \int_0^\beta \cos\beta d\lambda d\beta = \frac{\pi}{2} - 1.$$

Damit haben wir (nach Viviani) das oben erwähnte Problem gelöst. Man kann aus einer Halbkugel vier gleich große Fenster ausschneiden, so dass der Flächeninhalt der verbleibenden Kuppel gerade gleich 4 ist, also quadrierbar.

7. Für die Parametrisierung des Torus aus Beispiel 3 erhält man $E = r^2$, $F = 0$ und $G = (a + r\cos u)^2$. Damit können wir leicht den Flächeninhalt bestimmen; es ist

$$F(T^2) = \int_0^{2\pi} \int_0^{2\pi} r(a + r\cos u)\, dudv = 4\pi^2 ra.$$

Neben den winkel- und flächentreuen Projektionen oder Parametrisierungen spielen die längentreuen (oder *Isometrien*) eine wichtige Rolle. Eine Parametrisierung ist genau dann längentreu, wenn für $A = \begin{pmatrix} x_u(u,v) \\ x_v(u,v) \end{pmatrix}$ stets $AA^\top = I_2$ gilt. Offensichtlich ist dies hinlänglich, und umgekehrt muss bei einer isometrischen Parametrisierung für eine Kurve $c(t) = x(u(t), v(t))$, $t \in [a, b]$, stets

$$\int_a^b \|\dot{c}(t)\|\, dt = \int_a^b \sqrt{\dot{u}(t)^2 + \dot{v}(t)^2}\, dt$$

gelten. Da dies auch in jedem Teilintervall von $[a, b]$ gilt, kann in keinem Punkt $\|\dot{c}(t)\| \neq \sqrt{\dot{u}(t)^2 + \dot{v}(t)^2}$ sein, d.h., es ist

$$(\dot{u}, \dot{v})AA^{\top}(\dot{u}, \dot{v})^{\top} = \dot{u}^2 + \dot{v}^2 = (\dot{u}, \dot{v})I_2(\dot{u}, \dot{v})^{\top}.$$

Durch Polarisierung (oder spezielle Wahl von $(\dot{u}, \dot{v})$) erhält man die Behauptung.

Die Isometrien sind besonders schwer zu realisieren. Wir werden im nächsten Abschnitt zeigen, dass dafür eine Fläche nicht „in sich gekrümmt" sein darf. Insbesondere gibt es daher für die Sphäre keine längentreuen Karten. Wir haben hier nur die Sphäre und den Torus als konkrete Flächen kennen gelernt. Im nächsten Abschnitt werden wir zwar noch einige weitere Beispiele geben, für ein umfangreicheres Sortiment von Raumkurven und Flächen müssen wir aber auf die Literatur verweisen; siehe [Gra].

Aufgaben

1. Für zwei Vektoren $x = (x_1, x_2, x_3)$ und $y = (y_1, y_2, y_3) \in \mathbb{R}^3$ haben wir in 2.4 das innere Produkt $x \cdot y$ (oder $\langle x, y \rangle$) durch

$$x \cdot y = \langle x, y \rangle = x_1 y_1 + x_2 y_2 + x_3 y_3$$

definiert und das äußere durch

$$x \times y = (x_2 y_3 - x_3 y_2, x_3 y_1 - x_1 y_3, x_1 y_2 - x_2 y_1).$$

Der Winkel $\phi \in [0, \pi]$ zwischen x und y wird dann implizit definiert durch

$$x \cdot y = \|x\| \, \|y\| \, \cos \phi,$$

wobei $\|x\|^2 = x \cdot x$. Zeigen Sie:

(a) Für Vektoren $x, y, z, w \in \mathbb{R}^3$ gilt

$$x \times (y \times z) = (x \cdot z)y - (x \cdot y)z.$$

insbesondere besteht die *Lagrange-Identität*

$$(x \times y) \cdot (z \times w) = (x \cdot z)(y \cdot w) - (x \cdot w)(y \cdot z).$$

Leiten Sie daraus die *Ungleichung von Cauchy-Schwarz* her:

$$|x \cdot y| \leqslant \|x\| \, \|y\|.$$

(b) Der Vektor $x \times y$ besitzt die Länge $\|x \times y\| = \|x\| \, \|y\| \, \sin \phi$. Dies ist gerade der Flächeninhalt des von x und y aufgespannten Parallelogramms.

2. Leiten Sie die geometrische Interpretation der Krümmung und der Torsion einer Raumkurve her und beweisen Sie die Formeln in der Bemerkung 2.

3. Zeigen Sie:
(a) Ist $x(s) = \big(\mathfrak{t}(s), \mathfrak{n}(s), \mathfrak{b}(s)\big)$ eine Lösung des Systems von Differentialgleichungen, das durch die Frenet-Serret'schen Formeln gegeben ist, so bilden die Komponenten stets ein orientiertes Dreibein.
(b) Ist $B \in SO(3)$ eine orientierungserhaltende orthogonale Matrix, so ist

$$y(s) = \big(\mathfrak{t}(s)B, \mathfrak{n}(s)B, \mathfrak{b}(s)B\big)$$

eine Lösung des Anfangswertproblems mit $y(a) = (\mathfrak{t}_0 B, \mathfrak{n}_0 B, \mathfrak{b}_0 B)$.

4. Bestimmen Sie einen Atlas für S^2, bestehend aus 6 Karten, indem Sie die Sphäre längs der Koordinatenachsen auf die jeweilige darauf senkrecht stehende Koordinatenebene projezieren.

5. Zeigen Sie, dass die Parametrisierung x genau dann winkeltreu ist, wenn die Matrix

$$AA^\top = \begin{pmatrix} E & F \\ F & G \end{pmatrix} \text{ mit } A = \begin{pmatrix} x_u \\ x_v \end{pmatrix} \text{ ein positives Vielfaches von } I_2 \text{ ist.}$$

6. Diskutieren Sie das Verhalten von $F_{n,m}$ für $n, m \to \infty$ im Schwarz'schen Beispiel in Abhängigkeit von n und m.

7. Man zeige, dass die Loxodrome der Neigung α gegen die Breitenkreise durch die stereographische Projektion vom Nordpol aus auf die logarithmische Spirale $r(\varphi) = ae^{\varphi \cot \alpha}$, $\varphi \in \mathbb{R}$, abgebildet wird.

8. Geben Sie eine analytische Beschreibung für die stereographische Projektion der S^2 auf die Tangentialebene im Nordpol.

9. Geben Sie eine Parametrisierung der Kurve von Archytas als Schnitt des Zylinders $x^2 + y^2 = 2x$ mit dem Torus $x^2 + y^2 + z^2 = 2\sqrt{x^2 + y^2}$. Finden Sie ferner den Schnittpunkt mit dem Kreiskegel $x^2 + y^2 + z^2 = 4x^2$ und lösen Sie so das delische Problem.

10. In der Funktionentheorie betrachtet man komplexe Funktionen $f : G \to \mathbb{C}$ (definiert in einer offenen Teilmenge $G \subset \mathbb{C}$), die in G komplex differenzierbar (man sagt auch *komplex analytisch* oder *holomorph*) sind, d.h. für die $f'(z) = \lim_{w \to z} \frac{f(w) - f(z)}{w - z}$ existiert (siehe [Nee]). Zeigen Sie:

(a) Eine Abbildung $f = u + iv : G \to \mathbb{C}$ mit $u = \operatorname{Re} f$ und $v = \operatorname{Im} f$ ist genau dann komplex differenzierbar in G, wenn u und v dort stetig differenzierbar sind und die *Cauchy-Riemann'schen Differentialgleichungen*

$$\frac{\partial u}{\partial x} = \frac{\partial v}{\partial y} \quad \text{und} \quad \frac{\partial u}{\partial y} = -\frac{\partial v}{\partial x}$$

erfüllen.

Hinweis: Man zeige zunächst, dass u und v als reelle Abbildungen dann total differenzierbar sind und für die aus den Ableitungen gebildete Matrix $A = \begin{pmatrix} \partial_1 u & \partial_1 v \\ \partial_2 u & \partial_2 v \end{pmatrix}$ die Relationen $\partial_1 u = \partial_2 v$ und $\partial_2 u = -\partial_1 v$ bestehen.

(b) Jede komplex differenzierbare Abbildung ist (als reelle Abbildung) konform und orientierungserhaltend, d.h. sogar orientierte Winkel werden erhalten.

(c) Die Übergangsabbildungen der stereographischen Projektion sind konform, jedoch nicht orientierungserhaltend.

11. Auf einen kegelförmigen Berg soll eine Straße führen, die überall dieselbe konstante Steigung besitzt. Bestimmen Sie die Gleichung der zugehörigen idealisierten Kurve.

12. Zeigen Sie, dass die stereographische Projektion winkeltreu ist. Welche Kurven auf der Sphäre S^2 besitzen konstanten Neigungswinkel gegen alle Meridiane ?

13. Es sei g die Zahl des goldenen Schnittes, $h = 1/g$ und $\zeta = e^{2\pi i/5}$ eine fünfte Einheitswurzel. Zeigen Sie, dass die Punkte $-g\zeta^k \in \mathbb{C}$ und $\zeta^k/g \in \mathbb{C}$, $k = 0, \ldots, 4$, unter der Umkehrung der stereographischen Projektion zusammen mit dem Nord- und Südpol der Einheitssphäre die Eckpunkte eines einbeschriebenen Ikosaeders bilden.

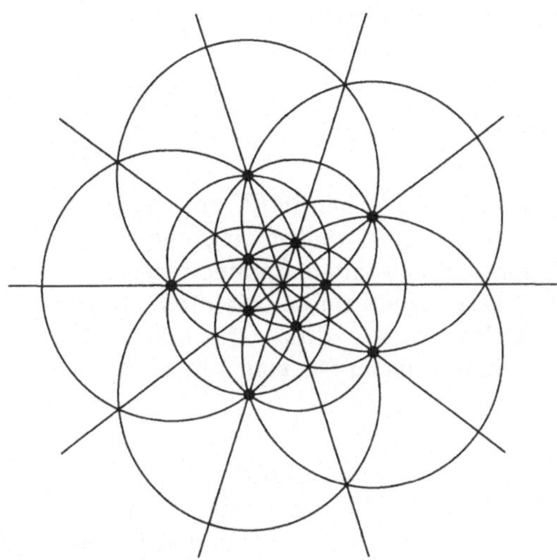

Fig. 3.31

Zeigen Sie ferner, dass die Kreise und Geraden der Figur 3.31 (vom Radius $\sqrt{2+g}$ bzw. $\sqrt{2-h}$) auf Großkreise abgebildet werden, die die radiale Projektion der Kanten des Ikosaeders sowie des Dodekaeders enthalten.

14. Zeigen Sie: Das System von Kreisen und Geraden aus Fig. 3.31 ist invariant unter den Abbildungen $z \mapsto \zeta z$ und $z \mapsto \frac{h-z}{1+hz} = \frac{2+g}{z+g} - g$ von $\mathbb{C} \cup \{\infty\}$ in sich. Auf der Einheitssphäre entsprechen diesen die Drehung um 72° um die Nord-Süd-Achse bzw. um 180° um die Achse durch die Mittelpunkte zweier „gegenüberliegender" Kanten des Ikosaeders.

Literaturhinweise

[BS] Bagrow, L., Skelton, R.A.: *Meister der Kartographie*, Propyläen Verlag, Berlin, 1985[5]

Ein reich bebildertes Werk zur Geschichte der Kartenkunst. Es enthält u.a. die Weltkarte Mercators von 1569.

[Gra] Gray, A.: *Modern Differential Geometry of Curves and Surfaces with Mathematica*®, CRC Press, Boca Raton, 1998

siehe Abschnitt 3.1

[Nee] Needham, T.: *Visual Complex Analysis*, Oxford Univ. Press, Oxford, 1998

Das Buch ist eine sehr empfehlenswerte Einführung in die komplexe Analysis (Funktionentheorie). Der Schwerpunkt liegt auf der Geometrie der komplexen Zahlen und den geometrischen Abbildungseigenschaften komplexwertiger Funktionen. Dabei werden auch viele Aspekte der Differentialgeometrie aus der Sicht der Funktionentheorie beleuchtet.

[Rei] Reich, K.: *Die Geschichte der Differentialgeometrie von Gauß bis Riemann (1828-1868)*, Archive Hist. Exact Sci. 11 (1973) 273-382

Sehr detaillierte Studie mit umfangreicher Bibliographie zur Entwicklung der Differentialgeometrie im genannten Zeitraum. Für den daran anschließenden bis zur mathematischen Begründung der Relativitätstheorie hat die Autorin ein Buch veröffentlicht: *Die Entwicklung des Tensorkalküls*, Birkhäuser, 1993.

[Sch] Schröder, E.: *Kartenentwürfe der Erde*, Harri Deutsch, Thun, 1988

Das Buch bietet die differentialgeometrischen Grundlagen der Kartographie und enthält die wichtigsten Projektionsmethoden.

3.4   Die Geometrie der Flächen

> Die Vergleichung der Area auf der krummen Fläche mit der entsprechenden Amplitudo
> führt auf den Begriff von dem, was wir das Krümmungsmass der Fläche nennen. – *Carl
> Friedrich Gauß*

Im vorigen Abschnitt haben wir Flächen im $\mathbb{R}^3$ mit Hilfe lokaler Parametrisierungen studiert. In diesem letzten Abschnitt wollen wir „innere" Eigenschaften untersuchen, d.h. solche, die nicht von den gewählten Parametrisierungen abhängen. Dabei handelt es sich sowohl um lokale Eigenschaften, wie die Krümmung, als auch um globale Eigenschaften, wie die Orientierung und die Gesamtkrümmung. Abgesehen von einigen wenigen Zusätzen stammen die im Folgenden beschriebenen Begriffe alle von C.F. GAUSS (1827).

Carl Friedrich Gauß
* 30.4.1777 Braunschweig / † 23.2.1855 Göttingen
Mathematiker, Astronom und Physiker, 1792 Stipendiat am
Collegium Carolinum in Braunschweig (heutige TH), 1795
Studium in Göttingen, 1799 Promotion in Helmstedt, 1807
Professor für Astronomie und Direktor der Sternwarte in
Göttingen. Er arbeitete auf allen Gebieten der reinen und angewandten Mathematik. Viele seiner Erkenntnisse, wie etwa
zur Funktionentheorie oder zur nichteuklidischen Geometrie,
wurden aber erst aus dem Nachlass bekannt.

Sowohl für die Orientierung als auch für die Krümmung spielt der Normalenvektor eine entscheidende Rolle. Die Frage nach der Orientierung entsteht erst beim Vergleich zweier Parametrisierungen $x_1 : V_1 \to U_1$ und $x_2 : V_2 \to U_2$: Für einen Punkt $x_0 \in U_1 \cap U_1$ gilt $\mathfrak{n}_{x_1}(x_0) = \pm\mathfrak{n}_{x_2}(x_0)$. Eine Fläche heißt *orientierbar*, wenn sie sich durch Flächenstücke U_i überdecken lässt mit Parametrisierungen $x_i : V_i \to U_i$, für die in $U_i \cap U_j \neq \varnothing$ stets $\mathfrak{n}_{x_i}(x_0) = \mathfrak{n}_{x_j}(x_0)$ gilt. Da $\mathfrak{n}_{x_i}$ eine stetige Funktion auf U_i ist, genügt es, dies in einem Punkt $x_0 \in U_i \cap U_j$ nachzuprüfen, falls $U_i \cap U_j$ zusammenhängend ist. Insbesondere ist jede Fläche orientierbar, die sich durch zwei Flächenstücke U_1 und U_2 mit zusammenhängendem $U_1 \cap U_2$ überdecken lässt. Gilt nämlich $\mathfrak{n}_1(x_0) = -\mathfrak{n}_2(x_0)$, so kann man bei $x_2 : V_2 \to U_2$ mit $V_2 = I_2 \times J_2$ (ggf. nach Translation) das Intervall J_2 von der Form $J_2 = [-c, c]$ annehmen und dann x_2 ersetzen durch $\tilde{x}_2$ mit $\tilde{x}_2(u, v) = x_2(u, -v)$. Wird eine Fläche von einer Funktion $x : V \to U$ parametrisiert, wobei einzelne Punkte mehrfach überdeckt sein dürfen, so ist U orientierbar, falls auch $\mathfrak{n}_x(x_0)$ wohldefiniert ist.

Beispiele 1. Die oben beschrieben Modifikation muss man z.B. bei der Sphäre vornehmen, wenn man diese mit den Flächenstücken U_N und U_S der stereographischen Projektion überdeckt. Wählt man jedoch die nicht injektive Parametrisierung mittels geographischer Koordinaten, so folgt $\mathfrak{n}_x(x_0) = x_0$ für jeden Punkt $x_0 \in S^2$. Genauso weist man sehr leicht die Orientierbarkeit des Torus T^2 nach.

2. Das *Möbius-Band*, gefunden 1858 von A.F. MÖBIUS und J.B. LISTING, ist das Bild der Parametrisierung $x : [0, 2\pi] \times [-\frac{1}{2}, \frac{1}{2}] \to \mathbb{R}^3$ mit

$$x(u, v) = \left(\left(1 + v\sin\frac{u}{2}\right)\cos u, \left(1 + v\sin\frac{u}{2}\right)\sin u, v\cos\frac{u}{2}\right).$$

Eine einfache Rechnung, die wir dem Leser überlassen, zeigt

$$x_u \times x_v(u,0) = \left(\cos u \cos \frac{u}{2}, \sin u \cos \frac{u}{2}, -\sin \frac{u}{2} \right)$$

und damit

$$\mathfrak{n}_x\big(x(0,0)\big) = (1,0,0) = -\mathfrak{n}_x\big(x(2\pi,0)\big).$$

Daher ist das Möbius-Band nicht orientierbar.

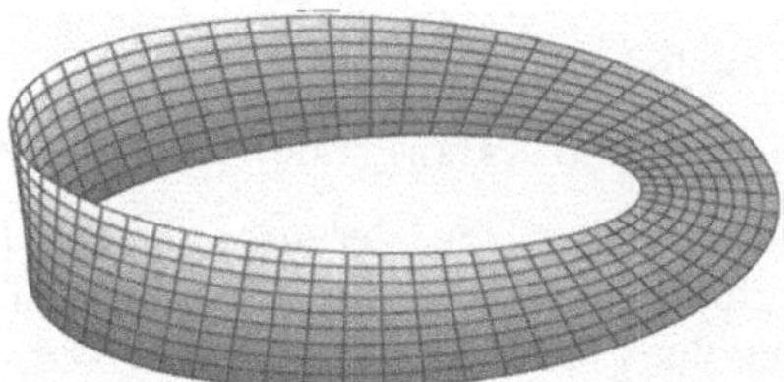

Fig. 3.32

Nachdem MÖBIUS (in einer Arbeit aus dem Jahr 1865) die bekannte Konstruktion mit Hilfe eines rechteckigen Papierstreifens, bei dem die kurzen gegenüberliegenden Kanten nach einer Drehung um 180° verklebt werden, beschrieben hat, stellt er fest:

Die ... entstandene Fläche hat nur eine Grenzlinie, ... Auch hat diese Fläche nur eine Seite; denn wenn man sie – um dieses noch auf andere Weise vorstellig zu machen – von einer beliebigen Stelle aus mit einer Farbe zu überstreichen anfängt und damit fortfährt, ohne mit dem Pinsel über die Grenzlinie hinaus auf die andere Seite überzugehen, so werden nichtsdestoweniger zuletzt an jeder Stelle die zwei daselbst gegenüberliegenden Seiten der Fläche gefärbt sein.

Das Möbius-Band ist ein Beispiel einer *Regelfläche*, d.h. wird erzeugt durch Bewegung eines Geradenstückes im Raum. Ein anderes typisches Beispiel ist das *Helicoid* (oder die *Schraubenfläche*) gegeben durch die Parametrisierung

$$x(u,v) = (v \cos u, v \sin u, cu), \quad u, v \in \mathbb{R}.$$

Diese Fläche schneidet den Zylinder vom Radius 1 gerade in der Helix aus Beispiel 1.

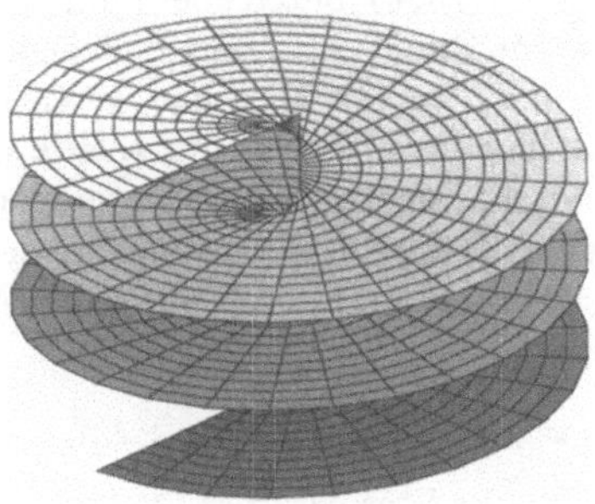

Fig. 3.33

Wir wollen nun die Krümmung von Flächen genauer untersuchen. Dazu benutzen wir Kurven, die auf der Fläche verlaufen. Ist U ein Flächenstück mit der zweimal stetig differenzierbaren Parametrisierung $x : V \to U$ und $c(s) = x\big(u(s), v(s)\big)$, $s \in [a, b]$, eine natürlich parametrisierte Kurve, ebenfalls zweimal stetig differenzierbar, so nennen wir $\ddot{c}(s)$ den *Krümmungsvektor* im Punkt $x_0 = c(s)$. Dessen Betrag ist gerade die Krümmung von c im Punkt x_0. Statt des üblichen begleitenden Dreibeins wählen wir jetzt das Dreibein, das von den Vektoren $\mathfrak{n}_x(x_0)$, $\mathfrak{t}(x_0)$ und $\mathfrak{n}_x(x_0) \times \mathfrak{t}(x_0)$ gebildet wird. Da $\ddot{c}(s)$ senkrecht auf $\mathfrak{t}(x_0)$ steht, erhalten wir

$$\ddot{c}(s) = \kappa_n(s)\mathfrak{n}_x(x_0) + \kappa_g(s)\mathfrak{n}_x(x_0) \times \mathfrak{t}(x_0)$$

mit

$$\kappa_n(s) = \ddot{c}(s) \cdot \mathfrak{n}_x(x_0),$$

$$\kappa_g(s) = \ddot{c}(s) \cdot \mathfrak{n}_x(x_0) \times \mathfrak{t}(x_0) = \det\big(\dot{c}(s), \ddot{c}(s), \mathfrak{n}_x(x_0)\big),$$

der so genannten *Normalkrümmung* bzw. der *geodätischen Krümmung*. Letztere ist die Krümmung von c innerhalb der Fläche, die Normalkrümmung dagegen sollte Aufschluss über die Krümmung der Fläche im Raum geben. Wir wollen sie daher genauer untersuchen. Wegen $\dot{c} = x_u \dot{u} + x_v \dot{v}$ folgt

$$\begin{aligned}
\kappa_n &= (x_{uu}\dot{u}^2 + 2x_{uv}\dot{u}\dot{v} + x_{vv}\dot{v}^2 + x_u \ddot{u} + x_v \ddot{v}) \cdot \mathfrak{n}_x \\
&= (x_{uu} \cdot \mathfrak{n}_x)\dot{u}^2 + 2(x_{uv} \cdot \mathfrak{n}_x)\dot{u}\dot{v} + (x_{vv} \cdot \mathfrak{n}_x)\dot{v}^2 \\
&= L\dot{u}^2 + 2M\dot{u}\dot{v} + N\dot{v}^2,
\end{aligned}$$

wobei L, M und N die von R. Hoppe zuerst 1876 verwendeten Abkürzungen für die entsprechenden inneren Produkte sind. Ist c nicht nach der Bogenlänge parametrisiert, so erhält man wegen $\frac{ds}{dt} = |\dot{c}(t)|$

Die Normalkrümmung

$$\kappa_n(t) = (L\dot{u}^2 + 2M\dot{u}\dot{v} + N\dot{v}^2)/|\dot{c}|^2 = \frac{L\dot{u}^2 + 2M\dot{u}\dot{v} + N\dot{v}^2}{E\dot{u}^2 + 2F\dot{u}\dot{v} + G\dot{v}^2}.$$

Zähler und Nenner der rechten Seite sind jeweils Bilinearformen in $\dot{u}$ und $\dot{v}$. Sie werden üblicherweise mit $I(\dot{u}, \dot{v})$ bzw. $II(\dot{u}, \dot{v})$ bezeichnet und heißen die *erste* bzw. *zweite Fundamentalform* der Fläche im Punkt x_0. Die Koeffizienten E, F und G bzw. L, M und N sind nur abhängig von $x_0 = c(t)$. Dies hat wesentliche Konsequenzen für die Theorie der Flächen, die wir hier ohne Beweis nur referieren wollen (vgl. etwa [Klz]). Für ein Flächenstück mit der Parametrisierung x genügen die Vektoren x_u, x_v und $\mathfrak{n}_x$ gewissen linearen partiellen Differentialgleichungen, deren Koeffizienten nur von den Fundamentalgrößen E, F und G und deren partiellen Ableitungen abhängen, den Gleichungen von Gauss (1828)

$$\begin{aligned}
x_{uu} &= \Gamma_{11}^1 x_u + \Gamma_{11}^2 x_v + L\mathfrak{n}_x \\
x_{uv} &= \Gamma_{12}^1 x_u + \Gamma_{12}^2 x_v + M\mathfrak{n}_x \\
x_{vv} &= \Gamma_{22}^1 x_u + \Gamma_{22}^2 x_v + N\mathfrak{n}_x
\end{aligned}$$

sowie zwei weiteren für die Ableitungen von $\mathfrak{n}_x$ von J. Weingarten (1861). Sie spielen für die Flächen eine ähnliche Rolle wie die Formeln von Frenet-Serret für die Raumkurven: Sind zweimal stetig differenzierbare Funktionen E, F und G und einmal stetig differenzierbare Funktionen L, M und N von u, v in einer Umgebung V von (u_0, v_0) gegeben mit $EG - F^2 > 0$, $E, F > 0$ und zusätzlich gewissen von Gauss (1827) und G. Mainardi (1856) und D. Codazzi (1859) gefundenen Verträglichkeitsrelationen zwischen E, F, G, L, M, N und deren Ableitungen, so gibt es abgesehen von der Lage im $\mathbb{R}^3$ genau ein Flächenstück, das durch eine dreimal stetig differenzierbare Abbildung $x : V_0 \to U$ parametrisiert wird (mit $(u_0, v_0) \in V_0 \subset V$) und die vorgegebenen Größen als erste und zweite Fundamentalgrößen besitzt (Hauptsatz von O. Bonnet (1867); vgl. wiederum [Rei]). Eine der Verträglichkeitsrelationen besagt, dass sich die Größe $LN - M^2$ allein durch die ersten Fundamentalgrößen E, F und G und deren partiellen Ableitungen ausdrücken lässt. Wie wir gleich sehen werden, bestimmt diese Größe gerade die so genannte *Gauß'sche Krümmung* der Fläche und man erhält das von Gauss als *Theorema Egregium* (herausragender Satz) bezeichnete Resultat, dass die Gauß'sche Krümmung einer Fläche unter Isometrien, d.h. abstandstreuen Abbildungen invariant bleibt. Sie ist also eine innere Eigenschaft der Fläche, unabhängig von der Krümmung im Raum beschreibt sie, wie die Fläche in sich gekrümmt ist.

Pierre Ossian Bonnet
$*$ 22.12.1819 Montpellier / † 22.6.1892 Paris
begann als Ingenieur, 1844 Privatlehrer an der École Normale Supérieur in Paris, lehrte gleichzeitig an der École Polytechnique in Paris, 1878 Professor für physikalische Astronomie an der Sorbonne, 1883 Nachfolger Liouvilles im Bureau des Longitude, Mitglied der Académie des Sciences. Er arbeitete vor allem über Fragen der Differentialgeometrie (speziell über Minimalflächen) und deren Anwendungen. Auf ihn geht auch der heute übliche Beweis des Mittelwertsatzes der Differentialrechnung zurück.

Die Normalkrümmung $\kappa_n(t)$ im Punkt x_0 ist nur von der Richtung der Kurve c abhängig und nimmt als stetige Funktion dieser Richtung ein Maximum und ein Minimum an. Um diese zu bestimmen müssen wir die Funktion $\Phi(u, v) = \frac{II(u,v)}{I(u,v)}$ unter der Nebenbedingung $u^2 + v^2 = 1$ minimieren bzw. maximieren. Da sie jedoch in radialer Richtung konstant ist, müssen wir keine Lagrange-Multiplikatoren benutzen. Nun liefert die Berechnung des Gradienten (Φ_u, Φ_v) (nach der Quotientenregel) die notwendigen Bedingungen

$$II_u I - I_u II = 0 = II_v I - I_v II$$

oder wegen $\frac{II}{I} = \kappa$

$$II_u - \kappa I_u = 0 = II_v - \kappa I_v.$$

Ausgeschrieben erhalten wir ein lineares Gleichungssystem für u und v, das genau dann eine nicht triviale Lösung besitzt, wenn die Determinante der Koeffizientenmatrix verschwindet, d.h.

$$\det \begin{pmatrix} L - \kappa E & M - \kappa F \\ M - \kappa F & N - \kappa G \end{pmatrix} = 0$$

gilt. In der ersten Arbeit zur Krümmung von Flächen überhaupt hat Euler 1760 so die beiden Extremwerte von κ, die so genannten *Hauptkrümmungen* κ_1 und κ_2, eingeführt. Sie sind also Lösungen der quadratischen Gleichung

$$(EG - F^2)\kappa^2 - (EN + GL - 2FM)\kappa + (LN - M^2) = 0,$$

die wir auch in der Form

$$\kappa^2 - 2H\kappa + K = 0$$

schreiben. Die Größen H und K heißen

Die mittlere Krümmung und die Gauß'sche Krümmung

$$H = \frac{1}{2}(\kappa_1 + \kappa_2) = \frac{EN + GL - 2FM}{2(EG - F^2)} = \frac{1}{2g}(EN + GL - 2FM)$$

$$K = \kappa_1\kappa_2 = \frac{LN - M^2}{EG - F^2} = \frac{1}{g}(LN - M^2).$$

Je nach dem Vorzeichen von $LN - M^2$ besitzt die Fläche im Punkt x_0 positive, negative oder verschwindende Krümmung. Wir geben Beispiele für jeden Fall:

Beispiel 3. Der Graph der Funktion $f(u,v) = au^2 + 2buv + cv^2$, $x, y \in \mathbb{R}^2$ ist eine reguläre Fläche mit der Parametrisierung $x(u,v) = \big(u, v, f(u,v)\big)$, $u, v \in \mathbb{R}$. Eine einfache Rechnung für den Punkt $x_0 = (0,0,0)$ zeigt, dass dort $L = 2a$, $M = 2b$ und $N = 2c$ gilt. Speziell für $f(u,v) = u^2 + v^2$ ist $K > 0$, für $f(u,v) = u^2 - v^2$ ist $K > 0$ und für $f(u,v) = u^2$ ist $K = 0$. Abgeleitet von dieser Situation führt man folgende Begriffe ein.

Definition

Ein Flächenpunkt x_0 heißt
- *elliptischer Punkt*, falls $K > 0$,
- *hyperbolischer Punkt*, falls $K < 0$,
- *parabolischer Punkt*, falls $K = 0$ gilt und nicht alle Größen L, M und N verschwinden. Ein elliptischer oder ein parabolischer Punkt heißt *Nabelpunkt*, falls $\kappa_1 = \kappa_2$ gilt.

Beispiele 4. Auf dem Torus T^2 (siehe Fig. 2.28) gibt es elliptische Punkte, hyperbolische Punkte und parabolische Punkte (aber keine Nabelpunkte). Genauer folgt mit der Parametrisierung aus 3.3, Beispiel 3, dass

$$x_0 = \big((r\cos u_0 + a)\cos v_0, (r\cos u_0 + a)\sin v_0, r\sin u_0\big)$$

- elliptisch ist für $\cos u_0 > 0$,
- hyperbolisch ist für $\cos u_0 < 0$ und
- parabolisch ist für $\cos u_0 = 0$.

5. Alle Punkte der Sphäre S^2 sind elliptische Nabelpunkte, denn die die Sphäre besitzt die konstante Normalenkrümmung 1. Die Punkte der Ebene sind parabolische Nabelpunkte, denn die Ebene besitzt die konstante Normalenkrümmung 0. Die Gauß'sche Krümmung dient zur Unterscheidung zwischen euklidischer und nichteuklidischer Geometrie. Während die Winkelsumme in einem ebenen Dreieck stets 180° beträgt, hängt sie beim sphärischen Dreieck, wie wir noch sehen werden, auch vom Flächeninhalt ab – z.B. beträgt sie bei dem durch Großkreise begrenzten Oktanten 270°.

6. Eine Fläche mit konstanter negativer Krümmung ist die so genannte *Pseudosphäre*, die durch Rotation der Traktix entsteht. Als Parametrisierung kann man

$$x(u,v) = \left(\frac{\cos u}{\cosh v}, \frac{\sin u}{\cosh v}, v - \tanh v \right), \quad 0 \leqslant u \leqslant 2\pi, 0 < v,$$

wählen.

Eine einfache aber langwierige Rechnung, die wir dem Leser überlassen, zeigt, dass die Gauß'sche Krümmung konstant $K = -1$ ist.

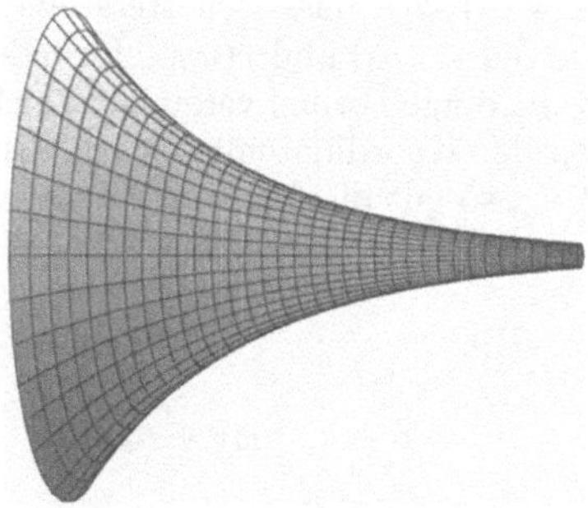

Fig. 3.34

Gauss hat die Krümmung K ursprünglich anders eingeführt (siehe das Eingangszitat aus dem Jahr 1825). Ist $x : V \to U \subset \mathbb{R}^3$ die Parametrisierung eines Flächenstücks, so ist das Bild der Abbildung $\mathfrak{n}_x : V \to \mathbb{R}^3$ ein Flächenstück $\tilde{U} \subset S^2$. Für einen Punkt $x_0 = x(u_0, v_0) \in U$ definiert Gauss dann die Krümmung durch

$$K(x_0) = \lim_{\varepsilon \to 0} \frac{F\big(\mathfrak{n}_x(B_\varepsilon(u_0, v_0))\big)}{x\big(B_\varepsilon(u_0, v_0)\big)}.$$

Aufgrund der Definition der Flächeninhalte folgt dies aus der Beziehung

$$\mathfrak{n}_{xu} \times \mathfrak{n}_{xv} = K(x_u \times x_v),$$

die in jedem Flächenpunkt x_0 gilt (vgl. Aufgabe 3).

Wir kommen nun zur geodätischen Krümmung einer Kurve $c : [a,b] \to U$, die wir (natürlich parametrisiert) in der Form $c(s) = x\big(u(s), v(s)\big)$ schreiben. Es ist

$$\kappa_g(s) = \big(\dot{c}(s) \times \ddot{c}(s)\big) \cdot \mathfrak{n}_x(x_0).$$

Drückt man dies aus mit x_u, x_v und deren Ableitungen, so benötigt man die inneren Produkte von x_u bzw. x_v mit denen ihrer Ableitungen, etwa (vgl. Aufgabe 4)

$$x_u \cdot x_{uu} = \frac{1}{2}(x_u \cdot x_u)_u = \frac{1}{2}E_u.$$

Setzt man diese ein, so folgt

$$\kappa_g = \left(\Gamma_{11}^2 \dot{u}^3 + (2\Gamma_{12}^2 - \Gamma_{11}^1)\dot{u}^2\dot{v} + (\Gamma_{22}^2 - 2\Gamma_{12}^1)\dot{u}\dot{v}^2 - \Gamma_{22}^1\dot{v}^3 + \dot{u}\ddot{v} - \ddot{u}\dot{v}\right)\sqrt{g}$$

$$= \left(\dot{u}(\ddot{v} + \Gamma_{11}^2\dot{u}^2 + 2\Gamma_{12}^2\dot{u}\dot{v} + \Gamma_{22}^2\dot{v}^2) - \dot{v}(\ddot{u} + \Gamma_{11}^1\dot{u}^2 + 2\Gamma_{12}^1\dot{u}\dot{v} + \Gamma_{22}^1\dot{v}^2)\right)\sqrt{g}.$$

Hier treten wieder die Koeffizienten Γ_{ij}^k auf, die nur von E, F, G und deren Ableitungen abhängen. Sie werden heute meist nach E.B. CHRISTOFFEL (1869) als *Christoffel-Symbole* bezeichnet (für ihre explizite Gestalt siehe Aufgabe 4). Eine Kurve, für die κ_g identisch verschwindet, nennt man eine *Geodätische*. Mit der Definition der geodätischen Krümmung und den Gauß'schen Gleichungen folgt, dass das Verschwinden der beiden Klammerausdrücke in der letzten Formel notwendig und hinreichend für das Vorliegen eine Geodätischen ist. Da es sich hierbei um zwei Differentialgleichungen zweiter Ordnung handelt, ist deren Lösung durch Vorgabe von $u(0)$, $v(0)$, $\dot{u}(0)$ und $\dot{v}(0)$ eindeutig bestimmt, d.h. durch jeden Punkt der Fläche gibt es zu jeder Richtung genau eine Geodätische. In der Variationsrechnung zeigt man, dass die Kurven minimaler Bogenlänge stets Geodätische sind.

Man kann zeigen (siehe etwa [Klz]), dass sich stets eine Parametrisierung x von U wählen lässt, für die die Kurven $x(\cdot, v_0)$ und $x(u_0, \cdot)$ für jeden Punkt (u_0, v_0) orthogonal sind. Dann gilt $F = 0$ und die obige Formel vereinfacht sich. Bezeichnen κ_u und κ_v die geodätischen Krümmungen der Koordinatenlinien $x(\cdot, v_0)$ bzw. $x(u_0, \cdot)$ und $\theta(s)$ den Winkel zwischen $\dot{c}(s)$ und x_u, so gilt die folgende Formel von J. LIOUVILLE (1850):

Formel von Liouville

$$\kappa_g = \dot{\theta} + \kappa_u \cos\theta + \kappa_v \sin\theta$$

Explizit sind $\kappa_u = -\dfrac{E_v}{2E\sqrt{G}}$ und $\kappa_v = \dfrac{G_u}{2G\sqrt{E}}$. Wir betrachten nun eine geschlossene Kurve ohne Doppelpunkte, die stückweise regulär und natürlich parametrisiert ist. Dann können wir das Integral von κ_g längs $\gamma = c([a, b])$ betrachten, wobei γ so durchlaufen wird, dass das davon umschlossene Gebiet beim Blick aus der Normalenrichtung stets links liegt. Wir erhalten

$$\int_\gamma \kappa_g = \int_a^b \kappa_g(s)\, ds = \int_a^b \dot{\theta}\, ds + \int_a^b (\kappa_u \cos\theta + \kappa_v \sin\theta)\, ds$$

$$= \int_a^b \dot{\theta}\, ds + \int_a^b (\kappa_u \sqrt{E}\dot{u} + \kappa_v \sqrt{G}\dot{v})\, ds$$

$$= \int_a^b \dot{\theta}\, ds + \iint_V \left(\frac{\partial}{\partial u}(\kappa_v \sqrt{G}) - \frac{\partial}{\partial v}(\kappa_u \sqrt{E}) \right) du\, dv,$$

nach dem Satz von G. GREEN (vgl. Aufgabe 5). Dabei ist V das von $x^{-1}(\gamma)$ umschlossene Gebiet. Setzt man obige Werte für κ_u und κ_v ein, so folgt mit $U = x(V)$

$$\int_\gamma \kappa_g = \int_a^b \dot{\theta}\, ds + \iint_V \left(\frac{\partial}{\partial u}\frac{G_u}{2\sqrt{EG}} + \frac{\partial}{\partial v}\frac{E_v}{\sqrt{EG}} \right) du\, dv$$

$$= \int_\gamma d\theta - \iint_V K\sqrt{EG}\, du\, dv = \int_\gamma d\theta - \iint_U K.$$

Ist c eine reguläre Kurve, so gilt $\int_\gamma d\theta = 2\pi$. Für eine stückweise reguläre Kurve liefert das Integral die Zuwächse von θ längs der regulären Kurvenstücke. Es gilt also

$$\int_\gamma d\theta = 2\pi - \sum_i \alpha_i,$$

wobei α_i Außenwinkel von c im singulären Punkt $c(s_i)$ bezeichnet. Insgesamt erhalten wir die

---

Formel von Gauß-Bonnet

$$\int_\gamma \kappa_g + \iint_U K = 2\pi - \sum_i \alpha_i.$$

GAUSS hat diese Formel 1825 (wahrscheinlich schon 1816 oder sogar früher) für geodätische Dreiecke bewiesen, d.h. nur Kurven betrachtet, die aus drei Kurvenstücken bestehen, deren geodätische Krümmung jeweils identisch verschwindet. Für sphärische Polygonzüge hat T. HARRIOT schon 1603 festgestellt:

Addiere alle Winkel eines beliebigen sphärischen Polygons. Ziehe von der Summe 180° ab, sovielmal, wie es möglich ist. Die Hälfte des Übriggebliebenen ist gleich dem Areal des sphärischen Polygons.

Insbesondere folgt, dass die Summe der Innenwinkel eines sphärischen geodätischen Dreiecks stets größer als 180° ist und bei geodätischen Dreieck auf der Pseudosphäre stets kleiner als 180°. GAUSS formuliert dies 1825 wie folgt:

Die Summe der drei Winkel eines Dreiecks, welches auf einer beliebigen krummen Fläche durch kürzeste Linien gebildet wird, ist gleich der Summe von 180° und dem Inhalt des Dreiecks auf der Hülfskugel, dessen Begrenzung durch die Punkte L gebildet wird, welche den Punkten in der Begrenzung jenes Dreiecks entsprechen, und zwar so, dass der gedachte Inhalt des Dreiecks als positiv oder negativ anzusehen ist, je nachdem es von seiner Begrenzung in demselben Sinn umgeben wird wie die Figur oder im entgegengesetzten.

Die allgemeine Formel stammt von O. BONNET (1848). Hat man eine geschlossene orientierbare Fläche $\mathscr{F} \subset \mathbb{R}^3$, so kann man diese derart in endlich viele geodätische Vielecke (etwa Dreiecke) Δ_j zerlegen, dass jede Seite eines Vielecks wieder an eine Seite eines Vielecks stößt. Bildet man dann die *Totalkrümmung* $\iint_\mathscr{F} K$, so erhält man mit der Formel von Gauß-Bonnet

$$\iint_\mathscr{F} K = \sum_{j=1}^m \iint_{\Delta_j} K = \sum_{j=1}^m \left(2\pi - \sum_{i=1}^3 \alpha_{ji}\right) = \sum_{j=1}^m \left(2\pi - 3\pi + \sum_{i=1}^3 \beta_{ji}\right),$$

wobei $\beta_{ji} = \pi - \alpha_{ji}$ die Innenwinkel im Dreieck Δ_j bezeichnet. Da jede Seite eines Vielecks zweimal gezählt wird und sich die Innenwinkel, die in einer Ecke zusammentreffen zu 2π addieren, erhält man

$$\iint_\mathscr{F} K = 2\pi(\alpha_0 - \alpha_1 + \alpha_2),$$

wobei α_0 die Anzahl der Ecken, α_1 die der Kanten und α_2 der Vielecke angibt. Sind die Seiten der Vielecke keine Geodätischen, so führt die Formel von Gauß-Bonnet trotzdem zum selben Ergebnis, da sich die Beiträge der geodätischen Krümmung ebenfalls wegheben: jede Seite wird zweimal aber mit entgegengesetzter Orientierung durchlaufen. Die alternierende Summe der rechten Seite ist also unabhängig von der Art der Zerlegung – sie wird die *Euler-Charakteristik* der Fläche genannt und mit $\chi(\mathscr{F})$ bezeichnet. Wir erhalten also den

---

Satz von Gauß-Bonnet

Ist $\mathscr{F} \subset \mathbb{R}^3$ eine orientierbare, geschlossene Fläche, so gilt

$$\iint_{\mathscr{F}} K = 2\pi\chi(\mathscr{F}).$$

Damit lässt sich die Totalkrümmung einer orientierbaren, geschlossenen Fläche rein kombinatorisch berechnen.

Beispiele 7. In die Sphäre lassen sich die platonischen Körper einbeschreiben. Projeziert man diese radial auf die Sphäre, so erhält man eine Zerlegung derselben in geodätische Vielecke. Es folgt etwa anhand des Tetraeders $\chi(S^2) = 4 - 6 + 4 = 2$, was andererseits wegen $K = 1$ und der Oberflächenformel durch den Satz von Gauß-Bonnet bestätigt wird. Umgekehrt erhalten wir mit der gleichen Projektion den *Euler'schen Polyedersatz*:

Euler'scher Polyedersatz

Jedes konvexe Polyeder besitzt die Euler-Charakteristik 2.

Insbesondere liefert dieser die Tatsache, dass es genau 5 reguläre Polyeder gibt. Ist E die Anzahl der Ecken, K die der Kanten und F die der Flächen, so gilt $E - K + F = 2$. Ist jede Fläche ein regelmäßiges n-Eck und treffen an jeder Ecke r Kanten zusammen, so muss $rE = 2K = nF$ gelten, und wir erhalten nach Einsetzen und Division durch K

$$\frac{1}{r} + \frac{1}{n} = \frac{1}{2} + \frac{1}{K}.$$

Da stets $n \geqslant 3$ und $r \geqslant 3$ gelten muss und r und n nicht beide größer als 3 sein können, bleiben nur die Fälle $n = 3$ und $r = 3$. Im Fall $n = 3$ hat man nur die Möglichkeiten $r = 3, 4$ oder 5 mit $K = 6, 12$ oder 30, die dem Tetraeder, dem Oktaeder bzw. dem Ikosaeder entsprechen. Analog lässt der Fall $r = 4$ nur die entsprechenden Werte für n und K zu, also das Tetraeder, den Würfel und das Dodekaeder.

Der ursprüngliche Beweis von Euler (1752) verlief natürlich anders. Wir empfehlen [Lak], das neben der Entwicklung des Polyedersatzes im Laufe der Zeit eine sehr interessante Studie zur Entwicklung mathematischer Ideen und Beweise enthält. Ein polyedrisches Analogon des Satzes von Gauß-Bonnet hat DESCARTES wahrscheinlich schon 1629 besessen. Definiert man für ein Polyeder die Krümmung in einem Punkt als den planaren Exzess, die Differenz zwischen 2π und der Summe der in dem Punkt zusammentreffenden ebenen Winkel, so verschwindet diese in allen Punkten außer in den Eckpunkten. Die Gesamtkrümmung addiert sich dann aber wieder zu 4π.

8. Der Torus T^2 besitzt die Gesamtkrümmung 0, denn man kann ihn mit zwei Schnitten in ein Rechteck zerlegen, von dem nur zwei Kanten und eine Ecke gezählt werden.

Damit beenden wir unseren Überblick über die Differentialgeometrie, weisen aber noch kurz auf die Weiterentwicklungen hin, die durch den Habilitationsvortrag von B. RIEMANN 1854 eingeleitet wurden. Er verallgemeinerte den Gauß'schen Krümmungsbegriff auch auf höherdimensionale Räume. Damit waren insbesondere auch dreidimensionale gekrümmte Räume denkbar, die es A. EINSTEIN 1915 ermöglichten ein völlig neue Physik zu entwerfen und das herkömmlich von GALILEI, KEPLER und NEWTON geschaffene Weltbild zu revolutionieren. Aber noch immer trifft für unsere Vorstellungen vom Kosmos zu, was GALILEI 1623 geschrieben hat:

Die Philosophie (der Natur) ist in jenem großartigen Buch niedergeschrieben, das ständig vor unseren Augen liegt (ich meine das Weltall). Aber man kann es nicht verstehen wenn man nicht zuvor die Sprache und die Buchstaben lernt, in denen es geschrieben ist. Es ist geschrieben in der Sprache der Mathematik, und die Buchstaben sind Dreiecke, Kreise und andere geometrische Figuren, ohne die man als Mensch unmöglich ein Wort davon verstehen kann.

Aufgaben

1. Führen Sie die Rechnungen in den Beispielen detailliert aus.

2. Man bestimme die Gauß'sche Krümmung in allen Punkten des Torus T^2 und bestätige die Behauptungen in Beispiel 4.

3. Beweisen Sie die Beziehung

$$\mathfrak{n}_{xu} \times \mathfrak{n}_{xv} = K(x_u \times x_v).$$

Hinweis: Man beachte, dass der Vektor der linken Seite parallel zu $\mathfrak{n}_x$ ist und benutze zur Bestimmung des Skalierungsfaktors die Identitäten

$$x_u \cdot \mathfrak{n}_{xu} = -L, x_v \cdot \mathfrak{n}_{xv} = -N, x_v \cdot \mathfrak{n}_{xu} = -M = x_u \cdot \mathfrak{n}_{xv}.$$

4. (a) Beweisen Sie die folgenden Identitäten:

$$x_u \cdot x_{uu} = \frac{1}{2}E_u, \quad x_u \cdot x_{uv} = \frac{1}{2}E_v, \quad x_u \cdot x_{vv} = F_v - \frac{1}{2}G_u,$$

$$x_v \cdot x_{vv} = \frac{1}{2}G_v, \quad x_v \cdot x_{uv} = \frac{1}{2}G_u, \quad x_v \cdot x_{uu} = F_u - \frac{1}{2}E_v.$$

(b) Zeigen Sie, dass die Christoffel-Symbole sich wie folgt darstellen:

$$\Gamma^1_{11} = (GE_u + FE_v - 2FF_u)/(2g), \quad \Gamma^2_{11} = (2EF_u - FE_u - EE_v)/(2g),$$

$$\Gamma^1_{12} = (GE_v - FG_u)/(2g), \quad \Gamma^2_{12} = (EG_u - FE_v)/(2g),$$

$$\Gamma^1_{22} = (2GF_v - GG_u - FG_v)/(2g), \quad \Gamma^2_{22} = (FG_u + EG_v - 2FF_v)/(2g).$$

(c) Verifizieren Sie damit die Formel für die geodätische Krümmung sowie die Gauß'-schen Gleichungen.

5. Es seien $P, Q : [a, b] \times [c, d] \to \mathbb{R}$ stetig und stetig partiell differenzierbar. Ist $c : I \to \mathbb{R}^2$ eine stetige, stückweise stetig differenzierbare Kurve mit $c(I) = \gamma = \partial([a, b] \times [c, d])$ und Orientierung gegen den Uhrzeigersinn, so wird das Kurvenintegral

$$\int_\gamma (P \circ c, Q \circ c) \cdot \dot{c} \, dt$$

mit $\int_\gamma P(u, v) \, du + Q(u, v) \, dv$ bezeichnet. Beweisen Sie die Green'sche Formel

$$\int_\gamma P(u, v) \, du + Q(u, v) \, dv = \iint_R \left(\frac{\partial Q}{\partial u} - \frac{\partial P}{\partial v} \right) \, du dv$$

(a) für das Rechteck $R = [a, b] \times [c, d]$,
(b) für ein Vieleck R mit achsenparallelen Kanten.

6. Zeigen Sie: (a) Die Geodätischen der Sphäre sind gerade die Großkreise.
(b) Es gibt keine längentreue Karte der Sphäre.
Hinweis: Man darf benutzen, dass die kürzesten Verbindungen zwischen zwei Punkten sind stets Geodätische sind.

7. Beweisen Sie die Formel von Liouville.

8. Zeigen Sie, dass sich zwei Punkte auf einem Zylinder durch unendlich viele Geodätische unterschiedlicher Länge verbinden lassen, falls sie nicht auf gleicher Höhe liegen.

Literaturhinweise

[Gau] Gauß, C.F.: *Allgemeine Flächentheorie*, Ostwalds Klass. d. exakt. Wiss. 5, dt. von A. Wangerin, Akad. Verlagsges., Leipzig, 1921[5]

Dies ist die deutsche Übersetzung des richtungsweisenden Werks: *Disquisitiones generales circa superficies curvas* von 1827. Der deutschsprachigen Anzeige dazu und einem Entwurf aus dem Jahr 1825 (vgl. Werke 8, S. 435) entstammen auch die oben angeführten Zitate.

[Jos] Jost, J.: *Differentialgeometrie und Minimalflächen*, Springer, Berlin, 1994
Moderne Einführung in die Differentialgeometrie mit dem Schwerpunkt Minimalflächen

[Lak] Lakatos, I.: *Beweise und Widerlegungen*, Vieweg, Braunschweig, 1979
Dies ist eine für die neuere Philosophie der Mathematik bedeutsame Untersuchung des Euler'schen Polyedersatzes. Anhand dieses „Satzes"wird der Prozess des Aufstellens von Vermutungen, deren Beweis oder deren Verwerfung geschildert – eine Absage an die Absolutheit mathematischer Ideen und Begriffe.

[Klz] Klotzek, B.: *Einführung in die Differentialgeometrie*, Harri Deutsch Verlag, Frankfurt a.M., 1997
Elementare Einführung in die klassische Differentialgeometrie

[Rei] Reich, K.: *Die Geschichte der Differentialgeometrie von Gauß bis Riemann (1828-1868)*, Archive Hist. Exact Sci. 11 (1973) 273-382
siehe vorigen Abschnitt

[Str] Struik, D.J.: *Outline of a history of differential geometry I,II*, Isis 19 (1933) 92-120 und 20 (1933/34) 161-191
Der renommierte Differentialgeometer und Mathematikhistoriker skizziert die Geschichte der Differentialgeometrie von NEWTON und LEIBNIZ bis etwa 1900.

Ausblick

> Kein Mensch erklärt die Rätsel der Natur,
> Kein Mensch setzt einen Schritt nur aus der Spur,
> Die seine Art ihm vorschrieb, und es bleibt
> Der größte Meister doch ein Lehrling nur.
>
> Von allen, die auf Erden ich gekannt,
> Ich nur zwei Arten Menschen glücklich fand:
> Den, der der Welt Geheimnis tief erforscht,
> Und den, der nicht ein Wort davon verstand. – *Omar Khayyam*

An dieser Stelle sollen einige Themen angesprochen werden, die direkt an die in den ersten drei Kapitel behandelten anschließen und mit modernen Entwicklungen der Analysis oder angrenzenden Bereichen zusammenhängen:

- *Algebraische Gleichungen und Kurven* gibt einen ersten Eindruck davon, wie die geometrische Analysis auch in der Zahlentheorie zum Tragen kommt – bis hin zum „Fermatschen Problem".

- *Singularitäten und Knoten* zeigt, wie analytische Probleme der komplexen Analysis zu topologischen Fragestellungen führen.

- *Singularitäten und Katastrophen* hat als Ausgangspunkt die Theorie der Singularitäten reellen Funktionen.

- *Chaos und Fraktale* beschreibt den mathematischen Hintergrund der „Chaostheorie".

- *Nichtstandard-Analysis* enthält Hinweise zu einem methodisch alternativen Zugang zur Analysis, dem der „Infinitesimalrechnung".

- *Die Einheit der Mathematik* wird am Problem der Auflösung algebraischer Gleichungen fünfter Ordnung illustriert.

Natürlich können diese Themen hier nur kurz angerissen werden. Für ein eingehenderes Studium wird daher (wie schon vorher) auf die beigefügte Literatur verwiesen.

Algebraische Gleichungen und Kurven

Der Zahlbegriff wird heute – zumindest in den Vorlesungen für Studienanfänger – axiomatisch gefasst. Das vorliegende Buch hat jedoch gezeigt, dass er sich erst allmählich, im Wechselspiel von geometrischen und arithmetischen Fragestellungen entwickelt hat. Dabei stand zunächst die Arithmetik im Vordergrund. Den Hauptinhalt der ältesten erhaltenen vorgriechischen mathematischen Aufzeichnungen aus Babylon und Ägypten aber auch aus Indien und China bilden Aufgaben, in denen nach ganzzahligen oder rationalen Lösungen von Gleichungen gefragt wird. Nach Ansicht von M.F. ATIYAH ist die Suche nach den Lösungen von Gleichungen auch heute noch das zentrale Thema der Mathematik. Er sagte 1975 in einem Vortrag über "Global Geometry" (Proc. Royal Soc. London A 347 (1976) 291-299):

If a biologist is someone who studies plants and animals; what does a mathematician study? The answer should surprise no-one – he studies equations; first, at the lowest level, algebraic equations and then, at a higher level, differential equations.

Während Differentialgleichungen erst mit der Entstehung der Analysis am Ende des 17. Jahrhunderts aufkamen, stehen algebraische Gleichungen am Ursprung der Mathematik. Zunächst sind sie mit geometrischen Fragestellungen verknüpft und treten in geometrischer Einkleidung auf, aber mit DIOPHANT (ca. 3. Jhdt. u.Z.) werden sie als eigenständige Objekte behandelt. Heute bezeichnet man daher als *diophantische Gleichung* eine algebraische Gleichung der Form

$$p(x_1, \ldots, x_m) = 0,$$

wobei p ein Polynom in m Variablen mit ganzzahligen Koeffizienten ist. Die Hauptaufgabe besteht darin, ganzzahlige oder zumindest rationale Lösungen solcher Gleichungen zu finden. Prominente Beispiele in zwei Variablen x und y sind etwa die Kreisgleichung

$$x^2 + y^2 = 1$$

und die kubische Gleichung

$$x^3 + y^2 = 1.$$

Allgemeiner kann man im ersten Fall statt des Kreises jede quadratische Form betrachten und im zweiten jede kubische algebraische Kurve wie etwa die semikubische Parabel, das cartesische Blatt oder die Kurven in Fig. A.1. In der Sprache der Geometrie sucht man dann nach rationalen Punkten – d.h. Punkten mit rationalen Koordinaten – auf diesen Kurven.

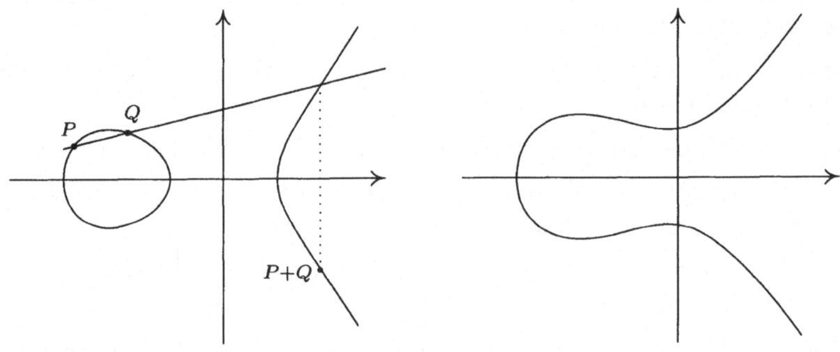

Fig. A.1

Die einfachsten diophantischen Gleichungen sind von der Form

$$ax + by = 1$$

mit teilerfremden positiven ganzen Zahlen a und b. Betrachtet man die Kettenbruchentwicklung $\frac{a}{b} = [b_0; b_1, \ldots, b_m] = \frac{p_m}{q_m}$, so gilt $a = p_m$ und $b = q_m$ und wegen

$$p_m q_{m-1} - p_{m-1} q_m = (-1)^{m-1} = a q_{m-1} - b p_{m-1}$$

hat man mit $x_0 = (-1)^{m-1} q_{m-1}$ und $y_0 = (-1)^m p_{m-1}$ eine Lösung. Alle anderen Lösungen erhält man daraus in der Form

$$x = x_0 + kb \quad \text{und} \quad y = y_0 - ka, \quad k \in \mathbb{Z}.$$

Für eine quadratische diophantische Gleichung der Form

$$x^2 - dy^2 = 1$$

mit $d \in \mathbb{Z}$, eine so genannte „Pell'sche Gleichung", hat man im Fall $d \leqslant 1$ oder $d = k^2$, eine Quadratzahl, nur die Lösungen $x = \pm 1$ und $y = 0$. Ist $d > 1$ keine Quadratzahl, so zeigt man mit Hilfe der periodischen Kettenbruchentwicklung

$$\sqrt{d} = [b_0; \overline{b_1, \ldots, b_m}],$$

dass man in $\frac{x_n}{y_n} = \frac{p_{nm-1}}{q_{nm-1}}$ alle positiven teilerfremden Lösungen hat, insbesondere also unendlich viele. Hier ist $n \in \mathbb{N}$ für gerades m und $n = 2k$ mit $k \in \mathbb{N}$ für ungerades m (vgl. [Per] oder [SO]).

Ein Beispiel einer diophantischen Gleichung höherer Ordnung ist etwa

$$x^n + y^n = 1.$$

Diese tritt auf im Zusammenhang mit dem berühmten zahlentheoretischen Problem von P. DE FERMAT, ganze Zahlen a, b und c mit $abc \neq 0$ zu finden, die die Gleichung

$$a^n + b^n = c^n$$

erfüllen; Division durch c^n führt sofort auf obige Gleichung. Im Fall $n = 2$ kennt man alle ganzzahligen Lösungen. Es sind die pythagoreischen Zahlentripel (a, b, c) wie etwa $(3, 4, 5)$ oder $(8, 15, 17)$. Bereits die Babylonier kannten wahrscheinlich ein Verfahren, nach dem sie solche Zahlen erzeugen konnten, denn eine noch erhaltene Keilschrifttafel listet eine ganze Reihe davon auf. In der Tat liefern die binomischen Formeln solche Zahlen, wenn man $a = n^2 - m^2$, $b = 2nm$ und $c = n^2 + m^2$ für n, $m \in \mathbb{N}$ setzt. Dividiert man wie oben durch c^2 und setzt $t = \frac{b}{a}$, so erhält man die rationalen Zahlen

$$\frac{1 - t^2}{1 + t^2} \quad \text{und} \quad \frac{2t}{1 + t^2},$$

die der Kreisgleichung genügen. Diese Formeln (für $t \in \mathbb{R}$) liefern aber gerade die rationale Parametrisierung des Kreises S^1 vermöge der stereographischen Projektion vom „Nordpol" aus; insbesondere erhält man durch Einsetzen rationaler Werte bis auf $(0, 1)$ alle rationalen Punkte auf dem Kreis. Man findet nach der gleichen Methode auf jeder Kurve, die eine rationale Parametrisierung zulässt, unendlich viele rationale Punkte, so etwa auf den kubischen Kurven $y^2 = x^3$ oder $x^3 + y^3 = 3axy$ mit $a \in \mathbb{Q}$. Solche Kurven oder Gleichungen heißen *rational*.

Bereits DIOPHANT hat in seiner „Arithmatika" durch Substitution spezieller Geradengleichungen ausgehend von zwei bekannten Lösung einer gegebenen kubischen Gleichung eine dritte Lösung bestimmt. Den wahren geometrischen Sachverhalt hat aber erst NEWTON erkannt: Ist ein rationaler Punkt bekannt, so kann man die Tangente in diesem Punkt nehmen und erhält einen weiteren rationalen Punkt, indem man die Tangente mit der kubischen Kurve schneidet. Im Fall einer vertikalen Tangente muss man einen „unendlich fernen" Punkt hinzunehmen. Dies wird dadurch erreicht, dass man von der affinen Kurve zu einer „projektiven Kurve" übergeht, indem man x und y durch $\frac{x}{z}$ und $\frac{y}{z}$ ersetzt und die Gleichung mit z^n, n der Grad der Gleichung, multipliziert. H. POINCARÉ hat 1901 erkannt, dass man auf diese Weise eine Addition auf der Menge der rationalen Punkte einführen kann. Dabei wird für zwei Punkte P und Q die Summe $P + Q$ definiert durch das Spiegelbild (bzgl. der x-Achse) des Schnittpunktes der Kurve mit der Geraden durch P und Q (vgl. Fig. A.1, links). Er zeigte, dass diese Operation eine Gruppenstruktur auf der Menge der rationalen Punkte definiert, und vermutete darüber hinaus, dass diese Gruppe im Fall einer so genannten „elliptischen Gleichung" endlich erzeugt sei. Dies wurde 1921 von L.J. MORDELL bestätigt. MORDELL vermutete weiter, dass für Kurven höheren „Geschlechts" diese Gruppe in der Tat endlich sei. Insbesondere hätte das Fermatsche Problem für jedes n höchstens endlich viele Lösungen. Die Mordell'sche Vermutung wurde 1983 von G. FALTINGS bewiesen, die eigentliche Fermatsche Vermutung blieb aber noch weitere 10 Jahre offen. Sie hatte ganze Generationen von Mathematikern (und Nichtmathematikern) beschäftigt und obwohl FERMAT die Unlösbarkeit für $n = 4$ und EULER für $n = 3$ zeigen konnten, widerstand sie allen weiteren Bemühungen. Auf die lange Geschichte des Fermatschen Problems und die daraus erwachsenen mathematischen Methoden und Theorien können wir hier nicht eingehen; vgl. dazu [SO], [Wei] und [Rib].

Der Schlussstein in diesem Gebäude wurde 1993 von A. WILES gesetzt – genau genommen nach einigen Nachbesserungen zusammen mit seinem Schüler R. TAYLOR erst 1995. Einen Überblick darüber sowie eine Skizze der Beweisidee geben [Cox] und [Gou], ausführlicher ist jedoch [vdP].

Wir erwähnen hier nur den letzten Schritt, der das Problem in Beziehung setzt zu den kubischen Kurven. Im Jahr 1986 zeigte G. FREY, dass eine nicht triviale Lösung (a, b, c) für eine Primzahl $n = p$ auf die „elliptische Kurve"

$$y^2 = x(x - a^p)(x - c^p)$$

führen würde und dass diese gewisse Eigenschaften besäße, die einer noch nicht bewiesenen Vermutung von A. WEIL, Y. TANIYAMA und G. SHIMURA widersprechen. Indem WILES diese Vermutung in einem Spezialfall, der für die Anwendung auf die obige Kurve aber ausreicht, beweisen konnte, ist das Fermatsche Problem gelöst. Wir können auf diese speziellen Eigenschaften nicht näher eingehen, wollen aber die Begriffe „elliptisch" und „Geschlecht" noch näher erläutern. Der erste kommt durch die Beziehung mit dem Begriff der elliptischen Funktion (bzw. Integrals) zustande und der zweite ist topologischen Ursprungs. Elliptische Integrale traten zuerst bei der Rektifizierung der Ellipse (daher der Name) und der Lemniskate auf (vgl. Abschnitt 2.2), sodann bei der Berechnung der Schwingungsdauer des mathematischen Pendels (vgl. Abschnitt 2.4). Man kann zeigen, dass sich die kubischen Kurven der Form

$$y^2 = p(x) = x(x - \alpha)(x - \beta), \quad 0 \neq \alpha \neq \beta \neq 0,$$

sowie auch einige vierter Ordnung durch elliptische Funktionen parametrisieren lassen. Diese Kurven werden dann als *elliptische Kurven* bezeichnet. Analog zur Kreislinie, bei der man in der Parametrisierung $x = \sin t$ und $y = \cos t$ den Parameter t als

$$t = \arcsin(x) = f^{-1}(x) = \int_0^x \frac{du}{\sqrt{1 - u^2}}$$

schreiben kann und mit der Umkehrfunktion f dann

$$x = f(t) \quad \text{und} \quad y = f'(t)$$

erhält, kann man auch im Fall der elliptischen Kurve $x = g(t)$ und $y = g'(t)$ schreiben, wenn man das elliptische Integral

$$t = g^{-1}(x) = \int_0^x \frac{du}{\sqrt{p(u)}}$$

benutzt. Die Funktionen g und g' weisen noch weitere Parallelen zu den trigonometrischen Funktionen $f = \sin$ und $f' = \cos$ auf. Im Laufe des 18. Jahrhunderts fanden G.C. FAGANO und L. EULER beim Studium der Lemniskate das zum Additionstheorem

$$\arcsin(x) + \arcsin(y) = \arcsin\left(x\sqrt{1 - y^2} + y\sqrt{1 - x^2}\right)$$

der Arcussinus-Funktion analoge Additionstheorem

$$\int_0^x \frac{du}{\sqrt{1 - u^4}} + \int_0^x \frac{du}{\sqrt{1 - u^4}} = \int_0^{(x\sqrt{1-y^4}+y\sqrt{1-x^4})/(1+x^2y^2)} \frac{du}{\sqrt{1 - u^4}}$$

und C.F. GAUSS entdeckte die Periodizität der Umkehrfunktion sowie die doppelte Periodizität ihrer Fortsetzung in die komplexe Ebene. Die Parametrisierung elliptischer Kurven mit Hilfe elliptischer Integrale kannte wahrscheinlich C.G.J. JACOBI, sie wurde aber erst von 1864 von A. CLEBSCH, dem Herausgeber seiner gesammelten Werke, veröffentlicht. Für das kubische Polynom

$$p(x) = 4x^3 - g_2 x - g_3$$

nimmt das entsprechende Additionstheorem die Form

$$\int_0^{x_1} \frac{du}{\sqrt{p(u)}} + \int_0^{x_2} \frac{du}{\sqrt{p(u)}} = \int_0^{x_3} \frac{du}{\sqrt{p(u)}}$$

an. Hier ist für gegebene x_1, x_2 der dritte Wert x_3 gerade die x-Koordinate des Schnittpunktes P_3 der Geraden durch zwei Punkte $P_1 = (x_1, y_1)$ und $P_2 = (x_2, y_2)$ auf $y^2 = p(x)$ mit der Kurve. Als Umkehrfunktion dieses elliptischen Integrals erhält man die so genannte *Weierstraß'sche $\wp$-Funktion*, die als komplexe Funktion doppelt periodisch ist und eine wesentliche Rolle in der Funktionentheorie spielt. Genauer kann man die historische Entwicklung in [Sti1] nachlesen.

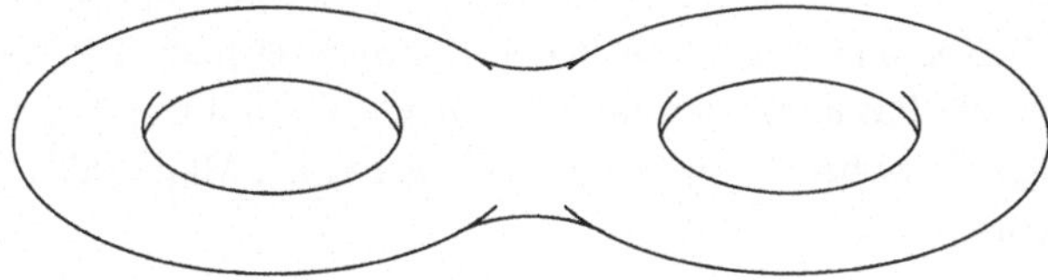

Fig. A.2

Zur Erklärung des zweiten Begriffs, dem Geschlecht, muss man die entsprechenden komplexen Kurven betrachten. Man kann dann zeigen (siehe dazu etwa [BK]), dass die nicht singulären projektiven Kurven jeweils kompakte unberandete zweidimensionale Flächen bilden, die im Falle rationaler Kurven topologisch einer Sphäre entsprechen, im Fall elliptischer Kurven einem Torus und für Polynome p höherer Ordnung und ohne mehrfache Nullstellen einer Fläche vom Geschlecht $g \geqslant 2$, d.h. einem „Torus" mit g Löchern (vgl. Fig. A.2 für $g = 2$).

Die topologische Klassifikation algebraischer Kurven mit Singularitäten ist etwas komplizierter. Einen ersten Eindruck hiervon gibt wiederum [BK].

Singularitäten und Knoten

Wir wollen uns jetzt der lokalen Struktur einer algebraischen Kurve in der Nähe einer Singularität zuwenden. So heißt es in [BK]:

Eine Singularität innerhalb einer Gesamtheit ist eine Stelle der Einzigartigkeit, der Besonderheit, der Entartung, der Unbestimmtheit oder der Unendlichkeit. Alle diese Grundbedeutungen hängen eng miteinander zusammen.

Ist $P = (z_0, w_0)$ ein singulärer Punkt der komplexen Kurve C, so betrachtet man den Schnitt von C mit einer Sphäre $S_\varepsilon^3 = \{(z, w) \in \mathbb{C}^2 \mid |z - z_0|^2 + |w - w_0|^2 = \varepsilon\}$ mit Mittelpunkt P und Radius ε. Ist ε hinreichend klein, so ist dies eine eindimensionale Teilmenge, d.h. eine reelle Kurve, die wir uns als Raumkurve vorstellen können, wenn wir von S_ε^3 einen Punkt entfernen, der nicht auf der Kurve liegt: Ist o.B.d.A. $P = (0, 0)$ und $(0, \varepsilon) \notin C$, so erhält man diese Raumkurve als Bild unter der stereographischen Projektion von $(0, \varepsilon)$ aus auf $\mathbb{R}^3 = \{(z, w) \in \mathbb{C}^2 \mid \text{Re } w = 0\}$. In reellen Koordinaten s, t, u gilt dann

$$(s, t, u) = \frac{\varepsilon}{\varepsilon - \text{Re } w}(\text{Re } z, \text{Im} z, \text{Im} w)$$

bzw. umgekehrt

$$(z, w) = \frac{\varepsilon}{\varepsilon^2 + s^2 + t^2 + u^2}\left(2\varepsilon(s + it), (s^2 + t^2 + u^2 - \varepsilon^2 + 2iu\varepsilon)\right).$$

Als Beispiele betrachten wir die Kurven C_1 bzw. C_2, die durch die Gleichungen $zw = w^2$ bzw. $w^2 = z^3$ gegeben sind. Beide enthalten nicht den Punkt $(0, 1)$, so dass wir $\varepsilon = 1$ wählen können. Die erste Kurve ist die Vereinigung der komplexen Geraden $z = w$ und $w = 0$, und man erhält als Schnittmengen sofort durch Einsetzen die beiden Kurven $s^2 + t^2 = 1$ und $(s - 1)^2 + 2t^2 = 2$, d.h. einen Kreis und eine Ellipse. Diese sind jedoch wie in der rechten Fig. A.3 verschlungen – aus optischen Gründen haben wir statt der Kurven eine diese umgebende Röhre gezeichnet. Die zweite algebraische Kurve gestattet die Parametrisierung (v^2, v^3), $v \in \mathbb{C}$, und es gilt $(v^2, v^3) \in S^3$ genau dann, wenn $|v| = \delta$, wobei $\delta > 0$ mit $\delta^4 + \delta^6 = 1 = \varepsilon^2$. Man erhält also zunächst die geschlossene Kurve

$$\{(\delta^2 e^{2it}, \delta^3 e^{3it}) \mid 0 \leqslant t \leqslant 2\pi\},$$

die auf dem „Torus" $S_\delta^1 \times S_{\delta^{3/2}}$ verläuft. Unter stereographischer Projektion geht dieser über in eine Torusfläche im $\mathbb{R}^3$ und die geschlossene Kurve in einen so genannten „Torusknoten", der sich im vorliegenden Fall zweimal um die u-Achse und dreimal um die Seele des Torus windet (vgl. Fig. A.3 links).

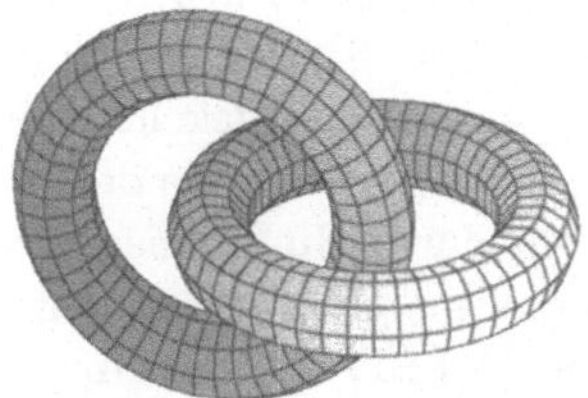

Fig. A.3

Für die Singularitäten von Kurven höheren Geschlechts erhält man auf diese Weise ebenfalls Knoten, die aber komplizierter sind und wie im ersten Beispiel auch noch ineinander verschlungen sein können, ohne dass man sie voneinander trennen kann. Letzteres tritt dann ein, wenn das Polynom nicht irreduzibel ist, d.h. noch in Polynome niedrigeren Grades faktorisiert werden kann. Allgemein versteht man unter einem *Knoten K* das Bild einer stetigen injektiven Abbildung $c : S^1 \to S^3$, versehen mit der durch c und der natürlichen Orientierung von S^1 induzierten Orientierung. Zwei Knoten K_1 und K_2 heißen dann äquivalent, wenn es einen Homöomorphismus $h : S^3 \to S^3$ gibt mit $h(K_1) = K_2$, der die Orientierung der beiden Knoten respektiert. Ebenso heißen die Nullstellenmengen C_p und C_q zweier komplexer Polynome p und q in der Nähe der Punkte $P \in C_p$ und $Q \in C_q$ äquivalent, wenn es einen Homöomorphismus zwischen Umgebungen U von P und V von Q gibt, der $U \cap C_p$ auf $V \cap C_q$ abbildet. Wir erwähnen hier nur, dass die Klassifikation dieser allgemeineren Torusknoten auf den Puiseux-Entwicklungen der in der Singularität zusammentreffenden Kurvenzweige beruht (siehe [BK]). Genauer gilt für zwei irreduzible Polynome p und q: Die Kurven C_p und C_q sind genau dann äquivalent in der Nähe zweier singulärer Punkte, wenn die Puiseux-Entwicklungen jeweiliger Kurvenzweige dieselben Exponenten besitzen bzw. genau dann, wenn die entsprechenden Torusknoten K_p und K_q äquivalent sind.

Vor der Entdeckung dieses Zusammenhangs zwischen Knoten und Singularitäten algebraischer Kurven durch W. WIRTINGER um 1900 – seine Ideen wurden ausgearbeitet und 1928 von seinem Schüler K. BRAUNER veröffentlicht – wurden Knoten bereits lange vorher studiert. Schon GAUSS und dessen Schüler LISTING, der 1847 den Begriff „Topologie" einführte, hatten sich mit Knoten und Umschlingungen beschäftigt, wobei GAUSSens Motive physikalischen Fragestellungen entsprangen. Angeregt durch LORD KELVINS „Vortextheorie" der Atome begann P.G. TAIT sich um 1875 mit Knoten zu beschäftigen und erzielte eine erste Klassifikation, wobei er einen Knoten so in einer Ebene ausbreitet, dass er möglichst wenig Überkreuzungen aufweist, deren Anzahl er dem Knoten dann zuordnet. Ob solche Knoten tatsächlich nichttrivial waren, war noch nicht gewährleistet. Dies konnte erst H. TIETZE 1908 beweisen. Zur Unterscheidung von Knoten führte M. DEHN 1910 die „Knotengruppe" als Invariante ein und 1914 zeigte er, dass der Kleeblattknoten aus Fig. A.3 zu seinem Spiegelbild nicht äquivalent ist (siehe [Sti2]). Hier ist die Äquivalenz in einem stärken Sinne zu verstehen: man fordert, dass der Homöomorphismus $h : S^3 \to S^3$ stetig durch Homöomorphismen in die identische Abbildung deformiert werden kann.

Um die Definition der Knotengruppe zu verstehen, betrachten wir zunächst die topologische Struktur von $\mathbb{C} \setminus \{0\}$ und $\mathbb{C} \setminus \{\pm 1\}$. Beiden Mengen kann man eine Gruppe zuordnen, die jeweils aus Homotopieklassen geschlossener Wege besteht, die in einem festen Punkt starten und enden. In Abschnitt 2.2 haben wir gezeigt, dass man jedem geschlossenen Weg in $\mathbb{C} \setminus \{0\}$ eine Windungszahl zuordnen, die für homotope Wege dieselbe ist. Man kann auch umgekehrt zeigen, dass zwei Wege mit derselben Windungszahl homotop sind. Die Gruppe der Homotopieklassen geschlossener Wege – die Verknüpfung entsteht durch Hintereinanderschaltung repräsentierender Wege – bildet dann eine zu $\mathbb{Z}$ isomorphe Gruppe. Analog betrachtet man die Homotopieklassen geschlossener Wege in $\mathbb{C} \setminus \{\pm 1\}$ mit derselben Verknüpfung. Die so definierte Gruppe ist jetzt aber nicht mehr kommutativ, da es etwa bei der Achterkurve, die in 0 startet und die beiden Punkte $+1$ und -1 umkreist, sehr wohl darauf ankommt welcher der Punkte zuerst (und in welcher Richtung) umschlungen wird. Die *Knotengruppe* $G(K)$ eines Knotens $K \subset S^3$ wird nun definiert als die Gruppe der Homotopieklassen geschlossener Wege in $S^3 \setminus K$, die alle in einem festen Punkt $(z, w) \in S^3 \setminus K$ (etwa dem Nordpol) starten und enden. Sie ist im allgemeinen ebenfalls nicht kommutativ: Im Fall des trivialen Knotens $S^1 \subset S^3$ ist $G(S^1)$ isomorph zu $\mathbb{Z}$ unabhängig von der Orientierung, im Fall des Kleeblattknotens wird die Knotengruppe von zwei Elementen a und b erzeugt, die der Relation $a^2 = b^3$ genügen (siehe [Sti2]).

Im Jahr 1923 hat J.W. ALEXANDER ein nach ihm benanntes Polynom in einer Variablen als neue Invariante eingeführt, das 1970 von J.H. CONWAY zu einer stärkeren Polynom-Invarianten modifiziert wurde.

Die Knotentheorie hat in den achziger Jahren einen erneuten Aufschwung erlebt, einmal durch die neuen mathematischen Hilfsmittel, die eine genauere Klassifikation erlauben – die Polynome von V.F.R. JONES (1984) und die sogenannten HOMFLY-Polynome (1985) erlauben die Unterscheidung zwischen Kleeblattknoten und dessen Spiegelbild – zum anderen durch ihre Bedeutung für die theoretische Physik. Wir verweisen auf [Ada] und [Kau] für eine Einführung in diese neuen Entwicklungen.

Singularitäten und Katastrophen

Etwa zehn Jahre vorher sorgten die Singularitäten reeller Funktionen für Aufsehen. Während die Theorie der Singularitäten seit NEWTON eine wesentliche Rolle in der algebraischen Geometrie spielte, hat sie um 1970 auch außerhalb der Mathematik für Furore gesorgt. Nachdem R. THOM 1968 ihre Anwendbarkeit auf alle physikalischen und sogar biologischen Vorgänge postulierte, die aprupte Veränderungen aufweisen, hat E.C. ZEEMAN sie auch auf soziologische und ökonomische Vorgänge ausgedehnt und unter dem Namen „Katastrophentheorie" als eine universell anwendbare Theorie gepriesen; vgl. [Tho] und [Zee]. Eine eher nüchterne Bewertung ihrer Anwendbarkeit gibt V.I. ARNOL'D in [Arn].

Die Grundidee der Katastrophentheorie besteht darin, dass alle natürlichen Phänomene durch dynamische Systeme, d.h. durch Systeme von Differentialgleichungen, beschrieben werden können und zwar, soweit sie überhaupt beobachtbar sind, durch stabile Ruhelagen solcher Systeme oder durch Übergang von einer solchen stabilen Ruhelage in eine andere, falls eine äußerer Einfluss wirksam wird. Im einfachsten Fall ist etwa ein Gradientenfeld gegeben, dessen stabile Ruhelagen gerade die Minima der zugehörigen Potentialfunktion sind. Die erste Aufgabe besteht nun darin, typische parametrisierte

Familien von Potentialfunktionen zu finden und die Änderung der Minimia der einzelnen Funktionen bei Variation des Parameters zu beschreiben. Angeregt hierzu wurde R.
THOM vor allem durch eine Arbeit von H. WHITNEY (1955), in der die typischen Singularitäten beschrieben werden, die bei der (differenzierbaren) Abbildung einer Fläche
in eine Ebene auftreten. Dieser zeigte, dass eine Umgebung eines Punktes der Fläche
auf dreierlei Weise angebildet werden kann, entweder regulär, d.h. diffeomorph auf eine
Umgebung des Bildpunktes, oder singulär wie in Fig. A.4. Die Urbilder der Punkte auf den Zweigen der semikubischen Parabel nannte er *Falten-Singularitäten*, den
der Spitze eine *Kuspen-Singularität* (kurz Falte bzw. Kuspe). Andererseits enthält die
Fläche aus Fig. A.4 alle Informationen über die Minima (und Maxima) der Familie
$f_2(x; u, v) = \frac{x^4}{4} + u\frac{x^2}{2} + v$ unter Variation des Parameters $(u, v) \in \mathbb{R}^2$ nahe $(0, 0)$. Sie
wird beschrieben durch die implizite Gleichung

$$x^3 + ux + v = 0,$$

die so genannte „Katastrophenfläche", und für gegebene u und v gibt x gerade die
Lage der lokalen Extrema an. Im Bereich, der über dem Inneren der semikubischen
Parabel, der „Singularitätenmenge", liegt, hat man zwei Minima und ein Maximum,
im äußeren Bereich ein Minimum, über den beiden Ästen fallen zwei der drei Extrema
zusammen und über der Spitze alle drei. Der Fall der Falte tritt schon bei der Familie
$f_1(x; u) = \frac{x^3}{3} + ux$ auf. Hier ist die Katastrophenmenge die Kurve $x^2 + u = 0$ in $\mathbb{R}^2$,
die auf die u-Achse projeziert wird.

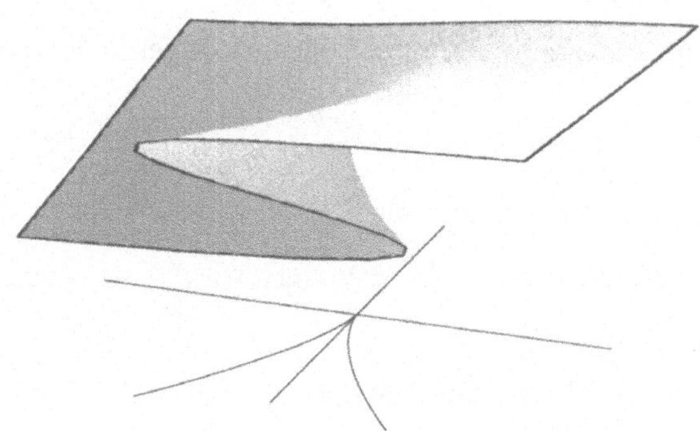

Fig. A.4

THOM ist nun einen Schritt weiter gegangen und hat auch Singularitäten betrachtet,
die sich auf diese Weise durch höchstens 4 Parameter entfalten lassen. Er hat eine endliche Liste von Äquivalenzklassen, die *Thom'schen Elementarkatastrophen*. Dabei heißen
zwei Funktionen f und g, jeweils mit Singularität in 0, äquivalent, falls $g(u) = f \circ \varphi(u)$
mit einem Diffeomorphismus φ nahe 0 gilt. Auch bei höchstens 5 Parametern kommt
man zu endlich vielen Elementarkatastrophen. Es gibt 3 dreiparametrige Familien, 2
vierparametrige und 4 fünfparametrige. Bei mehr Parametern ist die Klassifikation
nicht mehr diskret. Bei 3 oder mehr Parametern lassen sich die zugehörigen Katastro-
phenmengen nicht mehr darstellen, man betrachtet dann nur die Singularitätenmenge
oder zweidimensionale Schnitte davon.

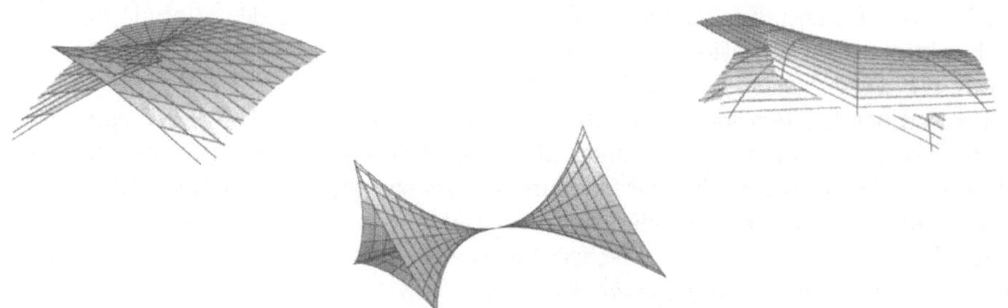

Fig. A.5

Wir skizzieren hier nur Singularitätenmengen der Familien

$$f_3(x; u, v, w) = \frac{x^5}{5} + u\frac{x^3}{3} + v\frac{x^2}{2} + wx,$$

dem so genannten *Schwalbenschwanz* (links), und

$$f_4(x; u, v, w) = x^3 + y^3 + wxy - ux - vy,$$

dem *hyperbolischen Nabelpunkt* (rechts), sowie

$$f_5(x; u, v, w) = x^3 - 3xy^2 + w(x^2 + y^2) - ux - vy,$$

dem *elliptischen Nabelpunkt* (in der Mitte). Weitere Bilder findet man bei [Cal], insbesondere für

$$f_6(x; u, v, w) = \frac{x^6}{6} + t\frac{x^4}{4} + u\frac{x^3}{3} + v\frac{x^2}{2} + wx,$$

den so genannten *Schmetterling*, und für

$$f_7(x; u, v, w) = y^4 + x^2y + tx^2 + wy^2 - ux - vy,$$

den *parabolischen Nabelpunkt*.

Wir können auf die vielfältigen Anwendungen hier nicht eingehen, sondern verweisen auf [Zee] und [Tho] sowie auf [PS].

Chaos und Fraktale

Wir wollen nun kurz die so genannte „Chaostheorie" ansprechen, von der meist nicht viel mehr bekannt ist als die ansprechenden graphischen Darstellungen von „Fraktalen". Die mathematischen Grundlagen, die zu solchen Bildern führen, bleiben meist außen vor, obwohl sie schon mit elementaren Kenntnissen der komplexen Analysis oder der Theorie der gewöhnlichen Differentialgleichungen zu verstehen sind. Gerade die Chaostheorie hat „Mathematik" für die breite Öffentlichkeit wieder interessant gemacht. Viele Popularisierungen benutzen den visuellen Reiz der Fraktale. Darüber hinaus werden die fraktalen und chaotischen Muster zur Beschreibung natürlicher Phänomene herangezogen und auch von nicht entsprechend mathematisch Vorgebildeten benutzt. Die damit einhergehende Fehleinschätzung der Chaostheorie als einer „Theorie für Alles" wird ähnlich wie bei der Katastrophentheorie (oder der Kybernetik in den fünfziger Jahren) durch die überzogenen Erwartungen unterstützt, die einige Mathematiker in sie gesetzt haben. Die Rolle von R. THOM spielt bei der Chaostheorie B.B. MANDELBROT mit seinem Buch [Man], während H.O. PEITGEN die missionarische Arbeit übernommen hat. Aber auch hier gilt der Spruch: Eine Theorie, die alles erklärt, erklärt nichts. Erst eine eingehende und nüchterne Betrachtung des mathematischen Hintergrundes wird zeigen, was davon Bestand hat.

Wir stellen hier zunächst eine nichtlineare Differentialgleichung vor, die aufgrund ihres Lösungsverhaltens am Anfang der modernen Chaostheorie steht. Zuvor betrachten wir jedoch den so genannten *Van der Pol-Oszillator*, eine Abwandlung des harmonischen Oszillators aus Abschnitt 2.4, bei dem zusätzlich eine nichtlineare Dämpfung wirkt.

$$\ddot{x} + \mu(x^2 - c)\dot{x} + x = 0, \quad c, \mu > 0.$$

Diese Differentialgleichung wurde 1926 von B. VAN DER POL zur Beschreibung der Oszillationen einer Elektronenröhre herangezogen. Sie lässt sich nicht explizit lösen, man kann dies jedoch numerisch etwa nach der Polygonzugmethode bewerkstelligen. Da eine numerische Lösung einer Differentialgleichung aufgrund der auftretenden Rundungsfehler und der endlichen Stellenzahl nur eine Approximation sein kann, muss sichergestellt werden, dass die Lösungen nicht störungsanfällig sind. Dies ist nach einem Satz aus der Theorie der Differentialgleichungen stets der Fall, solange man sich auf ein endliches Zeitintervall beschränkt. Beim van der Pol-Oszillator gilt dies aber auch für beliebig große Zeitintervalle, er ist stabil unter Störungen; Fig. A.6 zeigt eine typische Lösungskurve.

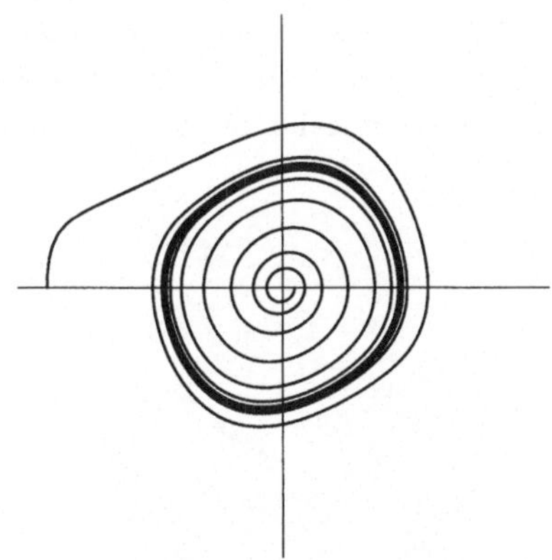

Fig. A.6

Der Nullpunkt der $(x, \dot{x})$-Phasenebene repräsentiert die Nulllösung. Jede andere Lösung strebt für $t \to \infty$ gegen eine geschlossene Kurve, einen so genannten „Attraktor", deren Form von μ und c abhängt. Die Kurve selbst ist das Bild einer periodischen Lösung und hat für kleines μ nahezu die Form eines Kreises vom Radius $\sqrt{c}$. Der „Einzugsbereich" eines solchen Attraktors, sein „Becken", besteht aus all den Punkten x, für die die Lösung, die zur Zeit $t = 0$ im Punkt x beginnt, für $t \to \infty$ gegen den Attraktor strebt. Variiert man den Parameter c und läßt dabei auch $c \leqslant 0$ zu, so erfahren die konstante Lösung $x = 0$ und die periodische Lösung eine so genannte

„Hopf-Bifurkation" – nach E. HOPF, der dieses Phänomen 1942 zuerst studierte: Für $c \to 0$ zieht sich der periodische Attraktor zusammen zu einem Punkt und wird für $c < 0$ ein punktförmiger Attraktor.

Anders verhält es sich bei dem folgenden System nicht linearer Differentialgleichungen erster Ordnung, das 1963 von dem Metereologen E.N. LORENZ aufgestellt wurde, um das Phänomen der Wettervorhersage mathematisch zu modellieren.

$$\dot{x} = -\sigma x + \sigma y$$
$$\dot{y} = -xz + rx - y$$
$$\dot{z} = xy - bz$$

mit $\sigma = 10$, $b = 8/3$ und $r = 28$. Bereits dieses einfache idealisierte Modell der Konvektionsströmungen in der Erdatmosphäre zeigt, dass eine hinreichend genaue Wettervorhersage nicht möglich ist. Die Lösungen weisen eine sensitive Abhängigkeit von der Wahl der Anfangsbedingungen auf. Obwohl die Lösungen der Differentialgleichung stetig (oder sogar differenzierbar) von den Anfangswerten abhängen, impliziert dies nicht die Vorhersagbarkeit. Mit anderen Worten können wir nicht vorhersagen, durch welchen Punkt $(x(t), y(t), z(t))^\top$ eine Integralkurve zur Zeit t läuft, wenn sie zur Zeit $t = 0$ in einem wohl bekannten Punkt startet. Man sagt, das Langzeitverhalten sei „chaotisch".

Das Phänomen lässt sich anschaulich durch das Verhalten einer Motte beschreiben, die um zwei Lichtquellen kreist und sich nicht für eine entscheiden kann. Für eine Weile kreist sie um die eine Lampe, nach unvorhersagbarer Zeit um die andere, dann wieder um die erste und so fort in unregelmäßigem Wechsel. Notiert man die Folge der abwechselnden Umkreisungen, so erhält man zum Beispiel 3, 27, 45, 2, 1876,.... Wählt man einen zweiten Anfangswert sehr nahe bei dem ersten, so kann diese Folge völlig unterschiedlich sein, etwa 2, 3, 5, 7, 11,....

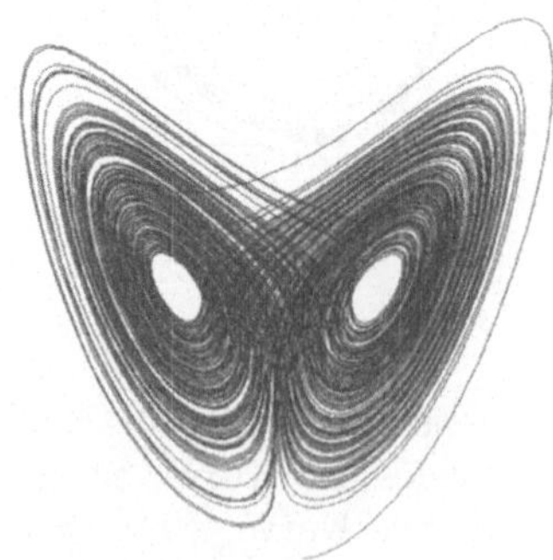

Fig. A.7

Die Punktmenge, der die Lösungen für $t \to \infty$ zustreben ist ein so genannter „seltsamer Attraktor".

Während Differentialgleichung die kontinuierliche (zeitliche) Entwicklung eines „dynamischen Systems" beschreiben, kann man auch deren Zustände in diskreten Momentaufnahmen festhalten, d.h. diskrete dynamische Systeme betrachten. Die typischen Beispiele hierfür sind Iterationsprozesse, gegeben durch ein Folge z_n, $n \in \mathbb{N}$, die nach einem festen Bildungsgesetz definiert ist. Als Beispiele haben wir bereits die Folgen der Näherungsbrüche von Kettenbruchentwicklungen kennen gelernt. Ein anderer wichtiger Iterationsprozess ist das Näherungsverfahren von NEWTON zur Bestimmung der Nullstelle einer differenzierbaren Funktion f. Dabei definiert man induktiv, beginnend mit einem Startwert z_0, die Iterationsfolge z_n durch

$$z_{n+1} = \Phi(z_n) = z_n - \frac{f(z_n)}{f'(z_n)}, \quad n \geqslant 0.$$

Wir lassen hier auch komplexe Funktionen zu, wobei die Ableitung wie im Reellen als Grenzwert der Differenzenquotienten definiert wird. Unter geeigneten Voraussetzungen an f, konvergiert die Iterationsfolge gegen einen Fixpunkt $z = \Phi(z)$, den man als Attraktor des diskreten dynamischen Systems ansehen kann: Ist f ein Polynom und $z \in \mathbb{C}$ ein Fixpunkt, so gilt $|\Phi'(z)| < 1$, genauer $|\Phi'(z)| = \frac{m-1}{m}$, falls die Nullstelle z die Vielfachheit m besitzt. Wie im kontinuierlichen Fall kann nun die komplexe Ebene wieder in die Einzugsbereiche solcher Fixpunkte unterteilt werden. Die Grenzen dieser Bereiche wurden zuerst 1917 von G. JULIA untersucht und heißen daher *Julia-Mengen*. In der Fig. A.8 sind rechts in unterschiedlicher Schattierung die Einzugsbereiche der Nullstelle von $f(z) = z^3 - 1$ dargestellt. Die Konturen in der linken Figur sind unterschiedliche Approximationen derselben Julia-Menge. Wie man diese Approximationen erhält, wird genauer in [PJS] beschrieben.

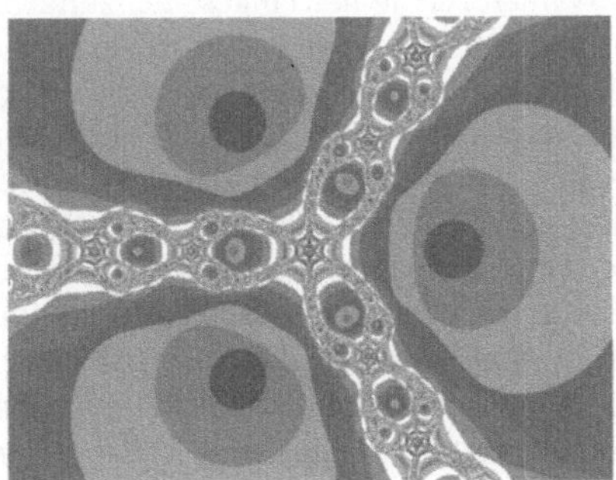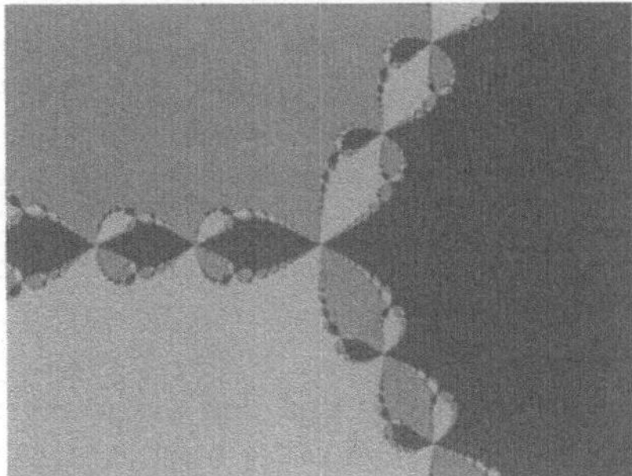

Fig. A.8

Julia-Mengen treten schon bei der Iteration von quadratischen Polynomen auf. In Fig. A.9 sieht man rechts die Julia-Menge für die Iteration mit $\Phi(z) = z^2 + i$, während links die *Mandelbrot-Menge* dargestellt ist. Diese ist definiert als die Menge aller $c \in \mathbb{C}$, für die die induktiv definierte Folge $z_n = \Phi_c(z_{n-1})$ mit $\Phi_c(z) = z^2 + c$ und $z_0 = c$ beschränkt bleibt. Erstaunlicherweise tritt die Mandelbrot-Menge auch auf, wenn man für Φ_c etwa die Newtonsche Iterationsfolge der kubischen Polynome $p_c(z) = z^3 + (c-1)z - c$ wählt.

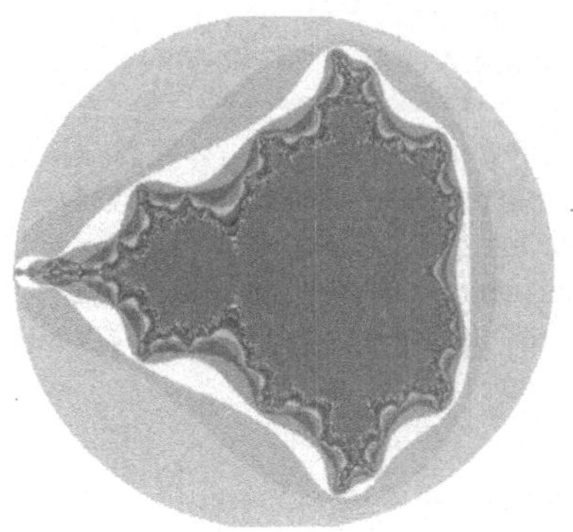 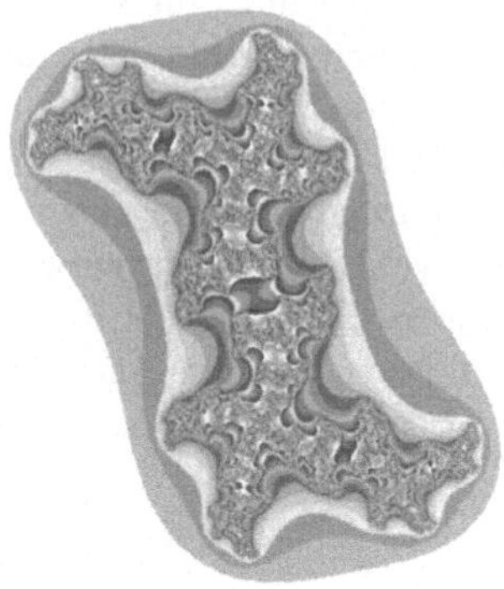

Fig. A.9

All diese Mengen besitzen eine „fraktale Struktur". Diese zeichnet sich einmal durch Selbstähnlichkeit aus, d.h., man findet dasselbe fraktale Muster in beliebig kleinen Teilausschnitten wieder, zum anderen in der „gebrochenrationalen (fraktalen) Dimension" der Menge (siehe [Man] und [PJS]). Selbstähnlichkeit zeigt sich in vielen mathematischen Strukturen, in denen der Unendlichkeitsbegriff eine Rolle spielt. Wir haben sie bereits kennen gelernt beim regelmäßigen Fünfeck, bei der von Kochschen Kurve (übrigens von der fraktalen Dimension $\frac{\log 4}{\log 2} \sim 1.2619$) und bei der Hilbert-Peano-Kurve. Auch die gewöhnlich in den Analysis-Vorlesungen konstruierten stetigen nirgends differenzierbaren Funktionen weisen solche Selbstähnlichkeiten auf. Viele dieser Phänomene sind erst mit Hilfe von Computern entdeckt worden. Vom Einsatz des Computers hat auch das vorliegende Buch profitiert, insbesondere in der graphischen Ausstattung. Wir wollen daher zum Abschluss noch kurz auf die Rolle des Computers in der Mathematik eingehen.

Mechanische Hilfsmittel hat der Mensch beim Rechnen seit je her eingesetzt, zunächst die eigenen Finger, dann den Abakus, später Addiermaschinen und den Rechenschieber. Mit der Entwicklung der elektronischen Rechenmaschinen stellt sich die Frage, welche mathematischen Tätigkeiten über die mechanischen Operationen hinaus, vom Computer übernommen werden können. Abgesehen von immer schnelleren und komplexeren Rechnungen, wie etwa der Faktorisierung großer Zahlen, der Bestimmung weiterer Stellen von π, oder der Verarbeitung großer Datensätze sowie des Durchmusterns einer großen Anzahl von Konfigurationen, wie beim „Beweis" des Vierfarbenproblems, kann man heute mit Hilfe des Computers Situationen durchspielen, die früher nur die Vorstellungskraft und der Erfindungsreichtum der besten Mathematiker erzeugen konnte. In jedem Fall sollte man jedoch bedenken, dass die Mathematik dahinter der wesentliche Faktor ist. Die Faszination der vom Computer erzeugten Bilder bleibt gleichermaßen bestehen, doch das eigentliche Verständnis wird erst durch die Mathematik gewährleistet. So sind etwa die Mandelbrot-Menge und i.a. auch die Julia-Mengen noch komplizierter als sie in der graphischen Darstellung erscheinen. Sie lassen sich nicht als abzählbare Vereinigung semi-algebraischer Mengen darstellen. Dabei heißt eine Menge $M \in \mathbb{R}^n$ *semi-algebraisch*, falls sie durch Polynomungleichungen charakterisiert werden kann, d.h.

$$M = \{x \in \mathbb{R}^n \mid p_1(x) \geqslant 0, \ldots p_k(x) \geqslant 0\}$$

für endlich viele Polynome $p_1, \ldots, p_k$. Insbesondere folgt damit (vgl. [BCSS]), dass die Mandelbrot-Menge und die meisten Julia-Mengen nicht entscheidbar sind, d.h. es gibt keinen Algorithmus, der für einen gegebenen Punkt in $\mathbb{R}^2$ nach endlich vielen Schritten entscheidet, ob der Punkt zur Menge oder zum Komplement gehört. Auch das Newton-Verfahren ist in der Regel nicht entscheidbar, d.h., es bleibt immer das Problem, die richtigen Startwerte zu finden. An diesem Punkt kann die konstruktive Analysis vielleicht neue Wege weisen. Während die Entscheidbarkeitsfrage eigentlich nur von theoretischem Interesse ist, spielen beim Einsatz realer Computer natürlich auch die Kosten eine wesentliche Rolle. Unter diesem Aspekt ist natürlich auch die konstruktive Analysis wenig effizient, wie S. SMALE in [Sma] kritisch bemerkt:

... what good is a constructive solution if it takes 10^{10} years with the fastest computers (say even fastest in principle). Thus a Constructivist approach to be satisfactory today should be paired with a theorem on the speed or cost of computation.

Andererseits hat P. HENRICI (siehe [Hen]) aber gezeigt, dass der in Abschnitt 1.4 skizzierte Weg von WEYL zur Bestimmung der Nullstellen eines Polynoms diesem Anspruch sehr wohl gerecht wird.

Wir haben oben gesehen, wie man rein algorithmisch die Lösbarkeit der einfachsten diophantischen Gleichungen entscheiden kann und gegebenenfalls die Lösungen findet. Das 10. von HILBERTs Problemen aus dem Jahr 1900 bestand in der Aufgabe, solche Entscheidungsverfahren für beliebige diophantische Gleichungen zu finden:

Ein diophantische Gleichung mit irgendwelchen Unbekannten und mit ganzen rationalen Zahlkoeffizienten sei vorgelegt: *man soll ein Verfahren angeben, nach welchem sich mittels einer endlichen Anzahl von Operationen entscheiden lässt, ob die Gleichung in ganzen rationalen Zahlen lösbar ist.*

Nun hat aber Y.V. MATIJASIEVICH 1970 gezeigt, dass auch dies nicht möglich ist. Dieses negative Resultat ist eng verwandt mit dem in der Fußnote auf S. 48 erwähnten Unvollständigkeitssatz von K. GÖDEL. Wir können auf den Beweis hier nicht eingehen – er benutzt wesentlich die Folge der Fibonacci-Zahlen – (vgl. dazu etwa [Mat]), wollen aber auf seinen positiven Aspekt hinweisen. MATIJASIEVICH zeigte, dass sich jede „rekursiv aufzählbare" Teilmenge von $\mathbb{N}$ (zu diesem Begriff siehe [Obe]) durch eine diophantische Gleichung beschreiben lässt. Genauer gibt es zu einer solchen Menge S ein Polynom $p(k; y_1, \ldots, y_n)$, das genau dann eine eine Lösung in ganzen Zahlen $y_1, \ldots, y_n$ besitzt, wenn k zu S gehört. Man kann solche Polynome in speziellen Fällen auch explizit angeben. Insbesondere hat man ein Polynom konstruiert, dessen Werte für positive ganze Zahlen gerade die Primzahlen sind.

Nichtstandard-Analysis

Wir haben eingangs erwähnt, wie die einzelnen Zahlbereiche für verschiedene Bedürfnisse geschaffen worden sind, ganze Zahlen zum Zählen und für die Arithmetik, rationale und reelle Zahlen zum Messen und komplexe Zahlen zum Lösen algebraischer Gleichungen. Eine der letzten Errungenschaften sind die „hyperreellen Zahlen", mit denen die reellen erweitert werden, um leichter Analysis betreiben zu können und um so rechnen zu können, wie die Physiker schon immer gerechnet haben. Eine weitere Motivation besteht darin, die Infinitesimalrechnung im Sinn der ursprünglichen Bedeutung des Wortes mit den lange Zeit verpönten infinitesimalen Größen, die G.W. LEIBNIZ, L. EULER und A.-L. CAUCHY noch benutzten, wieder zu ihrem Recht kommen zu lassen. LEIBNIZ schreibt 1702 in einem berühmten Brief an P. VARIGNON zur Verteidigung seiner Vorgehensweise (zit. nach [Bck]):

Man kann somit die unendlichen und unendlich kleinen Linien – auch wenn man sie nicht in metaphysischer Strenge und als reelle Dinge zugibt – doch unbedenklich als ideale Begriffe brauchen, durch welche die Rechnung abgekürzt wird, ähnlich den sog. imaginären Wurzeln in der gewöhnlichen Analysis, wie z.B. $\sqrt{-2}$.

Im Grunde genommen sind die infinitesimalen Zahlen nicht weniger real als die irrationalen Zahlen. Wie man diese Größen streng handhaben kann, lehrt die um 1960 mit unterschiedlichen Ansätzen durch C. SCHMIEDEN und D. LAUGWITZ bzw. A. ROBINSON begründete „Nichtstandard-Analysis"; vgl. [LR], [Lau] und [Rob]. Wie beim Übergang von den rationalen zu den reellen Zahlen, die man häufig als Äquivalenzklassen von Cauchy-Folgen rationaler Zahlen interpretiert – zwei Folgen $a = (a_n)_{n\in\mathbb{N}}$ und $b = (b_n)_{n\in\mathbb{N}}$ heißen äquivalent, wenn $(a_n - b_n)_{n\in\mathbb{N}}$ eine Nullfolge ist –, werden hyperreelle Zahlen durch Äquivalenzklassenbildung aus den Folgen reeller Zahlen gewonnen. In $\mathbb{R}^{\mathbb{N}}$, dem Ring aller reellen Folgen mit der komponentenweisen Addition und Multiplikation, betrachtet man das Ideal N derjenigen Folgen $(a_n)_{n\in\mathbb{N}}$, bei denen $a_n \neq 0$ für nur endlich viele Folgenglieder gilt, d.h. $a_n = 0$ für fast alle n. Der Ring $\mathbb{R}^{\mathbb{N}}/N$ der Äquivalenzklassen $[a]$ bildet ein vereinfachtes Modell der Nichtstandard-Analysis (siehe [Lau] und [Hnl]). Er enthält die reellen Zahlen in der Form der konstanten Folgen und kann mit einer Ordnungsstruktur versehen werden, indem man für $[a]$ und $[b]$ definiert:

$$[a] < [b] \quad \Leftrightarrow \quad a_n < b_n \quad \text{für fast alle } n.$$

In diesem Ring hat man bereits infinitesimale Größen sowie infinite Größen: Es ist $0 = [0] < [(\frac{1}{n})] < [\varepsilon]$ für jedes reelle $\varepsilon > 0$ und $[(n)] > [c] = c$ für jede reelle Zahl c. Ferner zeigt der Artikel [Hen], wie man darin bereits elementare Analysis betreiben kann. Neben einem vereinfachten Kalkül der Differential- und Integralrechnung, was sie im Hinblick auf die Einführung der Analysis in der Schule besonders attraktiv macht, erlaubt diese vereinfachte Nichtstandard-Analysis auch eine weitergehende Deutung des Begriffs des Kontinuums. Dabei knüpft sie an die dynamische Sicht von LEIBNIZ und NEWTON an, eine Sicht, die durch die statische Auffassung in CANTORS Mengenlehre verloren gegangen war. Man kann infinitesimale Zahlen wie $[(\frac{1}{n})]$ als unendlich kleine variable Größen auffassen, ähnlich wie LEIBNIZ die Differentiale dx als variable unendlich kleine Größen angesehen hat. Ferner bilden die hyperreellen Zahlen ein echtes Kontinuum, denn man kann es nicht zerreißen, etwa in positive und negative Zahlen zerlegen: es ist nicht entscheidbar wozu die infinitesimale Zahl $\left[((-1)^n \frac{1}{n})\right]$ gehört – man vergleiche dazu das in ähnlicher Weise nicht zerlegbare „konstruktive Kontinuum" aus Abschnitt 1.4.

Die vereinfachte Nichtstandard-Analysis besitzt aus klassischer Sicht jedoch einige Nachteile. Der Ring der hyperreellen Zahlen ist nur ein Ring und kein Körper, es gibt Nullteiler wie etwa die Elemente $[(0, 1, 0, 1, \dots)]$ und $[(1, 0, 1, 0, \dots)]$. Ferner ist die Ordnung nicht total, d.h. je zwei Elemente lassen sich in der Regel nicht vergleichen. Um diesem zu begegnen kann man jedoch das Ideal N vergrößern zu einem maximalen Ideal und dadurch die Äquivalenzklassen verkleinern. Man erhält dadurch eine Erweiterung der reellen Zahlen zu einem angeordneten Körper. Für die technische Durchführung der hier nur angedeuteten Konstruktion müssen wir auf die oben angegebene Literatur verweisen.

Inhaltlich bringt die Nichtstandard-Analysis zumindest auf elementarer Ebene nichts Neues. Sie bietet jedoch methodisch einen alternativen Zugang zur Analysis, der auf der Betonung des Kalküls beruht.

Die Einheit der Mathematik

Wir haben bisher gesehen, dass viele klassische geometrische Probleme zur Entstehung und Entwicklung der Analysis beigetragen haben und diese wiederum Mittel für deren Lösung bereit gestellt hat. Bei einigen musste man zusätzlich die Algebra zu Hilfe nehmen. Wir wollen zum Abschluss noch einmal ein Problem ansprechen, das die Mathematiker seit mehr als 4000 Jahren beschäftigt, die Lösung algebraischer Gleichungen. In den ältesten Keilschrifttexten findet man bereits Aufgaben, die auf lineare oder quadratische Gleichungen führen. Auch kubische Gleichungen werden später in geometrischer Einkleidung untersucht und in speziellen Fällen gelöst. Jedoch erst Anfang des 16. Jahrhunderts wird die allgemeine Gleichung dritten Grades gelöst und ebenso die biquadratische von vierter Ordnung. Dazu bedurfte es der kurz zuvor geschaffenen Potenzrechnung mit gebrochenen Exponenten. Bei der Lösung von Gleichungen höherer Ordnung durch Radikale, d.h. durch Wurzelziehen, kam man jedoch nicht weiter. Erst zu Beginn des 19. Jahrhunderts konnte man mit Hilfe der eigens dafür entwickelten Gruppentheorie zeigen, dass man bei beliebigen algebraischen Gleichungen nicht ohne Analysis auskommt.

Nach Vorarbeiten von J.L. LAGRANGE und P. RUFFINI, zeigte N.H. ABEL 1826, dass sich eine Gleichung fünften Grades i.a. nicht durch Radikale lösen lässt. Kurz darauf entwarf E. GALOIS die heute nach ihm benannte Theorie, die die Mittel bereitstellt, die Frage der Lösbarkeit durch Radikale in jedem Fall zu entscheiden, insbesondere auch, ob sie mit Zirkel und Lineal konstruiert werden können.

Wie bei den klassischen Konstruktionsaufgaben zeigt die Galois-Theorie jedoch nur die Grenzen auf, während die Analysis weiter schreitet und mit neuen Hilfsmitteln eine Lösung erzielt. So hat G. EISENSTEIN bereits 1844 eine analytische Lösung der allgemeinen Gleichung fünfter Ordnung angegeben (vgl. [Sti3]), die sich durch verallgemeinerte Tschirnhaus-Transformationen auf die Form $y^5 + y + a = 0$ bringen läßt. Eine reelle Lösung von $y^5 + y = x$ findet er in der Potenzreihe (vgl. Abschnitt 3.1)

$$y(x) = \sum_{k=0}^{\infty} (-1)^k \frac{(5k)!}{(4k+1)!k!} x^{4k+1}.$$

Im Grunde genommen kommt man bereits bei der Lösung der allgemeinen Kreisteilungsgleichung $z^n = a$ oder bei der kubischen Gleichung, die noch zu den durch Radikale lösbaren gehören, ohne Analysis nicht aus, denn zur Berechnung der n-ten Wurzel einer komplexen Zahl $a = |a| \exp(i \arg a) = r(\cos \varphi + i \sin \varphi)$ bedarf es der Exponentialfunktion: So ist

$$\sqrt[n]{r} = \exp\left(\frac{1}{n} \log r\right) = \exp\left(\frac{1}{n} \int_1^r \frac{1}{x}\, dx\right)$$

und die n-ten Wurzeln von $\frac{a}{|a|}$ sind gegeben durch

$$\cos \frac{2k\pi}{n} + i \sin \frac{2k\pi}{n}, \quad k = 1, \ldots, n.$$

Im Zusammenhang mit der kubischen Gleichung beachte man darüber hinaus die Tatsache, dass in der Formel aus 1.4, Aufgabe 1(c), der Winkel φ durch $\cos \varphi = -\frac{q}{2} \big/ \sqrt{\frac{-p^3}{27}}$ geben ist, sich also durch ein Integral der Form $\int_\alpha^\beta \frac{dx}{\sqrt{1-x^2}}$ ausdrücken lässt.

Im Jahr 1858 zeigten CH. HERMITE, F. BRIOSCHI und L. KRONECKER unabhängig voneinander, wie man eine Lösung der Gleichung fünfter Ordnung mittels „elliptischer Modulfunktionen" erhält. KRONECKERs Vermutung, dass es sich dabei nur um den Spezialfall eines allgemeineren Theorems handelt, wurde durch spezielle Resultate von F. KLEIN um 1875 erhärtet aber erst 1982 durch den Japaner H. UMEMURA bestätigt. Dieser hat gezeigt, dass sich jede allgemeine algebraische Gleichung durch „hyperelliptische Integrale" und deren Umkehrfunktionen lösen lässt. Ein hyperelliptisches Integral verallgemeinert ein elliptisches $\int_{\alpha}^{\beta} \frac{dx}{\sqrt{p(x)}}$ mit einem Polynom p vom Grad $\geqslant 3$. Es ersetzt die Logarithmusfunktion bzw. die Arcus-Cosinus-Funktion, die man, wie oben gesehen, für die n-te Wurzel bzw. für die kubische Gleichung benötigt. Die Umkehrfunktionen, die der Exponentialfunktion bzw. der Cosinus-Funktion entsprechen, lassen sich durch schnell konvergierende Reihen, so genannte „Thetafunktionen", ausdrücken.

Bei der Lösung einer algebraischen Gleichung spielt die *Galoisgruppe* eine wesentliche Rolle. Für die allgemeine algebraische Gleichung vom Grad $\leqslant 5$ hat KLEIN dafür konkrete Darstellungen gefunden, vgl. [Kle]. Er bemerkte zunächst, dass sich die endlichen Untergruppen der Gruppe $SO(3)$, der Rotationen des $\mathbb{R}^3$, als die Gruppen identifizieren lassen, die die Platonischen Körper invariant lassen. Hinzu kommen für jedes $n \in \mathbb{N}$ die *zyklische Gruppe* $C_n = \mathbb{Z}_n$ sowie die so genannte *Diedergruppe* D_n. Auch diese lassen gewisse, in die Einheitssphäre S^2 einbeschriebenen Körper invariant – von den Fällen $n \leqslant 2$ abgesehen: Betrachtet man für $n \geqslant 3$ das reguläre in den Äquator von S^2 einbeschriebene n-Eck und errichtet darüber einen Kegel, indem man die Eckpunkte mit dem Nordpol verbindet, so entspricht die Gruppe der Drehungen, die den Kegel invariant lassen, gerade C_n. Die Gruppe D_n beschreibt die Drehungen des Doppelkegels, den man erhält, wenn man zusätzlich die Ecken mit dem Südpol verbindet. Sie besitzt die Ordnung $2n$, da die Drehung um die Achse, die durch eine Ecke und den Ursprung geht, noch hinzukommt. Im Fall $n = 4$ erhält man ein Oktaeder, darf dann aber nur die Drehungen zulassen, die die Äquatorialebene invariant lassen. Mit Hilfe dieser Gruppen kann man nun Tschirnhaus-Transformationen für die algebraischen Gleichungen finden, die nur arithmetische Operationen und Quadratwurzeln beinhalten und zu Gleichungen führen, die nur noch von einem Parameter abhängen, vgl. [Kin] und [Shu].

Der Zugang KLEINs zur allgemeinen algebraischen Gleichung fünften Grades zeigt eindrucksvoll die Einheit der Mathematik, da er Methoden aus verschiedenen Gebieten benutzt. Wir wollen damit unseren Streifzug durch die geometrische Analysis beschließen, indem wir enden, womit wir begonnen haben: den Platonischen Körpern.

Literaturhinweise

[Ada] Adams, C.C.: *Das Knotenbuch*, Spektrum Akad. Verl., Heidelberg, 1995
Eine elementare Einführung in die Knotentheorie

[Arn] Arnol'd, V.I.: *Catastrophe Theory*, Springer, Berlin, 1992³
Sehr lesenswerter obwohl mathematisch anspruchsvoller Überblick über die Theorie der Singularitäten und ihrer Anwendung

[Bck] Becker, O.: *Grundlagen der Mathematik*, Suhrkamp, Frankfurt, 1975
siehe Abschnitt 1.4

[BCSS] Blum, L., Cucker, F., Shub, M., Smale, S.: *Complexity and Real Computation*, Springer, Berlin, 1998

Die Frage der Komplexität, die bislang nur in der Logik oder der Computertheorie diskutiert wurde, wird hier im Zusammenhang mit numerischen Rechnungen in $\mathbb{R}^n$ untersucht.

[BK] Brieskorn, E., Knörrer, H.: *Ebene algebraische Kurven*, Birkhäuser, Basel, 1981
siehe Abschnitt 3.1

[Cox] Cox, D.A.: *Introduction to Fermat's last theorem*, Amer. Math. Monthly 101 (1994) 3-14
Untechnische Darstellung des Beweises der Fermatschen Vermutung und deren Vorgeschichte

[Gou] Gouvêa, F.Q.: *"A marvelous proof"*, Amer. Math. Monthly 101 (1994) 203-222
Es werden die zentralen Begriffe und deren Verwendung beim Beweis der Fermatschen Vermutung erläutert.

[Hnl] Henle, J.M.: *Non-nonstandard analysis: real infinitesimals*, Math. Intelligencer 21, No. 1 (1999) 67- 73
Der Autor stellt, angeregt durch die Arbeiten von SCHMIEDEN und LAUGWITZ, eine vereinfachte Version der Nichtstandard-Analysis vor.

[Hen] Henrici, P.: *Applied and Computational Complex Analysis*, Vol. I, Wiley Classics Library, J. Wiley, New York, 1988
siehe dazu auch *Uniformly convergent algorithms for the simultaneous approximation of all zeros of a polynomial* von P. Henrici und I. Gargantini in: Constructive Aspects of the Fundamental Theorem of Algebra, hrsg. B. Dejon, P. Henrici, Wiley-Interscience, New York, 1969, S. 77-113.

[Kau] Kauffman, L.H.: *Knoten*, Spektrum Akad. Verl., Heidelberg, 1995
Überblick über die Anwendungen der Knotentheorie vor allem in der Physik, teilweise eher für Physiker geeignet

[Kin] King, R.B.: *Beyond the quartic equation*, Birkhäuser, Basel, 1996
Das Buch enthält eine Ausarbeitung des Algorithmus' von F. BRIOSCHI, P. GORDON und L. KIEPERT für die Lösung der allgemeinen algebraischen Gleichung vom Grad 5; vgl. auch O. Perron, *Algebra*, Bd. II, W. de Gruyter, Berlin, 1951[3], sowie den Artikel des Autors mit E.R. Canfield in *Computer Math. & Appl.* 24, No. 3 (1992) 13-28.

[Kle] Klein, F.: *Vorlesungen über das Ikosaeder und die Auflösung der Gleichungen vom fünften Grades*, Teubner, Leipzig, 1884, Nachdruck 1993
Das klassische Werk von KLEIN wird in der Neuauflage ergänzt durch Kommentare des Herausgebers, die die weitere Entwicklung dokumentieren.

[LR] Landers, D., Rogge, L.: *Nichtstandard Analysis*, Springer, Berlin, 1994
Das Lehrbuch bietet eine ausführliche Beschreibung der hyperreellen Zahlen und stellt vor allem den Einsatz der Nichtstandard-Methoden in verschiedenen Bereichen der Mathematik dar.

[Lau] Laugwitz, D.: *Zahlen und Kontinuum*, B·I·Wissenschaftsverlag, Mannheim, 1994[2]
Einer der Begründer der Darmstädter Schule gibt einen vereinfachten Zugang zur Nichtstandard-Analysis und diskutiert ausführlich die philosophischen Grundlagen sowie die didaktischen Aspekte.

[Man] Mandelbrot, B.B.: *Die fraktale Geometrie der Natur*, Birkhäuser, Basel, 1987
Der Neuentdecker der Theorie der Fraktale gibt einen Überblick über die Phänomene der Natur, die mit Hilfe von Fraktalen beschrieben werden können.

[Mat] Matijasievich, Y.V.:*Hilbert's Tenth Problem*, MIT Press, Cambridge, 1993
Ausführliche Darstellung der negativen Lösung des 10. HILBERTschen Problems und deren Konsequenzen

[Obe] Oberschelp, A.: *Rekursionstheorie*, B·I·Wissenschaftsverlag, Mannheim, 1993
Einführung in die Theorie der rekursiven Funktionen

[PJS] Peitgen, H.O., Jürgens, H., Saupe, D.: *Chaos and Fractals*, Springer, Berlin, 1992

Große Teile dieses Buchs sind ebenfalls enthalten in den von denselben Autoren erfassten Büchern *Bausteine des Chaos. Fraktale* und *Chaos - Bausteine der Ordnung* (Klett-Cotta/Springer, 1992 & 1994).

[Per] Perron, O.: *Die Lehre von den Kettenbrüchen I,II*, Teubner, Stuttgart, 1954

siehe Abschnitt 1.2

[PS] Poston, T., Stewart, I.N.: *Catastrophe Theory and its Applications*. Pitman, London, 1978

siehe Abschnitt 3.2

[Rib] Ribenboim P.: *Fermat's Last Theorem for Amateurs*, Springer, New York, 1999

Das Buch bietet neben einer Einführung in die zahlentheoretischen Hilfsmittel eine ausführliche Darstellung der Geschichte des Fermatschen Problems, insbesondere eine reichhaltige Bibliographie.

[Rob] Robinson, A.: *Non-Standard Analysis*, Horth-Holland, Amsterdam, 1966

Das Standardwerk des Begründers der (modernen) Nichtstandard-Analysis (Neuauflage bei: Princeton Univ. Press, Princeton, 1995)

[SO] Scharlau, W., Opolke H.: *Von Fermat bis Minkowski*, Springer, Berlin, 1980

Vorlesung über elementare Zahlentheorie mit stark historischem Bezug

[Shu] Shurman, J.: *Geometry of the quintic*, Wiley-Interscience Publ., J. Wiley, New York, 1997

Dies ist eine moderne Darstellung von F. KLEINS „Vorlesungen über das Ikosaeder".

[Sma] Smale, S.: *The fundamental theorem of algebra and complexity theory*, Bull. Amer. Math. Soc. 4 (1981) 1-36

Übersichtsartikel über die numerische Komplexität der Berechnung von Nullstellen komplexer Polynome

[Sti1] Stillwell, J.C.: *Mathematics and its History*, Springer, New York, 1997[4]

Trotz der historischen Abfolge, zeigt der Autor eher den Weg moderner mathematischer Theorien wie die der elliptischen Funktionen, der algebraischen Geometrie oder der Topologie zurück zu den Wurzeln.

[Sti2] Stillwell, J.C.: *Classical Topology and Combinatorial Group Theory*, Springer, New York, 1993[2]

Elementares Lehrbuch zur algebraischen Topologie

[Sti3] Stillwell, J.C.: *Eisenstein's footnote*, Math. Intelligencer 17, No. 2 (1995) 58-62

Enthält eine detaillierte Herleitung der oben angegebenen Potenzreihendarstellung. Für ergänzende Betrachtungen vergleiche man S.J. Patterson, Eisenstein and the quintic equation, *Historia Math.* 17 (1990) 132-140.

[Tho] Thom, R.: *Structural Stability and Morphogenesis*, W.A. Benjamin, Reading, 1975[2]

Die „Bibel" der Katastrophentheoretiker, sowohl aus mathematischer als auch aus fachwissenschaftlicher Sicht kaum verständlich

[vdP] van der Poorten, A.J.: *Notes on Fermat's Last Theorem*, J. Wiley, New York, 1996

Die Geschichte des Fermatschen Problems mit einer Skizze seiner Lösung

[Wei] Weil, A.: *Zahlentheorie*, Birkhäuser, Basel, 1992

Eine Geschichte der Zahlentheorie bis 1800 mit Schwerpunkten bei FERMAT, EULER und LAGRANGE

[Zee] Zeeman, E.C.: *Catastrophe Theory*, Addison-Wesley, Reading, 1977

Eine Sammlung der wichtigsten Aufsätze des Autors aus den Jahren 1972 bis 1977 über Anwendungen der Katastrophentheorie. Der mathematische Teil enthält auch einen vollständigen Beweis des Thom'schen Klassifikationssatzes.

Lösungshinweise, Lösungen, Ergebnisse

Jede Aufgabe, die ich löste wurde zu einer Regel, die später zur Lösung anderer Aufgaben diente. – *René Descartes*

Abschnitt 1.1

1. $s_0 = |\zeta - 1| = \sqrt{(\frac{h}{2} - 1)^2 + 1 - \frac{h^2}{4}} = \sqrt{2 - h} = \sqrt{\frac{5 - \sqrt{5}}{2}}$

2. Hinweis: $\cos 2\alpha = 2\cos^2 \alpha - 1 = 1 - 2\sin^2 \alpha$

3. Wegen $b_{n+1}^2 = 1 + b_n$ ist nur die Konvergenz zu zeigen. Induktiv folgt aus

$$b_{n+1} - b_n = \frac{b_{n+1}^2 - b_n^2}{b_{n+1} - b_n} = \frac{b_n - b_{n-1}}{b_{n+1} + b_n} \leqslant b_n - b_{n-1}$$

die Monotonie und aus

$$b_n \leqslant 2 \Rightarrow b_{n+1} \leqslant \sqrt{3} \leqslant 2$$

die Beschränktheit.

4.
$$\frac{\zeta - \zeta^4}{\zeta^2 - \zeta^3} = \frac{\zeta - \bar{\zeta}}{\zeta^2 - \bar{\zeta}^2} = \frac{1}{\zeta + \bar{\zeta}} = \frac{1}{h} = g$$

5. (i) Innerhalb des Konvergenzintervalls muss nach Multiplikation mit $1 - x - x^2$ die Identität

$$\sum_{n=0}^{\infty} f_{n+1}(x^n - x^{n+1} - x^{n+2}) = 1$$

gezeigt werden. Diese folgt sofort durch Koeffizientenvergleich aufgrund der Rekursionsformeln für die Fibonacci-Zahlen.

(ii) Wegen

$$(-1)^n(a_{n+2} - a_n) = (-1)^n(a_{n+2} - a_{n+1} + a_{n+1} - a_n) = \frac{1}{q_{n+1}q_n} - \frac{1}{q_{n+2}q_{n+1}}$$

hat man eine Teleskopreihe.

(iii) Man entwickle nach der ersten Zeile bzw. Spalte.

(iv) Induktion nach n.

6. Man beachte $g^n + g^{n+1} = g^{n+2}$ und $h^n - h^{n+1} = h^{n+2}$.

7. Der Zentriwinkel eines regelmäßigen Fünfecks beträgt $72°$, der des leicht zu konstruierenden Sechsecks $60°$, d.h. man erhält leicht einen Winkel von $12°$.

8. Für die Quotienten $\frac{d_n}{s_n} = \frac{d_0}{s_0}$ folgt

$$a_n = \frac{d_n}{s_n} = 1 + \frac{1}{1 + d_{n+1}/s_{n+1}} = 1 + \frac{1}{1 + a_{n+1}},$$

also $a_{n+1} = \frac{1}{a_n - 1} - 1$. Mit $a_0 = 1$ erhält man etwa für $n = 7$ die Näherung

$$a_7 = \frac{1393}{985} = 1.414213198\ldots.$$

Auf jeweils 8 Stellen genau ist $1; 24, 51, 10 = 1.41421296\ldots$ und $\sqrt{2} = 1.41421356\ldots$.

Abschnitt 1.2

1. Werden die Zahlen p_k und q_k rekursiv wie in $(+)$ definiert (auch wenn die $b_k > 0$ nicht ganzzahlig sind), so folgt wiederum $c_{2n} < c_{2n+2} < c_{2n+3} < c_{2n+1}$ für $c_n = \frac{p_n}{q_n}$. Genau dann existiert $\lim_{n\to\infty} c_n$, wenn $c_{n+1} - c_n = \frac{(-1)^n}{q_n q_{n+1}}$ eine Nullfolge ist. Aus der Rekursionsformel für q_k erhält man ferner induktiv die Abschätzungen

$$q_n \leqslant (1 + b_1)(1 + b_2) \cdots (1 + b_n)$$
$$q_{2n} \geqslant 1 + b_1(b_2 + b_4 + \cdots + b_{2n})$$
$$q_{2n+1} \geqslant b_1 + b_3 + \cdots + b_{2n+1}$$

für $n \in \mathbb{N}$. Ist die unendliche Reihe $\sum_{n=1}^{\infty} b_n$ konvergent, so wegen $\log(1 + x) \leqslant x$ auch das unendliche Produkt $\prod_{n=1}^{\infty}(1 + b_n)$, und daher ist $q_n q_{n+1}$ beschränkt aufgrund der ersten Ungleichung. Ist die Reihe divergent, so auch eine der beiden Teilreihen mit geraden bzw. ungeraden Indizes. Dann folgt aber $q_n q_{n+1} \to \infty$ aufgrund der zweiten bzw. dritten Ungleichung.

2. Dies folgt sofort durch Transponieren der auf S. 16 verwendeten Produktdarstellung für $\begin{pmatrix} p_n & q_n \\ p_{n-1} & q_{n-1} \end{pmatrix}$.

3. Es ist $\frac{1}{e} = \sum_{k=1}^{\infty} (-1)^{k-1} \frac{1}{(k+1)!}$, also

$$\frac{1}{e} = \frac{1}{|\,2!} + \frac{2!^2}{|\,3! - 2!} + \frac{3!^2}{|\,4! - 3!} + \cdots$$
$$= \frac{1}{|\,2!} + \frac{2!^2}{|\,2 \cdot 2!} + \frac{3!^2}{|\,3 \cdot 3!} + \cdots$$
$$= \frac{1}{|\,2} + \frac{2}{|\,2} + \frac{3}{|\,3} + \frac{4}{|\,4} + \cdots.$$

4. Dies folgt sofort durch kürzen des ersten bzw. erweitern des zweiten Kettenbruchs.

5. Es genügt zu zeigen, dass $\frac{\frac{4}{2}}{|} + \frac{\frac{16}{4}}{|} + \frac{\frac{64}{8}}{|} + \cdots$ gegen 1 konvergiert. Dieser allgemeine Kettenbruch ist aber äquivalent zu dem Kettenbruch

$$a = \frac{2}{|\,1} + \frac{2}{|\,1} + \frac{2}{|\,1} + \cdots,$$

und hierfür gilt offensichtlich $a = \frac{2}{1+a} > 0$ also $a = 1$.

6. (a) Es ist $27.21222 : 29.53059 = \frac{907074}{984353}$, also dauert es bis zur Wiederkehr derselben Konstellation $984353 \cdot 27.21222 = 26786430.4$ Tage oder 73338.8 Jahre (bei einer Jahreslänge von 365.2421991 Tagen).

(b) Es ist $\frac{907074}{984353} = [0; 1, 11, 1, 2, 1, 4, 3, 4, 1, 3, 10, 6]$ mit den Näherungsbrüchen

$$1, \quad \frac{11}{12}, \quad \frac{12}{13}, \quad \frac{35}{38}, \quad \frac{47}{51}, \quad \frac{223}{242}.$$

Dabei entspricht die letzte Näherung, der Saroszyklus, einer Dauer von etwa 18 Jahren.

(c) Es ist

$$\frac{1 \text{ trop. J.}}{1 \text{ syn. M.}} = \frac{365.2422}{29.53059} = [12; 2, 1, 2, 1, 1, 17, \ldots].$$

Aus $[12; 2, 1, 2, 1, 1] = \frac{235}{19}$ erhält man, dass 19 Jahre annähernd 235 Monate ausmachen. Das sind nach METON gerade $12 \cdot 12 + 7 \cdot 13$ Monate.

7. Es ist $\sqrt{3} = [1; \overline{1, 2}]$. Die ersten Näherungsbrüche lauten

$$2, \quad \frac{5}{3}, \quad \frac{7}{4}, \quad \frac{19}{11}, \quad \frac{26}{15}, \quad \frac{71}{41}, \quad \frac{97}{56}, \quad \frac{265}{153}, \quad \frac{362}{209}, \quad \frac{989}{571}, \quad \frac{1351}{780}.$$

8. (a) Aus $\frac{p+\sqrt{d}}{q} > 1$ folgt $0 < q < p + \sqrt{d}$ und aus $-1 < p - \sqrt{\frac{d}{q}} < 0$ folgt $p < \sqrt{d}$ sowie $a + a' > 0$, also $\frac{2p}{q} > 0$.

(b) Es sei a Lösung der quadratischen Gleichung $b_2 x^2 + b_1 x + b_0 = 0$ mit $b_j \in \mathbb{Z}, b_2 > 0$. Mit dem Ansatz $a = [a] + \frac{1}{a_1}$ folgt dann

$$(b_2 [a]^2 + b_1 [a] + b_0) a_1^2 + (2b_2 [a] + b_1) a_1 + b_2 = 0$$

und daraus $a_1 = \frac{p_1 + \sqrt{(d_1)}}{q_1}$ mit $p_1 = 2b_2 [a] + b_1$, $q_1 = -2(b_2 [a]^2 + b_1 [a] + b_0) > 0$ und

$$d_1 = (2b_2 [a] + b_1)^2 - 4b_2 (b_2 [a]^2 + b_1 [a] + b_0) = b_1^2 - 4b_2 b_0 = d.$$

Man beachte $a' < [a] < a$, so dass die obige quadratische Gleichung mit -1 zu multiplizieren ist damit q_1 und a_1 positiv wird. Offensichtlich ist $a_1 > 1$ und man sieht leicht, dass

$$a_1' = \left(\frac{1}{a - [a]} \right)' = \frac{1}{a' - [a]}$$

gilt. Wegen $[a] \geqslant 1$ und $-1 < a' < 0$ ist dann auch die zweite Bedingung, $-1 < a_1' < 0$, erfüllt.

(c) Da man für die Kettenbruchentwicklung sukzessive $a_k = [a_k] + \frac{1}{a_{k+1}}$ setzt, können nach (a) und (b) hier nur endlich viele verschiedene Zahlen a_k auftreten, d.h. die Entwicklung ist periodisch.

(d) Man wendet das Verfahren auf die reduzierte quadratische Irrationalzahl $a = 4 + \sqrt{19}$ an und erhält $a_1 = 2$, $a_2 = 1$, $a_3 = 3$, $a_4 = 1$, $a_5 = 2$ und $a_6 = [a] = 8$.

Abschnitt 1.3

1. (a) Ist $P(x)$ ein Polynom mit $P(a) = 0$, so wird durch $Q(x) = P(x^2)$ ein Polynom definiert mit $Q(\sqrt{a}) = 0$.

(b) Es sei $r = \frac{p}{q} \neq 0$ und $P(a) = 0$ für P vom Grad $n \geqslant 1$. Setze $Q_1(x) = P(x - r)q^n$ und $Q_2(x) = P(\frac{x}{r})p^n$. Dann sind Q_1 und Q_2 Polynome mit ganzzahligen Koeffizienten und $Q_1(a + r) = 0$ sowie $Q_2(ar) = 0$.

(c) $(\sqrt{2} + \sqrt{3})^2 = 5 + 2\sqrt{6}$ und $2(1 + \sqrt{3})^2$ sind algebraisch nach (a) und (b). Mit (a) folgt die Behauptung.

2. (a) Nach der Leibniz-Regel und durch Zusammenfassen erhält man

$$f_n^{(k)}(x) = \frac{1}{n!} \sum_{j=0}^{k} k! \binom{n}{j} \binom{n}{k-j} x^{n-k+j} (-1)^j (m - x)^{n-j}.$$

Für $k < n$ verschwindet $f_n^{(k)}(x)$ in den besagten Punkten, während für $k \geqslant n$ die Koeffizienten ganzzahlig sind.

(b) folgt mittels partieller Integration und dem Hauptsatz der Differential- und Integralrechnung.

Wäre $e^m = \frac{p}{q}$, so wäre $q\, I_n$ für $a = m$ nach (a) und (b) ganzzahlig. Wegen

$$0 \leqslant f_n(x) \leqslant \frac{1}{n!} \left(\frac{m}{2} \right)^{2n}$$

ist aber

$$0 < qI_n \leqslant q\, m\, e^m \frac{1}{n!} \frac{m^{2n}}{2} = p\, m \frac{1}{n!} \left(\frac{m}{2} \right)^{2n} < 1$$

für hinreichend großes n. Das ist ein Widerspruch.

3. Es genügt, die Behauptung für $z = 1$ zu beweisen, denn dann existiert zu wz^{-1} und zu $\varepsilon > 0$ ein $k \in \mathbb{Z}$ mit $|wz^{-1} - e^{ik\alpha}| < \varepsilon$ und es folgt auch

$$|w - z_k| = |w - z_k|\, |z^{-1}| = |wz^{-1} - z_k z^{-1}| < \varepsilon.$$

Für $k, \ell \in \mathbb{Z}$, $k \neq \ell$, ist $z_k z_\ell^{-1} = e^{i(k-\ell)\alpha} \neq 1$, da $\frac{\alpha}{2\pi}$ irrational ist. Durch die Punkte $w_k = e^{2\pi i k/n}$, $1 \leqslant k \leqslant n$, wird der Kreis in n kongruente Kreisbögen zerlegt. Aufgrund des Dirichlet'schen Schubfachprinzips muss dann mindestens einer dieser Kreisbögen von den $n + 1$ Punkten $z_j = e^{ij\alpha}$, $j = 1, \dots, n + 1$ zwei Punkte enthalten, etwa z_k und z_ℓ mit $k < \ell$. Von den Punkten $z_{n(\ell-k)}$, $n \in \mathbb{N}$, enthält dann jeder Kreisbogen mindestens einen. Zu $w \in S^1$ existiert also ein z_j mit

$$|w - z_j| \leqslant |w_{k+1} - w_k| = |e^{2\pi i/n} - 1|.$$

Aufgrund der Stetigkeit der Exponentialfunktion wird letzteres beliebig klein für großes n.

4. Dies folgt mit den Rechengesetzen im Körper $\mathbb{R}$, wobei für die Bestimmung des Inversen von $a + b\sqrt{c} \neq 0$ nur $(a + b\sqrt{c})(a - b\sqrt{c}) = a^2 - b^2 c \neq 0$ zu beachten ist.

5. Differentiation der Funktion $f(x) = x^{1/x} = e^{\log x / x}$ zeigt, dass sie striktes globales Maximum in $x = e$ besitzt, so dass $\pi^{1/\pi} < e^{1/e}$ gilt.

Abschnitt 1.4

1. (a) Mit der angegebenen Transformation erhält man $p = b - \frac{a^2}{3}$ und $q = \frac{2a^3}{27} - \frac{ab}{3} + c$.

(b) Mit $y = u + v$ wird die reduzierte Gleichung

$$u^3 + v^3 + (3uv + p)(u + v) + q = 0,$$

also $u^3 + v^3 + q = 0$, wenn man $3uv + p = 0$ wählt. Da man ohne weiteres $p \neq 0$ annehmen kann, erhält man mit $v = -\frac{p}{3u}$ für u^3 die quadratische Gleichung

$$(u^3)^2 + qu^3 - \frac{p^3}{27} = 0,$$

also

$$u^3 = -\frac{q}{2} \pm \sqrt{D}.$$

Wählt man hier das obere Vorzeichen, so wird $v^3 = -\frac{q}{2} - \sqrt{D}$.

(c) Ist $D \geqslant 0$, so erhält man die angegebene reelle Lösung $y_1 = u_1 + v_1$. dass y_2 und y_3 zueinander konjugiert komplex und die beiden anderen Lösungen sind, folgt durch Ausmultiplizieren.

(d) folgt mit Hilfe der Additionstheoreme der Cosinusfunktion.

2. Ist $a < b$, so wende man den Satz von Rolle auf die Funktion

$$g(x) = f(b) - \sum_{k=0}^{n} \frac{f^{(k)}(x)}{k!}(b - x)^k - R(b)\frac{b - x}{b - a}$$

an, wobei der Restterm R definiert ist durch

$$R(a + x) = f(a + x) - \sum_{k=0}^{n} \frac{f^{(k)}(a)}{k!}x^k.$$

Andernfalls kann man $x = a$ wählen.

3. Es ist zu zeigen: Ist $f : [a, b] \to \mathbb{R}$ gleichmäßig stetig, $f(a) < 0 < f(b)$, und existiert in jedem Teilintervall $[\alpha, \beta]$ ein ξ mit $f(\xi) \neq 0$, so gibt es eine Nullstelle $x \in [a, b]$ von f.

Dazu konstruiert man induktiv zwei Folgen $(x_n)_{n \in \mathbb{N}}$ und $(y_n)_{n \in \mathbb{N}}$ mit

$$x_n \leqslant x_{n+1} < y_{n+1} \leqslant y_n, \quad f(x_n) < 0 < f(y_n).$$

Sind beginnend mit $x_0 = a$ und $y_0 = b$ die Folgenglieder x_n und y_n bereits konstruiert, so existiert nach Voraussetzung im Intervall $[x_n + \frac{1}{4}(y_n - x_n), y_n - \frac{1}{4}(y_n - x_n)]$ ein z_n mit $f(z_n) \neq 0$. Ist $f(z_n) < 0$, so wähle $x_{n+1} = z_n$ und $y_{n+1} = y_n$, im Fall $f(z_n) > 0$ dagegen $x_{n+1} = x_n$ und $y_{n+1} = z_n$. In beiden Fällen gilt $|y_{n+1} - x_{n+1}| \leqslant \frac{3}{4}|y_n - x_n|$, so dass die beiden Folgen eine Intervallschachtelung definieren. Im gemeinsamen Grenzwert $x = \lim_{n \to \infty} x_n = \lim_{n \to \infty} y_n$ gilt aufgrund der Stetigkeit natürlich $f(x) = 0$.

4. Zunächst ist $V(x) = V(f(x), f'(x), \dots, f^{(m)}(x))$ konstant in jedem Intervall, in dem keine der Ableitungen verschwindet. Ist $f^{(k)}(x)0$ und $f^{(k+1)}(x) \neq 0$, so erniedrigt sich

$V(y)$ um 1 bei wachsenden Durchgang von y durch x. Ist hier $k \geqslant 2$, so ist auch $f^{(k-1)}(y) \neq 0$ für y nahe x und daher sind die Werte $V\big(f^{(k-1)}(y), f^{(k)}(y), f^{(k+1)}(y)\big)$ für $y < x$ und $y > x$ entweder gleich oder vermindern sich um 2. Verschwinden für ein $k \geqslant 0$ die Ableitungen $f^{(k+j)}(x)$, $j = 0, \ldots, \ell-1$ und ist $f^{(k+\ell)}(x) \neq 0$ und etwa positiv, so gilt sgn $f^{(k+j)}(y) = (-1)^{\ell-j}$ für $y < x$ und sgn $f^{(k+j)}(y) = 1$ für $y > x$. Ist $k \geqslant 1$, so ist auch $f^{(k-1)}(y) \neq 0$ nahe x. Ist ℓ gerade, so kommt kein Vorzeichenwechsel hinzu und die Anzahl der Vorzeichenwechsel erniedrigt sich um ℓ beim Durchgang durch x. Ist ℓ ungerade, so erniedrigt sie sich um $\ell \pm 1$. Ist dagegen $k = 0$, also x eine ℓ-fache Nullstelle, so erniedrigt sich die Anzahl der Vorzeichenwechsel um ℓ plus einer eventuell geraden Zahl, falls noch Ketten von höheren Ableitungen verschwinden. Analog schließt man mit demselben Ergebnis, falls die erste nicht verschwindende Ableitung negativ ist. Da alle Nullstellen im offenen Intervall (a, b) liegen und ebenso wie die der Ableitungen isoliert sind, können wir ein $\varepsilon > 0$ wählen, so dass die Ableitungen in $(a + \varepsilon, b - \varepsilon)$ liegen und in $a + \varepsilon$ und $b - \varepsilon$ keine der Ableitungen verschwindet. Nach den bisherigen Überlegungen ist dann

$$V(a) - V(b) = V(a) - V(a + \varepsilon) + V(a + \varepsilon) - V(b - \varepsilon) + V(b - \varepsilon) - V(b)$$

um gleich oder um eine gerade Zahl größer als die Anzahl der Nullstellen in (a, b) mit Vielfachheiten gezählt.

Ist $P(x) = \sum_{k=0}^{m}$ ein Polynom vom Grad m, so gilt $P^{(k)}(0) = k! a_k$, d.h., $V(0)$ gibt gerade die Anzahl V der Vorzeichenwechsel der Koeffizienten an. Ist b hinreichend groß, so besitzen die Ableitungen $P^{(k)}(b)$ für $k = 0, \ldots m$ alle dasselbe Vorzeichen, d.h. $V(b) = 0$. Damit ist V obere Schranke für die Anzahl der positiven Wurzeln und die Differenz ist gerade. Für die Anzahl der negativen Nullstellen betrachtet man das Polynom $P(-x)$ und sieht leicht, dass man die von DESCARTES angegebene Regel erhält.

5. Dies folgt aus dem Beweis des Fourier'schen Kriteriums der vorigen Aufgabe. Man kann es aber auch direkt einsehen: Sind $a < x_1 < x_2 < \cdots < x_k < b$ die Nullstellen mit Vielfachheiten $r_j \in \mathbb{N}$, $j = 1, \ldots, k$, so gilt

$$P(x) = (x - x_1)^{r_1} \cdots (x - x_k)^{r_k} Q(x),$$

mit einem Polynom $Q(x)$, das in $[a, b]$ nicht verschwindet. Nun ist $\frac{P(b)}{Q(b)} > 0$, während das Vorzeichen von $\frac{P(a)}{Q(a)}$ gleich dem von $(-1)^{r_1 + \cdots + r_k}$ ist.

Für die zweite Aussage wähle man $a = -R$ und $b = R$ wie in der Abschätzung $(*)$. Eine analoge Abschätzung gilt auch bei gerader Ordnung.

6. Mit $P_0(x) = x^3 + px + q$ und $P_1(x) = 3x^2 + p$ folgt $P_2(x) = -\frac{2}{3}px - q$ und $P_3(x) = -\frac{27}{p^2}\big(\frac{q^2}{4} + \frac{p^3}{27}\big)$, falls $p \neq 0$. Ist nun $D < 0$ und damit auch $p < 0$, so gilt für $R > 0$ wie in der vorigen Aufgabe $V(-R) - V(R) = 3$. Im Fall $D > 0$ gilt $V(-R) - V(R) = 1$, wie man leicht anhand von Fallunterscheidungen feststellt.

7. Die Aussage (1) folgt sofort mit der speziellen binomischen Formel in (0). Zum Beweis von (2) ist nur zu beachten, dass

$$\sum_{k=0}^{n} \frac{k(k-1)}{n(n-1)} \binom{n}{k} x^k (1-x)^{n-k} = x^2 \sum_{k=2}^{n} \binom{n-2}{k-2} x^{k-2} (1-x)^{n-2-(k-2)}$$

gilt. Nach Indextransformation folgt die Behauptung wiederum mit (0).

8. Für die Differenz $f(x,y) - B_{n,m}(f)(x,y)$ erhält man die Doppelsumme

$$\sum_{k=0}^{n}\sum_{j=0}^{m}\left(f(x,y) - f\left(\frac{k}{n}, \frac{j}{m}\right)\right)\binom{n}{k}\binom{m}{j}x^k(1-x)^{n-k}y^j(1-y)^{m-j},$$

die man aufspaltet in die Teilsumme mit $\left(\frac{k}{n}-x\right)^2 + \left(\frac{j}{m}-y\right)^2 < \delta^2$ bzw. in die Teilsumme mit $\left(\frac{k}{n}-x\right)^2 + \left(\frac{j}{m}-y\right)^2 \geq \delta^2$. Man geht nun wie im eindimensionalen Fall vor, wobei man in der zweiten Teilsumme die Beziehung (0) einmal für die Variable x und einmal für die Variable y benutzt.

Abschnitt 2.1

1. Für beliebiges aber festes m führe man Induktion über n durch.

2. Es muss gelten: $x = (e^x - 1)\sum_{n=0}^{\infty}\frac{B_n}{n!}x^n$, also

$$x = \sum_{n=1}^{\infty}\frac{x^n}{n!}\sum_{n=0}^{\infty}\frac{B_n x^n}{n!} = B_0 x + \sum_{n=1}^{\infty}\left(\sum_{k=0}^{n-1}\frac{1}{(n-k)!}\frac{B_k}{k!}\right)x^n,$$

d.h. $B_0 = 1$ und $\sum_{k=0}^{n-1}\binom{n}{k}B_k = 0$ für $n \geq 2$.

Da $\frac{x}{e^x-1} + \frac{x}{2} = \frac{x}{2}\frac{e^x+1}{e^x-1}$ eine gerade Funktion ist, ist $B_{2n+1} = 0$ für $n \in \mathbb{N}$. Schließlich ist

$$x\coth x = x\frac{e^x + e^{-x}}{e^x + e^{-x}} = \frac{1}{2}\left(\frac{2x}{e^{2x}-1} + \frac{-2x}{e^{-2x}-1}\right)$$

und Addition der entsprechenden Potenzreihen liefert die Behauptung.

3. Ist $a = x_0 < x_1 < \cdots < x_n = b$ eine Zerlegung von $[a,b]$, so wird durch $y_j = f(x_j)$, $j = 0,\ldots,n$ eine Zerlegung $y_0 < \cdots y_n$ von $[f(a), f(b)]$ definiert. Ferner gilt die Beziehung

$$U_n + O_n = \sum_{j=1}^{n}f(x_{j-1})(x_j - x_{j-1}) + \sum_{j=1}^{n}f^{-1}(y_j)(y_j - y_{j-1})$$

$$= \sum_{j=1}^{n}y_{j-1}(x_j - x_{j-1}) + x_j(y_j - y_{j-1}) = x_n y_n - x_0 y_0.$$

Hier ist U_n eine Untersumme für $\int_a^b f(x)\,dx$, O_n eine Obersumme für $\int_{f(a)}^{f(b)} f^{-1}(y)\,dy$. Wählt man eine Folge von Zerlegungen mit $\sup\{x_j - x_{j-1} \mid j = 1,\ldots,n\} \to 0$ für $n \to \infty$, so folgt

$$\int_a^b f(x)\,dx = \sup_{n\in\mathbb{N}} U_n = \sup_{n\in\mathbb{N}}\{f(b)b - f(a)a - O_n\}$$

$$= f(b)b - f(a)a - \inf_{n\in\mathbb{N}} O_n = f(b)b - f(a)a - \int_{f(a)}^{f(b)} f^{-1}(y)\,dy.$$

4. Es ist $\int_0^b x^{1/n}\,dx = b^{1/n}b - \int_0^{b^{1/n}} y^n\,dy = b^{(n+1)/n} - \frac{1}{n+1}b^{(n+1)/n}$.

5. Wir betrachten exemplarisch den kompliziertesten Fall $(m,n) = (5,3)$, d.h. die Gleichung

$$2(z^5 - 1)^2 z^3 = 5(z^3 - 1)^2 z^5.$$

Division durch $(z - 1)^2 z^7 \neq 0$ liefert

$$2(z^4 + z^3 + z^2 + z + 1)^2/z^4 = 5(z^2 + z + 1)^2/z^2$$

oder

$$2(z^2 + z + 1 + z^{-1} + z^{-2})^2 = 2(x^2 + x - 1)^2 = 5(x + 1)^2$$

und damit $x^2 + x - 1 = \sqrt{\frac{5}{2}}(x + 1)$.

6. (a) (i) Es ist $\int_0^1 B_1^*(x)\,dx = 0$, da B_1^* punktsymmetrisch ist zu $\frac{1}{2}$. Für $n \in \mathbb{N}$ folgt die Behauptung induktiv wegen

$$\int_0^1 tB_n^*(t)\,dt = \left(x\int_0^x B_n^*(t)\,dt\right)\Big|_0^1 - \int_0^1 \int_0^x B_n^*(t)\,dt.$$

(ii) & (iii) folgen sofort durch Induktion nach n.

(b) Nach Definition von B_{n+1}^* ist

$$B_{n+1}(x + 1) = B_{n+1}^*(x) + \int_x^{x+1} B_n^*(t)\,dt,$$

d.h. B_{n+1} ist 1-periodisch aufgrund von (a)(i). Damit genügt es, die Gleichheit $B_n^*(x) = \overline{B}_n(x)$ für $0 \leqslant x < 1$ zu zeigen. Wegen $\overline{B}_n' = nB_{n-1} = B_n^{*\,'}$ folgt dies induktiv aus

$$\int_0^1 \overline{B}_n(t) = \sum_{\ell=0}^n \binom{n}{\ell} B_\ell \int_0^1 x^{n-\ell}\,dx$$

$$= \sum_{\ell=0}^n \frac{n!}{\ell!(n-\ell+1)!} B_\ell = \frac{1}{n+1} \sum_{\ell=0}^n \binom{n+1}{\ell} B_\ell = 0.$$

(c) Wendet man die Euler-MacLaurin'sche Summenformel mit $n = m + 1$ und $k = r$ an, so erhält man aufgrund der Periodizität von B_n^* und seinen Ableitungen sowie von (a) für den Restterm

$$(-1)^{r-1}\binom{n}{r}\int_0^1 B_{n-r}^*(y + x)B_r^*(x)\,dx = B_n^*(y) + B_n^*(y + 1) - \frac{1}{2}\left(B_n^*(y) + B_n^*(y + 1)\right).$$

Schließlich folgt

$$B_r^{*2}(y) = \binom{2r}{r}^2\left(\int_0^1 B_r^*(y + x)B_r^*(x)\,dx\right)^2 \leqslant \binom{2r}{r}^2 \int_0^1 B_r^*(y + x)^2\,dx \int_0^1 B_r^*(x)^2\,dx$$

$$= \binom{2r}{r}^2\left(\int_0^1 B_r^*(x)^2\,dx\right)^2 = B_{2r}^2.$$

7. (a) folgt mit der Substitutionsregel und (b) folgt sofort mit (a) und der Intervalladditivität des Integrals.

(c) Für $x > 1$ ist der Integrand $\leqslant 1$, also $L(x) \leqslant x - 1$. Für $x < 1$ ist $-L(x) = \int_x^1 \frac{1}{t}\, dt \geqslant 1 - x$.

(d) Da L die Voraussetzungen des (konstruktiven) Zwischenwertsatzes erfüllt, genügt es $L(x) \to \infty$ für $x \to \infty$ zu zeigen. Da $L(2) > 0$, folgt dies mit (b): $L(2^n) = n\, L(2)$.

Mit (b) folgt in der Tat induktiv $L(x^n) = nL(x)$ für $n \in \mathbb{N}$ sowie wegen $0 = L(1) = L(x^{-1}x) = L(x^{-1}) + L(x)$ auch für $-n \in \mathbb{N}$. Daher ist $L(x^{p/q}) = pL(x^{1/q}$ und speziell für $p = q$ erhält man $L(x) = qL(x^{1/q})$, also $L(x^{p/q}) = \frac{p}{q}L(x)$ bzw. $L(e^{p/q}) = \frac{p}{q})$. Die Stetigkeit liefert die Behauptung für beliebige reelle Zahlen.

8. Ist P das quadratische Interpolationspolynom, so gilt

$$P(t) - P_x(t) = \alpha(t - a)(t - b)(t - c)$$

mit einer Konstanten α, also $\int_a^b \left(P(t) - P_x(t)\right)\, dt = 0$, d.h.

$$\int_a^b f(x)\, dx = \int_a^b P(x)\, dx + R = \int_a^b P_x(t)\, dt + R.$$

Man erhält dann die gewünschte Abschätzung wie bei den Trapezregeln mit der angegebenen Hilfsfunktion.

Abschnitt 2.2

1. Die zweite Aussage folgt sofort mit der Leibniz'schen Sektorformel, wobei man nur den negativen Umlaufsinn zu berücksichtigen hat. Die Formel für die Bogenlänge führt auf das Integral

$$L(c) = r \int_0^{2\pi} \sqrt{2 - 2\cos t}\, dt = r\sqrt{8} \int_0^{\pi} \sqrt{1 - \cos t}\, dt$$

und die anschließende Substitution $u = \sqrt{1 - \cos t}$ auf

$$L(c) = 2r\sqrt{2} \int_0^{\sqrt{2}} \frac{2u}{\sqrt{2 - u^2}}\, du = -4r\sqrt{2}\sqrt{2 - u^2}\Big|_0^{\sqrt{2}} = 8r.$$

2. Die Länge des Bogens beträgt $\frac{1}{2}(\pi + \sinh \pi)$, der Flächeninhalt $\frac{\pi^3}{56}$. Die Länge der logarithmischen Spirale zwischen 0 und a ist $\sqrt{2}(1 - e^{-a})$. Insbesondere besitzt die gesamte logarithmische Spirale eine endliche Länge.

3. Die Bild der Kurve ist eine Rosette mit n Blättern, für $n = 4$ also ein vierblättriges Kleeblatt (jedoch mit nicht eingekerbten Blättern). Der Flächeninhalt beträgt

$$\frac{1}{2} \int_0^{2\pi} \sin^2 \frac{n}{2}\varphi\, d\varphi = \frac{1}{n} \int_0^{n\pi} \sin^2 u\, du = \int_0^{\pi} \sin x\, dx = \frac{\pi}{2}.$$

4. Die Darstellung in Polarkoordination erhält man sofort durch Einsetzen. Der Inhalt der von der Kurve umschlossenen Fläche ist 2.

5. Die angegebene Parametrisierung führt für die Bogenlänge auf das Integral

$$\int_0^t \tanh s \, ds = \log \cosh t = \log \frac{1}{x} = -\log x.$$

6. Für zwei beliebige Kurven c und $\tilde{c}$ mit denselben Anfangs- und Endpunkten gilt offensichtlich

$$\sup_{0 \leqslant t \leqslant 1} |\Gamma(c)(t) - \Gamma(\tilde{c})(t)| \leqslant \frac{1}{3} \sup_{0 \leqslant t \leqslant 1} |c(t) - \tilde{c}(t)|.$$

Speziell für $c = c_0$ und $\tilde{c} = c_m$ folgt daher induktiv

$$\sup_{0 \leqslant t \leqslant 1} |c_k(t) - c_{m+k}(t)| \leqslant \left(\frac{1}{3}\right)^k \sup_{0 \leqslant t \leqslant 1} |c_0(t) - c_m(t)| \leqslant \left(\frac{1}{3}\right)^k.$$

Die Grenzkurve c_∞ ist als gleichmäßiger Limes stetiger Kurven also wiederum stetig. Zur Parametrisierung von c_n wird das Intervall $[0,1]$ in 4^n gleichlang Intervalle unterteilt, wovon jedes zur Parametrisierung eines Geradenstücks der Länge $\left(\frac{1}{3}\right)^n$ dient. Errichtet man über jedem solchen Geradenstück ein gleichschenkliges Dreieck der Höhe $\frac{\sqrt{3}}{6} \frac{1}{3^n}$, so enthält die Vereinigung all dieser Dreiecke das Bild jeder der nachfolgenden Kurven c_k, $k \geqslant n+1$. Liegen t und s in zwei verschiedenen der 4^nIntervallen, so liegen auch $c_\infty(t)$ und $c_\infty(s)$ in verschiedenen Dreiecken, d.h., c_∞ ist injektiv.
Da die Länge der Kurve c_n durch $L(c_n) = \left(\frac{4}{3}\right)^n$ gegeben ist, besitzt c_∞ insbesondere keine endliche Länge.
Da der Flächeninhalt eines gleichseitigen Dreiecks der Seitenlänge a durch $F_0 = \sqrt{3}\frac{a^2}{4}$ gegeben ist, erhält man nach $n \geqslant 1$ Schritten die Gesamtfläche

$$F_0 + \frac{1}{3} \sum_{j=1}^n F_n \quad \text{mit} \quad F_k = \sqrt{3}\frac{a^2}{4} \left(\frac{4}{9}\right)^{k-1}, \quad k \geqslant 1.$$

Dies führt für $n \to \infty$ auf eine geometrische Reihe mit der Summe

$$F_0 + \frac{1}{3} F_0 \frac{1}{1 - 4/9} = \frac{8}{5} F_0.$$

7. Da $|z^{23} - 2| \leqslant 3$ für $|z| = 1$ gilt, ist $P_t(z) = 4z^5 + t(z^{23} - 2)$, $0 \leqslant t \leqslant 1$, eine „Homotopie" zwischen $P = P_1$ und $P_0(z) = 4z^5$. Der Einheitskreis enthält also 5 Nullstellen von P.

8. Wählt man ohne Einschränkung $\varepsilon_k \leqslant 1$, so gibt es einen Kreis $B_R(0)$ vom Radius $R > 0$, der die Nullstellen aller Polynome Q sowie die Menge G enthält. Wegen

$$P(z) = (z - z_1)^{\alpha_1} \cdots (z - z_m)^{\alpha_m}$$

gilt für $z \notin G$ die Abschätzung

$$|P(z)| \geqslant \varepsilon_1^{\alpha_1} \cdots \varepsilon_m^{\alpha_m}.$$

Ist nun $w \in B_R(0)$ eine Nullstelle von Q, so folgt

$$|P(w)| = |P(w) - Q(w)| \leqslant \sum_{k=0}^n |a_k - b_k| \, |w|^k \leqslant \sum_{k=0}^n \delta_k R^k < \varepsilon^{\alpha_1} \cdots \varepsilon_m^{\alpha_m},$$

wenn man die δ_k hinreichend klein wählt, d.h., es muss $w \in G$ gelten. Zum Beweis der zweiten Aussage betrachtet man die „Homotopie"

$$Q_t(z) = \sum_{k=0}^{n} \big(a_k + t(b_k - a_k)\big) z^k$$

zwischen $Q_1 = Q$ und $Q_0 = P$. Wie gerade gezeigt, besitzt Q_t keine Nullstellen in $B_R(0) \setminus G$. Insbesondere ist die Anzahl der Nullstellen in $B_{\delta_j}(z_j)$ unabhängig von t.

Abschnitt 2.3

1. (a) Man erhält den Kegelstumpf der Höhe h, indem man von einem Kreiskegel der Höhe $h+x$ die Spitze von der Höhe x abschneidet. Es gilt dann die Proportion $\frac{r}{x+h} = \frac{\rho}{x}$, d.h. $x = \frac{h\rho}{r-\rho}$, und Einsetzen in $V = \frac{\pi}{3}\big(r^2(h+x) - \rho^2 x\big)$ liefert die gewünschte Formel.

(b) Man verwende in der Formel (R) die Kurve $c(t) = \big(t, \rho + \frac{r-\rho}{h}t\big)$, $0 \leqslant t \leqslant h$.

2. (a) Man verwende in (R) die Kurve $c(t) = (t, \sqrt{r^2 - t^2})$, $r - h \leqslant t \leqslant r$. Ergebnis: $V = \frac{\pi}{3}h^2(3r - h)$.

(b) Man wähle $c(t) = (\rho \sin t, r + \rho \cos t)$, $0 \leqslant t \leqslant 2\pi$. Ergebnis: $V = 2r\rho^2\pi^2$.

3. In der Ruhelage steht das Wasser 2cm hoch, nimmt also ein Volumen von 8π ein.

4. Der Kaffeefilter kann $h(8 + 12\pi)$ cm^3 Kaffee aufnehmen.

5. Ergebnisse: (a) $2\pi rh$ für den Mantel und $2\pi rh + \pi\big(r^2 - (r - h)^2\big) = 4\pi rh - \pi h^2$ für die Gesamtoberfläche,
(b) $4\pi^2 r\rho$.

6. Ergebnisse: $V = 5\pi^2 r^3$ und $O = \frac{64}{3}\pi r^3$.

7. Es sei jeweils a die Kantenlänge des Polyeders. Ergebnisse:
Tetraeder: $V = \frac{\sqrt{2}}{12} a^2$, $O = \sqrt{3}\, a^2$.
Oktaeder: $V = \frac{\sqrt{2}}{3} a^3$, $O = 2\sqrt{3}\, a^2$.
Würfel: $V = a^3$, $O = 6a^2$.
Ikosaeder: $V = \frac{5(3+\sqrt{5})}{12} a^3$, $O = 5\sqrt{3}\, a^2$.
Dodekaeder: $V = \frac{15+7\sqrt{5}}{4} a^3$, $O = 3\sqrt{25 + 10\sqrt{5}}\, a^2$.

8. Bei einem Zylinderradius r ist die Schnittfläche des zu berechnenden Körpers in Höhe z ein Quadrat mit dem Flächeninhalt $4(r^2 - z^2)$. Mit dem Cavalieri'schen Prinzip folgt

$$V = 2 \int_0^r 4(r^2 - z^2)\, dz = \frac{16}{3}r^3.$$

9. Da sowohl das Volumen als auch die Determinante translations- und rotationsunabhängig sind, dürfen wir $(x_1, y_1, z_1) = (0,0,0)$, $(x_2, y_2, z_2) = (x_2, 0, 0)$ sowie $z_3 = 0$ annehmen. Dann ist

$$V = \frac{1}{3!} \det \begin{pmatrix} 1 & 0 & 0 & 0 \\ 1 & x_2 & 0 & 0 \\ 1 & x_3 & y_3 & 0 \\ 1 & x_4 & y_4 & z_4 \end{pmatrix} = \frac{1}{3!} \det \begin{pmatrix} x_2 & 0 & 0 \\ x_3 & y_3 & 0 \\ x_4 & y_4 & z_4 \end{pmatrix}$$

$$= \frac{1}{3!} x_2 \cdot y_3 \cdot z_4 = \frac{1}{3} x_2 \frac{1}{2} y_3 z_4.$$

10. Das rechnet man unter Benutzung der Formel

$$b^k - a^k = (b^{k-1} + ab^{k-2} + \cdots a^{k-2}b + a^{k-1})(b - a)$$

direkt nach oder gewinnt es als Spezialfall der Simpson-Regel.

Abschnitt 2.4

1. Setzt man in der Polardarstellung $r^2 = x^2 + y^2$ und $x = r\cos\varphi$ sowie $c = \frac{|M|^2}{k}$, so erhält man

$$y^2 + x^2(1 - \varepsilon^2) + 2\varepsilon x = c^2 > 0.$$

Dies ist für $\varepsilon^2 = 1$ eine Parabel und kann für $\varepsilon^2 \neq 1$ durch quadratische Ergänzung und geeignete Translation auf die Normalform $\frac{y^2}{b^2} \pm \frac{x^2}{a^2} = 1$ gebracht werden. Im Fall der Ellipse, $\varepsilon^2 < 1$, erhält man für die Halbachsen a und b:

$$a^2 = \frac{b^2}{1 - \varepsilon^2} \quad \text{und} \quad b^2 = c^2 + \frac{\varepsilon^2}{1 - \varepsilon^2}.$$

2. Ist $t_0 \in I$ und $x_0 \in \mathbb{R}$, $x_0 \neq 0$, so sucht man eine Funktion u mit $u(t_0) = x_0$, die die Bedingung $\frac{d}{dt}\big(\log u(t)\big) = \frac{\dot{u}}{u} = -a(t)$ erfüllt. Durch Integration dieser Identität erhält man aber notwendigerweise

$$u(t) = u(t_0)e^{-\int_{t_0}^{t} a(s)\,ds}$$

für die allgemeine Lösung der homogenen Gleichung. Wählt man speziell die Lösung mit $u(t_0) = x_0 = 1$, so genügt eine Lösung v der inhomogenen Gleichung von der Form $v(t) = c(t)u(t)$ der Bedingung

$$\dot{v}(t) = b(t) - a(t)c(t)u(t) = \dot{c}(t)u(t) + c(t)\dot{u}(t) = \dot{c}(t)u(t) - a(t)c(t)u(t),$$

also $\dot{c}(t) = \frac{b(t)}{u(t)}$, d.h. $c(t) = \int_{t_0}^{t} \frac{b(s)}{u(s)}\,ds$. Man zeigt leicht, dass man hiermit alle Lösungen gefunden hat.

3. Der Ansatz $u(t) = c(t)e^{\lambda t}$ mit $\lambda \in \mathbb{C}$ führt auf

$$(\ddot{c} + (2\lambda + a)\dot{c} + (\lambda^2 + a\lambda + b)c)e^{\lambda t} = 0.$$

Ist c konstant, so muss $\lambda = -\frac{a}{2} \pm \sqrt{\frac{a^2}{4} - b^2}$ gelten. Für $D = a^2 - 4b^2 > 0$ erhält man die zwei linear unabhängigen Lösungen $e^{(-a\pm\sqrt{D})t/2}$ und für $D < 0$ durch Aufspalten in Real- und Imaginärteil die ebenfalls linear unabhängigen Lösungen $e^{-at/2}\sin\frac{\sqrt{|D|}t}{2}$ und $e^{-at/2}\cos\frac{\sqrt{|D|}t}{2}$. Im Fall $D = 0$, also $\lambda = -\frac{a}{2}$, ist neben $e^{\lambda t}$ auch etwa $te^{\lambda t}$ eine Lösung.

4. Die Schwingungsgleichung $\ddot{\theta} + \frac{g}{\ell}\theta = 0$ besitzt die allgemeine Lösung $\theta(t) = \sin(at + b)$ mit $a^2 = \frac{g}{\ell}$ und b beliebig. Für die Schwingungsdauer folgt $T = 2\pi\sqrt{\frac{\ell}{g}}$.

5. Für die Steigung liest man am „charakteristischen Dreieck" (d.h. dem Steigungsdreieck) ab:

$$y' = -\frac{\sqrt{1 - x^2}}{x}.$$

Nach impliziter Differentiation der linken Seite (vgl. Abschnitt 3.1) kann man x, $\dot{x}$ und $\dot{y}$ einsetzen. Mit dem Additionstheorem $\cosh^2 t - \sinh^2 t = 1$ folgt dann die Behauptung.

Abschnitt 3.1

1. Liegt die Archimed'ische Spirale mit $a = 1$ vor, so auch der Punkt $r(\pi) = \pi$ als erster nicht trivialer Schnittpunkt mit der x-Achse.

2. (a) Im (uneigentlichen) Integral $2 \int_0^{2a} x \sqrt{\frac{x}{2a-x}}\, dx$ substituiere man $x = 2a \sin^2 \varphi$.

Dies führt auf $16a^2 \int_0^{\pi/2} \sin^4 \varphi\, d\varphi$ und nach partieller Integration zur Behauptung. In (c) ist neben der halben Kreisfläche dasselbe Integral mit der oberen Grenze $\frac{\pi}{4}$ zu berechnen.

(b) Die Substitution $x = a(1 - \cos \psi)$ im Integral

$$V = 2\pi \int_0^\infty (2a - x)^2\, dy = 2\pi \int_0^{2a} (3a - x) \sqrt{x(2a - x)}\, dx$$

führt auf

$$V = 2\pi a^3 \int_0^\pi (2 + \cos \psi) \sin^2 \psi\, d\psi.$$

3. Die Kurve besitzt eine ähnliche Gestalt wie die Lemniskate von BERNOULLI: einen Doppelpunkt bei $(0,0)$ mit Tangentensteigungen $\pm a$, senkrechte Tangenten in $(\pm a, 0)$ und waagerechte Tangenten in $(\pm \frac{a}{\sqrt{2}}, \pm \frac{a}{2})$.

4. Die Evolute der Ellipse besitzt die Parameterdarstellung

$$c_{ev}(t) = \left(\frac{a^2 - b^2}{a} \cos^3 t,\ \frac{b^2 - a^2}{b} \sin^3 t \right), q \quad 0 \leqslant t \leqslant 2\pi.$$

Das ist die Gleichung einer Astroide.

Nach Beispiel 8 besitzt die Evolute der allgemeinen logarithmischen Spirale in Polarkoordinaten die Darstellung

$$r_{ev}(\varphi) = r\left(\varphi - \frac{\pi}{2} \right) \cot \psi.$$

Dabei lässt sich r_{ev} als dritte Seite des Dreiecks OPP' aus den beiden bekannten Seiten $\rho = \frac{r}{\sin \psi}$ und r sowie dem Winkel $\frac{\pi}{2} - \psi$ in P mit Hilfe des Cosinussatzes berechnen. dass der Winkel θ in O ein rechter ist, folgt mit dem Sinussatz: Es ist

$$\frac{\sin \theta}{\rho} = \frac{\sin \left(\frac{\pi}{2} - \psi \right)}{r_{ev}} = \frac{\cos \psi}{r_{ev}},$$

also $\sin \theta = \frac{\rho}{r_{ev}} \cos \psi = 1$.

Die Evolute $r_{ev}(\varphi) = a e^{(\varphi - \pi/2) \cot \psi + \log \cot \psi}$ ist also eine logarithmische Spirale, die aus der ursprünglichen durch eine Drehung hervorgeht.

5. Die Krümmungskreismittelpunkte der Kettenlinie sind in kartesischen Koordinaten gegeben durch $(x - yy', 2y)$, d.h. die Evolute besitzt die Parametrisierung

$$c_{ev}(s) = \left(s - \frac{a}{2} a \sinh \frac{2s}{a},\ 2a \cosh \frac{s}{a} \right), \quad s \in \mathbb{R}.$$

Der Krümmungskreisradius im Punkt (x, y) gibt gerade den Abstand von (x, y) und dem Schnittpunkt $(x + yy'), 0)$ der Normalen mit der x-Achse an.

6. Für $(x_0, y_0) = (0, 0)$ ist die Bedingung $\partial_2 f(x_0, y_0) \neq 0$ äquivalent zu $f(0, y) = yg(y)$ mit $g(0) \neq 0$. Nahe $(0, 0)$ ist $f(0, 0) = 0$ also gegeben durch die Nullstellenmenge eines Polynoms $P(x, y) = y - a_1(x)$, d.h. $y = a_1(x)$.

7. Hierzu ist kein weiterer Hinweis nötig.

8. (a) Der Ansatz $y = tx^2$ führt auf die Näherungslösungen $u_{\pm,1}(x) = \pm x^2$ und der weitergehende Ansatz $y = x^2(\pm + y_1)$ auf $y_1 = \pm\frac{1}{2}x^4$, also $u_{\pm,2}(x) = \pm(x^2 + \frac{1}{2}x^6)$.

Die Gleichung $y^4 - y^2 + x^4 = 0$ lässt sich auch vollständig faktorisieren mit den Faktoren

$$y \pm \frac{1}{2}\left(\sqrt{1 + 2x^2} \pm \sqrt{1 - 2x^2}\right).$$

Nach Einsetzen der entsprechenden Binomialreihen erhält man damit die vollständigen Reihenentwicklungen der Lösungszweige sowohl nahe $(0, 0)$ als auch nahe $(0, 1)$.

(b) Der Ansatz $y = tx^{4/3}$ führt auf die Bedingung $t^3 = 1$ mit der einzigen reellen Lösung $t = 1$. Der weitere Ansatz $y = x_1^4(1 + y_1)$ mit $x_1 = x^{1/3}$ führt zu einer Gleichung, die $y_1 = tx_1^4$ nahe legt. Hier wird $t = \frac{1}{3}$ ermittelt und damit die Näherungslösung

$$u(x) = x^{4/3} + \frac{1}{3}x^{\frac{8}{3}}.$$

9. Die Konstruktion des regelmäßigen Siebenecks ist äquivalent mit der der siebten Einheitswurzel ζ, wobei $|\zeta| = 1$ und $\zeta^7 - 1 = 0$. Es ist $\zeta^6 = \bar{\zeta}$ usw., also

$$\begin{aligned}
0 &= \zeta^6 + \zeta^5 + \zeta^4 + \zeta^3 + \zeta^2 + \zeta + 1 \\
&= \bar{\zeta} + \zeta + \bar{\zeta}^2 + \zeta^2 + \bar{\zeta}^3 + \zeta^3 + 1 \\
&= x^3 + x^2 - 2x - 1,
\end{aligned}$$

wenn man $x = \zeta + \bar{\zeta}$ setzt. Setzt man hier eine Lösung $a + b\sqrt{c}$ ein, so muss der Koeffizient von $\sqrt{c}$ verschwinden, wenn $\sqrt{c} \notin K$. Man sieht nun, dass der Ausdruck invariant bleibt, wenn man b durch $-b$ ersetzt. Also ist auch $a - b\sqrt{c}$ eine Lösung. Genauso argumentiert man im Fall der kubischen Gleichungen $x^3 - 3x - 1 = 0$ und $x^3 - 2 = 0$.

Da eine kubische Gleichung nur eine oder drei reelle Lösungen besitzt, muss es eine Nullstelle in K geben. In allen drei Fällen führt nun die Annahme einer rationalen Lösung $\frac{m}{n}$ mit teilerfremden ganzen Zahlen m und n zu einem Widerspruch.

10. Die binomische Reihe für den Exponenten $-n$ lautet

$$(1 + y^{m-1})^{-n} = \sum_{k=0}^{\infty} \binom{-n}{k} y^{k(m-1)} = \sum_{k=0}^{\infty} (-1)^k \binom{n+k-1}{k} y^{k(m-1)}.$$

Differenziert man $(n-1)$-mal so liefert die Auswertung an der Stelle $y = 0$ nur für $n - 1 = k(m-1)$ einen Beitrag.

11. (a) Nach der Kettenregel ist $\frac{dE}{dM} = 1 - \varepsilon \cos E \cdot \frac{dE}{dM} > 0$, also E streng monton wachsend.

Wegen $E(M) + 2\pi = M + 2\pi - \varepsilon \sin\big(E(M) + 2\pi\big)$ folgt $E(M + 2\pi) = E(M) + 2\pi$ mit (a) sowie $E(0) = 0$ und $E(\pi) = \pi$. Als Umkehrfunktion der ungeraden Funktion M ist E ebenfalls ungerade.

(c) Nach (b) kann man $E(M) - M = \sum_{n=1}^{\infty} a_n \sin(nM)$ ansetzen und erhält für die Ableitung $\frac{dE}{dM} - 1 = \sum_{n=1}^{\infty} b_n \cos(nM)$ mit $b_n = na_n$. Nun ist

$$b_n = \frac{2}{\pi} \int_0^{\pi} \Big(\frac{dE}{dM} - 1\Big) \cos(nM) \, dM = \frac{2}{\pi} \int_0^{\pi} \frac{dE}{dM} \cos(nM) \, dM$$

$$= \frac{2}{\pi} \int_0^{\pi} \cos(nM) \, dE = 2\pi \int_0^{\pi} \cos(nE - n\varepsilon \sin E) \, dE.$$

12. (a) Durch Differentiation erhält man sofort

$$\ddot{c}(t) = a\pi^{3/2} t \Big(-\sin\Big(\frac{\pi t^2}{2}\Big), \cos\Big(\frac{\pi t^2}{2}\Big) \Big),$$

wegen $s = \frac{t}{a\sqrt{\pi}}$ also $\kappa = a^2 \pi^2 s$.

Die logarithmischen Spirale $r(\varphi) = e^{\varphi}$ lässt sich parametrisieren durch

$$c(t) = (e^t \cos t, e^t \sin t), \quad t \in \mathbb{R}.$$

Nach 2.2, Aufgabe 2 besitzt sie die Bogenlänge $s(t) = \sqrt{2}e^t$, wenn man ab $t = -\infty$ rechnet und die Krümmung $\kappa(t) = \frac{1}{\sqrt{2}} e^{-t}$, d.h., Krümmung und Bogenlänge sind umgekehrt proportional.

(b) ist klar.

(c) Offensichtlich gilt $c(-t) = -c(t)$, $t \in \mathbb{R}$, und damit die erste Aussage. Zum Beweis der zweiten Aussage genügt es, (nach der Substitution $u = v\sqrt{2}$) die Konvergenz von

$$\int_0^{\infty} \sin \pi v^2 \, dv = \sum_{k=0}^{\infty} \int_{\sqrt{k}}^{\sqrt{k+1}} \sin \pi v^2 \, dv = \sum_{k=0}^{\infty} (-1)^k \int_{\sqrt{k}}^{\sqrt{k+1}} |\sin \pi v^2| \, dv$$

zu zeigen – für das zweite Integral schließt dann man analog.
Wegen $\sqrt{k+1} - \sqrt{k} = \frac{1}{\sqrt{k+1} + \sqrt{k}}$ und $|\sin \pi v^2| \leqslant 1$ bilden die Integrale in der Summe eine Nullfolge, so dass für die Anwendung des Leibniz-Kriteriums nur die Monotonie nachzuweisen ist. Nach der Substitution $x = v^2$ ist aber

$$\int_{\sqrt{k}}^{\sqrt{k+1}} |\sin \pi v^2| \, dv = \frac{1}{2} \int_k^{k+1} \frac{|\sin \pi x|}{\sqrt{x}} \, dx,$$

und somit folgt die Montonie aus der Monotonie von $\frac{1}{\sqrt{x}}$ und der π-Periodizität des Zählers.

Abschnitt 3.2

1. Es ist $f(0, y) \equiv 0$ und $f(x, 0) \equiv 0$ aber $f(h, \pm h) = \pm \frac{1}{2} h$.

2. Es ist $\partial_1 f(0, y) = -y$, also $\partial_{21} f(0, 0) = -1$, und $\partial_2 f(x, 0) = x$, also $\partial_{12} f(0, 0) = 1$.

3. Für das Rechteck mit den Kantenlängen $x, y \geqslant 0$ gilt $F = xy \geqslant 0$ und $x^2 + y^2 = 4r^2$. Für

$$L(x, y, \lambda) = xy + \lambda(x^2 + y^2 - 4r^2)$$

ist

$$\operatorname{grad} L(x, y, \lambda) = (y + 2\lambda x, x + 2\lambda y, x^2 + y^2 - 4r^2) = 0,$$

falls $\lambda = -\frac{1}{2}$, d.h. $x = y$.

4. Es ist $\frac{3V}{\pi} = r^2 h$ zu maximieren unter der Nebenbedingung $M = \pi r s$ bzw. $\frac{M^2}{\pi^2} = r^2(r^2 + h^2) = c > 0$. Für

$$L(r, h, \lambda) = r^2 h + \lambda\big(r^2(r^2 + h^2) - c\big)$$

folgt

$$\operatorname{grad} L(r, h, \lambda) = \big(2rh + 4\lambda r^3 + 2r\lambda h^2, r^2 + 2r^2\lambda h, r^2(r^2 + h^2) - c\big),$$

also aus der zweiten Komponenten $\lambda = -\frac{1}{2h}$. Mit der ersten Komponenten erhält man die notwendige Bedingung $r = \sqrt{\frac{3}{2}}\, h$. Dieses Verhältnis liefert das maximale Volumen $V = \frac{\pi}{2} h^3$.

5. Der Ansatz $y = tx$ führt auf $x = 2\frac{1-t^2}{(1+t^2)^2}$, d.h. die behauptete Parametrisierung. Zur Berechnung der Flächenintegrale beachte

$$(1 - t^2)^2 = (1 + t^2)^2 - 4t^2,$$

so dass

$$2 \int \frac{(1 - t^2)^2}{(1 + t^2)^4}\, dt = 2 \int \frac{dt}{(1 + t^2)^2} - 8 \int \frac{t^2}{(1 + t^2)^4}\, dt$$

$$= 2 \int \frac{dt}{(1 + t^2)^2} - 8 \int \frac{dt}{(1 + t^2)^3} + 8 \int \frac{dt}{(1 + t^2)^4}.$$

Hierfür verwendet man die Rekursionsformel

$$\int \frac{dt}{(1 + t^2)^k} = \frac{t}{(2k - 2)(1 + t^2)^{k-1}} + \frac{2k - 3}{2k - 2} \int \frac{dt}{(1 + t^2)^{k-1}}.$$

Für den Inhalt der großen Schleife (hier ist $-1 \leqslant t \leqslant 1$) erhält man $\frac{\pi}{4} + \frac{2}{3}$, für jede der kleinen also $\frac{\pi}{8} - \frac{1}{3}$.

6. Es ist F^2 als Funktion von (a, b, c) unter der Nebenbedingung $a + b + c = 2s$ zu maximieren. Man erhält als Lösung $a = b = c = \frac{2s}{3}$, d.h. ein gleichseitiges Dreieck.

7. Setzt man die Lagrange-Funktion als

$$L(x) = xAx^\top - \lambda(|x|^2 - 1)$$

an, so kann man grad L in der Form

$$\operatorname{grad} L(x, \lambda) = (2xA - 2\lambda x, |x|^2 - 1)$$

schreiben, d.h., die Lagrange-Multiplikatoren sind gerade die Eigenwerte der Matrix A. Diese sind gegeben durch die Nullstellen des Polynoms $P(\lambda) = \det(A - \lambda I_n)$. Die Lösungsvektoren x sind die Einheitsvektoren, die zum Nullraum von $A - \lambda I_n$ gehören. In denen des kleinsten Eigenwerts liegt ein Minimum vor, in denen des größten ein Maximum.

Speziell im Fall der 2×2-Matrix $A = \begin{pmatrix} a & b \\ b & c \end{pmatrix}$ folgt

$$P(\lambda) = (a - \lambda)(c - \lambda) - b^2 = \lambda^2 - (a + c) + (ac - b^2)$$

mit den Nullstellen
$$\lambda_\pm = \frac{1}{2}(a + c) \pm \frac{1}{2}\sqrt{(a - c)^2 + 4b^2}.$$

8. (a) Aus der Taylor-Formel mit Integralrestglied erhält man die angegebene Darstellung $f(x) = x^k\big(c + g(x)\big)$. Man kann dann $u = x\sqrt[k]{|c + g(x)|}$ setzen, da $|g(x)| < |c|$ für x nahe 0.

(b) Nach (a) kann man $f(x) = x^k$ annehmen. Wäre etwa $u^4 = \varphi(u)^2$, so hätte man $4u^3 = 2\varphi(u)\varphi'(u)$ und damit

$$12u^2 = 2\varphi'(u)^2 + 2\varphi(u)\varphi''(u),$$

also insbesondere $\varphi'(0) = 0$, d.h. einen Widerspruch. Der allgemeine Fall wird analog behandelt.

9. Wir zeigen induktiv:

$$g^{(n)}(0, a) = \partial_2^{n-1}\big((f \circ g)^n \partial_2 g\big)(0, a).$$

Der Fall $n = 1$ ist klar und wenn man diesen, die Induktionsannahme und den Satz von Schwarz benutzt, so folgt für $n \geqslant 1$:

$$\begin{aligned}
g^{(n+1)}(0) &= \partial_1\Big(\partial_2^{n-1}\big((f \circ g)^n \partial_2 g\big)\Big)(0, a) \\
&= \partial_2^{n-1}\big(n(f \circ g)^{n-1}(f' \circ g)\partial_1 g \partial_2 g + (f \circ g)^n \partial_2 \partial_1 g\big)(0, a) \\
&= \partial_2^{n-1}\big((n + 1)(f \circ g)^n(f' \circ g)(\partial_2 g)^2 + (f \circ g)\partial_2 \partial_2 g\big)(0, a) \\
&= \partial_2^n\big((f \circ g)^{n+1}\partial_2 g\big)(0, a).
\end{aligned}$$

Abschnitt 3.3

1. (a) Die erste Komponente der rechten Seite berechnet sich zu

$$\begin{aligned}
(x_1 z_1 + x_2 z_2 + x_3 z_3)y_1 - (x_1 y_1 + x_2 y_2 + x_3 y_3)z_1 &= x_2(y_1 z_2 - y_2 z_1) - x_3(y_3 z_1 - y_1 z_3) \\
&= x_2(y \times z)_3 - x_3(x \times z)_2
\end{aligned}$$

und Analoges gilt für die beiden anderen Komponenten.
Damit und wegen $(x \times y) \cdot z = \det(x, y, z)$ folgt sofort die Lagrange-Identität:

$$\begin{aligned}
(x \times y) \cdot (z \times w) &= \det(x, y, z \times w) = -\big(x \times (z \times w)\big) \cdot y \\
&= -(x \cdot w)(z \cdot y) + (x \cdot z)(w \cdot y).
\end{aligned}$$

Speziell mit $z = y$ und $w = x$ erhält man

$$(x \cdot y)(y \cdot x) - \|x\|^2\,\|y\|^2 = (x \times y) \cdot (y \times x) = -\|x \times y\|^2 \leqslant 0$$

und damit die Ungleichung von Cauchy-Schwarz.

(b) Nach (a) gilt

$$\|x \times y\|^2 = (x \times y) \cdot (x \times y) = \|x\|^2\,\|y\|^2 - (x \cdot y)^2$$
$$= \|x\|^2\,\|y\|^2 - \|x\|^2\,\|y\|^2\,\cos^2\phi = \|x\|^2\,\|y\|^2\,\sin^2\phi.$$

Wählt man o.E. $x_3 = 0 = y_3$, so folgt $\|x \times y\| = |x_2 y_2 - x_2 y_1|$. Dies ist der Flächeninhalt des von x und y aufgespannten Parallelogramms.

2. Bezeichnet s die Bogenlänge der regulären Kurve c und $'$ kurzfristig die Ableitung nach s, so gilt $c = f \circ s$ für eine natürlich parametrisierte Kurve f, d.h. $\|f'(s)\| = 1$. Es gilt dann

$$\dot{c}(t) = f'(s)\dot{s}, \quad \ddot{c}(t) = f''(s)\dot{s}^2 + f'(s)\ddot{s} \quad \text{und } \dddot{c}(t) = f'''(s)\dot{s}^3 + 3f''(s)\dot{s}\ddot{s} + f'(s)\dddot{s},$$

und es folgt

$$\frac{\|\dot{c}(t) \times \ddot{c}(t)\|}{\|\dot{c}\|^3} = \frac{\|f'(s) \times f''(s)\|}{\|f'(s)\|^3} = \|f''(s)\| = \kappa\big(f(s)\big) = \kappa\big(c(t)\big)$$

mit den Rechenregeln für das äußere Produkt sowie

$$\frac{\det(\dot{c}, \ddot{c}, \dddot{c})}{\|\dot{c} \times \ddot{c}\|^2} = \frac{\dot{s}^6\,\det(f', f'', f''')}{\dot{s}^6\|f' \times f''\|^2} = \tau\big(c(t)\big)$$

nach den Rechenregeln für Determinanten.
Für eine natürlich parametrisierte Kurve c ist

$$\kappa(s) = \|\dot{c}(s) \times \ddot{c}(s)\| = \lim_{h \to 0}\frac{1}{|h|}\|\dot{c}(s) \times \big(\dot{c}(s + h) - \dot{c}(s)\big)\|$$

$$= \lim_{h \to 0}\frac{1}{|h|}|\sin\phi(h)|\,\|\dot{c}(s)\|\,\|\dot{c}(s + h)\| = \lim_{h \to 0}\frac{1}{|h|}|\sin\phi(h)|.$$

Wegen $\lim_{h \to 0}\frac{\sin\phi(h)}{\phi(h)} = 1$ folgt die Behauptung. Analog ist

$$\lim_{h \to 0}\left|\frac{\sin\psi(h)}{h}\right| = \lim_{h \to 0}\frac{1}{|h|}\|\mathfrak{b}(s) \times \big(\mathfrak{b}(s + h) - \mathfrak{b}(s)\big)\| = \|\mathfrak{b} \times \dot{\mathfrak{b}}\| = |\tau|\,\|\mathfrak{b} \times \mathfrak{n}\|.$$

3. (a) Mit den Bezeichnungen $\mathfrak{e}_1 = \mathfrak{t}$, $\mathfrak{e}_2 = \mathfrak{n}$ und $\mathfrak{e}_3 = \mathfrak{b}$ betrachte man $\mathfrak{e}_j \cdot \mathfrak{e}_k$ für $1 \leqslant j, k \leqslant 3$. Aufgrund der Frenet-Serret'schen Formeln genügen diese Funktionen einem System linearen Differentialgleichungen, sind also nach Vorgabe des Anfangswertes $\mathfrak{e}_j \cdot \mathfrak{e}_k(a) = \delta_{jk}$ eindeutig bestimmt. Genauere Auswertung der rechten Seite des Differentialgleichungssytems zeigt, dass $\mathfrak{e}_j \cdot \mathfrak{e}_k(s) \equiv \delta_{jk}$ eine Lösung ist. Die Vektoren $\mathfrak{e}_1(s)$, $\mathfrak{e}_2(s)$ und $\mathfrak{e}_3(s)$ bilden daher stets ein orthonormales Dreibein. Dieses ist auch durchgängig gleichorientiert, da $\det(\mathfrak{e}_1^\mathsf{T}, \mathfrak{e}_2^\mathsf{T}, \mathfrak{e}_3^\mathsf{T})(s)$ eine stetige Funktion ist. (b) Das

folgt mit dem Eindeutigkeitssatz, da die Komponenten von $y(s)$ ebenfalls die Frenet-Serret'schen Formeln erfüllen.

4. Für die sechs Halbsphären $U_{jk} = \{x \in S^2 \mid (-1)^k x_j > 0\}$, $j = 1, 2, 3$, $k = 0, 1$, definiert man $\varphi_{jk} : U_{jk} \to \mathbb{R}^2$ durch

$$\varphi_{1k}(x) = (x_2, x_3), \varphi_{2k}(x) = (x_1, x_3) \quad \text{und} \quad \varphi_{3k}(x) = (x_1, x_2).$$

Mit $\varphi_{1k}^{-1}(u, v) = \left((-1)^k\sqrt{1 - u^2 - v^2}, u, v\right)$ und sinngemäß für die anderen beiden inversen Abbildungen erhält man leicht die Übergangsabbildungen.

5. Die Behauptung gilt zunächst für lineare Abbildungen: Sind e_1 und e_2 Einheitsvektoren und $AA^\top = c^2 I_2$, so ist

$$\frac{e_1 A \cdot e_2 A}{\|e_1 A\| \, \|e_2 A\|} = \frac{e_1 AA^\top e_2^\top}{\sqrt{e_1 AA^\top e_1^\top} \sqrt{e_2 AA^\top e_2^\top}} = e_1 \cdot e_2.$$

Ist umgekehrt A winkeltreu, so gilt für eine Orthonormalbasis e_j, $j = 1, 2, 3$:

$$\delta_{jk}\|e_j A\| \, \|e_k A\| = (e_j \cdot e_k)\|e_j A\| \, \|e_k A\| = e_j AA^\top e_k,$$

d.h. $AA^\top$ ist eine Diagonalmatrix. Ferner folgt für $k \neq j$ wegen $\|e_k + e_j\| = \sqrt{2}$

$$\frac{1}{\sqrt{2}} = \frac{(e_j + e_k) \cdot e_k}{\|e_j + e_k\| \, \|e_k\|} = \frac{(e_j A + e_k A)A^\top e_k^\top}{\|a_j A + e_k A\| \, \|e_k A\|} = \sqrt{\frac{AA_{kk}^\top}{AA_{jj}^\top + AA_{kk}^\top}}.$$

Hier bezeichnen $AA_{kj}^\top$ die Einträge von $AA^\top$. Quadriert man die letzte Gleichung und löst nach $AA_{jj}^\top$ auf, so erhält man $AA_{jj}^\top = AA_{kk}^\top$.
Der allgemeine Fall wird hierauf zurückgeführt, indem man zwei Kurven in der u, v-Ebene wählt und deren Bilder unter x nach der Kettenregel differenziert.

6. Es ist für $n, m \to \infty$ besitzt $F_{n,m}$ dieselben Häufungspunkte wie die Doppelfolge $\tilde{F}_{n,m} = 2r\pi\sqrt{\pi^4 r^2\left(\frac{m}{n^2}\right) + h^2}$. Deren Verhalten hängt ab von $\frac{m}{n^2}$. Die Menge der Häufungspunkte besteht aus dem Intervall $[2r\pi h, \infty)$.

7. Das Bild der Geraden $(t\cos\alpha, c + t\sin\alpha)$, $t \in \mathbb{R}$, unter x_M wird von der stereographischen Projektion vom Nordpol aus auf das Bild der Kurve

$$c(t) = e^{c + t\sin\alpha}\left(\cos(t\cos\alpha), \sin(t\cos\alpha)\right), \quad t \in \mathbb{R},$$

abgebildet. Mit $\varphi = t\cos\alpha$ folgt $r(\varphi) = e^c e^{\varphi\tan\alpha}$, d.h. die Behauptung wegen $\tan\alpha = \cot\left(\frac{\pi}{2} - \alpha\right)$.

8. Die stereographische Projektion ist gegeben durch

$$\varphi(x) = \left(\frac{2x_1}{1 + x_3}, \frac{2x_2}{1 + x_3}, 1\right), \quad x = (x_1, x_2, x_3) \in S^2.$$

9. Aus den ersten beiden Gleichungen erhält man wegen $x \geqslant 0$

$$y = \pm\sqrt{2x(1 - x)} \quad \text{und} \quad z = \pm\sqrt{2(\sqrt{2x} - x)}.$$

Aus allen dreien zusammen $x^3 = \frac{1}{2}$, womit man $\sqrt[3]{2}$ konstruieren kann.

10. (a) Ist $f = u + iv$ komplex differenzierbar, so gilt

$$f(z + h) - f(z) = f'(z)h + r(z)|h| \qquad (*)$$

mit $r(z) = \frac{h}{|h|}\left(\frac{f(z+h)-f(z)}{h} - f'(z)\right)$. Schreibt man $h = h_1 + ih_2$ und $f'(z) = a + ib$ und identifiziert h mit (h_1, h_2), so ist $f'(z)h = ah_1 - bh_2 + i(ah_2 + bh_1)$, d.h. Real- bzw. Imaginärteil ergeben sich als Komponenten von $Ah = \begin{pmatrix} a & -b \\ b & a \end{pmatrix}\begin{pmatrix} h_1 \\ h_2 \end{pmatrix}$. Dann ist $(*)$ äquivalent zu

$$\begin{pmatrix} u(x + h_1, y + h_2) - u(x, y) \\ v(x + h_1, y + h_2) - v(x, y) \end{pmatrix} = \begin{pmatrix} a & -b \\ b & a \end{pmatrix}\begin{pmatrix} h_1 \\ h_2 \end{pmatrix} + \tilde{r}(x, y)\|h\|.$$

(b) Wegen $AA^\top = \begin{pmatrix} a^2 + b^2 & 0 \\ 0 & a^2 + b^2 \end{pmatrix}$ ist f konform und wegen $\det A = a^2 + b^2 > 0$ ist f auch orientierungserhaltend.

(c) Die Abbildung $\varphi_S \circ \varphi_N^{-1}(z) = \frac{z}{|z|^2} = \frac{1}{\bar{z}}$ für $z \neq 0$ ist nicht komplex differenzierbar.

11. Eine Kurve auf dem Kegel der Höhe h und dem Grundkreisradius 1 hat die Form

$$c(t) = \Big(r(t)\cos t, r(t)\sin t, h\big(1 - r(t)\big)\Big), \quad t \geqslant 0,$$

mit $r(0) = 1$. Hierfür und für die Höhenlinie

$$c_s(t) = \Big(r(s)\cos t, r(s)\sin t, h\big(1 - r(s)\big)\Big), \quad 0 \leqslant t \leqslant 2\pi,$$

erhält man nach kurzer Rechnung

$$\dot{c}(t) \cdot \dot{c}_t(t) = r(t)^2 = \|\dot{c}_t(t)\|^2 \quad \text{und} \quad \|\dot{c}(t)\|^2 = r(t)^2 + (1 + h^2)\dot{r}(t)^2$$

also

$$\frac{\dot{c} \cdot \dot{c}_t}{\|\dot{c}\|\,\|\dot{c}_t\|} = \frac{r(t)}{\sqrt{r(t)^2 + (1 + h^2)\dot{r}(t)^2}} = a < 1,$$

wenn man die Steigung als den Tangens des Winkels ansieht, den die Kurve mit der Höhenlinie bildet. Es folgt

$$r^2\Big(\frac{1}{a^2} - 1\Big) = \dot{r}^2(1 + h^2)$$

und damit nach Integration

$$r(t) = e^{-t\tan\alpha},$$

mit $\tan\alpha = a\sqrt{\frac{1+h^2}{1-a^2}}$. Hier ist für $\frac{\dot{r}}{r}$ die negative Wurzel zu nehmen, da r monoton fallend sein soll. Definiert man die Steigung wie im Straßenbau als das Verhältnis des Höhenunterschieds zur horizontal zurückgelegten Wegstrecke, so muss mit $s(t) = \int_0^t \sqrt{r(\tau)^2 + \dot{r}(\tau)^2}\, d\tau$ das Verhältnis

$$\frac{h\bigl(1 - r(t)\bigr)}{s(t)} = a < 1$$

konstant sein. Man erhält hieraus eine Kurve derselben Gestalt, jetzt allerdings mit $\tan\alpha = \frac{a}{\sqrt{h^2 - a^2(1 + h^2)}}$. Die Projektion in die Ebene des Grundkreises ist also eine logarithmische Spirale.

12. dass die stereographische Projektion winkeltreu ist, rechnet man mit der Bedingung aus Aufgabe 5 sofort nach. Daher sind die Bilder der logarithmischen Spiralen die gesuchten Kurven.

13. Es ist $\left|\frac{|-g\zeta^k|^2 - 1}{1 + |-g\zeta^k|^2}\right| = \frac{g}{2+g} = -\left|\frac{|\zeta^k/g|^2 - 1}{1 + |\zeta^k/g|^2}\right|$, so dass die ersten fünf sowie die zweiten fünf Punkte jeweils auf gleicher Höhe liegen und aufgrund der Winkeltreue jeweils ein Fünfeck bilden. Dessen Kantenlänge

$$\left|\frac{-2g\zeta^k(\zeta - 1)}{2 + g}\right| = \frac{2g}{2 + g}|\zeta - 1| = \frac{2}{\sqrt{2 + g}}$$

ist aber gerade die Kantenlänge des Ikosaeders. Für die zweite Behauptung betrachten wir Punkte $x \in S^2$, deren Bilder $z = u + iv$ unter der stereographischen Projektion auf einem Kreis (oder einer Gerade) liegen. Es gelte also

$$a(u^2 + v^2) + bu + cv + d = 0$$

mit $a = 0$ im Fall einer Gerade. Wegen $u = \frac{x_1}{1 - x_3}$ und $v = \frac{x_2}{1 - x_3}$ ist $u^2 + v^2 = \frac{1 + x_3}{1 - x_3}$, und man erhält damit die Gleichung

$$(a - d)x_3 + bx_1 + cx_2 + a + d = 0.$$

Dies ist eine Ebenengleichung, die im Fall $a = 0$ durch den Nordpol geht. Der Schnitt mit der Sphäre ist also in jedem Fall ein Kreis. Schließlich beachte man, dass die Ecken des Dodekaeders durch radiale Projektion der Kantenmittelpunkte des Isokaeders erhalten werden.

14. Die Invarianz unter der ersten Abbildung ist klar. Für die zweite Abbildung verifiziert man sofort, dass sie involutiv ist, d.h., für $w = \frac{2+g}{z+g} - g$ gilt $z = \frac{2+g}{w+g} - g$, und dass dabei die Punkte 0 und h sowie $-g$ und ∞ vertauscht werden. Als Kombination von Translationen sowie der Inversion $z \mapsto \frac{1}{z}$ ist die Abbildung auch kreistreu, d.h., sie überführt Kreise in Kreise bzw. Geraden. Die Behauptung folgt nun, da man leicht nachrechnet, dass $h\zeta$ mit $h\zeta^4$, $-g\zeta$ mit $-g\zeta^4$ sowie $h\zeta^2$ mit $h\zeta^3$ und $-g\zeta^2$ mit $-g\zeta^3$ vertauscht werden.

Für die letzte Behauptung müssen wir die Drehungen der Sphäre beschreiben. Eine solche Drehung $R : S^2 \to S^2$ induziert vermöge der stereographischen Projektion φ_N, die wir durch $\varphi_N(N) = \infty$ fortsetzen, eine Abbildung $T_A = \varphi_N \circ R \circ \varphi_N^{-1}$ von $\mathbb{C} \cup \{\infty\}$ in sich. Diese ist von der Form

$$T_A(z) = \frac{az + b}{-\bar{b}z + \bar{a}}, \quad z \in \mathbb{C} \cup \{\infty\},$$

wobei $A = \begin{pmatrix} a & b \\ -\bar{b} & \bar{a} \end{pmatrix} \in SU(2)$, d.h. $a, b \in \mathbb{C}$ mit $|a|^2 + |b|^2 = 1$. Um dies einzusehen, betrachten wir zunächst einige Spezialfälle: Für die Rotation R_3^φ um die Achse durch 0 und $e_3 = (0, 0, 1)$ um den Winkel φ erhält man sofort

$$\varphi_N \circ R_3^\varphi \circ \varphi_N^{-1}(z) = e^{i\varphi} z, \quad z \neq \infty,$$

d.h. $A = \begin{pmatrix} e^{i\varphi/2} & 0 \\ 0 & e^{i\varphi/2} \end{pmatrix} \in SU(2)$. Für die Rotation $R_2^{\pi/2}$ um die Achse durch 0 und

$e_2 = (0, 1, 0)$ um den Winkel $\frac{\pi}{2}$ findet man als entsprechende Matrix $A = \frac{1}{\sqrt{2}} \begin{pmatrix} 1 & -1 \\ 1 & 1 \end{pmatrix}$.

Die Drehungen der Sphäre werden durch Einschränkung der Drehungen des $\mathbb{R}^3$ erzeugt, bilden also eine Gruppe isomorph zu $SO(3)$. Man zeigt ferner, dass auch $SU(2)$ eine Gruppe bezüglich der Matrizenmultiplikation bilden und das Produkt dabei der Komposition der entsprechenden Abbildungen T_A entspricht. Es genügt daher zu zeigen, dass diejenigen Rotationen die entsprechende Form haben, die $SO(3)$ erzeugen. Nun ist eine beliebige Rotation gegeben durch eine Achse durch 0 und $x \in S^2$ und einen Winkel φ. Den Punkt x erhält man aus dem Nordpol $N = e_3$ durch zwei Rotationen $R_3^\beta \circ R_1^\alpha$, wobei sich R_1^α noch als $R_2^{\pi/2} \circ R_3^\alpha \circ (R_2^{\pi/2})^{-1}$ schreiben lässt. Damit kann man jede Rotation in der angegebenen Form darstellen.

Ist umgekehrt T eine Abbildung von der angegebenen Form, so ist $R = \varphi_N^{-1} \circ T \circ \varphi_N$ eine Rotation: Ist nämlich $T(0) = 0$, so folgt $b = 0$ und $|a| = 1$, also $T(z) = a^2 z$ mit $|a^2| = 1, d.h.\ a^2 = e^{i\varphi}$. Wir bezeichnen diese Abbildung mit T_φ. Ist $T(0) = z_0$, so existiert eine Drehung R von S^2, so dass $S(z_0) = 0$ für $S = \varphi_N \circ R\varphi_N^{-1}$ gilt. Es folgt dann $ST(0) = 0$, d.h. $ST = T_\varphi$ und $T = S^{-1}T_\varphi$ wird ebenfalls von einer Rotation erzeugt.

Abschnitt 3.4

1. Hierzu sind keine weiteren Hinweise nötig.

2. Für $x = \big((r\cos u + a)\cos v, (r\cos u + a)\sin v, r\sin u\big)$ gilt

$$x_{uu} = -r(\cos u \ \cos v, \cos u \ \sin v, \sin u)$$
$$x_{uv} = r(\sin u \ \sin v, -\sin u \ \cos v, 0)$$
$$x_{vv} = -(a + r\cos u)\big(\cos v, \sin v, 0\big) \mathfrak{n}_x = (-\cos u \ \cos v, -\cos u \ \sin v, -\sin u)$$

und damit

$$L = x_{uu} \cdot \mathfrak{n}_x = r, \quad M = x_{uv} \cdot \mathfrak{n} = 0 \quad \text{und} \quad N = x_{vv} \cdot \mathfrak{n} = (a + r\cos u)\cos u.$$

Es folgt $LN - M^2 = r(a + r\cos u)\cos u$, womit wegen $r < a$ das Vorzeichen dieses Terms durch das Vorzeichen von $\cos u$ bestimmt ist.

3. Wegen $(\mathfrak{n}_x \cdot \mathfrak{n}_x)_u = 0 = 2\mathfrak{n}_x \cdot \mathfrak{n}_{xu}$ und $\mathfrak{n}_x \cdot \mathfrak{n}_{xv} = 0$ ist $\mathfrak{n}_x$ parallel zum Vektor der linken Seite und man kann

$$\mathfrak{n}_{xu} = ax_u + bx_v, \quad \mathfrak{n}_{xv} = cx_u + dx_v$$

ansetzen. Dies führt zu

$$\mathfrak{n}_{xu} \times \mathfrak{n}_{xv} = (ad - bc)x_u \times x_v,$$

und es ist nur $K = \det \begin{pmatrix} a & b \\ c & d \end{pmatrix}$ zu zeigen. Benutzt man die angegebenen Beziehungen, die sich aus

$$0 = (x_u \cdot \mathfrak{n}_x)_u = x_{uu} \cdot \mathfrak{n}_x + x_u \cdot \mathfrak{n}_{xu} \quad \text{usw.}$$

ergeben, so erhält man die Gleichungen

$$aE + bF = -L, \quad aF + bG = -M, \quad cE + dF = -M, \quad cF + dG = -N,$$

die sich auch als

$$\begin{pmatrix} a & b \\ c & d \end{pmatrix} \begin{pmatrix} E & F \\ F & G \end{pmatrix} = - \begin{pmatrix} L & M \\ M & N \end{pmatrix}$$

schreiben lassen. Bildet man hiervon die Determinante, so folgt

$$(ad - bc)(EG - F^2) = (LN - M^2).$$

4. (a) Es gilt etwa $E_v = (x_u \cdot x_u)_v = x_{uv} \cdot x_u + x_u \cdot x_{uv}$ und

$$2F_v - G_u = 2(x_u \cdot x_v)_v - (x_v \cdot x_v)_u = 2x_{uv} \cdot x_v + 2x_u \cdot x_{vv} - x_{vu} \cdot x_v - x_v \cdot x_{vu}$$
$$= 2x_u \cdot x_{vv}.$$

Die anderen Beziehungen folgen analog.
(b) Die Gauß'schen Gleichungen haben die angegebene Gestalt mit zunächst noch unbestimmten Koeffizienten Γ^i_{jk}. Man erhält mit (a) dann etwa

$$x_{uu} \cdot x_u = \Gamma^1_{11} E + \Gamma^2_{11} F = \frac{1}{2} E_u$$

$$x_{uu} \cdot x_v = \Gamma^1_{11} F + \Gamma^2_{11} G = F_u - \frac{1}{2} E_v$$

und damit die angegebenen Werte von Γ^1_{11} und Γ^2_{11}, wenn man die rechte Seite diese Gleichungsystems mit $\frac{1}{g} \begin{pmatrix} G & -F \\ -F & E \end{pmatrix}$, der Inversen der Koeffizientenmatrix, multipliziert. Für die übrigen Koeffizienten verfährt man analog.
(c) folgt durch Einsetzen von $\dot{c} = x_u \dot{u} + x_v \dot{v}$ und

$$\ddot{c} = x_{uu} \dot{u}^2 + 2x_{uv} \dot{u} \dot{v} + x_{vv} \dot{v}^2 + x_u \ddot{u} + x_v \ddot{v}$$

in $\kappa_g = \frac{1}{\sqrt{g}} (\dot{c} \times \ddot{c}) \cdot (x_u \times x_v)$, nachdem man hierfür die Lagrange-Identität benutzt hat.

5. (a) Nach dem Hauptsatz der Differential- und Integralrechnung ist

$$\iint_R \left(\frac{\partial Q}{\partial u} - \frac{\partial P}{\partial v} \right) du\, dv = \int_c^d \left(Q(b,v) - Q(a,v) \right) dv - \int_a^b \left(P(u,d) - P(u,c) \right) du.$$

Andererseits können wir c von der folgenden Form annehmen: $I = [0,4]$ und

$$c(t) = \begin{cases} (a + (b-a)t, c), & 0 \leqslant t \leqslant 1, \\ (b, c + (d-c)(t-1)), & 1 \leqslant t \leqslant 2, \\ ((a + (b-a)(3-t), d), & 2 \leqslant t \leqslant 3, \\ (a, c + (d-c)(4-t)), & 3 \leqslant t \leqslant 4. \end{cases}$$

Es folgt dann etwa

$$\int_2^3 (P \circ c, Q \circ c) \cdot \dot{c}(t)\, dt = \int_2^3 P(a + (b-a)(3-t), d)(a-b)\, dt = -\int_a^b P(u, d)\, du,$$

wenn man $u = a + (b-a)(3-t)$ setzt.

(b) Da sich jedes Vieleck mit achsenparallelen Seiten in Rechtecke zerlegen läßt, von denen je zwei banachbarte genau eine Kante entgegengesetzter Orientierung gemeinsam haben, wird man sofort auf den Teil (a) zurückgeführt.

6. (a) Da durch jede Punkt genau eine Geodätische mit vorgegebener Richtung geht, ist nur zu zeigen, dass Großkreise Geodätische sind. Für den Äquator

$$c_0(t) = (\cos t, \sin t, 0), \quad 0 \leqslant t \leqslant 2\pi,$$

gilt $\ddot{c}_0 = -c_0$, so dass

$$\kappa_g(s) = \det\big(c_0(s), \dot{c}_0(s), \ddot{c}_0(s)\big) = 0$$

erfüllt ist. Jeder andere Großkreis lässt sich als Bc_0 mit einer orthogonalen Abbildung B der Determinante $\det B = 1$ schreiben. Dafür folgt also ebenfalls

$$\det\big(Bc_0, B\dot{c}_0, B\ddot{c}_0\big) = \det B \det\big(c_0, \dot{c}_0, \ddot{c}_0\big) = 0.$$

(b) Gäbe es eine längentreue Abbildung $x : V \to U \subset S^2$, so wäre das Bild eines ebenen Dreiecks ein sphärisches Dreieck, dessen Seiten durch Geodätische gebildet würden. Nach Gauß-Bonnet wäre die Winkelsumme dieses Dreieck größer als π. Dies ist ein Widerspruch, da eine längentreue Abbildung auch winkeltreu ist.

7. Wegen $F = 0$ und $\dot{u} = \frac{1}{\sqrt{E}}$ erhält man zunächst die angegebenen Werte für κ_u und κ_v aus der Formel für κ_g, indem man die Christoffel-Symbole aus Aufgabe 4 benutzt. Ferner ist

$$\cos\phi = \frac{1}{\sqrt{E}}\dot{c} \cdot x_u = \sqrt{E}\dot{u} \quad \text{und} \quad \sin\phi = \frac{1}{\sqrt{E}}\|\dot{c} \times x_u\| = \sqrt{G}\dot{v}.$$

Letzteres gilt zunächst für $0 \leqslant \phi \leqslant \pi$ mit $|\dot{v}|$ statt $\dot{v}$, sodann aber für beliebiges ϕ wenn man das Vorzeichen von $\dot{v}$ berücksichtigt und die Orientierung $\{x_u, x_v\}$ zugrunde legt. Die Formel folgt nun durch Differenzieren der Identität $\cos\pi = \frac{1}{\sqrt{E}}\dot{c} \cdot x_u$ nach der Bogenlänge s und anschließender Division durch $\sin\phi$.

8. Bei der Parametrisierung $x(u, v) = (r \cos u, r \sin u, v)$, $0 \leqslant u \leqslant 2\pi$, $v \in \mathbb{R}$, verschwinden alle Christoffel-Symbole, und man erhält die Differentialgleichungen $\ddot{u} = 0 = \ddot{v}$. Geodätische etwa durch den Punkt $(r, 0, 0)$ sind also von der Form

$$c(t) = (r \cos at, r \sin at, bt), \quad t \in \mathbb{R}.$$

Aufgrund der Normierung $\|\dot{c}\| = 1$, muss hierbei noch $a^2 r^2 + b^2 = 1$ gelten. Für einen anderen Punkt $(r \cos\alpha, r \sin\alpha, h)$ bestimmt man a und b durch Einsetzen: $b = \frac{ah}{\alpha + 2k\pi}$ und $a = \frac{\alpha + 2k\pi}{\sqrt{r^2(\alpha + 2k\pi)^2 + h^2}}$ mit $k \in \mathbb{Z}$.

Namen- und Sachverzeichnis